普通高等教育"十一五"国家级规划教材

光电 & 仪器类专业教材

光 电 技 术

（第 5 版）

王庆有　编著

U0217748

电子工业出版社

Publishing House of Electronics Industry

北京·BEIJING

内 容 简 介

本书为普通高等教育"十一五"国家级规划教材。

本书系统地介绍了光电技术的基本概念、各种光电器件的工作原理与特性、发展趋势和典型应用等。主要内容包括:光电技术基础,光电导器件,光生伏特器件,光电发射器件,热辐射探测器件,发光器件与光电耦合器件,光电信息变换,图像信息的光电变换,光电信号的数据采集与计算机接口技术,光电技术的典型应用,光电技术的新发展,以及光电信息综合实验与设计。

本书可作为高等学校光电信息科学与工程、测控技术与仪器、空间科学与技术、海洋技术、测绘工程、机械电子工程、公安图像技术、生物医学工程等专业本科生及研究生教材,也可作为光电技术领域科技人员的参考书。

图书在版编目(CIP)数据

光电技术 / 王庆有编著 . —5 版 . —北京:电子工业出版社,2023.12
ISBN 978−7−121−46993−0

Ⅰ.①光…　Ⅱ.①王…　Ⅲ.①光电技术−高等学校−教材　Ⅳ.①TN2

中国国家版本馆 CIP 数据核字(2023)第 243708 号

责任编辑:韩同平

印　　刷:大厂回族自治县聚鑫印刷有限责任公司
装　　订:大厂回族自治县聚鑫印刷有限责任公司
出版发行:电子工业出版社
　　　　　北京市海淀区万寿路 173 信箱　邮编 100036
开　　本:787×1092　1/16　印张:20.5　字数:656 千字
版　　次:2005 年 4 月第 1 版
　　　　　2023 年 12 月第 5 版
印　　次:2023 年 12 月第 1 次印刷
定　　价:75.90 元

第5版前言

光电技术属于信息科学的一门重要技术基础课程,它将光学技术、现代微电子技术、精密机械及计算机技术有机结合起来,成为获取光信息或借助光提取其他信息的重要手段。它引入电子信息技术中的各种基本概念,如将调制与解调、放大与振荡、倍频与差频等技术移植到光频波段,产生光频波段的先进技术。该先进技术使人类能更有效地扩展自身与"机器"的视觉能力,使视觉波长响应范围不断扩展,长波限延伸到亚毫米波,短波限延伸至紫外、X 射线、γ 射线,乃至高能粒子;响应速度也在飞速提高,现在可以捕捉与记录飞秒超快速现象(如核反应、航空器发射)的变化过程;应用范围已扩展到国民经济与国防科技和人类探索星际科学的各个领域。

随着自动化与智能化的发展,智能制造已经成为国家创新发展的重要发展方向。光电技术在智能制造领域不断占有举足轻重的作用,新型光电传感器不断涌现,光电技术新方法在智能制造设备中的应用也在迅猛发展。例如,利用半导体激光器与物理光学技术构成的各种光源已经得到广泛应用,几千万像元 CCD 与 CMOS 图像传感器已在工业和民用领域随处可见,热成像技术、太赫兹(THz)技术被广泛应用于安检、军事工程和工业智能化领域,量子通信与量子计算机为人类认识世界发挥重要作用。光电技术已成为信息科学技术领域的重要技术。

光电技术的内容涉及光电信息与能量的转换、光电传感、检测、特种光源、计算机数据采集和处理等内容,它使基于人眼的"光学检测技术"发展成为智能化的光电检测技术。

本书为普通高等教育"十一五"国家级规划教材。

本书第1、2、3、4 版分别于 2005、2008、2013、2018 年出版,期间承蒙广大高校师生的厚爱,先后有百余所高等院校将本书选作教材或指定参考书,并得到读者大量的使用和反馈信息,提出很好的意见与建议,为第5 版的编写帮助很大。

这次的第5 版,作者在总结多年教学经验的基础上,适应当前"新工科"育人需要而编写。在保持前4 版基本内容和特色的基础上,主要对以下几个方面的内容进行了修订:

(1)贯彻教育部近期推出的一系列提高学生动手动脑能力的举措和加强实践教学环节的有关精神,从培养创新人才的角度对各章"思考题与习题"进行了较大的修改与补充,目的是增强学生自主学习的积极性,扩展知识面,强化应用意识,提高创新思维。对第6、10、12 章的内容进行了较大的改动。增加了"光电信息综合实验"的内容。有些内容不必安排在课内讲授,是为教师与学生提供的参考,有利于对光电技术内容的系统掌握。

(2)删掉了"习题解答"内容,希望读者不受约束,充分利用所学的知识,开动脑筋,自主找到"思考题与习题"答案,而且很多习题答案是多解的,尤其设计性的习题。对于各章较难的思考题与习题作者会给出解题思路放在电子课件中。

(3)对各章内容的阐述有所变更。本书所做的其他修订有百余处,其中大部分改动是使论述更为准确、严谨,易于阅读和理解,进一步提高教材的质量。

本书具有以下特点:

- 内容全面,体系完整,结构合理,重点突出,注重应用,适应更加广泛的专业教学需要。
- 注重内容的科学性与先进性,适度增加现代光电技术应用内容,使经典理论与现代科技内容相辅相成,循序渐进,便于组织教学。
- 例题与习题的选择密切联系当今科技发展方向,使学生能充分感受课程的重要价值,提高学习的积极性。

● 配有免费电子课件,帮助教师与学生掌握光电技术的重点内容;书中章节前标"＊"的内容可根据各专业的特点选用。

本书由天津大学王庆有编著。在本书编写过程中得到天津大学光电信息工程系黄战华教授等许多同志的大力支持和帮助,以及首都师范大学张存林教授、天津工业大学尚可可副教授等提供的宝贵资料和帮助,在此特向他们表示诚挚的谢意。

由于作者水平有限,书中难免存在错误和不足,诚望读者批评指正。

作者联系方式:wqy@tju.edu.cn;微信号:wxid_bihbm6z0eqd422

作　者

目　　录

第1章　光电技术基础

光电信息变换技术总要讨论各种光电敏感器件,对这些光电敏感器件的性能评估和应用说明都离不开光的度量与光电技术的基本理论。本章在讨论光的基本度量方法和度量参数的基础上,还将讨论物体热辐射的基本定律、光与物质作用产生的各种光电效应等问题,为学习光电信息变换技术打下基础。

光电技术最基本的理论是光的波粒二象性,即光是以电磁波方式传播的粒子。几何光学依据光的波动性研究光的折射与反射规律,得出关于光的传播、光学成像、光学成像系统和成像系统像差等理论。物理光学依据光的波动性成功地解释了光的干涉、衍射等现象,为光谱分析仪器、全息摄影技术奠定理论基础。然而,光的本质是物质,它具有粒子性,又称为光量子或光子。光子具有动量与能量,并分别表示为

$$p = h\nu/c, \quad E = h\nu$$

式中,$h = 6.626 \times 10^{-34}$ J·s,为普朗克常数;ν 为光的振动频率(s^{-1});$c = 3 \times 10^8$ m·s^{-1},为光在真空中的传播速度。

光的量子性成功地解释了光与物质作用时所引起的光电效应,而光电效应又充分证明了光的量子性。

电磁波按波长的分布及各波长区域的定义,称为电磁波谱(如图1-1所示)。电磁波谱的频率范围很宽:从宇宙射线到无线电波($10^2 \sim 10^{25}$ Hz)。光辐射仅仅是电磁波谱中的一小部分,它包括的波长区域从几纳米到几毫米,即 $10^{-9} \sim 10^{-3}$ m 量级。常将光辐射区域的电磁波谱称为光谱。只有波长为 $0.38 \sim 0.78$ μm 的光辐射才能引起人眼的视觉感,故称这部分光为可见光。

光电敏感器件的响应范围远远超出人眼的视觉范围,一般从 X 射线到红外辐射,甚至于远红外、毫米波的范围。特种材料的热电器件具有超过厘米波响应的范围,即人们可以借助于特种敏感器件对整个电磁波谱范围内的信息进行光电变换。

电磁波名称	λ (m)
宇宙射线	10^{-14}
	10^{-13}
γ 射线	10^{-12}
	10^{-11}
X 射线	10^{-10}
	10^{-9}
紫外辐射	10^{-8}
	10^{-7}
可见光谱	10^{-6}
红外辐射	10^{-5}
毫米波	10^{-4}
厘米波	10^{-3}
	10^{-2}
	10^{-1}
无线电波	10^{0}
	10^{1}
	10^{2}

图1-1　电磁波谱

1.1　光辐射的度量

为了定量分析光与物质相互作用所产生的光电效应,分析光电敏感器件的光电特性,以及用光电敏感器件进行光谱、光度的定量计算,常需要对光辐射给出相应的计量参数和量纲。光辐射的度量方法有两种:一种是物理(或客观)的计量方法,称为辐度学计量方法或辐度参数,它适用于整个电磁辐射谱区,对辐射量进行物理的计量;另一种是生理(主观)的计量方法,是以人眼所能见到的光对大脑的刺激程度来对光进行计量的方法,称为光度参数。光度参数只适用于 $0.38 \sim 0.78$ μm 的可见光谱区域,是对光强度的主观评价,超过这个区域,光度参数没有任何意义。

辐度参数与光度参数在概念上虽不一样,但它们的计量方法却有许多相同之处,为学习和讨论方便,常用相同的符号表示辐度参数与光度参数。为区别它们,对应符号以下角标"e"表示辐度参

数,以下角标"v"表示光度参数。

1.1.1 与光源有关的辐度参数与光度参数

与光源有关的辐度参数是指计量光源在辐射波长范围内发射连续光谱或单色光谱能量的参数。

1. 辐能和光能

以辐射形式发射、传播或接收的能量称为辐能,用符号 Q_e 表示,其计量单位为焦耳(J)。

光能是光通量在可见光范围内对时间的积分,以 Q_v 表示,其计量单位为流明秒(lm·s)。

2. 辐通量和光通量

辐通量或辐功率是以辐射形式发射、传播或接收的功率;或者说,在单位时间内,以辐射形式发射、传播或接收的辐能称为辐通量,以符号 Φ_e 表示,其计量单位为瓦(W),即

$$\Phi_e = \frac{dQ_e}{dt} \tag{1.1-1}$$

若在 t 时间内所发射、传播或接收的辐能不随时间改变,则式(1.1-1)可简化为

$$\Phi_e = Q_e/t \tag{1.1-2}$$

对可见光,光源表面在无穷小时间段内发射、传播或接收的所有可见光谱,其光能被无穷短时间间隔 dt 来除,其商定义为光通量 Φ_v,即

$$\Phi_v = \frac{dQ_v}{dt} \tag{1.1-3}$$

若在 t 时间内发射、传播或接收的光能不随时间改变,则式(1.1-3)简化为

$$\Phi_v = Q_v/t \tag{1.1-4}$$

Φ_v 的计量单位为流(明)(lm)。

显然,辐通量对时间的积分称为辐能,而光通量对时间的积分称为光能。

3. 辐出度和光出度

对面积为 A 的有限面光源,表面某点处的面元向半球面空间发射的辐通量 $d\Phi_e$ 与该面元面积 dA 之比,定义为辐出度 M_e,即

$$M_e = \frac{d\Phi_e}{dA} \tag{1.1-5}$$

M_e 的计量单位是瓦每平方米 $[W/m^2]$。

由式(1.1-5)可得,面光源 A 向半球面空间发射的总辐通量为

$$\Phi_e = \int_A M_e dA \tag{1.1-6}$$

对于可见光,面光源 A 表面某一点处的面元向半球面空间发射的光通量 $d\Phi_v$ 与面元面积 dA 之比,称为光出度 M_v,即

$$M_v = \frac{d\Phi_v}{dA} \tag{1.1-7}$$

其计量单位为勒 $[(lx)$ 或 $(lm/m^2)]$。

对均匀发射辐射的面光源有

$$M_v = \Phi_v/A \tag{1.1-8}$$

由式(1.1-7)可得,面光源向半球面空间发射的总光通量为

$$\Phi_v = \int_A M_v \mathrm{d}A \tag{1.1-9}$$

4. 辐强度和发光强度

点光源在给定方向的立体角元 $\mathrm{d}\Omega$ 内发射的辐通量 $\mathrm{d}\Phi_e$，与该方向立体角元 $\mathrm{d}\Omega$ 之比，定义为点光源在该方向的辐强度 I_e，即

$$I_e = \frac{\mathrm{d}\Phi_e}{\mathrm{d}\Omega} \tag{1.1-10}$$

辐强度的计量单位为瓦每球面度（W/sr）。

点光源在有限立体角 Ω 内发射的辐通量为

$$\Phi_e = \int_\Omega I_e \mathrm{d}\Omega \tag{1.1-11}$$

各向同性的点光源向所有方向发射的总辐通量为

$$\Phi_e = I_e \int_0^{4\pi} \mathrm{d}\Omega = 4\pi I_e \tag{1.1-12}$$

对可见光，与式（1.1-10）类似，定义发光强度为

$$I_v = \frac{\mathrm{d}\Phi_v}{\mathrm{d}\Omega} \tag{1.1-13}$$

对各向同性的点光源向所有方向发射的总光通量为

$$\Phi_v = \int_\Omega I_v \mathrm{d}\Omega \tag{1.1-14}$$

一般点光源是各向异性的，其发光强度分布随方向而异。

发光强度的单位是坎德拉（candela），简称为坎［cd］。1979 年第十六届国际计量大会通过决议，将坎德拉重新定义为：在给定方向上能发射 540×10^{12} Hz 的单色辐射源，在此方向上的辐强度为 (1/683) W/sr，其发光强度定义为 1cd。

由式（1.1-14）可得，对发光强度为 1cd 的点光源，向给定方向 1sr（球面度）内发射的光通量，定义为 1lm（流明）。发光强度为 1cd 的点光源在整个球空间所发出的总光通量为

$$\Phi_v = 4\pi I_v = 12.566 \text{ lm}$$

5. 辐亮度和亮度

光源表面某一点处的面元在给定方向上的辐强度，除以该面元在垂直于给定方向平面上的正投影面积，称为辐亮度 L_e，即

$$L_e = \frac{\mathrm{d}I_e}{\mathrm{d}A\cos\theta} = \frac{\mathrm{d}^2\Phi_e}{\mathrm{d}\Omega \mathrm{d}A\cos\theta} \tag{1.1-15}$$

式中，θ 为给定方向与面元法线之间的夹角。辐亮度 L_e 的计量单位为瓦每球面度平方米［W/(sr·m²)］。

对可见光，亮度 L_v 定义为：光源表面某一点处的面元在给定方向上的发光强度，除以该面元在垂直给定方向平面上的正投影面积，即

$$L_v = \frac{\mathrm{d}I_v}{\mathrm{d}A\cos\theta} = \frac{\mathrm{d}^2\Phi_v}{\mathrm{d}\Omega \mathrm{d}A\cos\theta} \tag{1.1-16}$$

L_v 的计量单位是坎德拉每平方米（cd/m²）。

若 L_e，L_v 与光源发射辐射的方向无关，且可由式（1.1-15）、式（1.1-16）表示，则这样的光源称为余弦辐射体或朗伯辐射体。黑体是一个理想的余弦辐射体，而一般光源的亮度与方向有关。粗糙表面的辐射体或反射体及太阳等是一个近似的余弦辐射体。

余弦辐射体表面某面元 $\mathrm{d}A$ 向半球面空间发射的通量为

$$\mathrm{d}\Phi = \iint L\cos\theta\mathrm{d}A\mathrm{d}\Omega$$

式中, $\mathrm{d}\Omega = \sin\theta\mathrm{d}\theta\mathrm{d}\varphi$。

对上式在半球面空间内积分

$$\mathrm{d}\Phi = L\mathrm{d}A\int_{\varphi=0}^{2\pi}\mathrm{d}\varphi\int_{\theta=0}^{\pi/2}\sin\theta\cos\theta\mathrm{d}\theta = \pi L\mathrm{d}A$$

由上式得到余弦辐射体的 M_e 与 L_e、M_v 与 L_v 的关系为

$$L_e = M_e/\pi \tag{1.1-17}$$

$$L_v = M_v/\pi \tag{1.1-18}$$

6. 辐效率与发光效率

光源所发射的总辐通量 Φ_e 与外界提供给光源的功率 P 之比,称为光源的辐效率 η_e;光源发射的总光通量 Φ_v 与提供的功率 P 之比,称为发光效率 η_v。即

$$\eta_e = \Phi_e/P\times100\% \tag{1.1-19}$$

$$\eta_v = \Phi_v/P\times100\% \tag{1.1-20}$$

辐效率 η_e 无量纲,发光效率 η_v 的计量单位是流明每瓦($\mathrm{lm}\cdot\mathrm{W}^{-1}$)。

在波长 $\lambda_1 \sim \lambda_2$ 范围内的辐效率为

$$\eta_{e,\Delta\lambda} = \int_{\lambda_1}^{\lambda_2}\Phi_{e,\lambda}\mathrm{d}\lambda/P \times 100\% \tag{1.1-21}$$

式中, $\Phi_{e,\lambda}$ 称为光源辐通量的光谱密集度,简称为光谱辐通量。

1.1.2 与接收器有关的辐度参数及光度参数

从接收器的角度讨论辐度与光度的参数,称为与接收器有关的辐度参数及光度参数。接收器可以是探测器,也可以是反射辐射的反射器,或两者兼有的器件。与接收器有关的辐度参数与光度参数有以下两种。

1. 辐照度与照度

将照射到物体表面某面元的辐通量 $\mathrm{d}\Phi_e$ 除以该面元的面积 $\mathrm{d}A$ 的商,称为辐照度 e_e,即

$$e_e = \frac{\mathrm{d}\Phi_e}{\mathrm{d}A} \tag{1.1-22}$$

e_e 的计量单位是瓦每平方米($\mathrm{W/m}^2$)。

若辐通量是均匀地照射在物体表面上的,则式(1.1-22)可简化为

$$E_e = \Phi_e/A \tag{1.1-23}$$

注意,不要把辐照度 E_e 与辐出度 M_e 混淆起来。虽然两者单位相同,但定义不一样。 E_e 是从物体表面接收辐通量的角度来定义的, M_e 是从面光源表面发射辐射的角度来定义的。

本身不辐射的反射体接收辐射后,吸收一部分辐射,反射一部分辐射。若把反射体当作辐射体,则光谱辐出度 M_{er}(下标 r 代表反射)与辐射体接收的光谱辐照度 $E_e(\lambda)$ 的关系为

$$M_{er} = \rho_e(\lambda)E_e(\lambda) \tag{1.1-24}$$

式中, $\rho_e(\lambda)$ 为辐度光谱反射比,是波长的函数。

将式(1.1-24)对波长积分,得到反射体的辐出度

$$M_e = \int\rho_e(\lambda)E_e(\lambda)\mathrm{d}\lambda \tag{1.1-25}$$

对可见光，用照射到物体表面某面元的光通量 $\mathrm{d}\Phi_\mathrm{v}$，除以该面元面积 $\mathrm{d}A$ 的商，称为光照度 e_v，即

$$e_\mathrm{v} = \frac{\mathrm{d}\Phi_\mathrm{v}}{\mathrm{d}A}$$

或表示为

$$E_\mathrm{v} = \Phi_\mathrm{v}/A \qquad (1.1\text{-}26)$$

E_v 的计量单位是勒（克司）(lx)。

对接收光的反射体，同样有

$$m_\mathrm{v} = \rho_\mathrm{v}(\lambda) E_\mathrm{v}(\lambda) \qquad (1.1\text{-}27)$$

或者

$$M_\mathrm{v} = \int \rho_\mathrm{v}(\lambda) E_\mathrm{v}(\lambda) \mathrm{d}\lambda \qquad (1.1\text{-}28)$$

式中，$\rho_\mathrm{v}(\lambda)$ 为光度光谱反射比，是波长的函数。

2. 辐照量和曝光量

辐照量和曝光量是光电接收器接收辐能量的重要度量参数。光电器件的输出信号大小与所接收的入射辐能量有关。

将照射到物体表面某一面元的辐照度 E_e 在时间 t 内的积分称为辐照量 H_e，即

$$H_\mathrm{e} = \int_0^t E_\mathrm{e} \mathrm{d}t \qquad (1.1\text{-}29)$$

H_e 的计量单位是焦每平方米 $(\mathrm{J/m}^2)$。

如果面元上的辐照度 E_e 与时间无关，则式(1.1-29)可简化为

$$H_\mathrm{e} = E_\mathrm{e} t \qquad (1.1\text{-}30)$$

与辐照量 H_e 对应的光度量是曝光量 H_v，它定义为物体表面某一面元接收的光照度 E_v 在时间 t 内的积分，即

$$H_\mathrm{v} = \int_0^t E_\mathrm{v} \mathrm{d}t \qquad (1.1\text{-}31)$$

H_v 的计量单位是勒（克司）秒 $(\mathrm{lx \cdot s})$。

如果面元上的光照度 E_v 与时间无关，则式(1.1-31)可简化为

$$H_\mathrm{v} = E_\mathrm{v} t$$

上面讨论的辐度参数和光度参数的基本定义与基本计量公式，都是对辐射源发出的辐能量的度量，是从不同角度来定义的。为了便于学习掌握这些参数，将其汇总成辐度量与光度量的定义列表，如表1-1所示。

表1-1　辐度量与光度量的定义列表

辐 度 量				光 度 量			
量的名称	量的符号	量的定义	单位符号（单位名称）	量的名称	量的符号	量的定义	单位符号（单位名称）
辐能	Q_e		J[焦]	光量	Q_v		lm·s[流秒]
辐通量（辐功率）	Φ_e	$\Phi_\mathrm{e} = \dfrac{\mathrm{d}Q_\mathrm{e}}{\mathrm{d}t}$	W[瓦]	光通量（光功率）	Φ_v	$\Phi_\mathrm{v} = \dfrac{\mathrm{d}Q_\mathrm{v}}{\mathrm{d}t}$	lm[流]
辐出度	M_e	$M_\mathrm{e} = \dfrac{\mathrm{d}\Phi_\mathrm{e}}{\mathrm{d}A}$	W/m²[瓦每平方米]	光出度	M_v	$M_\mathrm{v} = \dfrac{\Phi_\mathrm{v}}{A}$	lm/m²[流每平方米]
辐强度	I_e	$I_\mathrm{e} = \dfrac{\mathrm{d}\Phi_\mathrm{e}}{\mathrm{d}\Omega}$	W/sr[瓦每球面度]	发光强度	I_v	$I_\mathrm{v} = \dfrac{\mathrm{d}\Phi_\mathrm{v}}{\mathrm{d}\Omega}$	cd[坎]

辐 度 量				光 度 量			
辐亮度	L_e	$L_e = \dfrac{I_e}{\mathrm{d}A\cos\theta}$ $= \dfrac{\mathrm{d}^2\Phi_e}{\mathrm{d}\Omega\mathrm{d}A\cos\theta}$	$\mathrm{W/(sr\cdot m^2)}$ [瓦每球面度平方米]	光亮度	L_v	$L_v = \dfrac{I_v}{\mathrm{d}A\cos\alpha}$ $= \dfrac{\mathrm{d}^2\Phi_v}{\mathrm{d}\Omega\mathrm{d}A\cos\theta}$	$\mathrm{cd/m^2}$ [坎每平方米]
辐照度	E_e	$E_e = \dfrac{\mathrm{d}\Phi_e}{\mathrm{d}A}$	$\mathrm{W/m^2}$ [瓦每平方米]	光照度	E_v	$E_v = \dfrac{\mathrm{d}\Phi_v}{\mathrm{d}A}$	lx[勒]
辐照量	H_e	$H_e = \int_0^t E_e\mathrm{d}t$	$\mathrm{J/m^2}$ [焦每平方米]	曝光量	H_v	$H_v = \int_0^t E_v\mathrm{d}t$	$\mathrm{lx\cdot s}$[勒秒]

1.2 光谱辐射分布与量子流速率

1.2.1 光源的光谱辐射分布参量

光源发射的辐能在辐射光谱范围内是按波长分布的。光源在单位波长范围内发射的辐射量称为辐射量的光谱密度 $X_{e,\lambda}$，简称为光谱辐射量，即

$$X_{e,\lambda} = \frac{\mathrm{d}x_e}{\mathrm{d}\lambda} \tag{1.2-1}$$

式中，$X_{e,\lambda}$ 是波长的函数，代表所有的光谱辐射量，如光谱辐通量 $\Phi_{e,\lambda}$、光谱辐出度 $M_{e,\lambda}$、光谱辐强度 $I_{e,\lambda}$、光谱辐亮度 $L_{e,\lambda}$、光谱辐照度 $E_{e,\lambda}$ 等。

同样，以 $X_{v,\lambda}$ 表示光源在可见光区单位波长范围内发射的光度量，称为光度量的光谱密集度，简称为光谱光度量，即

$$X_{v,\lambda} = \frac{\mathrm{d}X_v}{\mathrm{d}\lambda} \tag{1.2-2}$$

式中，$X_{v,\lambda}$ 代表光谱光通量 $\Phi_{v,\lambda}$、光谱光出度 $M_{v,\lambda}$、光谱发光强度 $I_{v,\lambda}$ 或光谱光照度 $E_{v,\lambda}$ 等。

$X_{e,\lambda}$ 随波长 λ 的分布曲线，称为该光源的绝对光谱辐射分布曲线。该曲线任一波长 λ 处的 $X_{e,\lambda}$ 除以峰值波长 λ_{max} 处的光谱辐射量最大值 $X_{e,\lambda_{max}}$ 的商 X_{e,λ_r}，称为光源的相对光谱辐射量，即

$$X_{e,\lambda_r} = X_{e,\lambda}/X_{e,\lambda_{max}} \tag{1.2-3}$$

X_{e,λ_r} 与波长 λ 的关系称为光源的相对光谱辐射分布。

光源在波长 $\lambda_1 \sim \lambda_2$ 范围内发射的辐通量为

$$\Delta\Phi_e = \int_{\lambda_1}^{\lambda_2} \Phi_{e,\lambda}\mathrm{d}\lambda$$

若积分区间为 $\lambda_1 = 0 \sim \lambda_2 \to \infty$，得到光源发出的所有波长的总辐通量为

$$\Phi_e = \int_0^\infty \Phi_{e,\lambda}\mathrm{d}\lambda = \Phi_{e,\lambda_{max}}\int_0^\infty \Phi_{e,\lambda_r}\mathrm{d}\lambda \tag{1.2-4}$$

光源在波长 $\lambda_1 \sim \lambda_2$ 之间的辐通量 $\Delta\Phi_e$ 与总辐通量 Φ_e 之比称为该光源的比辐射 q_e，即

$$q_e = \int_{\lambda_1}^{\lambda_2} \Phi_{e,\lambda}\mathrm{d}\lambda \left/ \int_0^\infty \Phi_{e,\lambda}\mathrm{d}\lambda \right. \tag{1.2-5}$$

式中，q_e 没有量纲。

1.2.2 量子流速率

光源发射的辐功率是每秒发射光子能量的总和。光源在给定波长 λ 处，将 $\lambda \sim \lambda+\mathrm{d}\lambda$ 范围内发

射的辐通量$d\Phi_e$,除以该波长λ的光子能量$h\nu$,得到光源在λ处每秒发射的光子数,称为光谱量子流速率$dN_{e,\lambda}$,即

$$dN_{e,\lambda} = \frac{d\Phi_e}{h\nu} = \frac{\Phi_{e,\lambda}d\lambda}{h\nu} \tag{1.2-6}$$

光源的波长λ在$0\sim\infty$范围内发射的量子流速率为

$$N_e = \int_0^\infty \frac{\Phi_{e,\lambda}d\lambda}{h\nu} = \frac{\Phi_{e,\lambda_{\max}}}{hc}\int_0^\infty \Phi_{e,\lambda_r}\lambda d\lambda \tag{1.2-7}$$

对可见光区域,光源每秒发射的总光子数为

$$N_v = \int_{0.38}^{0.78} \frac{\Phi_{e,\lambda}}{hc}\lambda d\lambda \tag{1.2-8}$$

N_e或N_v的计量单位为辐射元的光子数每秒($1/s$)。

1.3 物体热辐射

物体通常以两种不同形式发射辐能量。

(1)热辐射。凡温度高于0K的物体都具有发出辐射的能力,其光谱辐射量$X_{e,\lambda}$是波长λ和温度的函数。温度低的物体发射红外光,温度升高到500℃时开始发射一部分暗红色光,升高到1500℃时开始发白光。物体靠加热保持一定温度使内能不变而持续辐射的辐射形式,称为物体热辐射或温度辐射。凡能发射连续光谱,且辐射是温度的函数的物体,叫作热辐射体,如一切动植物体、太阳、钨丝白炽灯等均为热辐射体。

(2)发光。物体不是靠加热保持温度使辐射维持下去,而是靠外部能量激发的辐射,称为发光。发光光谱是非连续光谱,且不是温度的函数。靠外界能量激发发光的方式有电致发光(气体放电产生的辉光)、光致发光(日光灯内Hg蒸气发射的紫外光激发管壁上的荧光物质发射出可见的荧光)、化学发光(磷在空气中缓慢氧化发光)、热发光(火焰中的钠或钠盐发射的黄光)。发光是非平衡辐射过程,发光光谱主要是线光谱或带光谱。

1.3.1 黑体辐射定律

1. 黑体

能够完全吸收从任何角度入射的任意波长的辐射,并且在每一个方向上都能最大限度地发射任意波长辐射能的物体,称为黑体。显然,黑体的吸收系数为1,发射系数也为1。

黑体只是一个理想的温度辐射体,常被用作辐射计量的基准。在有限的温度范围内可以制造出黑体模型。例如,一个开有小孔的密封空腔恒温辐射体,空腔的内壁涂有黑色物质,使其反射系数极小,小孔的孔径远小于腔体的直径,并将该腔体置于恒温槽内,使其在工作中保持腔体的温度不变,该腔体可近似为黑体。当从任意方向入射的辐射进入小孔时,在腔内都要经过多次反射才能从小孔射出。然而,腔内的黑色物质的反射系数极小,经过多次反射后,反射出去的辐能已经极低,绝大部分入射进来的辐能都被腔体吸收,因而腔体的吸收系数很高,接近于1。被腔体吸收的能量都转变为热能,引起腔体的温升。腔体处于恒温槽内,所吸收的辐能只能以温度辐射的方式通过小孔向外发出任何(连续波谱)波长的辐射。

2. 普朗克辐射定律

黑体为理想的余弦辐射体,其光谱辐出度$M_{e,s,\lambda}$(角标"s"表示黑体)由普朗克公式表示为

$$M_{e,s,\lambda} = \frac{2\pi c^2 h}{\lambda^5 (e^{\frac{hc}{\lambda kT}} - 1)} \qquad (1.3-1)$$

式中，k 为玻耳兹曼常数，h 为普朗克常数，T 为热力学温度，c 为真空中的光速。

式(1.3-1)表明，黑体表面向半球空间发射波长为 λ 的光谱，$M_{e,s,\lambda}$ 是 T 和 λ 的函数，这就是普朗克辐射定律。

黑体光谱辐亮度 $L_{e,s,\lambda}$ 和光谱辐强度 $I_{e,s,\lambda}$ 分别为

$$L_{e,s,\lambda} = \frac{2c^2 h}{\lambda^5 (e^{\frac{hc}{\lambda kT}} - 1)}, \quad I_{e,s,\lambda} = \frac{2c^2 h A \cos\theta}{\lambda^5 (e^{\frac{hc}{\lambda kT}} - 1)} \qquad (1.3-2)$$

图 1-2 绘出了黑体辐射的相对光谱辐亮度 L_{e,s,λ_r} 与 λ、T 的关系曲线。图中每一条曲线都有一个最大值，最大值的位置随温度升高向短波方向移动。

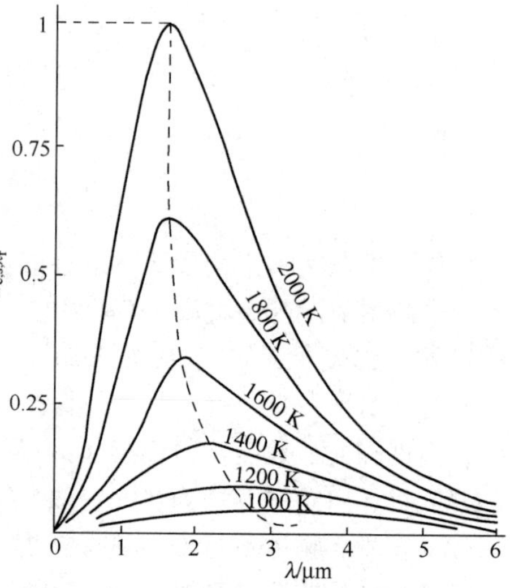

3. 斯忒藩-玻耳兹曼定律

将式(1.3-1)对波长 λ 求积分，得到黑体辐射的总辐出度为

$$M_{e,s} = \int_0^\infty M_{e,s,\lambda} \, d\lambda = \sigma T^4 \qquad (1.3-3)$$

式中，σ 是斯忒藩-玻耳兹曼常数，它由下式决定

$$\sigma = \frac{2\pi^5 k^4}{15 h^3 c^2} = 5.67 \times 10^{-8} (W \cdot m^{-2} \cdot K^{-4})$$

由式(1.3-3)可知，$M_{e,s}$ 与 T 的四次方成正比，这就是黑体辐射的斯忒藩-玻耳兹曼定律。

4. 维恩位移定律

图 1-2　L_{e,s,λ_r} 与 λ、T 的关系曲线

将式(1.3-1)对波长 λ 求微分后令其值等于零，则可以得到峰值光谱辐出度 M_{e,s,λ_m} 所对应的波长 λ_m 与热力学温度 T 的关系为

$$\lambda_m = 2898/T \, (\mu m) \qquad (1.3-4)$$

可见，峰值光谱辐出度所对应的波长与热力学温度的乘积为常数。当温度升高时，峰值光谱辐出度所对应的波长向短波方向移动，这就是维恩位移定律。

将式(1.3-4)代入式(1.3-1)，得到黑体的峰值光谱辐出度。

$$M_{e,s,\lambda_m} = 1.309 T^5 \times 10^{-15} (W \cdot cm^{-2} \cdot \mu m^{-1} \cdot K^{-5}) \qquad (1.3-5)$$

以上三个定律统称为黑体辐射定律。

例 1-1　假设将人体作为黑体，正常人体体温为 36.5℃。

计算：(1) 正常人体所发出的辐出度；(2) 正常人体的峰值辐射波长及 M_{e,s,λ_m}；(3) 人体发烧到38℃时的峰值辐射波长及发烧时的 M_{e,s,λ_m}。

解　(1) 人体正常的温度 $T = 36.5 + 273 = 309.5$(K)，根据斯忒藩-玻耳兹曼定律，正常人体所发出的辐出度为

$$M_{e,s} = \sigma T^4 = 520.3 (W/m^2)$$

(2) 由维恩位移定律，正常人体的峰值辐射波长为

$$\lambda_m = 2898/T = 9.36 (\mu m)$$

$$M_{e,s,\lambda_m} = 1.309 T^5 \times 10^{-15} = 3.72 (mW \cdot cm^{-2} \cdot \mu m^{-1})$$

（3）人体发烧到38℃时的峰值辐射波长为

$$\lambda_m = 2898/T = 2898/(273+38) = 9.32(\mu m)$$

发烧时 $\quad M_{e,s,\lambda_m} = 1.309T^5 \times 10^{-15} = 3.81(mW \cdot cm^{-2} \cdot \mu m^{-1})$

可见人体温度升高,峰值辐射波长变短,峰值光谱辐出度增大。根据这些特性,用探测辐射的方法遥测人的身体状态。

例1-2 当标准钨丝灯为黑体时,试计算它的峰值辐射波长、峰值光谱辐出度和它的总辐出度。

解 标准钨丝灯的温度 $T=2856$ K,因此

$$\lambda_m = 2898/T = 2898/2856 = 1.015(\mu m)$$

$$M_{e,s,\lambda_m} = 1.309T^5 \times 10^{-15} = 1.309 \times 2856^5 \times 10^{-15}$$
$$= 248.7(W \cdot cm^{-2} \cdot \mu m^{-1})$$

$$M_{e,s} = \sigma T^4 = 5.67 \times 10^{-8} \times 2856^4 = 3.77 \times 10^6 W/m^2$$

*1.3.2 辐射体的分类及其温度表示

1. 热辐射体的分类

辐射体可分为黑体和非黑体。只有特定条件下的热辐射体才是黑体,绝大多数辐射体都是非黑体。非黑体包括灰体和选择性辐射体,也有混合辐射体。

（1）灰体

若辐射体的光谱辐出度 $M_{e,\lambda}$ 与同温度黑体的光谱辐出度 $M_{e,s,\lambda}$ 之比,是一个与波长无关的系数 ε,则称该辐射体为灰体。

$$\varepsilon = M_{e,\lambda}/M_{e,s,\lambda} < 1 \qquad (1.3-6)$$

称为灰体的发射率。

如图1-3所示,灰体的光谱辐射分布与黑体的光谱辐射分布形状相似,最大值的位置也一致,因此常将热辐射体按灰体或黑体进行计算。

（2）选择性辐射体

凡不服从黑体辐射定律的辐射体,称为选择性辐射体。其光谱发射率 $q(\lambda)$ 是波长的函数,辐射分布曲线可能有几个最大值。例如,磷砷化镓发光二极管就属于选择性辐射体。

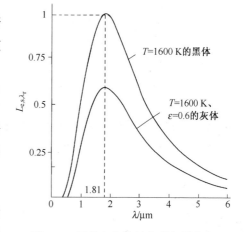

图1-3 黑体与灰体的光谱辐射分布

2. 热辐射体的温度表示

对具有一定亮度和颜色的热辐射体,根据黑体辐射定律,可用以下三种温度进行标度。

（1）辐射温度 T_e

当热辐射体发射的总辐通量与黑体的总辐通量相等时,以黑体的温度标度该热辐射体的温度,这种温度称为辐射温度 T_e。

由式(1.3-3),若辐出度 $M_{e,s}$ 已知,辐射温度 T_e 就能求出。通常利用如图1-4所示的全辐射法测温装置,把黑体表面发射的辐射功率经透镜聚焦在热电偶上,用检流计 G 测量热电偶的电流 I_G（为防止杂散光的影响,整个装置应放在暗室中）。电流 I_G 与辐射温度 T_e 的关系为

$$I_{\mathrm{G}} = bM_{\mathrm{e,s}} = b\sigma T_{\mathrm{e}}^4 \tag{1.3-7}$$

式中,b 是与测量系统和热电偶材料有关的系数。

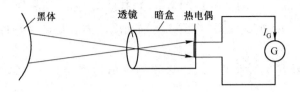

图 1-4　全辐射法测温装置

由式(1.3-7),在检流计 G 的刻度盘上可以直接标出黑体的辐射温度 T_{e}。利用已标定的高温计可以测量炽热物体的温度。但是,炽热物体是灰体,测出的 T_{e} 与热辐射体实际温度 T_{b} 有一定的偏差。由式(1.3-7)、式(1.3-6)可得 T_{b} 与 T_{e} 的关系为

$$T_{\mathrm{b}} = \varepsilon^{1/4} T_{\mathrm{e}} \tag{1.3-8}$$

相对偏差为

$$\gamma_{\mathrm{e}} = (T_{\mathrm{e}} - T_{\mathrm{b}})/T_{\mathrm{e}} = 1 - \varepsilon^{1/4} \tag{1.3-9}$$

由上式可见,ε 越小,γ_{e} 越大;ε 接近于 1 时,γ_{e} 趋于零。

表 1-2 列出了几种物质的发射率。由发射率和测得的辐射温度 T_{e},可以算出物体的实际温度 T_{b}。

（2）色温 T_{f}

当热辐射体与某黑体在可见光区的光谱辐射分布相同时,以黑体的温度来标度该热辐射体的温度,称为热辐射体的色温 T_{f}。

色温 T_{f} 的测量方法（如双波段测温仪）如下。

在可见光区选择两个波长 $\lambda_1 = 0.45\ \mu\mathrm{m}$ 及 $\lambda_2 = 0.65\ \mu\mathrm{m}$,用滤光片滤掉黑体表面其他波长的辐射,则透过滤光片的两个波长的辐亮度之比为

表 1-2　几种物质的发射率

物质	温度（K）	ε	物质	温度（K）	ε
钨	1 300	0.15	铁		0.11
	2 300	0.29	氧化铁		0.89
	3 300	0.34	镍	1 500	0.06
钼	1 300	0.12	氧化镍		0.85
	2 300	0.23	铂		0.15
钽	2 300	0.25			
炭	1 500	0.54	熔化的铜	1 400	0.15
银	1 300	0.04	氧化铜		0.54

$$\frac{L_{\mathrm{e,s},\lambda_1}}{L_{\mathrm{e,s},\lambda_2}} = \frac{\lambda_2^5 (\mathrm{e}^{\frac{hc}{\lambda_2 kT_{\mathrm{f}}}} - 1)}{\lambda_1^5 (\mathrm{e}^{\frac{hc}{\lambda_1 kT_{\mathrm{f}}}} - 1)} \approx \frac{\lambda_2^5 \mathrm{e}^{\frac{hc}{\lambda_2 kT_{\mathrm{f}}}}}{\lambda_1^5 \mathrm{e}^{\frac{hc}{\lambda_1 kT_{\mathrm{f}}}}}$$

将光谱辐亮度经热敏器件变换成电信号,该电信号强度与黑体的色温 T_{f} 有关。

同样,用两个滤光片透过的炽热体的两个波长 $\lambda_1 = 0.45\ \mu\mathrm{m}$ 及 $\lambda_2 = 0.65\ \mu\mathrm{m}$ 的辐亮度之比为

$$\frac{L_{\mathrm{e,s},\lambda_1}}{L_{\mathrm{e,s},\lambda_2}} \approx \frac{\varepsilon(\lambda_2)\lambda_2^5 \mathrm{e}^{\frac{hc}{\lambda_2 kT_{\mathrm{ob}}}}}{\varepsilon(\lambda_1)\lambda_1^5 \mathrm{e}^{\frac{hc}{\lambda_1 kT_{\mathrm{ob}}}}}$$

将光谱辐亮度经同一热敏器件变换成电信号。若两电信号相等,即上式取等号,得到

$$T_{\mathrm{f}} = \frac{hcT_{\mathrm{ob}}\left(\dfrac{1}{\lambda_2} - \dfrac{1}{\lambda_1}\right)}{kT_{\mathrm{ob}}\ln\dfrac{\varepsilon(\lambda_1)}{\varepsilon(\lambda_2)} + hc\left(\dfrac{1}{\lambda_2} - \dfrac{1}{\lambda_1}\right)} \tag{1.3-10}$$

式中,$\varepsilon(\lambda_1)$,$\varepsilon(\lambda_2)$ 分别是波长 λ_1,λ_2 的光谱发射率。

色温 T_{f} 与热辐射体的实际温度 T_{ob} 的相对偏差为

$$\gamma_{\mathrm{f}} = \frac{-kT_{\mathrm{ob}}\ln\dfrac{\varepsilon(\lambda_1)}{\varepsilon(\lambda_2)}}{hc\left(\dfrac{1}{\lambda_2}-\dfrac{1}{\lambda_1}\right)} \tag{1.3-11}$$

将 $\lambda_1 = 0.45\ \mu\mathrm{m}$，$\lambda_2 = 0.65\ \mu\mathrm{m}$，以及 h、c、k 的值代入式（1.3-11），得到

$$\gamma_{\mathrm{f}} = 1.02\times10^{-4}T_{\mathrm{ob}}\ln\frac{\varepsilon(\lambda_1)}{\varepsilon(\lambda_2)}$$

由上式可见，当 $\varepsilon(\lambda_1)$ 与 $\varepsilon(\lambda_2)$ 越接近时，γ_{f} 越小。通常 $\varepsilon(\lambda_1)\approx\varepsilon(\lambda_2)$，$\gamma_{\mathrm{f}}\to0$。

（3）亮温度 T_{v}

当热辐射体在可见光区某一波长 λ_0 的辐亮度 L_{e,λ_0}，等于黑体在同一波长 λ_0 的辐亮度 $L_{\mathrm{e},\mathrm{s},\lambda_0}$ 时，以黑体温度来标度该热辐射体的温度，称为亮温度 T_{v}。

通常在可见光区选择中心波长为 λ_0 的滤光片，滤掉其他波长的光。透过滤光片的黑体在 λ_0 处的辐亮度 $L_{\mathrm{e},\mathrm{s},\lambda_0}$ 与亮温度 T_{v} 的关系为

$$L_{\mathrm{e},\mathrm{s},\lambda_0}\approx\frac{2hc^2}{\lambda_0^5\mathrm{e}^{\frac{hc}{\lambda_0kT_{\mathrm{v}}}}}$$

$L_{\mathrm{e},\mathrm{s},\lambda_0}$ 经光电器件变换成电信号。

同样，被测热辐射体在同一波长 λ_0 处的辐亮度为

$$L_{\mathrm{e},\lambda_0}\approx\frac{\varepsilon(\lambda_0)2hc^2}{\lambda_0^5\mathrm{e}^{\frac{hc}{\lambda_0kT_{\mathrm{ob}}}}} \tag{1.3-12}$$

将辐亮度经同一光电器件变换成电信号。当两信号相等时，则

$$T_{\mathrm{v}} = \frac{hcT_{\mathrm{ob}}}{hc-\lambda_0kT_{\mathrm{ob}}\ln\varepsilon(\lambda_0)} \tag{1.3-13}$$

若选择中心波长 $\lambda_0 = 0.65\ \mu\mathrm{m}$，由 $\varepsilon(\lambda_0)$ 和测量的亮温度 T_{v} 可求出热辐射体的实际温度 T_{ob}。T_{v} 与 T_{ob} 的相对偏差为

$$\gamma_{\mathrm{v}} = \frac{T_{\mathrm{v}}-T_{\mathrm{ob}}}{T_{\mathrm{v}}} = \frac{\lambda_{\mathrm{b}}kT_{\mathrm{ob}}}{hc}\ln\varepsilon(\lambda_0) \tag{1.3-14}$$

将 $\lambda_0 = 0.65\ \mu\mathrm{m}$ 及 k、h、c 的数值代入上式，得到

$$\gamma_{\mathrm{v}} = 4.51\times10^{-5}T_{\mathrm{ob}}\ln\varepsilon(\lambda_0) \tag{1.3-15}$$

可见，γ_{v} 由 $\varepsilon(\lambda_0)$ 决定。当 $\varepsilon(\lambda_0)=1$ 时，$\gamma_{\mathrm{v}}=0$。

以上热辐射体的三种温度标度中，色温与实际温度的偏差最小，亮温度次之，辐射温度与实际温度的偏差最大。因此，通常以色温代表炽热物体的温度。

1.4 辐度参数与光度参数的关系

辐度参数与光度参数是从不同角度对光辐射进行度量的参数，这些参数在一定光谱范围内（可见光谱区）经常相互使用，它们之间存在着一定的转换关系；有些光电传感器件采用光度参数标定其特性参数，而另一些器件采用辐度参数标定其特性参数。因此讨论它们之间的转换是很重要的，掌握了这些转换关系，就可以对用不同度量参数标定的光电器件的灵敏度等特性参数进行比较。

1.4.1　人眼的视觉灵敏度

物体发射的光或反射的光通过人眼到达视网膜上产生实物感,这是由光刺激视网膜的锥状细胞或柱状细胞作用的结果。锥状细胞只对光亮度超过 $10^{-3}\,\mathrm{cd/m^2}$ 的光敏感,敏感的光谱范围为 $0.38\sim0.78\,\mu\mathrm{m}$,对 $0.555\,\mu\mathrm{m}$ 最为敏感,且能分辨出各种颜色。锥状细胞的这种视觉功能称为白昼视觉或明视觉。当亮度低于 $10^{-3}\,\mathrm{cd/m^2}$ 时,锥状细胞不敏感,而柱状细胞起作用。柱状细胞敏感的光谱范围为 $0.33\sim0.73\,\mu\mathrm{m}$,对 $0.507\,\mu\mathrm{m}$ 最为敏感,但不能分辨颜色。柱状细胞的这种视觉功能称为夜间视觉或暗视觉。

用各种单色辐射分别刺激正常人(标准观察者)眼的锥状细胞,当刺激程度相同时,发现波长 $\lambda_\mathrm{m}=0.555\,\mu\mathrm{m}$ 处的辐亮度 $L_{\mathrm{e},\lambda_\mathrm{m}}$ 小于其他波长处的辐亮度 $L_{\mathrm{e},\lambda}$。定义

$$V(\lambda)=L_{\mathrm{e},\lambda_\mathrm{m}}/L_{\mathrm{e},\lambda} \tag{1.4-1}$$

为正常人眼的明视觉光谱光视效率。

图 1-5 所示为 $V(\lambda)$ 与 λ 的关系曲线。

对正常人眼的柱状细胞,以微弱的各种单色辐射刺激时,发现在相同刺激程度下, $\lambda'_\mathrm{m}=0.507\,\mu\mathrm{m}$ 处的辐亮度 $L_{\mathrm{e},507\mathrm{nm}}$ 小于 λ 处的辐亮度 $L_{\mathrm{e},\lambda}$。定义

$$V'(\lambda)=L_{\mathrm{e},507\mathrm{nm}}/L_{\mathrm{e},\lambda} \tag{1.4-2}$$

为正常人眼的暗视觉光谱光视效率。 $V'(\lambda)$ 也是一个无量纲的相对值,它与 λ 的关系如图 1-5 中的虚线所示。

1.4.2　人眼的光谱光视效能

无论是锥状细胞还是柱状细胞,单色辐射对其刺激的程度与 $V(\lambda)L_{\mathrm{e},\lambda}$ 成正比。如果用各种波长的混合辐射刺激时,刺激程度遵守叠加原理,且与 $\int_\lambda V(\lambda)L_{\mathrm{e},\lambda}\mathrm{d}\lambda$ 成正比。

所谓辐射对人眼锥状细胞或柱状细胞的刺激程度,是从生理上评价所有的辐射参量 $X_{\mathrm{e},\lambda}$ 与所有的光度参量 $X_{\mathrm{v},\lambda}$ 、 $X'_{\mathrm{v},\lambda}$ 的关系。对于明视觉,刺激程度平衡条件为

$$X_{\mathrm{v},\lambda}=K_\mathrm{m}V(\lambda)X_{\mathrm{e},\lambda} \tag{1.4-3}$$

式中, K_m 为人眼的明视觉最灵敏波长 λ_m 的光度参量对辐度参量的转换常数,其值为 $683\,\mathrm{lm/W}$。

同样,对于暗视觉,有

$$X'_{\mathrm{v},\lambda}=K'_\mathrm{m}V(\lambda)X_{\mathrm{e},\lambda} \tag{1.4-4}$$

式中, K'_m 为人眼的暗视觉最灵敏波长 λ'_m 的光度参量对辐度参量的转换常数,其值为 $1725\,\mathrm{lm/W}$。

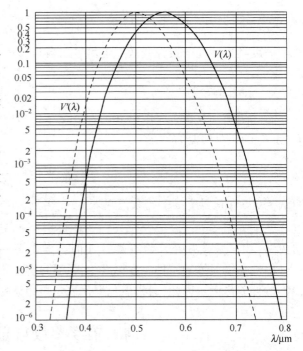

图 1-5　$V(\lambda)$ 、$V'(\lambda)$ 与 λ 的关系曲线

令

$$K(\lambda)=X_{\mathrm{v},\lambda}/X_{\mathrm{e},\lambda}=K_\mathrm{m}V(\lambda) \tag{1.4-5}$$

$$K'(\lambda)=X'_{\mathrm{v},\lambda}/X_{\mathrm{e},\lambda}=K'_\mathrm{m}V(\lambda) \tag{1.4-6}$$

式中, $K(\lambda)$ 、$K'(\lambda)$ 分别称为人眼的明视觉和暗视觉光谱光视效能。

由式(1.4-5)、式(1.4-6)可知,在人眼最敏感的波长 $\lambda_m = 0.555\ \mu m$,$\lambda'_m = 0.507\ \mu m$ 处,分别有 $V(\lambda_m) = 1$,$V'(\lambda_m) = 1$,这时 $K(\lambda_m) = K_m$,$K'(\lambda_m) = K'_m$。因此,K_m,K'_m 分别称为正常人眼的明视觉最大光谱光视效能和暗视觉最大光谱光视效能。

图 1-6 所示为正常人眼的 $K(\lambda)$、$K'(\lambda)$ 与 λ 的关系曲线。

根据式(1.4-5)和式(1.4-6),可以将任何光谱辐射量转换成光谱光度量。

例 1-3 已知某 He-Ne 激光器的输出功率为 3 mW,试计算其发出的光通量。

解 He-Ne 激光器输出功率为光谱辐通量,根据式(1.4-5)可以计算出它发出的光通量为

$$\begin{aligned}
\Phi_{v,\lambda} &= K_m V(\lambda) \Phi_{e,\lambda} \\
&= 683 \times 0.24 \times 3 \times 10^{-3} \\
&= 0.492 (\text{lm})
\end{aligned}$$

表 1-3 所示为正常人眼的 $V(\lambda)$、$V'(\lambda)$ 及 $K(\lambda)$ 与 λ 的数值关系。

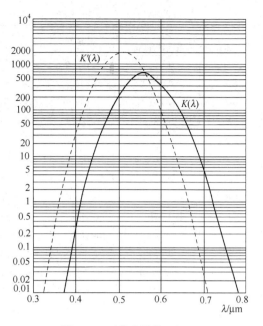

图 1-6 正常人眼的 $K(\lambda)$、$K'(\lambda)$ 与 λ 的关系曲线

表 1-3 正常人眼的 $V(\lambda)$、$V'(\lambda)$ 及 $K(\lambda)$ 与 λ 的数值关系

λ (nm)	$V(\lambda)$ ($L_v = 10\,\text{cd}/\text{m}^2$)	$V'(\lambda)$	$K(\lambda)$ (lm/W)	λ (nm)	$V(\lambda)$ ($L_v = 10\,\text{cd}/\text{m}^2$)	$V'(\lambda)$	$K(\lambda)$ (lm/W)
380	0.000 0	0.000 6	0.000 0	495	0.258 6	0.943	176.62
390	0.000 1	0.002 2	0.068 3	500	0.323 0	0.982	220.61
395	0.000 2	0.004 4	0.136 6	505	0.407 3	0.999	278.19
400	0.000 4	0.009 3	0.273 2	510	0.503 0	0.997	343.54
405	0.000 6	0.017 0	0.409 8	515	0.608 2	0.966	415.40
410	0.001 2	0.034 8	0.816 9	520	0.710 0	0.935	484.93
415	0.002 2	0.065 7	1.502 6	525	0.793 2	0.873	541.76
420	0.004 0	0.096 6	2.732	530	0.862 0	0.811	588.75
425	0.007 3	0.148 2	4.985 9	535	0.914 9	0.731	624.88
430	0.011 6	0.199 8	7.922 8	540	0.954 0	0.650	651.58
435	0.016 8	0.264 0	11.474	545	0.980 3	0.566	669.54
440	0.023 0	0.328 1	15.709	550	0.995 0	0.481	679.59
445	0.029 8	0.391 6	20.353	555	1.000 0	0.406	683.00
450	0.038 0	0.455	25.954	560	0.995 0	0.328 8	679.59
455	0.048 0	0.511	32.784	565	0.978 6	0.268 3	668.38
460	0.060 0	0.567	40.980	570	0.952 0	0.207 6	650.72
465	0.073 9	0.618	50.474	575	0.915 4	0.164 5	625.22
470	0.091 0	0.670	62.153	580	0.870 0	0.121 2	594.21
475	0.112 6	0.732	76.906	585	0.816 3	0.093 6	557.53
480	0.139 0	0.793	94.937	590	0.757 0	0.065 5	517.03
485	0.166 3	0.849	111.55	595	0.699	0.045 0	474.62
490	0.208 0	0.904	142.06	600	0.631 0	0.033 2	430.97

λ (nm)	$V(\lambda)$ ($L_v = 10\,\mathrm{cd/m^2}$)	$V'(\lambda)$	$K(\lambda)$ (lm/W)	λ (nm)	$V(\lambda)$ ($L_v = 10\,\mathrm{cd/m^2}$)	$V'(\lambda)$	$K(\lambda)$ (lm/W)
605	0.566 8	0.024 6	387.12	685	0.011 9	0.000 06	8.128
610	0.503 0	0.015 9	343.55	690	0.008 2	0.000 04	5.601
615	0.441 2	0.011 7	301.34	695	0.005 7	0.000 03	3.893
620	0.381 0	0.007 4	260.22	700	0.004 1	0.000 02	2.800
625	0.321 0	0.005 4	219.24	705	0.002 9	0.000 01	1.981
630	0.265 0	0.003 3	180.99	710	0.002 1	0.000 009	1.434
635	0.217 0	0.002 5	148.21	715	0.001 5	0.000 008	1.024 5
640	0.175 0	0.001 5	119.53	720	0.001 0	0.000 005	0.683
645	0.138 2	0.001 2	94.391	725	0.000 7	0.000 004	0.478
650	0.107 0	0.000 7	73.081	730	0.000 5	0.000 003	0.342
655	0.081 6	0.000 5	55.733	735	0.000 4	0.000 002	0.273
660	0.061 0	0.000 3	41.663	740	0.000 3	0.000 001	0.205
665	0.044 6	0.000 2	30.412	750	0.000 1	0.000 000 8	0.068 3
670	0.032 0	0.000 1	21.856	760	0.000 06	0.000 000 4	0.041 0
675	0.023 0	0.000 09	15.846	770	0.000 03	0.000 000 2	0.020 5
680	0.017 0	0.000 07	11.611	780	0.000 02	0.000 000 1	0.013 7

根据发光强度的定义,明视觉最大光谱光视效能 $K_m = 683\,\mathrm{lm/W}$;暗视觉最大光谱光视效能 $K'_m = 1725\,\mathrm{lm/W}$。

K_m 的倒数定义为光的最小力学当量 $M_{\min}$,即

$$M_{\min} = 1/K_m = 1.46\,\mathrm{mW/lm}$$

其他波长光的力学当量均大于 $M_{\min}$。

1.4.3 辐射体光视效能

一个热辐射体发射的总光通量 Φ_v 与总辐通量 Φ_e 之比,称为该辐射体的光视效能 K,即

$$K = \Phi_v/\Phi_e = \eta_v/\eta_e \qquad (1.4\text{-}7)$$

对发射连续光谱辐射的热辐射体,由上式及式(1.4-5)可得总光通量为

$$\Phi_v = K_m \int_{380\,\mathrm{nm}}^{780\,\mathrm{nm}} \Phi_{e,\lambda} V(\lambda)\,\mathrm{d}\lambda \qquad (1.4\text{-}8)$$

将式(1.2-4)、式(1.4-8)代入式(1.4-7),得到

$$K = K_m \int_{380\,\mathrm{nm}}^{780\,\mathrm{nm}} \Phi_{e,\lambda} V(\lambda)\,\mathrm{d}\lambda \Big/ \int_0^{\infty} \Phi_{e,\lambda}\,\mathrm{d}\lambda$$

$$= K_m V \qquad (1.4\text{-}9)$$

式中,V 为辐射体的光视效率。

在光电信息变换技术领域常用色温为 2856 K 的标准钨丝灯作为光源,测量硅、锗等光电器件光的电流灵敏度等特性参数。标准钨丝灯的发光光谱如图 1-7 所示。图中的曲线分别为标准钨丝灯的相对光谱辐射分布 X_{e,λ_r}、人眼明视觉光谱光视效率 $V(\lambda)$ 和 $V(\lambda)X_{e,\lambda_r}$,积分 $\int_{380\,\mathrm{nm}}^{780\,\mathrm{nm}} X_{e,\lambda_r} V(\lambda)\,\mathrm{d}\lambda$

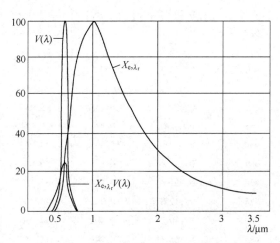

图 1-7 $T = 2\,856\,\mathrm{K}$ 的标准钨丝灯的发光光谱

的结果为 $X_{e,\lambda_r}V(\lambda)$ 曲线所围的面积 A_1，而积分 $\int_0^\infty X_{e,\lambda_r}\mathrm{d}\lambda$ 的值为面积 A_2。因此，由(1.4-9)可得标准钨丝灯的光视效能为

$$K_w = K_m \cdot \frac{A_1}{A_2} = 17.1(\mathrm{lm/W})$$

由式(1.4-7)，已知某种辐射体的光视效能 K 和辐度量 X_e，就能够计算出该辐射体的光度量 X_v，该式是辐射体的辐度量和光度量的转换关系式。例如，对于色温为 2856 K 的标准钨丝灯，其光视效能为 17.1 lm/W。当标准钨丝灯发出的辐通量 $\Phi_e = 100$ W 时，其光通量 $\Phi_v = 1710$ lm。

由此可见，色温越高的辐射体，它的可见光的成分越多，光视效能越高，光度量也越高。钨丝灯的供电电压降低时，灯丝温度降低，灯的可见光部分的光谱减弱，光视效能降低，此时用照度计检测出的光照度将显著下降。

1.5　半导体对光的吸收

1.5.1　物质对光吸收的一般规律

光波入射到物质表面上，用透射法测定光通量的衰减时，发现通过路程 $\mathrm{d}x$ 的光通量变化 $\mathrm{d}\Phi$ 与入射的光通量 Φ 和路程 $\mathrm{d}x$ 的乘积成正比，即

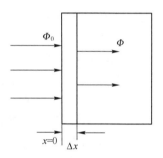

$$\mathrm{d}\Phi = -\alpha\Phi\mathrm{d}x \qquad (1.5\text{-}1)$$

式中，α 称为吸收系数。物质对光的吸收示意图如图 1-8 所示。利用初始条件 $x=0$ 时 $\Phi=\Phi_0$，解微分方程，找到通过路程 x 的光通量为

图 1-8　物质对光的吸收示意图

$$\Phi = \Phi_0 \mathrm{e}^{-\alpha x} \qquad (1.5\text{-}2)$$

当光在物质中传播时，透过的能量衰减到原来能量的 e^{-1} 时所通过的路程 x_α 的倒数等于该物质的吸收系数 α，即

$$\alpha = 1/x_\alpha \qquad (1.5\text{-}3)$$

另外，根据电动力学理论，平面电磁波在物质中传播时，其电矢量和磁矢量都按指数规律 $\mathrm{e}^{-\frac{\omega\mu x}{c}}$ 衰减。而能流密度正比于电矢量 $E_Y = E_0\mathrm{e}^{-\frac{\omega\mu x}{c}}\mathrm{e}^{\mathrm{j}\omega\left(t-\frac{nx}{c}\right)}$ 和磁矢量 $H_Z = H_0\mathrm{e}^{-\frac{\omega\mu x}{c}}\mathrm{e}^{\mathrm{j}\omega\left(t-\frac{nx}{c}\right)}$ 的乘积，其实数部分为辐通量，它是传播路程 x 的函数。即

$$\Phi = \Phi_0\mathrm{e}^{-\frac{2\omega\mu x}{c}} \qquad (1.5\text{-}4)$$

式中，μ 称为消光系数。

由此可以得出

$$\alpha = 2\omega\mu/c = 4\pi\mu/\lambda \qquad (1.5\text{-}5)$$

该式表明，若 μ 是与光波波长 λ 无关的常数，则 α 与 λ 成反比。半导体的 μ 与 λ 无关，表明它对越短波长的光吸收越强。普通玻璃的 μ 也与 λ 无关，因此，它们对短波长辐射的吸收比长波长强。

当不考虑反射损失时，吸收的光通量应为

$$\Phi_\alpha = \Phi_0 - \Phi = \Phi_0(1-\mathrm{e}^{-\alpha x}) \qquad (1.5\text{-}6)$$

1.5.2 半导体对光的吸收

半导体对光的吸收可分为以下几种。

(1) 本征吸收

在不考虑热激发和杂质的作用时,半导体中的电子基本上处于价带中,导带中的电子数很少。当光入射到半导体表面时,原子外层价电子吸收足够的光子能量,越过禁带,进入导带,成为可以自由运动的自由电子。同时,在价带中留下一个自由空穴,产生电子-空穴对。如图1-9所示,半导体价带电子吸收光子能量跃迁入导带,产生电子-空穴对的现象称为本征吸收。

显然,发生本征吸收的条件是光子能量必须大于半导体的禁带宽度 E_g,这样才能使价带 E_v 上的电子吸收足够的能量跃入导带低能级 E_c 之上,即

$$h\nu \geqslant E_g \qquad (1.5\text{-}7)$$

由此,可以得到发生本征吸收的长波限

$$\lambda_L \leqslant \frac{hc}{E_g} = \frac{1.24}{E_g}(\mu m) \qquad (1.5\text{-}8)$$

只有波长短于 λ_L 的入射辐射才能使器件产生本征吸收,改变本征半导体的导电特性。

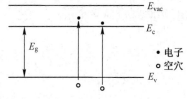

图 1-9　本征吸收

(2) 杂质吸收

N 型半导体中未电离的杂质原子(施主原子)吸收光子能量 $h\nu$。若 $h\nu \geqslant \Delta E_D$(施主电离能),杂质原子的外层电子将从杂质能级(施主能级)跃入导带,成为自由电子。

同样,P 型半导体中,价带上的电子吸收能量 $h\nu > \Delta E_A$(受主电离能)的光子后,价电子跃入受主能级,价带上留下空穴。

杂质半导体吸收足够能量的光子,产生电离的过程称为杂质吸收。

显然,杂质吸收的长波限

$$\lambda_L \leqslant \frac{1.24}{\Delta E_D}(\mu m) \qquad (1.5\text{-}9)$$

或

$$\lambda_L \leqslant \frac{1.24}{\Delta E_A}(\mu m) \qquad (1.5\text{-}10)$$

由于 $E_g > \Delta E_D$ 或 ΔE_A,因此,杂质吸收的长波限总要长于本征吸收的长波限。杂质吸收会改变半导体的导电特性,也会引起光电效应。

(3) 激子吸收

当入射到本征半导体上的光子能量 $h\nu$ 小于 E_g,或入射到杂质半导体上的光子能量 $h\nu$ 小于杂质电离能(ΔE_D 或 ΔE_A)时,电子不产生能带间的跃迁成为自由载流子,仍受原来束缚电荷的约束而处于受激状态。这种处于受激状态的电子称为激子。吸收光子能量产生激子的现象称为激子吸收。显然,激子吸收不会改变半导体的导电特性。

(4) 自由载流子吸收

对于一般半导体材料,当入射光子的频率不够高,不足以引起电子产生能带间的跃迁或形成激子时,仍然存在着吸收,而且随强度的增强而增大。这是由自由载流子在同一能带内的能级间的跃迁所引起的,称为自由载流子吸收。自由载流子吸收不会改变半导体的导电特性。

(5) 晶格吸收

晶格原子对远红外区的光子能量的吸收,直接转变为晶格振动动能的增加,在宏观上表现为物体温度升高,引起物质的热效应。

以上五种吸收中,只有本征吸收和杂质吸收能够直接产生非平衡载流子,引起光电效应。其他

吸收都会不同程度地把辐射能转换为热能,使器件温度升高,使热激发载流子运动的速度加快,而不会改变半导体的导电特性。

1.6　光电效应

光与物质作用产生的光电效应分为内光电效应与外光电效应两类。被光激发所产生的载流子(自由电子或空穴)仍在物质内部运动,使物质的电导率发生变化或产生光生伏特的现象,称为内光电效应。而被光激发产生的电子逸出物质表面,形成真空电子的现象,称为外光电效应。内光电效应是半导体光电器件的核心技术,外光电效应是真空光电倍增管、摄像管、变像管和像增强器的核心技术。本节主要讨论内光电效应与外光电效应的基本原理,这是光电技术的重要基础。

1.6.1　内光电效应

1. 光电导效应

光电导效应可分为本征光电导效应与杂质光电导效应两种。本征半导体或杂质半导体价带中的电子吸收光子能量跃入导带,产生本征吸收,导带中产生光生自由电子,价带中产生光生自由空穴。光生电子与空穴使半导体的电导率发生变化。这种在光的作用下由本征吸收引起的半导体电导率发生变化的现象,称为本征光电导效应。

如果辐通量为 $\Phi_{e,\lambda}$ 的单色辐射入射到如图 1-10 所示的光电导体上时,波长为 λ 的单色辐射全部被吸收,则光敏层单位时间(每秒)所吸收的量子数密度为

$$N_{e,\lambda} = \frac{\Phi_{e,\lambda}}{h\nu bdl} \qquad (1.6\text{-}1)$$

光敏层每秒产生的电子数密度为

$$G_e = \eta N_{e,\lambda} \qquad (1.6\text{-}2)$$

式中,η 为半导体材料的量子效率。

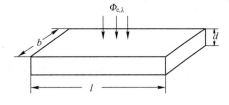

图 1-10　光电导体

在热平衡状态下,半导体的热电子产生率 G_t 与热电子复合率 r_t 相平衡。因此,光敏层内电子总产生率为

$$G_e + G_t = \eta N_{e,\lambda} + r_t \qquad (1.6\text{-}3)$$

在光敏层内除产生电子与空穴外,还有电子与空穴的复合。导带中的电子与价带中的空穴的总复合率为

$$R = K_f(\Delta n + n_i)(\Delta p + p_i) \qquad (1.6\text{-}4)$$

式中,K_f 为载流子的复合概率,Δn 为导带中的光生电子浓度,Δp 为导带中的光生空穴浓度,n_i 与 p_i 分别为热激发电子与空穴的浓度。

同样,r_t 与 n_i 及 p_i 的乘积成正比,即

$$r_t = K_f n_i p_i \qquad (1.6\text{-}5)$$

在热平衡状态下,载流子的总产生率应与总复合率相等,即

$$\eta N_{e,\lambda} + K_f n_i p_i = K_f(\Delta n + n_i)(\Delta p + p_i) \qquad (1.6\text{-}6)$$

在非平衡状态下,载流子的时间变化率应等于载流子的总产生率与总复合率的差,即

$$\frac{d\Delta n}{dt} = \eta N_{e,\lambda} + K_f n_i p_i - K_f(\Delta n + n_i)(\Delta p + p_i)$$

$$= \eta N_{e,\lambda} - K_f(\Delta n \Delta p + \Delta p \, n_i + \Delta n \, p_i) \tag{1.6-7}$$

下面分两种情况进行讨论。

（1）在微弱辐射作用下，$\Delta n \ll n_i$，$\Delta p \ll p_i$，并考虑到本征吸收的特点：$\Delta n = \Delta p$，因此式（1.6-7）可简化为

$$\frac{d\Delta n}{dt} = \eta N_{e,\lambda} - K_f \Delta n(n_i + p_i)$$

利用初始条件：$t = 0$ 时，$\Delta n = 0$，解微分方程得

$$\Delta n = \eta \tau N_{e,\lambda}(1 - e^{-t/\tau}) \tag{1.6-8}$$

式中，$\tau = 1/K_f(n_i + p_i)$，称为载流子的平均寿命。

由式（1.6-8）可见，光激发载流子浓度 Δn 随时间按指数规律上升，当 $t \gg \tau$ 时，Δn 达到稳态值 Δn_0，即达到动态平衡状态，有

$$\Delta n_0 = \eta \tau N_{e,\lambda} \tag{1.6-9}$$

光激发载流子引起半导体电导率的变化为

$$\Delta \sigma = \Delta n q \mu = \eta \tau q \mu N_{e,\lambda} \tag{1.6-10}$$

式中，μ 为电子迁移率 μ_n 与空穴迁移率 μ_p 之和。

半导体材料的光电导为

$$g = \Delta \sigma \frac{bd}{l} = \frac{\eta \tau q \mu bd}{l} N_{e,\lambda} \tag{1.6-11}$$

将式（1.6-1）代入式（1.6-11）得到

$$g = \frac{\eta q \tau \mu}{h\nu l^2} \Phi_{e,\lambda} \tag{1.6-12}$$

由式（1.6-12）可以看出，在弱辐射作用下的半导体材料的光电导与入射辐通量 $\Phi_{e,\lambda}$ 呈线性关系。

对式（1.6-12）求导可得

$$dg = \frac{\eta q \tau \mu}{h\nu l^2} d\Phi_{e,\lambda}$$

由此可得半导体材料在弱辐射作用下的光电导灵敏度为

$$S_g = \frac{dg}{d\Phi_{e,\lambda}} = \frac{\eta q \tau \mu \lambda}{hcl^2} \tag{1.6-13}$$

可见，S_g 为与材料性质有关的常数，与光电导材料两电极间长度 l 的平方成反比。为提高 S_g，需要将光敏电阻的形状做成蛇形。

（2）在强辐射作用下，$\Delta n \gg n_i$，$\Delta p \gg p_i$，式（1.6-7）可以简化为

$$\frac{d\Delta n}{dt} = \eta N_{e,\lambda} - K_f \Delta n^2$$

利用初始条件：$t = 0$ 时，$\Delta n = 0$，解微分方程得

$$\Delta n = \left(\frac{\eta N_{e,\lambda}}{K_f}\right)^{1/2} \tanh \frac{t}{\tau} \tag{1.6-14}$$

式中，$\tau = 1/\sqrt{\eta K_f N_{e,\lambda}}$，为强辐射作用下载流子的平均寿命。

显然，在强辐射情况下，半导体材料的光电导与入射辐通量间的关系为

$$g = q\mu \left(\frac{\eta \, bd}{h\nu K_f l^3}\right)^{1/2} \Phi_{e,\lambda}^{\frac{1}{2}} \tag{1.6-15}$$

为抛物线关系。

对式(1.6-15)进行微分得
$$dg = \frac{1}{2} q\mu \left(\frac{\eta bd}{h\nu K_f l^3}\right)^{1/2} \Phi_{e,\lambda}^{\frac{1}{2}} d\Phi_{e,\lambda} \tag{1.6-16}$$

上式表明,在强辐射作用的情况下,半导体材料的光电导灵敏度不仅与材料的性质有关,而且与入射辐通量有关,是非线性的。

综上所述,半导体的光电导效应与入射辐通量的关系为:在弱辐射作用的情况下是线性的,随着辐射的增强,线性关系变坏,当辐射很强时,变为抛物线关系。

2. 光生伏特效应

光生伏特效应是基于半导体 PN 结基础上的一种将光能转换成电能的效应。当入射辐射作用在半导体 PN 结上产生本征吸收时,价带中的光生空穴与导带中的光生电子在 PN 结内建电场的作用下分开,并分别向如图 1-11 所示的方向运动,形成光生电压或光生电流。

半导体 PN 结的能带结构如图 1-12 所示。当 P 型与 N 型半导体形成 PN 结时,P 区和 N 区的多数载流子要进行相对的扩散运动,以便平衡它们的费米能级差。扩散运动平衡时,它们具有如图 1-12 所示的同一费米能级 E_F,并在结区形成由正、负离子组成的空间电荷区或耗尽区。空间电荷形成如图 1-11 所示的内建电场,内建电场的方向由 N 指向 P。当入射辐射作用于 PN 结区时,本征吸收产生的光生电子与空穴将在内建电场力的作用下做漂移运动,电子被内建电场拉到 N 区,而空穴被拉到 P 区。结果 P 区带正电,N 区带负电,形成光生电压。

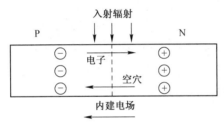

图 1-11 半导体 PN 结示意图

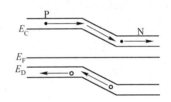

图 1-12 PN 结的能带结构

当设定内建电场的方向为电压与电流的正方向时,将 PN 结两端接入适当的负载电阻 R_L,若入射辐通量为 $\Phi_{e,\lambda}$ 的辐射作用于 PN 结上,则有电流 I 流过负载电阻,并在 R_L 的两端产生压降 U,流过的电流应为

$$I = I_\Phi - I_D \left(e^{\frac{qU}{kT}} - 1\right) \tag{1.6-17}$$

式中,$I_\Phi = \frac{\eta q}{h\nu}(1-e^{-\alpha d})\Phi_{e,\lambda}$ 为光生电流,I_D 为暗电流。由式(1.6-17)也可以获得 I_Φ 的另一种定义:当 $U=0$(PN 结被短路)时的输出电流 I_{SC} 即为短路电流,并有

$$I_{SC} = I_\Phi = \frac{\eta q}{h\nu}(1-e^{-\alpha d})\Phi_{e,\lambda} \tag{1.6-18}$$

同样,当 $I=0$ 时(PN 结开路),PN 结两端的开路电压为

$$U_{oc} = \frac{kT}{q}\ln\left(\frac{I_\Phi}{I_D}+1\right) \tag{1.6-19}$$

在图像传感器中常用具有光生伏特效应的光电二极管作为像元,此时的光电二极管常采用反向偏置,即式(1.6-17)中的电压 U 为负值,且满足 $|U| \gg \frac{kT}{q}$。在反向偏置的情况下,光电二极管的电流为

$$I = I_\Phi + I_D \tag{1.6-20}$$

一般 $I_D \ll I_\Phi$，因此，常被忽略。光电二极管的电流与入射辐射呈线性关系

$$I = \frac{\eta q}{h\nu}(1 - e^{-\alpha d})\Phi_{e,\lambda} \tag{1.6-21}$$

3. 丹培(Dember)效应

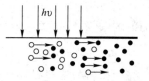

光生载流子扩散运动如图 1-13 所示。当半导体材料的一部分被遮蔽，另一部分被光均匀照射时，在曝光区产生本征吸收的情况下，将产生高密度的电子与空穴载流子，而遮蔽区的载流子浓度很低，形成浓度差。这样，由于两部分载流子浓度差很大，必然会引起载流子由受照面向遮蔽区的扩散运动。由于电子的迁移率大

图 1-13　光生载流子扩散运动

于空穴的迁移率，因此，在向遮蔽区扩散运动的过程中，电子很快进入遮蔽区，而空穴落在后面。这样，受照面积累了空穴，遮蔽区积累了电子，产生光生电压现象。这种由于载流子迁移率的差别产生受照面与遮光面之间的光生电压现象称为丹培效应。丹培效应产生的光生电压可由下式计算

$$U_D = \frac{kT}{q}\left(\frac{\mu_n - \mu_p}{\mu_n + \mu_p}\right)\ln\left[1 + \frac{(\mu_n + \mu_p)\Delta n_0}{n_0\mu_n + p_0\mu_p}\right] \tag{1.6-22}$$

式中，n_0 与 p_0 为热平衡载流子的浓度；Δn_0 为半导体表面处的光生载流子浓度；μ_n 与 μ_p 分别为电子与空穴的迁移率。$\mu_n = 1400\ \text{cm}^2/(\text{V}\cdot\text{s})$，而 $\mu_p = 500\ \text{cm}^2/(\text{V}\cdot\text{s})$，显然，$\mu_n \gg \mu_p$。

以适当频率的单色辐射照射到厚度为 d 的半导体样品上时，如果材料的吸收系数 $\alpha \gg 1/d$，则背光面相当于被遮面。迎光面产生的电子与空穴浓度远比背光面高，在扩散力的作用下，形成双极性扩散运动。结果，半导体的迎光面带正电，背光面带负电，产生光生电压。将这种由于双极性载流子扩散运动速率不同而产生的光生电压现象也称为丹培效应。

4. 光磁电效应

在如图 1-14 所示的半导体上外加磁场，磁场的方向与光照方向垂直(如图中 **B** 所示的方向)，当半导体受光照射产生丹培效应时，由于电子和空穴在磁场中的运动会受到洛伦兹力的作用，使它们的运动轨迹发生偏转，空穴向半导体的上方偏转，电子偏向下方。结果在垂直于光照方向与磁场方向的半导体上、下表面上产生光生电压，称为光磁电场。这种现象被称为半导体的光磁电效应。

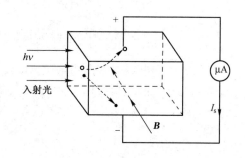

图 1-14　光磁电效应

光磁电场可由下式确定

$$E_Z = \frac{-qBD(\mu_n + \mu_p)(\Delta p_0 - \Delta p_d)}{n_0\mu_n + p_0\mu_p} \tag{1.6-23}$$

式中，Δp_0，Δp_d 分别为 $x = 0$，$x = d$ 处 N 型半导体在光辐射作用下激发出的少数载流子(空穴)的浓度；D 为双极性载流子的扩散系数，有

$$D = \frac{D_n D_p(n + p)}{nD_n + pD_p} \tag{1.6-24}$$

式中，D_n 与 D_p 分别为电子与空穴的扩散系数。

图 1-14 所示的电路中，用低阻微安表测得短路电流为 I_s。在测量半导体的光电导效应时，设外加电压为 U，流过半导体的电流为 I，则少数载流子的平均寿命为

$$\tau = \frac{B^2 D (I/I_s)^2}{U^2} \qquad (1.6-25)$$

5. 光子牵引效应

当光子与半导体中的自由载流子作用时,光子把动量传递给自由载流子,自由载流子将顺着光线的传播方向做相对于晶格的运动。结果,在开路的情况下,半导体中将产生电场,它阻止载流子的运动。这个现象被称为光子牵引效应。

利用光子牵引效应已成功地检测了低频大功率 CO_2 激光器的输出功率。CO_2 激光器输出光的波长(10.6 μm)远远超过激光器锗窗材料的本征吸收长波限,不可能产生光电子发射,但是,激光器锗窗的两端会产生光生电压,迎光面带正电,出光面带负电。

在室温下,P 型锗光子牵引探测器的光电灵敏度为

$$S_v = \frac{\rho \mu_p (1-r)}{Ac} \left[\frac{1 - e^{-\alpha l}}{1 + re^{-\alpha l}} \left(\frac{p/p_0}{1 + p/p_0} \right) \right] \qquad (1.6-26)$$

式中,ρ 为锗窗的电阻率;μ_p 为空穴的迁移率;A 为探测器的面积;c 为光速;α 为材料的吸收系数;r 为探测器表面的反射系数;l 为探测器沿光方向的长度;p 为空穴的浓度。

1.6.2 外光电效应

物质中的电子吸收足够高的光子能量,电子将逸出物质表面成为真空中的自由电子,这种现象称为光电发射效应或外光电效应。

光电发射效应中光电能量转换的基本关系为

$$h\nu = \frac{1}{2} m v_0^2 + E_{th} \qquad (1.6-27)$$

式(1.6-27)表明,具有 $h\nu$ 能量的光子被电子吸收后,只要光子的能量大于光电发射材料的光电发射阈值 E_{th},则质量为 m 的电子的初始动能 $\frac{1}{2} m v_0^2$ 便大于零,即有电子飞出光电发射材料进入真空(或逸出物质表面)。

光电发射阈值 E_{th} 的概念是建立在材料的能带结构基础上的。金属材料的能级结构如图 1-15 所示,导带与价带连在一起,因此有

$$E_{th} = E_{vac} - E_f \qquad (1.6-28)$$

式中,E_{vac} 为真空能级,一般设为参考能级(0 级)。因此费米能级 E_f 为负值;$E_{th} > 0$。

对于半导体,情况较为复杂。半导体分为本征半导体与杂质半导体,杂质半导体又分为 P 型杂质半导体和 N 型杂质半导体,其能级结构不同,光电发射阈值的定义也不同。图 1-16 所示为三种半导体的综合能级结构图,可以得到处于导带中的电子的光电发射阈值为

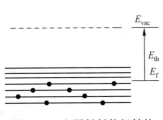

图 1-15　金属材料能级结构

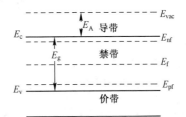

图 1-16　三种半导体的综合能级结构

$$E_{th} = E_A \qquad (1.6-29)$$

即导带中的电子接收的能量,大于电子亲和势为 E_A 的光子后,就可以飞出半导体表面。而对于价带中的电子,其光电发射阈值为

$$E_{th} = E_g + E_A \qquad (1.6-30)$$

说明电子由价带顶逸出物质表面所需要的最低能量,即为光电发射阈值。由此可以获得光电发射长波限为

$$\lambda_L = hc/E_{th} = 1239/E_{th}(\text{nm}) \qquad (1.6-31)$$

利用具有光电发射效应的材料也可以制成各种光电探测器件,这些器件统称为光电发射器件。光电发射器件具有许多不同于内光电器件的特点:

(1)光电发射器件中的导电电子可以在真空中运动,因此,可以通过电场加速电子运动的动能,或通过电子的内倍增系统提高光电探测灵敏度,使它能够快速地探测极其微弱的光信号,成为像增强器与变像器技术的基本器件。

(2)很容易制造出均匀的大面积光电发射器件,这在光电成像器件方面非常有利。一般真空光电成像器件的空间分辨率要高于半导体光电图像传感器。

(3)光电发射器件需要高稳定的高压直流电源设备,使得整个探测器体积庞大,功率损耗大,不适于野外操作,造价也昂贵。

(4)光电发射器件的光谱响应范围一般不如半导体光电器件宽。

思考题与习题 1

1.1 辐度量与光度量的本质区别是什么?为什么量子流速率计算公式中不能出现光度量?

1.2 试写出 Φ_e, M_e, I_e, L_e 等辐度量参数之间的关系式,说明它们分别是从哪个角度度量辐射源的?各有什么意义?

1.3 何谓余弦辐射体?余弦辐射体有哪些特征?引入余弦辐射体的概念有什么意义?激光光源是余弦辐射体吗?

1.4 辐出度 M_e 与辐照度 E_e 这两个物理量的主要差异是什么?哪个是表述辐射源性能的参数?

1.5 K_m, K_λ, K_w 符号的物理意义是什么?为什么要引入这三个参数?它们之间的差异是什么?具有相同的量纲吗?

1.6 本征吸收、杂质吸收都能够产生光电导效应与光生伏特效应,二者的本质区别在哪里?差异又在哪里?

1.7 一台氦氖激光器发出功率为 3 mW、波长为 0.6328 μm 的光束,若光束的平面发散角为 0.02 mrad,且知激光器的放电毛细管直径为 1 mm。试求:

(1)当 $V_{0.6328} = 0.235$ 时此光束的辐通量 $\Phi_{e,\lambda}$、光通量 $\Phi_{v,\lambda}$、发光强度 $I_{v,\lambda}$、光出度 $M_{v,\lambda}$ 各为多少?

(2)若将其投射到 10 m 远处的屏幕上,问屏幕的光照度为多少?

1.8 一束波长为 0.5145 μm、输出功率为 3W 的氩离子激光能够均匀地投射到 0.2 cm² 的白色屏幕上。问屏幕上的光照度为多少?若屏幕的反射系数为 0.85,其光出度为多少?屏幕每秒能够接收到多少个光子?

1.9 试求功率为 1.0 mW 氦氖激光器所发出的光通量为多少 lm?发出光束的光子流速率 N 为多少?

1.10 在月球上测得太阳辐射的峰值光谱在 0.465 μm 处,试计算太阳表面的温度及其峰值光谱辐出度 M_{e,s,λ_m}。

1.11 青年人正常体温下发出的峰值波长 λ_m 为多少?发烧到 38.5℃时的峰值波长又是多少?发烧到 39℃时的峰值光谱辐出度 M_{e,s,λ_m} 是多少?

1.12 用光谱方式的高温计测得某黑体辐射的最强光谱波长为 0.63 μm,试计算该黑体的温度。

1.13 某半导体光电器件的长波限为 13 μm,试求其杂质电离能 ΔE_i。

1.14 某厂生产的光电器件在标准钨丝灯光源下标定出的光照灵敏度为 200 μA/lm,试求其辐照度灵敏度。

1.15 一只 100 W 的标准钨丝灯在 0.2sr 范围内发出的光通量是多少?它所发出的总光通量又是多少?

1.16 若甲、乙两厂生产的光电器件在色温 2856K 标准钨丝灯下标定出的灵敏度分别为 $S_e = 5\,\mu A/\mu W$,$S_v = 0.4\,A/lm$。试比较甲、乙两厂生产的光电器件哪个灵敏度高?

1.17 已知本征硅材料的禁带宽度 $E_g = 1.2$ eV,试求该半导体材料本征吸收的长波限。

1.18 在微弱辐射作用下光电导材料的光电导灵敏度表现出怎样的光电特性?为什么要把光敏电阻的敏感面制成栅状或蛇形?

1.19 光生伏特效应的主要特点是什么?半导体产生光生电压必须具备哪些条件?

1.20 为什么说 CO_2 激光器的锗晶体出光窗的两端会产生光生电压?迎光面与出光面相比哪端电位高?为什么?属于哪种光电效应?

1.21 光电发射材料 K_2CsSb 的光电发射长波限为 680 nm,试求该光电发射材料的光电发射阈值。

1.22 某种半导体材料的本征吸收长波限为 1.4 μm,试计算该材料的禁带宽度。

第2章 光电导器件

某些物质吸收光子的能量产生本征吸收或杂质吸收,从而改变物质电导率的现象,称为物质的光电导效应。利用具有光电导效应的材料(如硅、锗等本征半导体与杂质半导体,硫化镉、硒化镉、氧化铅等)可以制成电导率随入射光度量变化的器件,称为光电导器件或光敏电阻。

光敏电阻具有体积小、坚固耐用、价格低廉、光谱响应范围宽等优点,广泛应用于微弱辐射信号的探测领域。

本章主要介绍光敏电阻的工作原理、基本特性、光敏电阻的变换电路和典型应用。

2.1 光敏电阻的原理与结构

1. 光敏电阻的基本原理

图 2-1 所示为光敏电阻的原理图与符号。在均匀的具有光电导效应的半导体材料的两端加上电极,便构成光敏电阻。当光敏电阻的两端加上适当的偏置电压 U_{bb} 后,便有电流 I_Φ 流过,用检流计可以检测到该电流。改变照射到光敏电阻上的光度量(如照度),发现 I_Φ 将发生变化,说明光敏电阻的阻值随照度变化。

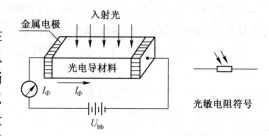

图 2-1 光敏电阻的原理图与符号

根据半导体材料的分类,光敏电阻有两大基本类型:本征型半导体光敏电阻与杂质型半导体光敏电阻。由式(1.5-8)、式(1.5-9)与式(1.5-10)可以看出,本征型半导体光敏电阻的长波长要短于杂质型半导体光敏电阻的长波长,因此,前者常用于可见光波段的探测,而后者常用于红外波段甚至于远红外波段的探测。

2. 光敏电阻的基本结构

在 1.6.1 节讨论光电效应时我们发现:光敏电阻在微弱辐射作用下,光电导灵敏度 S_g 与光敏电阻两电极间距离 l 的平方成反比,参见式(1.6-13);在强辐射作用下,S_g 与 l 的二分之三次方成反比,参见式(1.6-16)。可见 S_g 与 l 有关。因此,为了提高光敏电阻的 S_g,要尽可能地缩短 l。这就是光敏电阻结构设计的基本原则。

根据光敏电阻的设计原则可以设计出如图 2-2 所示的 3 种光敏电阻。图 2-2(a)所示光敏面为梳形结构。两个梳形电极之间为光敏电阻材料,由于两个梳形电极靠得很近,电极间距很小,光敏电阻的灵敏度很高。图 2-2(b)所示光敏面为蛇形结构,光电导材料的两侧为金属导电材料,并在其上设置电极。显然,这种光敏电阻的电极间距(为蛇形光电导材料的宽度)很小,提高了光敏电阻的灵敏

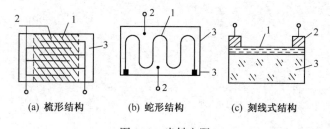

(a) 梳形结构　　(b) 蛇形结构　　(c) 刻线式结构

图 2-2 光敏电阻

1—光电导材料　2—电极　3—衬底材料

度。图 2-2(c)所示为刻线式结构的光敏电阻侧向图,在制备好的光敏电阻衬基上刻出狭窄的光敏材料条,再蒸涂金属电极,构成刻线式结构的光敏电阻。

3. 典型光敏电阻

（1）CdS 光敏电阻

CdS 光敏电阻是最常见的光敏电阻,它的光谱响应特性最接近人眼光谱光视效率 $V(\lambda)$,它在可见光波段范围内的灵敏度最高,因此被广泛地应用于灯光的自动控制,以及照相机的自动测光等。CdS 光敏电阻常采用蒸发、烧结或黏结的方法制备,在制备过程中把 CdS 和 CdSe 按一定的比例制配成 Cd(S,Se) 光敏电阻材料;或者在 CdS 中掺入微量杂质铜(Cu)和氯(Cl),使它既具有本征光电导器件的响应,又具有杂质光电导器件的响应特性,可使 CdS 光敏电阻的光谱响应向红外谱区延长,峰值响应波长也变长。

CdS 光敏电阻的峰值响应波长为 $0.52\,\mu m$,CdSe 光敏电阻的为 $0.72\,\mu m$,通过调整 S 和 Se 的比例,可使 Cd(S,Se) 光敏电阻的峰值响应波长大致控制在 $0.52\sim0.72\,\mu m$ 范围内。

CdS 光敏电阻的光敏面常为如图 2-2(b)所示的蛇形结构。

表 2-1 所示为典型 CdS 光敏电阻的特性参数。表 2-2 所示为 PbS 等材料的光敏电阻特性参数。

表 2-1　CdS 光敏电阻的特性参数

型号	暗电阻（MΩ）	亮电阻（kΩ/10lx）	峰值波长（nm）	使用温度（℃）	γ 值（典型值）	最高电压（V）	极限功率（mW）	直径（mm）	生 产 厂 家
GL3516	0.2	5~10	560	−30~+70	0.65	100	50	3	南阳利达光电有限公司
GL3549	5	50~160	560	−30~+70	0.85	100	50	3	
GL5537	2	18~50	560	−30~+70	0.75	150	100	5	
GL12538	5	18~50	600	−30~+70	0.8	250	200	12	
GL25526	0.5	8~20	550	−30~+70	0.65	600	600	25	
PMG5506	0.15	2~6	540	−30~+70	0.6	100	90	5	深圳市安博威科技有限公司
PGM1202	5	8~20	560	−30~+70	0.7	250	250	12	
PGM2004	20	0.5~100	560	−30~+70		500	500	20	

表 2-2　PbS 等材料的光敏电阻特性参数

型 号	材料	受光面积 mm×mm	工作温度（K）	长波限（μm）	峰值比探测率（$cmHz^{\frac{1}{2}}W^{-1}$）	响应时间（s）	暗电阻（MΩ）	亮电阻（kΩ）	应用
MG41−21	CdS	Φ9.2	233~343	0.8		$\leqslant 2\times10^{-2}$	$\geqslant 0.1$	$\leqslant 2$	可见光探测
P397	PbS	5×5	298	3	$2\times10^{10}[1300,100,1]$	$(1\sim4)\times10^{-4}$	2		火焰探测
P791	PbSe	1×5	298	3	$1\times10^{9}[\lambda_m,100,1]$	2×10^{-4}	2		火焰探测
9903	PbSe	1×3	263	3	$3\times10^{9}[\lambda_m,100,1]$	10^{-5}	3		火焰探测
OE−10	PbSe	10×10	298	3	2.5×10^{9}	1.5×10^{-6}	4		红外探测
OTC−3M	InSb	2×2	253		$6\times10^{8}[\lambda_m,100,1]$	4×10^{-6}	4		红外探测
Ge(Au)	Ge		77	8.0	1×10^{10}	5×10^{-8}			红外探测
Ge(Hg)	Ge		38	14	4×10^{10}	1×10^{-9}			红外探测
Ge(Cd)	Ge		20	23	4×10^{10}	5×10^{-8}			中红外探测

（2）PbS 光敏电阻

PbS 光敏电阻是近红外波段最灵敏的光电导器件。PbS 光敏电阻常用真空蒸发或化学沉积的方法制备，光电导体的厚度为微米量级的多晶薄膜或单晶硅薄膜。由于 PbS 光敏电阻在 $2\,\mu m$ 附近的红外辐射的探测灵敏度很高，因此，常用于火灾的探测。

PbS 光敏电阻的光谱响应及峰值比探测率等特性与工作温度有关，随着工作温度的降低，其峰值响应波长和长波长将向长波方向延伸，且峰值比探测率增加。例如，室温下的 PbS 光敏电阻的光谱响应范围为 $1\sim3.5\,\mu m$，峰值波长为 $2.4\,\mu m$，峰值比探测率 D^* 高达 $1\times10^{11}\,cm\cdot Hz^{1/2}\cdot W^{-1}$。当温度降低到 195 K 时，光谱响应范围为 $1\sim4\,\mu m$，峰值响应波长移至 $2.8\,\mu m$，峰值比探测率 D^* 也增大到 $2\times10^{11}\,cm\cdot Hz^{1/2}\cdot W^{-1}$。

（3）InSb 光敏电阻

InSb 光敏电阻为 $3\sim5\,\mu m$ 光谱范围内的主要探测器件之一。InSb 光敏电阻由单晶材料制备，制造工艺比较成熟，经过切片、磨片、抛光后的单晶材料，再采用腐蚀的方法减薄到所需的厚度，便制成单晶 InSb 光敏电阻。光敏面的尺寸为 $0.5\,mm\times0.5\,mm\sim8\,mm\times8\,mm$。大光敏面的器件由于不能做得很薄，其探测率较低。InSb 材料不仅适用于制造单元探测器件，也适宜制造阵列红外探测器件。

InSb 光敏电阻在室温下的长波长可达 $7.5\,\mu m$，峰值波长在 $6\,\mu m$ 附近，比探测率 D^* 约为 $1\times10^{11}\,cm\cdot Hz^{\frac{1}{2}}\cdot W^{-1}$。当温度降低到 77 K（液氮）时，其长波限由 $7.5\,\mu m$ 缩短到 $5.5\,\mu m$，峰值波长也将移至 $5\,\mu m$，恰为大气的窗口范围，峰值比探测率 D^* 升高到 $2\times10^{11}\,cm\cdot Hz^{\frac{1}{2}}\cdot W^{-1}$。

（4）$Hg_{1-x}Cd_xTe$ 系列光电导探测器件

$Hg_{1-x}Cd_xTe$ 系列光电导探测器件是目前所有红外探测器件中性能最优良且最有前途的探测器件，尤其是对于 $4\sim8\,\mu m$ 大气窗口波段辐射的探测更为重要。

$Hg_{1-x}Cd_xTe$ 系列光电导体是由 HgTe 和 CdTe 两种材料的晶体混合制造的，其中 x 标明 Cd 元素含量的组分。在制造混合晶体时选用不同 Cd 的组分 x，可以得到不同的禁带宽度 E_g，从而制造出不同波长响应范围的 $Hg_{1-x}Cd_xTe$ 光电导探测器件。一般组分 x 的变化范围为 $0.18\sim0.4$，长波限的变化范围为 $1\sim30\,\mu m$。

2.2　光敏电阻的基本特性

光敏电阻为多数载流子导电的光电敏感器件，它的基本特性参数与其他光电器件不同。光敏电阻的基本特性参数包括光电特性、伏安特性、温度特性、时间响应与噪声特性等。

1. 光电特性

光敏电阻在黑暗的室温条件下，由于热激发产生的载流子使它具有一定的电导，该电导称为暗电导，其倒数为暗电阻，通常暗电导值都很小（或暗电阻值都很大）。当有光照射在光敏电阻上时，它的电导将变大，这时的电导称为光电导。光电导随光照量变化越大的光敏电阻，其灵敏度越高，这个特性称为光敏电阻的光电特性。

在 1.6.1 节讨论光电效应时我们看到，光敏电阻在弱辐射和强辐射作用下表现出不同的光电特性（线性与非线性），式（1.6-12）与式（1.6-15）分别给出了它在弱辐射和强辐射作用下的光电导与辐通量的关系，这是两种极端的情况。那么光敏电阻在一般辐射作用下的情况如何呢？

实际上,光敏电阻在由弱辐射到强辐射的作用下,它的光电特性可用在"恒定电压"下流过光敏电阻的电流 I_Φ,与作用到光敏电阻上的照度 E 的关系曲线来描述。如图 2-3 所示为 CdS 光敏电阻的光电特性曲线。由图可见,曲线是由线性渐变到非线性的。

在恒定电压的作用下,流过光敏电阻的光电流为

$$I_\Phi = g_\Phi U = US_g E \tag{2.2-1}$$

式中,S_g 为光电导灵敏度,E 为光敏电阻的照度。显然,当照度很低时,曲线近似为线性,S_g 由式 (1.6-13) 描述;随着照度的增高,线性关系变坏,当照度很高时,曲线近似为抛物线形,S_g 可由式 (1.6-16) 导出。为此,光敏电阻的光电特性可用一个随光度量变化的指数因子 γ 来描述,并定义 γ 为光电转换因子。将式(2.2-1)改为

$$I_\Phi = g_\Phi U = US_g E^\gamma \tag{2.2-2}$$

在弱辐射作用的情况下,$\gamma = 1$;随着入射辐射的增强,γ 值减小;当入射辐射很强时,γ 值降低到 0.5。

在实际使用时,常常将光敏电阻的光电特性曲线改用如图 2-4 所示的特性曲线。图 2-4(a) 所示为笛卡儿直角坐标系曲线,光敏电阻的阻值 R 与照度在光照很低时随照度的增加而迅速降低,表现为线性关系;当照度增加到一定程度后,阻值的变化变缓,然后逐渐趋向饱和。但是,在如图 2-4(b) 所示的对数坐标系中,光敏电阻的阻值 R 在某段照度范围内的光电特性表现为线性,即式(2.2-2)中的 γ 保持不变,因此,γ 值为对数坐标系下特性曲线的斜率,即

$$\gamma = \frac{\lg R_1 - \lg R_2}{\lg E_2 - \lg E_1} \tag{2.2-3}$$

式中,R_1 与 R_2 分别是照度为 E_1 和 E_2 时光敏电阻的阻值。显然,γ 值反映了在照度范围变化不大或照度的绝对值较大甚至光敏电阻接近饱和情况下的阻值与照度的关系。因此,定义 γ 值时必须说明其照度范围,否则 γ 值没有任何意义。

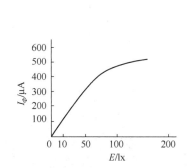

图 2-3　GdS 光敏电阻的光电特性曲线

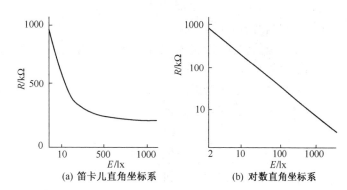

(a) 笛卡儿直角坐标系　　(b) 对数直角坐标系

图 2-4　光敏电阻的光电特性曲线

2. 伏安特性

光敏电阻的本质是电阻,符合欧姆定律,因此它具有与普通电阻相似的伏安特性,但是它的阻值是随入射光度量而变化的。利用图 2-1 所示的电路可以测出在不同光照下加在光敏电阻两端的电压 U 与流过它的电流 I_Φ 的关系曲线,并称其为光敏电阻的伏安特性曲线。图2-5 所示为典型 CdS 光敏电阻的伏安特性曲线,显然,它符合欧姆定律。图中的虚线为允许功耗线或额定功耗线,使用时应不使光敏电阻的实际功耗超过额定值。在设计光敏电阻变换电路时,应使光敏电阻的工作电压或电流控制在额定功耗线之内。

3. 温度特性

光敏电阻为多数载流子导电的光电器件,具有复杂的温度特性。光敏电阻的温度特性与光电导材料有着密切的关系,不同材料的光敏电阻有着不同的温度特性。图 2-6 所示为典型 CdS(虚线)与 CdSe(实线)光敏电阻在不同照度下的温度特性曲线。以室温(25℃)的相对光电导率为100%,观测光敏电阻的相对光电导率随温度的变化关系,可以看出其随温度的升高而下降,光电响应特性随着温度的变化较大。因此,在温度变化大的情况下,应采取制冷措施。降低或控制光敏电阻的工作温度是提高光敏电阻工作稳定性的有效办法。尤其在红外辐射的探测领域更为重要。

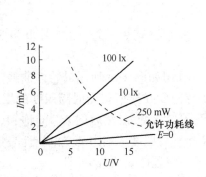

图 2-5　典型 CdS 光敏电阻的伏安特性曲线

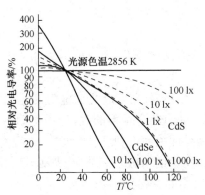

图 2-6　光敏电阻的温度特性曲线

4. 时间响应

光敏电阻的时间响应(又称为惯性)比其他光电器件要差(惯性要大)一些,频率响应要低一些,而且具有特殊性。当用一个理想方波脉冲辐射照射光敏电阻时,光生载流子要有产生的过程,光电导率 $\Delta\sigma$ 要经过一定的时间才能达到稳定。当停止辐射时,复合光生载流子也需要时间,表现出光敏电阻具有较大的惯性。

光敏电阻的惯性与入射辐射信号的强弱有关,下面分别讨论。

（1）弱辐射作用下的时间响应

如图 2-7 所示,当微弱的辐通量作用于光敏电阻上时,设辐通量 Φ_e 为下式表示的光脉冲

$$\Phi_e = \begin{cases} 0 & t=0 \\ \Phi_{e0} & t>0 \end{cases}$$

对于本征光电导器件,在非平衡状态下 $\Delta\sigma$ 和光电流 I_Φ 随时间变化的规律为

$$\Delta\sigma = \Delta\sigma_0(1-e^{-t/\tau}) \qquad (2.2\text{-}4)$$

$$I_\Phi = I_{\Phi 0}(1-e^{-t/\tau}) \qquad (2.2\text{-}5)$$

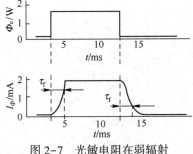

图 2-7　光敏电阻在弱辐射作用下的时间响应

式中,$\Delta\sigma_0$ 与 $I_{\Phi 0}$ 分别为弱辐射作用下的光电导率和光电流的稳态值。显然,当 $t \gg \tau_r$ 时,$\Delta\sigma = \Delta\sigma_0$,$I_\Phi = I_{\Phi 0}$;当 $t = \tau_r$ 时,$\Delta\sigma = 0.63\Delta\sigma_0$,$I_\Phi = 0.63I_{\Phi 0}$。

τ_r 定义为光敏电阻的上升时间常数,即光敏电阻的光电流上升到稳态值 $I_{\Phi 0}$ 的63%所需要的时间。

停止辐射时,有

$$\Phi_e = \begin{cases} \Phi_{e0} & t=0 \\ 0 & t>0 \end{cases}$$

同样,可以推导出停止辐射情况下,光电导率和光电流随时间变化的规律为

$$\Delta\sigma = \Delta\sigma_0 e^{-t/\tau} \qquad (2.2-6)$$

$$I_\Phi = I_{\Phi e0} e^{-t/\tau} \qquad (2.2-7)$$

当 $t = \tau_f$ 时,$\Delta\sigma = 0.37\Delta\sigma_0$,$I_\Phi = 0.37 I_{\Phi e0}$;当 $t \gg \tau_f$ 时,$\Delta\sigma$ 与 I_Φ 均下降为零。

所以,在辐射停止后,光电流下降到稳态值的 37% 所需要的时间称为光敏电阻的下降时间常数,记为 τ_f。显然,在弱辐射作用下,$\tau_r \approx \tau_f$。

（2）强辐射作用下的时间响应

如图 2-8 所示,当较强的辐通量 Φ_e 脉冲作用于光敏电阻上时,无论对本征型还是杂质型的光敏电阻,其光电导率与辐射的变化规律均由式(1.6-16)表示。
设辐射为方波脉冲

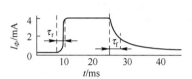

$$\begin{cases} \Phi_e = 0 & t = 0 \\ \Phi_e = \Phi_0 & t \geq 0 \end{cases}$$

光电导率 σ 的变化规律为

$$\Delta\sigma = \Delta\sigma_0 \tanh \frac{t}{\tau} \qquad (2.2-8)$$

光电流的变化规律为

$$\Delta I_\Phi = \Delta I_{\Phi 0} \tanh \frac{t}{\tau} \qquad (2.2-9)$$

图 2-8　光敏电阻在强辐射
作用下的时间响应

显然,当 $t \gg \tau$ 时,$\Delta\sigma = \Delta\sigma_0$,$I_\Phi = I_{\Phi e0}$;当 $t = \tau$ 时,$\Delta\sigma = 0.76\Delta\sigma_0$,$I_\Phi = 0.76 I_{\Phi e0}$。在强辐射时,光敏电阻的光电流上升到稳态值的 76% 所需要的时间 τ_r,定义为强辐射的上升时间常数。

当停止辐射时,由于光敏电阻体内的光生电子和光生空穴需要通过复合才能恢复到辐射前的稳定状态,而且随着复合的进行,光生载流子数密度在减小,复合概率在下降,所以,停止辐射的过渡过程要远远大于入射辐射的过程。

停止辐射时光电导率和光电流的变化规律可表示为

$$\Delta\sigma = \Delta\sigma_0 \frac{1}{1+t/\tau} \qquad (2.2-10)$$

$$I_\Phi = I_{\Phi 0} \frac{1}{1+t/\tau} \qquad (2.2-11)$$

由式(2.2-10)和式(2.2-11)可知,当 $t = \tau$ 时,$\Delta\sigma = 0.5\Delta\sigma_0$,而 $I_\Phi = 0.5 I_{\Phi e0}$;当 $t \gg \tau$ 时,$\Delta\sigma$ 与 I_Φ 均下降为零。

因此,当停止辐射时,光敏电阻的光电流下降到稳态值的 50% 所需要的时间,称为光敏电阻的下降时间常数,记为 τ_f。

图 2-9 所示为典型光敏电阻的频率特性曲线。从曲线中不难看出硫化铅（PbS）光敏电阻的频率特性稍微好些,但是,它的频率响应也不超过 10^4Hz。

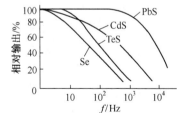

图 2-9　典型光敏电阻的
频率特性曲线

当然,光敏电阻在被强辐射照射后,其阻值恢复到长期处于黑暗状态的暗电阻 R_D 所需要的时间将是相当长的。因此,光敏电阻的暗电阻 R_D 与其检测前是否被曝光有关,这个效应被称为光敏电阻的前例效应。

5. 噪声特性

光敏电阻的主要噪声有热噪声、产生复合噪声和低频噪声（或称 $1/f$ 噪声）。

（1）热噪声

光敏电阻内载流子的热运动产生的噪声称为热噪声，或称为约翰逊（Johson）噪声。由热力学和统计物理学可以推导出热噪声公式

$$I_{NJ}^2(f) = \frac{4kT\Delta f}{R_d(1+\omega^2\tau_0^2)} \qquad (2.2\text{-}12)$$

式中，$I_{NJ}(f)$ 为热噪声电流，τ_0 为载流子的平均寿命，$\omega = 2\pi f$ 为信号角频率。在低频情况下，当 $\omega\tau_0 \ll 1$ 时，上式可简化为

$$I_{NJ}^2(f) = \frac{4kT\Delta f}{R_d} \qquad (2.2\text{-}13)$$

当 $\omega\tau_0 \gg 1$ 时
$$I_{NJ}^2(f) = \frac{kT\Delta f}{\pi^2 f^2 \tau_0^2 R_d} \qquad (2.2\text{-}14)$$

显然，它是调制频率 f 的函数，随频率的升高而减小。另外，它与光敏电阻的阻值成反比，随阻值的升高而降低。

（2）产生复合噪声

光敏电阻的产生复合噪声与其平均电流 $\bar{I}$ 有关，其数学表达式为

$$I_{ngr}^2 = 4q\,\bar{I}\,\frac{(\tau_0/\tau_1)\Delta f}{1+\omega^2\tau_0^2} \qquad (2.2\text{-}15)$$

式中，τ_1 为载流子跨越电极所需要的漂移时间。同样，当 $\omega\tau_0 \ll 1$ 时，上式可简化为

$$I_{ngr}^2 = 4q\,\bar{I}\Delta f\,\frac{\tau_0}{\tau_1} \qquad (2.2\text{-}16)$$

（3）低频噪声（电流噪声）

光敏电阻在偏置电压作用下产生信号光电流，由于光敏层内微粒的不均匀，或体内存有杂质，因此会产生微火花放电现象。这种微火花放电引起的电爆脉冲就是低频噪声的来源。

低频噪声的经验公式为
$$I_{nf}^2 = \frac{c_1 I^2 \Delta f}{bdlf^b} \qquad (2.2\text{-}17)$$

式中，c_1 是与材料有关的常数，I 为流过光敏电阻的电流，f 为光的调制频率，b 为接近 1 的系数，Δf 为调制频率的带宽。显然，低频噪声与调制频率成反比，频率越低，噪声越大，故称低频噪声。

这样，光敏电阻的噪声均方根值为

$$I_N = (I_{NJ}^2 + I_{ngr}^2 + I_{nf}^2)^{1/2} \qquad (2.2\text{-}18)$$

对于不同的器件，3 种噪声的影响不同：在几百赫兹以内以电流噪声为主；随着频率的升高，产生的复合噪声变得显著；频率很高时，以热噪声为主。光敏电阻的噪声与调制频率的关系如图 2-10 所示。

6. 光谱响应

光敏电阻的光谱响应主要与光敏材料禁带宽度、杂质电离能、材料掺杂比与掺杂浓度等因素有关。图 2-11 所示为 3 种典型光敏电阻的光谱响应特性曲线。显然，由 CdS 材料制成的光敏电阻的光谱响应很接近人眼的视觉响应；CdSe 材料的光谱响应较 CdS 材料的光谱响应范围宽；PbS 材料的光谱响应范围最宽，为 0.4~2.8 μm，PbS 光敏电阻常用于火点探测与火灾预警系统。

表 2-3 所示为常用的红外光敏电阻探测器。

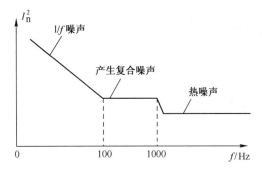

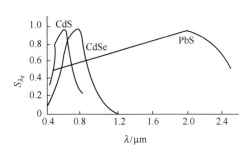

图 2-10　光敏电阻的噪声与调制频率的关系　　图 2-11　3 种典型光敏电阻的光谱响应特性曲线

表 2-3　常用的红外光敏电阻探测器

系列	型号	响应范围 （μm）	峰值响应 （μm）	比探测率 D^* （cmHz$^{1/2}$/W）	响应时间 τ （nm）	冷却方式	表面电阻 $R(\Omega)$
MPC	MPC	0.5~12	10.6	≥3×10⁶	≤1	室温	150~250
R005	R005-2	2~12	10.6	≥2×10⁶	≤1	室温	30~80
	R005-3	2~12	10.6	≥3×10⁶	≤1		
	R005-5	2~12	10.6	≥5×10⁶	≤1		
	R005-6	2~12	10.6	≥6×10⁶	≤1		
PCI-L	PCI-L-1	2~12	10.6	≥2×10⁷	≤1	室温	30~80
	PCI-L-2	2~12	10.6	≥5×10⁷	≤1		
	PCI-L-3	2~12	10.6	≥1×10⁸	≤1		
PCI	PCI-4	2~12	4	≥6×10⁹	≤1 000	室温	30~150
	PCI-5	2~12	5	≥2×10⁹	≤300		
	PCI-6	2~12	6	≥3×10⁸	≤200		
PCI-2TE	PCI-2TE-4	2~12	4	≥5×10¹⁰	≤3 000	半导体制冷	200~500
	PCI-2TE-6	2~12	6	≥1×10¹⁰	≤100		150~200
	PCI-2TE-12	2~12	12	≥1×10⁸	≤10		50~80

2.3　光敏电阻的变换电路

　　光敏电阻的电阻或电导值随入射辐射量的变化而改变,因此,可以用光敏电阻将光学信息变换为电学信息。但是,电阻(或电导)值的变化信息不能直接被人们所接受,须将电阻(或电导)值的变化转变为电流或电压信号输出,完成转换工作的电路称为光敏电阻的偏置电路或变换电路。

2.3.1　基本偏置电路

　　简单的偏置电路如图 2-12 所示。

　　设在照度 E_v 下,光敏电阻的电阻为 R,电导为 g,由图 2-12(a)可得流过偏置电阻 R_L 的电流为

$$I_L = \frac{U_{bb}}{R+R_L} \qquad (2.3-1)$$

(a) 原理电路　　(b) 微变等效电路
图 2-12　简单的偏置电路

31

若用微变量表示,上式变为 $$\mathrm{d}I_L = -\frac{U_{bb}}{(R+R_L)^2}\mathrm{d}R$$

而 $\mathrm{d}R = -R^2 S_g \mathrm{d}E_v$,因此

$$\mathrm{d}I_L = \frac{U_{bb}R^2 S_g}{(R+R_L)^2}\mathrm{d}E_v \qquad (2.3\text{-}2)$$

在用微变量表示变化量时,设 $i_L = \mathrm{d}I_L$,$e_v = \mathrm{d}E_v$,则上式变为

$$i_L = \frac{U_{bb}R^2 S_g}{(R+R_L)^2}e_v \qquad (2.3\text{-}3)$$

加在光敏电阻 R 上的电压为

$$U_R = \frac{R}{R+R_L}U_{bb}$$

因此,光电流的微变量为

$$i = U_R S_g e_v = \frac{U_{bb}R}{R+R_L}S_g e_v \qquad (2.3\text{-}4)$$

将式(2.3-4)代入式(2.3-3)得

$$i_L = \frac{R}{R+R_L}i \qquad (2.3\text{-}5)$$

由上式可以得到如图 2-12(b)所示的光电流的微变等效电路。

偏置电阻 R_L 两端的输出电压为

$$u_L = R_L i_L = \frac{RR_L}{R+R_L}i = \frac{U_{bb}R^2 R_L S_g}{(R+R_L)^2}e_v \qquad (2.3\text{-}6)$$

从式(2.3-6)可以看出,当电路参数确定后,输出电压信号与弱辐射入射辐射量(照度 e_v)呈线性关系。

2.3.2 恒流偏置电路

在简单偏置电路中,当 $R_L \gg R$ 时,流过光敏电阻的电流基本不变,此时的偏置电路称为恒流电路。然而,光敏电阻自身的阻值已经很高,若再满足恒流偏置条件,就难以满足电路输出阻抗的要求。为此,可引入如图 2-13 所示的恒流偏置电路。

电路中稳压管 VD_W 用于稳定三极管的基极电压,即 $U_B = U_W$,流过发射极的电流为

$$I_e = \frac{U_W - U_{be}}{R_e} \qquad (2.3\text{-}7)$$

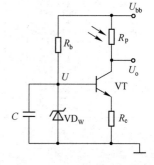

图 2-13　恒流偏置电路

式中,U_W 为稳压二极管的稳压值,U_{be} 为三极管发射结电压,在三极管处于放大状态时基本为恒定值,R_e 为固定电阻的阻值。因此,I_e 为恒定电流。三极管在放大状态下集电极电流与发射极电流近似相等,所以流过光敏电阻的电流为恒流。

在恒流偏置电路中,输出电压为

$$U_o = U_{bb} - I_c R_p \qquad (2.3\text{-}8)$$

对式(2.3-8)求微分得

$$\mathrm{d}U_o = -I_c \mathrm{d}R_p \qquad (2.3\text{-}9)$$

由于 $R_p = 1/g_p$,$\mathrm{d}R_p = -\frac{1}{g_p^2}\mathrm{d}g_p$,而 $\mathrm{d}g_p = S_g E_v$,因此 $\mathrm{d}R_p = -S_g R_p^2 \mathrm{d}E_v$,将其代入式(2.3-9)得

$$\mathrm{d}U_o = \frac{U_W - U_{be}}{R_e}R_p^2 S_g \mathrm{d}E_v \qquad (2.3\text{-}10)$$

或

$$u_o \approx \frac{U_W}{R_e}R_p^2 S_g e_v \qquad (2.3-11)$$

显然,恒流偏置电路的电压灵敏度为

$$S_v = \frac{U_W}{R_e}R_p^2 S_g \qquad (2.3-12)$$

与光敏电阻阻值的平方成正比,与光电导灵敏度成正比。

2.3.3 恒压偏置电路

在如图 2-12 所示的简单偏置电路中,若 $R_L \ll R$,加在光敏电阻上的电压近似为电源电压 U_{bb},为不随入射辐射量变化的恒定电压,此时的偏置电路称为恒压偏置电路。显然,简单偏置电路很难构成恒压偏置电路。但是,利用三极管很容易构成光敏电阻的恒压偏置电路。如图 2-14 所示为典型的恒压偏置电路。在图 2-14 中,处于放大工作状态的三极管 VT 的基极电压被稳压二极管 VD_W 稳定在稳定值 U_W,而三极管发射极电位 $U_E = U_W - U_{be}$,处于放大状态的三极管的 U_{be} 近似为 0.7 V,因此,当 $U_W \gg U_{be}$ 时,$U_E \approx U_W$,即加在光敏电阻 R 上的电压为恒定电压 U_W。

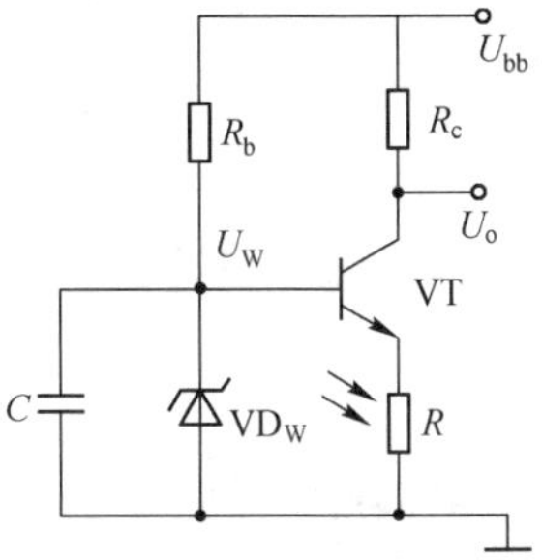

图 2-14 恒压偏置电路

在恒压偏置电路中,光敏电阻的电流 I_Φ 与处于放大状态的三极管发射极电流 I_e 近似相等。因此,输出电压为

$$U_o = U_{bb} - I_e R_c \qquad (2.3-13)$$

对式(2.3-13)取微分,则得到输出电压的变化量为

$$dU_o = -R_c dI_c = -R_c dI_e = R_c S_g U_W d\Phi \qquad (2.3-14)$$

式(2.3-14)说明恒压偏置电路的输出电压与光敏电阻的阻值 R 无关。这一特性在采用光敏电阻的测量仪器中特别重要,在更换光敏电阻时,只要使其光电导灵敏度 S_g 保持不变,即可以保持输出电压不变。

2.3.4 例题

例 2-1 在如图 2-13 所示的恒流偏置电路中,已知电源电压为 12 V,$R_b = 820\ \Omega$,$R_e = 3.3\ k\Omega$,三极管的放大倍数不小于 80,稳压二极管的输出电压为 4 V。光照度为 40 lx 时输出电压为 6 V;80 lx 时输出电压为 8 V。设光敏电阻在 30~100 lx 之间的 γ 值不变。

试求:(1) 输出电压为 7 V 时的照度。(2) 该电路的电压灵敏度 S_v。

解 由已知条件,流过稳压二极管 VD_W 的电流

$$I_W = \frac{U_{bb} - U_W}{R_b} = \frac{8\ V}{820\ \Omega} \approx 9.6\ mA$$

满足稳压二极管的工作条件。

当 $U_W = 4\ V$ 时,流过三极管发射极电阻的电流

$$I_e = \frac{U_W - U_{be}}{R_e} = 1(mA)$$

以上所得为恒流偏置电路的基本工作状况。

(1) 根据题目给定的在不同光照情况下输出电压的条件,可以得到不同光照下光敏电阻的阻值

$$R_{e1} = \frac{U_{bb} - 6}{I_e} = 6(\text{k}\Omega), \quad R_{e2} = \frac{U_{bb} - 8}{I_e} = 4(\text{k}\Omega)$$

将 R_{e1} 与 R_{e2} 的值代入式(2.2-3),得到光照度在 40~80 lx 时

$$\gamma = \frac{\lg 6 - \lg 4}{\lg 80 - \lg 40} = 0.59$$

输出电压为 7 V 时光敏电阻的阻值为

$$R_{e3} = \frac{U_{bb} - 7}{I_e} = 5(\text{k}\Omega)$$

此时

$$\gamma = \frac{\lg 6 - \lg 5}{\lg E_3 - \lg 40} = 0.59$$

可得

$$\lg E_3 = \frac{\lg 6 - \lg 5}{0.59} + \lg 40 = 1.736$$

$$E_3 = 54.45(\text{lx})$$

（2）电路的电压灵敏度为

$$S_v = \frac{\Delta U}{\Delta E} = \frac{7 - 6}{54.45 - 40} = 0.069(\text{V}/\text{lx})$$

例 2-2 在如图 2-14 所示的恒压偏置电路中,已知 VD_W 为 2CW12 型稳压二极管,其稳定电压值为 6 V,设 $R_b = 1 \text{k}\Omega$, $R_c = 510 \Omega$,三极管的电流放大倍数不小于 80,电源电压 $U_{bb} = 12$ V。当 CdS 光敏电阻光敏面上的照度为 150 lx 时,恒压偏置电路的输出电压为 10 V;照度为 450 lx 时,输出电压为 8 V。试计算输出电压为 9 V 时的照度(设光敏电阻在 100~500 lx 的 γ 值不变)。照度为 500 lx 时的输出电压为多少?

解 分析电路可知,流过稳压二极管的电流满足 2CW12 的稳定工作条件,三极管的基极被稳定在 6 V。

照度为 150 lx 时流过光敏电阻的电流及光敏电阻的阻值分别为

$$I_1 = \frac{U_{bb} - 10}{R_c} = \frac{12 - 10}{510} = 3.92(\text{mA}) \quad R_1 = \frac{U_W - 0.7}{I_1} = \frac{6 - 0.7}{3.92} = 1.4(\text{k}\Omega)$$

同样,照度为 450 lx 时,流过光敏电阻的电流与光敏电阻的阻值分别为

$$I_2 = \frac{U_{bb} - 8}{R_c} = 7.8(\text{mA}) \quad R_2 = 680 \Omega$$

由于光敏电阻在 500~100 lx 间的 γ 值不变,因此可得

$$\gamma = \frac{\lg R_1 - \lg R_2}{\lg E_2 - \lg E_1} = 0.66$$

当输出电压为 9 V 时,流过光敏电阻的电流及光敏电阻的阻值分别为

$$I_3 = \frac{U_{bb} - 9}{R_c} = 5.88(\text{mA}) \quad R_3 = 900 \Omega$$

设输出电压为 9 V 时的照度为 E_3,则有

$$\gamma = \frac{\lg R_2 - \lg R_3}{\lg E_3 - \lg E_2} = 0.66 \quad \lg E_3 = \lg E_2 + \frac{\lg R_2 - \lg R_3}{0.66} = 2.292 \quad E_3 = 196(\text{lx})$$

当然,由 γ 值的计算公式可以得到照度为 500 lx 时,$R_4 = 214 \Omega$, $I_4 = 24.7$ mA。

而此时的输出电压为

$$U_o = U_{bb} - I_4 R_c < 0$$

即在 500 lx 的照度下恒压偏置电路出现饱和，上述计算公式不成立。输出电压为

$$U_o = I_4 R_3 + U_{SAT} \approx 6 \text{ V}。$$

2.4 光敏电阻的应用实例

与其他光电敏感器件不同，光敏电阻为无极性的器件，因此，可直接在交流电路中作为光电传感器完成各种光电控制。但是，在实际应用中，光敏电阻主要还是在直流电路中用作光电探测与控制。

1. 照明灯的光电控制电路

照明灯包括路灯、廊灯与院灯等，它的开关常采用自动控制。照明灯实现光电自动控制后，根据自然光的情况决定是否开灯，以便节约用电。图 2-15 所示为一种最简单的用光敏电阻作为光电敏感器件的照明灯自动控制电路。该电路由 3 部分构成：第 1 部分为由整流二极管 VD 和滤波电容 C 构成的半波整流滤波电路，它为光电控制电路提供直流电源；第 2 部分为由限流电阻 R、CdS 光敏电阻及继电器绕组构成的测光与控制电路；第 3 部分为由继电器的常闭触头构成的执行电路，它控制照明灯的开关。

当自然光较暗需要点灯时，CdS 光敏电阻的阻值增高，继电器 K 的绕组电流变小，不能维持工作而关闭，常闭触头使照明灯点亮；当自然光增强到一定的照度 E_v 时，光敏电阻的阻值减小到一定值，流过继电器的电流使其动作，常闭触头断开将照明灯熄灭。设使照明灯点亮的照度为 E_v，继电器绕组的直流电阻为 R_K，使继电器吸合的最小电流为 I_{min}，光敏电阻的灵敏度为 S_R，暗电阻 R_D 很大，则

$$E_v = \frac{\dfrac{U}{I_{min}} - (R + R_K)}{S_R}$$

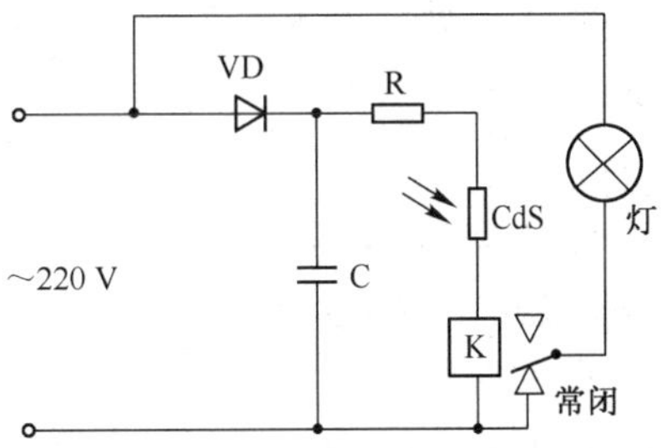

图 2-15 照明灯自动控制电路

显然，这种最简单的光电控制电路有很多缺点，需要改进。在实际应用中常常要附加其他电路，如楼道照明灯常配加声控开关，或者微波等接近开关，使照明灯在有人活动时才被点亮；而路灯光电控制器则要增加防止闪电光辐射或人为的光源（如手电灯光等）对控制电路干扰的措施。

2. 火焰探测报警器

图 2-16 所示为采用光敏电阻作为探测元件的火焰探测报警器电路。PbS 光敏电阻的暗电阻值为 $1 \text{ M}\Omega$，亮电阻值为 $0.2 \text{ M}\Omega$（辐照度 1 mW/cm^2 下测得），峰值响应波长为 $2.2 \text{ }\mu\text{m}$，恰为火焰的峰值辐射光谱。

由 VT_1、R_1、R_2 和 VD_W 构成对光敏电阻 R_3 的恒压偏置电路。恒压偏置电路具有更换光敏电阻方便的特点，只要保证光电导灵敏度 S_g 不变，输出电路的电压灵敏度就不会因为更换光敏电阻的阻值而改变，从而使前置放大器的输出信号稳定。当被探测物体的温度高于燃点或被点燃发生火灾时，物体将发出波长接近于 $2.2 \text{ }\mu\text{m}$ 的辐射（或"跳变"的火焰信号），该辐射将被 PbS 光敏电阻 R_3 接收，使前置放大器的输出跟随火焰"跳变"的信号，并经电容 C_2 耦合，发送给由 VT_2、VT_3 组成的高输入阻抗放大器进行放大。火焰的"跳变"信号被放大后发送给中心站放大器，并由中心站放大器发出火灾警报信号或执行灭火动作（如喷淋出水或灭火泡沫）。

3. 照相机电子快门

图 2-17 所示为利用光敏电阻构成的照相机自动曝光控制电路，也称为照相机电子快门电

路。电子快门常用于电子程序快门的照相机中,其中测光器件常采用与人眼光谱响应接近的硫化镉(CdS)光敏电阻。照相机自动曝光控制电路由光敏电阻 R、开关 S 和电容 C_1 构成的充电电路,时间检出电路(电压比较器),三极管 VT 构成的驱动放大电路,电磁铁 M 带动的快门叶片(执行单元)等组成。

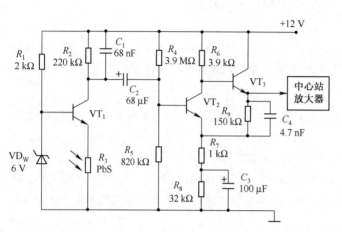

图 2-16 火焰探测报警器电路   图 2-17 照相机电子快门电路

在初始状态,开关 S 处于图 2-17 中所示的位置,电压比较器的正输入端的电位为 R_1 与 R_{W1} 对电源电压 U_{bb} 分压所得的阈值电压 U_{th}(一般为 1~1.5 V),而电压比较器的负输入端的电位 U_R 近似为电源电位 U_{bb},显然 $U_R > U_{th}$,比较器输出为低电平,三极管截止,电磁铁不吸合,快门叶片闭合。

当按动快门的按钮时,开关 S 与由光敏电阻 R 及 R_{W2} 构成的测光与充电电路接通,这时,电容 C_1 两端的电压 U_C 为零。由于 $U_R < U_{th}$,因此电压比较器的输出为高电平,使三极管 VT 导通,电磁铁将带动快门的叶片打开快门,照相机开始曝光。快门打开的同时,电源 U_{bb} 通过电位器 R_{W2} 与光敏电阻 R 向电容 C_1 充电,且充电的速度取决于景物的照度,景物照度越高,光敏电阻 R 的阻值越低,充电速度越快。U_R 的变化规律可由电容 C 的充电规律得到:

$$U_R = U_{bb}[1 - \exp(-t/\tau)]$$

式中,$\tau = (R_{W2} + R)C_1$,为电路的时间常数;而光敏电阻的阻值 R 与照度 E_v 有关。由式(2.2-2)不难推出

$$R = 1/g = E^{-\gamma}/S_g$$

当电容 C_1 两端的电压 U_C 充电到一定的值($U_R \geqslant U_{th}$)时,电压比较器的输出电压将由高变低,三极管 VT 截止而使电磁铁断电,快门叶片又重新关闭。快门的开启时间 t 可由下式得到:

$$t = (R_{W2} + R)C \cdot \ln(U_{bb}/U_{th})$$

显然,t 取决于景物的照度,景物照度越低,快门开启的时间越长;反之,快门开启的时间变短。从而实现照相机曝光时间的自动控制。当然,调整电位器 R_{W1} 可以调整阈值电压 U_{th},调整电位器 R_{W2} 可以适当地修正电容的充电速度,都可以达到适当地调整照相机曝光时间的目的,使照相机曝光时间的控制适应照相底片感光度的要求。

思考题与习题 2

2.1 为什么本征光电导器件在微弱辐射作用下的上升时间与下降时间相差无几?怎样理解光敏电阻的时间响应特性与光电导灵敏度特性这对矛盾?

2.2 为什么在测量光敏电阻暗电阻时要求将其置于暗室一段时间后才能进行测量?是因为

环境温度对光敏电阻的影响吗？

2.3 光敏电阻的哪个几何尺寸对光电导灵敏度影响最大？采用何种措施能够提高光敏电阻的灵敏度？

2.4 设某 CdS 光敏电阻在 100 lx 的光照下的阻值为 2.5 kΩ，且知它在 90～120 lx 范围内的 $\gamma=0.9$，试求该光敏电阻在 110 lx 光照下的阻值。

2.5 在如图 2-18 所示的照明灯控制电路中，用上题所给的 CdS 光敏电阻作为光电传感器，若已知继电器绕组的电阻为 5 kΩ，继电器的吸合电流为 2 mA，当电阻 $R=1$ kΩ 时，问为使继电器吸合所需要的照度为多少？要使继电器在 3 lx 时吸合，问应如何调整电阻器 R？（提示，100 lx 以下可以按微弱辐射考虑。）

2.6 已知某光敏电阻在 500 lx 的光照下的阻值为 550 Ω，而在 700 lx 的光照下的阻值为 450 Ω，试求该光敏电阻在 550 lx 和 600 lx 光照下的阻值。

2.7 设某 CdS 光敏电阻的最大功耗为 30 mW，光电导灵敏度 $S_g=0.5\times10^{-6}$ S/lx，暗电导 $g_0=0$。试问当 CdS 光敏电阻上的偏置电压为 20 V 时的极限照度为多少 lx？

2.8 在如图 2-19 所示的电路中，已知 $R_b=820$ Ω，$R_e=3.3$ kΩ，$U_W=4$ V，光敏电阻为 R_P，当照度为 40 lx 时输出电压为 6 V，80 lx 时为 9 V（设该光敏电阻在 30～100 lx 之间的 γ 值不变）。在电源电压 $U_{bb}=12$ V 情况下计算：

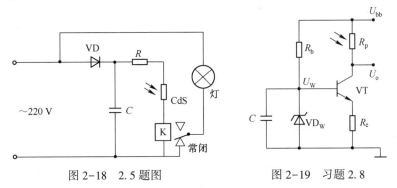

图 2-18 2.5 题图   图 2-19 习题 2.8

（1）输出电压为 8 V 时的照度。

（2）若 R_e 增加到 6 kΩ，输出电压仍然为 8 V，求此时的照度。

（3）若光敏面上的照度为 70 lx，求 $R_e=3.3$ kΩ 与 $R_e=6$ kΩ 时的输出电压。

（4）该电路在输出电压为 8 V 时的电压灵敏度为多少（V/lx）？

2.9 试设计光敏电阻的恒压偏置电路，要求光照变化在 100～150 lx 范围内的输出电压的变化不小于 2 V，设电源电压为 12 V，所用光敏电阻可从表 2-1 中查找。

2.10 在如图 2-16 所示的火灾探测报警器电路中，设 $U_{bb}=12$ V，其他电路参数如图中所示，若 PbS 光敏电阻的暗电阻为 1 MΩ，在辐照度为 1 mW/cm^2 下的亮电阻为 0.2 MΩ，问前置放大器 VT_1 集电极电压的变化量为多少？

2.11 如图 2-17 所示的照相机电子快门电路中，设 $U_{bb}=12$ V，$R_{W1}=5.1$ kΩ，$R_{W2}=8.2$ kΩ，$C_1=1$ μF，CdS 光敏电阻在 1 lx 时的阻值约为 15 kΩ。问景物照度为 1 lx 时快门的开启时间为多少？

2.12 能否对"压敏电阻"实施"恒流"或"恒压"偏置？实施后会带来什么好处？

第3章　光生伏特器件

利用光生伏特效应制造的光电敏感器件称为光生伏特器件。光生伏特效应与光电导效应同属于内光电效应，然而两者的导电机理相差很大，光生伏特效应是少数载流子导电的光电效应，而光电导效应是多数载流子导电的光电效应。使得光生伏特器件在许多性能上与光电导器件有很大的差别。其中，光生伏特器件的暗电流小、噪声低、响应速度快、光电特性的线性，以及受温度的影响小等特点是光电导器件所无法比拟的，而光电导器件对微弱辐射的探测能力和光谱响应范围又是光生伏特器件所望尘莫及的。

具有光生伏特效应的半导体材料很多，如硅（Si）、锗（Ge）、硒（Se）、砷化镓（GaAs）等，利用这些材料能够制造出具有各种特点的光生伏特器件。其中硅光生伏特器件具有制造工艺简单、成本低等特点，使它成为目前应用最广泛的光生伏特器件。本章主要讨论典型硅光生伏特器件的原理、特性与偏置电路，并在此基础上介绍一些具有超常特性与功能的光生伏特器件及其应用。

3.1　光电二极管

光电二极管是最简单、最具有代表性的光生伏特器件。其中 PN 结硅光电二极管为最基本的光生伏特器件，其他光生伏特器件是在它的基础上为提高某方面的特性而发展起来的。学习光电二极管的原理与特性可为学习其他光生伏特器件打下基础。

3.1.1　硅光电二极管的工作原理

1. 硅光电二极管的基本结构

硅光电二极管可分为以 P 型硅为衬底的 2DU 型与以 N 型硅为衬底的 2CU 型两种结构形式。图 3-1（a）所示为 2DU 型硅光电二极管的结构图。在高阻轻掺杂 P 型硅片上通过扩散或注入的方式生成很浅（约为 1 μm）的 N 型层，形成 PN 结。为保护光敏面，在 N 型硅的上面氧化生成极薄的 SiO_2 保护膜，它既可保护光敏面，又可增加器件对光的吸收。

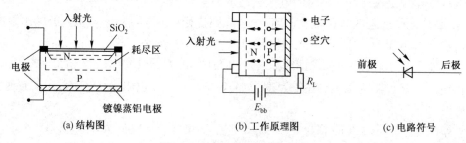

(a) 结构图　　　　　　(b) 工作原理图　　　　　　(c) 电路符号

图 3-1　2DU 型硅光电二极管

图 3-1（b）所示为 2DU 型硅光电二极管的工作原理图。当光入射到 PN 结形成的耗尽层内时，PN 结中的原子吸收了光子能量，并产生本征吸收，激发出电子-空穴对，在耗尽区内建电场的作用下，空穴被拉到 P 区，电子被拉到 N 区，形成反向电流即光电流。光电流在负载电阻 R_L 上产生与入射光度量相关的信号输出。

图 3-1(c)所示为 2DU 型硅光电二极管的电路符号,箭头表示正向电流的方向(整流二极管规定的正方向),而光电流的方向与之相反。图中的前极为光照面,后极为背光面。

2. 硅光电二极管的电流方程

在无辐射作用的情况下(暗室中),硅光电二极管的伏安特性曲线与整流二极管的伏安特性曲线一样,如图 3-2 所示。其电流方程为

$$I = I_D \left(e^{\frac{qU}{kT}} - 1 \right) \tag{3.1-1}$$

式中,U 为加在硅光电二极管两端的电压,T 为器件的温度,k 为玻耳兹曼常数,q 为电子电荷量。若 U 为负值(反向偏置时),且 $|U| \gg kT/q$(室温下 $kT/q \approx 26\ \text{mV}$,很容易满足这个条件)时,$I = I_D$,称为反向电流或暗电流。

当光辐射作用到如图 3-1(b)所示的硅光电二极管上时,根据式(1.6-18)可得光电流为

$$I_\Phi = \frac{\eta q}{h\nu}(1 - e^{-\alpha d}) \Phi_{e,\lambda}$$

其方向应为反向。这样,硅光电二极管的全电流方程为

$$I = -\frac{\eta q \lambda}{hc}(1 - e^{-\alpha d}) \Phi_{e,\lambda} + I_D \left(e^{\frac{qU}{kT}} - 1 \right) \tag{3.1-2}$$

式中,η 为光电材料的光电转换效率,α 为材料对光的吸收系数。

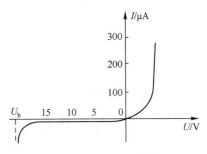

图 3-2 硅光电二极管伏安特性曲线

3.1.2 光电二极管的基本特性

由式(3.1-2)可以得到如图 3-3 所示的硅光电二极管在不同偏置电压下的输出特性曲线,这些曲线反映了它的基本特性。

硅光电二极管在高于 0.7 V 的正向电压作用下,表现出普通二极管的正向导通特性,不产生光电效应;只有小于 0.7 V 才会产生光电效应,即只能工作在图 3-3 所示的第 3 象限与第 4 象限,很不方便。为此,在光电技术中常采用重新定义电流与电压正方向的方法把特性曲线旋转成如图 3-4 所示。重新定义的电流与电压的正方向均与 PN 结内建电场的方向相同。

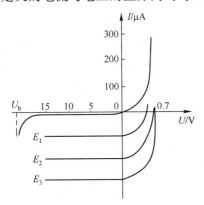

图 3-3 硅光电二极管输出特性曲线

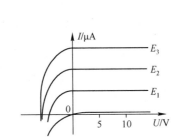

图 3-4 旋转后的硅光电二极管输出特性曲线

1. 硅光电二极管的灵敏度

定义硅光电二极管的电流灵敏度为入射到光敏面上辐射量的变化(例如通量变化 $d\Phi$)引起的

电流变化 $\mathrm{d}I$ 与辐射量变化之比。通过对式(3.1-2)进行微分可以得到

$$S_{\mathrm{i}} = \frac{\mathrm{d}I}{\mathrm{d}\Phi} = \frac{\eta q \lambda}{hc}(1 - e^{-\alpha d}) \tag{3.1-3}$$

显然,当某波长 λ 的辐射作用于光电二极管时,其电流灵敏度为与材料有关的常数,表明其光电转换特性为线性。必须指出,电流灵敏度与入射辐射波长 λ 的关系是很复杂的,因此,通常将峰值响应波长的电流灵敏度定义为光电二极管的电流灵敏度。在式(3.1-3)中,表面上看它与波长 λ 成正比,但是,材料的吸收系数 α 还隐含着与入射辐射波长的关系。因此,常把光电二极管的电流灵敏度与波长的关系曲线称为光谱响应。

2. 光谱响应

以等功率的不同单色辐射波长的光作用于光电二极管时,其响应程度或电流灵敏度与波长的关系称为光电二极管的光谱响应。图 3-5 所示为几种典型材料的光电二极管的光谱响应曲线。可以看出,典型硅光电二极管的光谱响应长波限约为 $1.1\,\mu\mathrm{m}$,短波限接近 $0.4\,\mu\mathrm{m}$,峰值响应波长约为 $0.9\,\mu\mathrm{m}$;长波限受硅材料禁带宽度 E_{g} 的限制,短波限受材料 PN 结厚度对光吸收的影响,减薄 PN结的厚度可提高短波限的光谱响应。GaAs 的光谱响应范围小于硅的,锗(Ge)的光谱响应范围较宽。

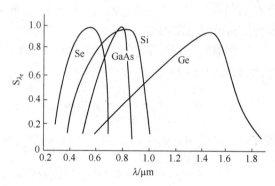

图 3-5　典型材料的光电二极管的光谱响应曲线

3. 时间响应

以频率 f 调制的辐射作用于硅光电二极管光敏面时,电流的产生要经过下面 3 个过程:

(1) 在 PN 结区内光生载流子渡越结区的时间,称为漂移时间 τ_{dr};

(2) 在 PN 结区外产生的光生载流子扩散到 PN 结区内所需要的时间,称为扩散时间 τ_{p};

(3) 由 PN 结电容 C_{j}、管芯电阻 R_{i} 及负载电阻 R_{L} 构成 RC 延迟时间 τ_{RC}。

设载流子在结区内的漂移速度为 v_{d},PN 结区的宽度为 W,载流子在结区内的最长漂移时间为

$$\tau_{\mathrm{dr}} = W/v_{\mathrm{d}} \tag{3.1-4}$$

一般的硅光电二极管,内电场强度 E_{i} 都在 $10^{5}\,\mathrm{V/cm}$ 以上,载流子的平均漂移速度要高于 $10^{7}\,\mathrm{cm/s}$,PN 结区的宽度约为 $100\,\mu\mathrm{m}$。由式(3.1-4)可知,$\tau_{\mathrm{dr}} = 10^{-9}\,\mathrm{s}$,为 ns 量级。

对于硅光电二极管,入射辐射在 PN 结势垒区外激发的光生载流子必须经过扩散运动到势垒区内,才能受内建电场的作用,并分别拉向 P 区与 N 区。载流子的扩散运动往往很慢,因此 τ_{p} 很大,约为 100 ns,它是限制硅光电二极管时间响应的主要因素。

此外

$$\tau_{\mathrm{RC}} = C_{\mathrm{j}}(R_{\mathrm{i}} + R_{\mathrm{L}}) \tag{3.1-5}$$

普通硅光电二极管的 $R_{\mathrm{i}} \approx 250\,\Omega$,$C_{\mathrm{j}}$ 常为几个 pF,当 $R_{\mathrm{L}} < 500\,\Omega$ 时,τ_{RC} 也在 ns 数量级。但是,当 R_{L} 很大时,τ_{RC} 将成为影响硅光电二极管时间响应的一个重要因素,应用时必须注意。

由以上分析可见,影响硅光电二极管时间响应的主要因素是 PN 结区外载流子的扩散时间 τ_{p},扩展 PN 结区是提高其时间响应的重要措施。增大反向偏置电压会提高内建电场的强度,扩展 PN结的耗尽区。但是反向偏置电压的增大也会加大结电容,使 RC 时间常数 τ_{RC} 增大。因此,必须从PN 结的结构设计方面考虑如何在不使偏置电压增大的情况下使耗尽区扩展到整个 PN 结,这样才能消除扩散时间。

4. 噪声

与光敏电阻一样,光电二极管的噪声也包含低频噪声 I_{nf}、散粒噪声 I_{ns} 和热噪声 I_{nT}。其中,散粒噪声是光电二极管的主要噪声。散粒噪声是由电流在半导体内的散粒效应引起的,它与电流的关系为

$$I_{ns}^2 = 2qI\Delta f \tag{3.1-6}$$

光电二极管的电流应包括暗电流 I_D、信号电流 I_s 和背景辐射引起的背景电流 I_b,因此散粒噪声应为

$$I_{ns}^2 = 2q(I_D + I_s + I_b)\Delta f \tag{3.1-7}$$

根据电流方程,将反向偏置的光电二极管电流与入射辐射的关系,即式(3.1-2)代入式(3.1-7)得

$$I_{ns}^2 = \frac{2q^2\eta\lambda(\Phi_s + \Phi_b)}{hc}\Delta f + 2qI_D\Delta f \tag{3.1-8}$$

另外,当考虑负载电阻 R_L 的热噪声时,光电二极管的噪声应为

$$I_n^2 = \frac{2q^2\eta\lambda(\Phi_s + \Phi_b)}{hc}\Delta f + 2qI_D\Delta f + \frac{4kT\Delta f}{R_L} \tag{3.1-9}$$

目前,用来制造光电二极管的半导体材料主要有硅、锗、硒和砷化镓等,用不同材料制造的光电二极管具有不同的特性。表 3-1 所示为几种不同材料光电二极管的基本特性参数,供实际应用时选用。

表 3-1　几种不同材料光电二极管的基本特性参数

型　号	材料	光敏面积 (S/mm^2)	光谱响应 ($\Delta\lambda/nm$)	峰值波长 (λ_m/nm)	时间响应 (τ/ns)	暗电流 (I_D/nA)	光电流 ($I_\Phi/\mu A$)	反向偏压 (U_R/V)	功耗 (P/mW)	生产厂家
2AU1A~D	Ge	0.08	0.86~1.8	1.5	≤100	10 000	30	50	15	
2CU1A~D	Si	Φ8	0.4~1.1	0.9	≤100	200	0.8	10~50	300	
2CU2	Si	0.49	0.5~1.1	0.88	≤100	100	15	30	30	
2CU5A	Si	Φ2	0.4~1.1	0.9	≤50	100	0.1	10	50	
2CU5B	Si	Φ2	0.4~1.1	0.9	≤50	100	0.1	20	50	
2CU5C	Si	Φ2	0.4~1.1	0.9	≤50	100	0.1	30	150	
2DU1B	Si	Φ7	0.4~1.1	0.9	≤100	≤100	≥20	50	100	
2DU2B	Si	Φ7	0.4~1.1	0.9	≤100	100~300	≥20	50	100	
2CU101B	Si	0.2	0.5~1.1	0.9	≤5	≤10	≥10	15	50	
2CU201B	Si	0.78	0.5~1.1	0.9	≤5	≤50	≥10	50	50	
2DU3B	Si	Φ7	0.4~1.1	0.9	≤100	300~1000	≥20	50	100	
PIN09A	Si	0.06	0.5~1.1	0.9	≤4	50	≥10	25	10	
PIN09B	Si	0.2	0.5~1.1	0.9	≤4	50	≥10	25	15	
PIN09C	Si	0.78	0.5~1.1	0.9	≤4	300	≥20	25	30	
UV102BK	Si	4.2	0.25~1.1	0.88	≤100	0.1	5			
UV105BK	Si	30	0.25~1.1	0.88	≤100	1	28			
UV-110BK	Si	102	0.25~1.1	0.88	≤100	3	150			
2CUGS1A	Si	5.3	0.4~1.1	0.9	≤50	10	140	30	150	

3.2 其他类型的光生伏特器件

3.2.1 PIN型光电二极管

为了提高PN结硅光电二极管的时间响应，消除在PN结外光生载流子的扩散运动时间，常采用在P区与N区之间生成I型层，构成如图3-6(a)所示的PIN型光电二极管结构。PIN结构的光电二极管与PN结型光电二极管在外形上没有区别，如图3-6(b)所示。

PIN型光电二极管在反向电压作用下，耗尽区扩展到整个半导体，光生载流子在内建电场的作用下只产生漂移电流，因此，PIN型光电二极管在反向电压作用下的时间响应只取决于τ_{dr}与τ_{RC}，在10^{-9}s左右。

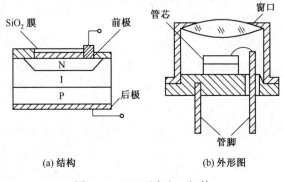

(a) 结构　　　　　(b) 外形图

图3-6　PIN型光电二极管

3.2.2 雪崩光电二极管

PIN型光电二极管提高了器件的时间响应，但未能提高器件的光电灵敏度。于是人们设计了雪崩光电二极管，从而使光电灵敏度提高到需要的程度。

1. 结构

如图3-7所示为三种雪崩光电二极管结构示意图。图3-7(a)所示为在P型硅基片上扩散杂质浓度大的N^+层，制成P型N结构；图3-7(b)所示为在N型硅基片上扩散杂质浓度大的P^+层，制成N型P结构。无论P型N结构还是N型P结构，都必须在基片上蒸涂金属铂形成硅化铂(约10 nm)保护环。图3-7(c)所示为PIN型雪崩光电二极管。由于PIN型光电二极管在较高的反向偏置电压的作用下，其耗尽区会扩展到整个PN结结区，形成自身保护(具有很强的抗击穿功能)，因此，PIN型雪崩光电二极管不必设置保护环。目前，市场上的雪崩光电二极管基本上都是PIN型的。

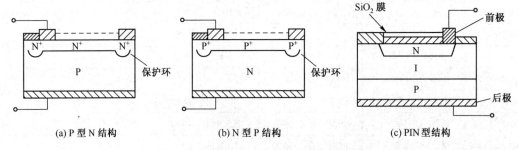

(a) P型N结构　　　　(b) N型P结构　　　　(c) PIN型结构

图3-7　三种雪崩光电二极管结构示意图

2. 工作原理

雪崩光电二极管为具有内增益的一种光生伏特器件。它利用光生载流子在强电场中的定向运动产生雪崩效应，以获得光电流的增益。在雪崩过程中，光生载流子在强电场的作用下进行高速定向运动,具有很高动能的光生电子或空穴与晶格原子碰撞,使晶格原子电离产生二次电子-空穴对;二次电子-空穴对在电场的作用下获得足够的动能,又使晶格原子电离产生新的电子-空穴对,此过程像"雪崩"似的继续下去。电离产生的载流子数远大于光激发产生的光生载流子数,这时雪崩光电二极管的输出电流迅速增加。其电流倍增系数定义为

$$M = I/I_0 \qquad (3.2-1)$$

式中,I 为倍增输出电流,I_0 为倍增前的输出电流。

M 与电离率 α 有密切的关系。碰撞电离率表示一个载流子在电场作用下,漂移单位距离所产生的电子-空穴对数目。实际上电子电离率 α_n 和空穴电离率 α_P 是不完全一样的,它们都与电场强度有密切关系。由实验确定,电离率 α 与电场强度 E 有以下近似关系

$$\alpha = A\mathrm{e}^{-\left(\frac{b}{E}\right)^m} \qquad (3.2-2)$$

式中,A、b、m 都为与材料有关的系数。

假定 $\alpha_n = \alpha_P = \alpha$,可以推出

$$M = \frac{1}{1 - \int_0^{X_D} \alpha \mathrm{d}x} \qquad (3.2-3)$$

式中,X_D 为耗尽层的宽度。上式表明,当

$$\int_0^{X_D} \alpha \mathrm{d}x \rightarrow 1 \qquad (3.2-4)$$

时,$M \rightarrow \infty$。因此,称式(3.2-4)为发生雪崩击穿的条件。其物理意义是:在强电场作用下,若通过耗尽区的每个载流子平均能产生一对电子-空穴对,就发生雪崩击穿现象。当 $M \rightarrow \infty$ 时,PN 结上所加的反向偏压就是雪崩击穿电压 U_{BR}。

实验发现,在反向偏压略低于击穿电压时,也会发生雪崩倍增现象,不过这时的 M 值较小,M 随反向偏压 U 的变化可用经验公式近似表示为

$$M = \frac{1}{1 - (U/U_{BR})^n} \qquad (3.2-5)$$

式中,指数 n 与 PN 结的结构有关。对 N^+P 结,$n \approx 2$;对 P^+N 结,$n \approx 4$。由上式可见,当 $U \rightarrow U_{BR}$ 时,$M \rightarrow \infty$,PN 结将发生击穿。

适当调节雪崩光电二极管的反向偏压,便可得到较大的倍增系数。目前,雪崩光电二极管的反向偏压分为低压和高压两种,低压在几十伏左右,高压达几百伏。M 可达数百甚至数千量级。

雪崩光电二极管暗电流和光电流与反向偏压的关系曲线如图 3-8 所示。从图 3-8 可以看到,当反向偏压增加时,输出亮电流(即光电流和暗电流之和)按指数形式增加。在反向偏压较低时,不产生雪崩过程,即无光电流倍增。所以,当光脉冲信号入射后,产生的光电流脉冲信号很小(如 A 点波形)。当反向偏压升至 B 点时,光电流便产生雪崩倍增,这时光电流脉冲信号增大到最大(如 B 点波形)。当反向偏压接近雪崩击穿电压时,雪崩电流维持自身流动,使暗电流迅速增加,光激发载流子的雪崩放大倍率却减小,即光电流灵敏度随反向偏压增加反而减小,如在 C 点处的光电流脉冲信号减小。换句话说,当反向偏压超过

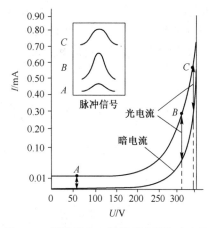

图 3-8 雪崩光电二极管暗电流和光电流与反向偏压的关系曲线

B 点后,由于暗电流增加的速度更快,使有用的光电流脉冲幅值减小。所以最佳工作点在接近雪崩击穿点附近。有时为了压低暗电流,会把工作点向左移动一些,虽然灵敏度有所降低,但是暗电流和噪声特性却有所改善。

从图 3-8 可以看出,在雪崩击穿点附近电流随反向偏压变化的曲线较陡,当反向偏压有较小变化时,光电流将有较大变化。另外,在雪崩过程中 PN 结上的反向偏压容易产生波动,将影响增益的稳定性。所以,在确定工作点后,对反向偏压的稳定度要求很高。

3. 噪声

由于雪崩光电二极管中载流子的碰撞电离是不规则的,碰撞后的运动方向变得更加随机,所以它的噪声比一般光电二极管要大些。在无倍增的情况下,其噪声电流主要为式(3.1-6)所示的散粒噪声。当倍增 M 倍后,噪声电流的均方根值可近似由下式计算:

$$I_n^2 = 2qIM^n\Delta f \tag{3.2-6}$$

式中,指数 n 与雪崩光电二极管的材料有关。对于锗管,$n=3$;对于硅管,$2.3<n<2.5$。

显然,由于信号电流按 M 倍增大,而噪声电流按 $M^{n/2}$ 倍增大,因此,随着 M 的增大,噪声电流比信号电流增大得更快。

3.2.3 硅光电池

硅光电池是一种不需加偏置电压就能把光能直接转换成电能的 PN 结光电器件。按硅光电池的功用可将其分为两大类:太阳能硅光电池和测量硅光电池。

太阳能硅光电池主要用来向负载提供电源,对它的要求是光电转换效率高、成本低。它具有结构简单、体积小、质量轻、可靠性高、寿命长、可在空间直接将太阳能转换成电能等特点,已成为航天工业中的重要电源,而且还被广泛地应用于供电困难的场所和一些日用便携电器中。

测量硅光电池的主要功能是光电探测,即将光信号转换成电信号,此时对它的要求是线性范围宽、灵敏度高、光谱响应合适、稳定性高、寿命长等。它常被应用在光度、色度、光学精密计量和测试设备中。

1. 硅光电池的基本结构

硅光电池按衬底材料的不同可分为 2DR 型和 2CR 型。图 3-9(a)所示为 2DR 型硅光电池的结构,它以 P 型硅为衬底(即在本征型硅材料中掺入三价元素硼或镓等),然后在衬底上扩散磷而形成 N 型层,并将其作为受光面。2CR 型硅光电池则以 N 型硅作为衬底(在本征型硅材料中掺入五价元素磷或砷等),然后在衬底上扩散硼而形成 P 型层,并将其作为受光面,构成 PN 结,再经过各种工艺处理,分别在衬底和光敏面上制作输出电极,涂上二氧化硅作为保护膜。

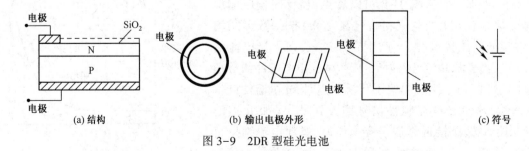

(a) 结构   (b) 输出电极外形   (c) 符号

图 3-9　2DR 型硅光电池

2DR 型硅光电池受光面的输出电极多做成如图 3-9(b)所示的梳齿状或"E"字形电极,目的是减小硅光电池的内电阻。另外,在光敏面上涂一层极薄的二氧化硅透明膜,它既可以起到防潮、防尘等保护作用,又可以减小硅光电池表面对入射光的反射,增强对入射光的吸收。

2. 硅光电池工作原理

硅光电池工作原理示意图如图 3-10 所示。当光作用于 PN 结时,耗尽区内的光生电子与空穴在内建电场力的作用下分别向 N 区和 P 区运动,在闭合的电路中将产生如图 3-10 所示的输出电流 I_L,且在负载电阻 R_L 上产生的电压降为 U。由欧姆定律可得,PN 结获得的偏置电压为

$$U = I_L R_L \tag{3.2-7}$$

当以 I_L 为电流和电压的正方向时,可以得到如图 3-11 所示的伏安特性曲线。从该曲线可以看出,R_L 所获得的功率为

$$P_L = I_L U \tag{3.2-8}$$

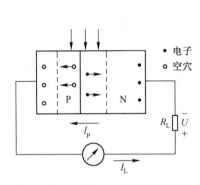

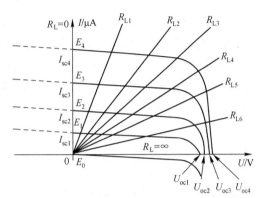

图 3-10 硅光电池工作原理示意图　　　　图 3-11 硅光电池的伏安特性曲线

式中,I_L 应包括光生电流、扩散电流与暗电流三部分,即

$$I_L = I_\Phi - I_D \left(e^{\frac{qU}{kT}} - 1 \right) = I_\Phi - I_D \left(e^{\frac{q I_L R_L}{kT}} - 1 \right) \tag{3.2-9}$$

3. 硅光电池的输出功率

将式(3.2-7)代入式(3.2-8),得到

$$P_L = I_L^2 R_L \tag{3.2-10}$$

因此,P_L 与 R_L 有关,当 $R_L = 0$(电路为短路)时,$U = 0$,$P_L = 0$;当 $R_L = \infty$(电路为开路)时,$I_L = 0$,$P_L = 0$;当 $\infty < R_L < 0$ 时,$P_L > 0$。显然,存在最佳负载电阻 R_{opt},可以获得的最大输出功率为 P_{max}。通过对式(3.2-10)求关于 R_L 的 1 阶导数,令 $\left. \dfrac{dP_L}{dR_L} \right|_{R_{opt}} = 0$,可求得 R_{opt} 的值。

在实际工程计算中,常通过分析图 3-11 所示的伏安特性曲线得到经验公式,即当负载电阻为最佳负载电阻时,输出电压

$$U = U_m = (0.6 \sim 0.7) U_{oc} \tag{3.2-11}$$

而此时的输出电流近似等于光电流,即

$$I_m = I_\Phi = \frac{\eta q \lambda}{hc} (1 - e^{-\alpha d}) \Phi_{e,\lambda} = S \Phi_{e,\lambda} \tag{3.2-12}$$

式中,S 为硅光电池的电流灵敏度。

硅光电池的最佳负载电阻为

$$R_{opt} = \frac{U_m}{I_m} = \frac{(0.6 \sim 0.7) U_{oc}}{S \Phi_{e,\lambda}} \tag{3.2-13}$$

从上式可以看出硅光电池的 R_{opt} 与入射辐通量 $\Phi_{e,\lambda}$ 有关，它随 $\Phi_{e,\lambda}$ 的增大而减小。

负载电阻所获得的最大功率为

$$P_m = I_m U_m = (0.6 \sim 0.7) U_{oc} I_\Phi \tag{3.2-14}$$

4. 硅光电池的光电转换效率

将输出功率与入射辐通量之比，定义为硅光电池的光电转换效率，记为 η。当为最佳负载电阻 R_{opt} 时，输出最大功率 P_m 与入射辐通量之比，定义为硅光电池的最大光电转换效率，记为 η_m。有

$$\eta_m = \frac{P_m}{\Phi_e} = \frac{(0.6 \sim 0.7) q U_{oc} \int_0^\infty \lambda \eta_\lambda \Phi_{e,\lambda} (1 - e^{-\alpha d}) \, d\lambda}{hc \int_0^\infty \Phi_{e,\lambda} \, d\lambda} \tag{3.2-15}$$

式中，η_λ 是与材料有关的光谱光电转换效率，表明硅光电池的最大光电转换效率与入射光的波长及材料的性质有关。

常温下，GaAs 材料的硅光电池的最大光电转换效率最高，为 22% ~ 28%。实际使用效率仅为 10% ~ 15%，因为实际器件的光敏面总存在一定的反射损失、漏电导和串联电阻的影响等。当然，通过在硅光电池 PN 结内部掺杂具有反射特性的银微粒子技术，通过对入射光的多次反射来提高吸收率，从而提高光电池的最大光电转换效率。最新报道，太阳能电池的光电转换效率已达到 37%。

表 3-2 所示为典型硅光电池的基本特性参数。应用硅光电池时应查阅相关厂家的技术资料。

表 3-2　典型硅光电池的基本特性参数

型　号	开路电压 (U_{oc}/mV)	光敏面积 (S/mm^2)	短路电流 (I_{sc}/mA)	输出电流 (I_s/mA)	时间响应 (τ_r) $R_L = 500\ \Omega$	时间响应 (τ_r) $R_L = 1k\ \Omega$	时间响应 (τ_f) $R_L = 500\ \Omega$	时间响应 (τ_f) $R_L = 1k\ \Omega$	转换效率(%)
2CR11	450~600	2.5×5	2~4		15	20	15	20	≥6
2CR21	450~600	5×5	4~8		20	25	20	25	≥6
2CR31	550~600	5×10	9~15	6.5~8.5	30	35	35	35	6~8
2CR32	550~600	5×10	9~15	8.6~18.3	30	35	35	35	8~10
2CR41	450~600	10×10	18~30	17.6~22.5	35	40	40	70	6~8
2CR44	550~600	10×10	27~30	27~35	35	40	40	70	≥12
2CR51	450~600	10×20	36~60	35~45	60	150	80	150	6~8
2CR54	550~600	10×20	54~60	54~60	60	150	80	150	≥12
2CR61	450~600	φ17	40~65	30~40	70	100	90	150	6~8
2CR64	550~600	φ17	61~65	61~65	70	100	90	150	≥12
2CR71	450~600	20×20	72~120	54~120	100	120	120	150	≥6
2CR81	450~600	φ25	88~140	66~85	150	200	170	250	6~8
2CR84	500~600	φ25	132~140	132~140	150	200	170	250	≥12
2CR91	450~600	5×20	18~30	13.5~30	30	35	35	35	≥6

3.2.4　光电三极管

光电三极管与普通半导体三极管一样有两种基本结构，即 NPN 结构与 PNP 结构。用 N 型硅材料为衬底制作的光电三极管为 NPN 结构，称为 3DU 型，如图 3-12(a)所示；用 P 型硅材料为衬

底制作的光电三极管为 PNP 结构,称为 3CU 型。图 3-12(b)所示为光电三极管的电路符号,从图中可以看出,它虽然只有两个电极(集电极和发射极),常不把基极引出来,但仍然称为光电三极管,因为它们具有半导体三极管的两个 PN 结的结构和电流的放大功能。图 3-12(c)所示为 3DU 型光电三极管的工作原理。

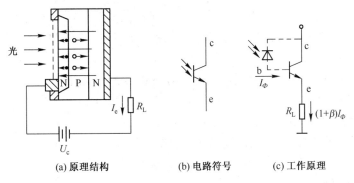

(a) 原理结构　　　　(b) 电路符号　　　　(c) 工作原理

图 3-12　3DU 型光电三极管

1. 工作原理

光电三极管的工作原理分为两个过程:一是光电转换;二是光电流放大。下面以 NPN 型硅光电三极管为例进行讨论。光电转换过程与一般光电二极管相同,在集-基 PN 结区内进行。光激发产生的电子-空穴对在反向偏置的 PN 结内电场的作用下,电子流向集电区被集电极所收集,而空穴流向基区与正向偏置的发射结发射的电子流复合,形成基极电流 I_Φ,I_Φ 被集电结放大 β 倍,这与一般半导体三极管的放大原理相同。不同的是一般三极管是由基极向发射结注入空穴载流子,控制发射极的扩散电流,而光电三极管是由注入发射结的光生电流控制的。集电极输出的电流为

$$I_c = \beta I_\Phi = \beta \frac{\eta q}{h\nu}(1-e^{-\alpha d})\,\Phi_{e,\lambda} \qquad (3.2\text{-}16)$$

可以看出,光电三极管的电流灵敏度是光电二极管的 β 倍。相当于将光电二极管与三极管接成如图 3-12(c)所示的电路形式,光电二极管的电流 I_Φ 被三极管放大 β 倍。在实际的生产工艺中也常采用这种形式,以便获得更好的线性和更大的线性范围。3CU 型光电三极管在原理上和 3DU 型相同,只是它以 P 型硅为衬底材料构成 PNP 的结构形式,其工作时的电压极性与之相反,集电极的电位为负。为了提高光电三极管的频率响应、增益和减小体积,常将光电二极管、光电三极管或三极管制作在一个硅片上构成集成光电器件。如图 3-13 所示为三种形式的集成光电器件。图 3-13(a)所示的集成光电器件,它比图 3-12(c)所示的光电三极管具有更大的动态范围,因为光电二极管的反向偏置电压不受三极管集电结电压的控制。图 3-13(b)所示的集成光电器件具有更高的电流增

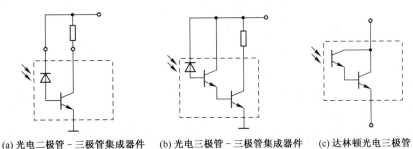

(a) 光电二极管-三极管集成器件　　(b) 光电三极管-三极管集成器件　　(c) 达林顿光电三极管

图 3-13　集成光电器件

益（灵敏度更高）。图3-13（c）所示的集成光电器件，也称为达林顿光电三极管。达林顿光电三极管可以用更多的三极管集成而成为电流增益更高的集成光电器件。

2. 光电三极管特性

（1）伏安特性

图3-14所示为光电三极管在不同光照下的伏安特性曲线。可以看出，光电三极管在偏置电压为零时，无论光照度有多强，集电极电流都为零，这说明光电三极管必须在一定的偏置电压作用下才能工作。偏置电压要保证光电三极管的发射结处于正向偏置，而集电结处于反向偏置。随着偏置电压的增高伏安特性曲线趋于平坦。但是，与图3-4所示光电二极管的伏安特性曲线不同，光电三极管的伏安特性曲线向上偏斜，间距增大。这是因为光电三极管除具有光电灵敏度外，还具有电流增益β，并且β值随光电流的增大而增大。

特性曲线的弯曲部分为饱和区，在饱和区偏置电压提供给集电结的反偏电压太低，集电极的收集能力低，造成光电三极管饱和。因此，应使光电三极管工作在偏置电压大于5 V的线性区域。

（2）时间响应（频率特性）

光电三极管的时间响应常与PN结的结构及偏置电路等参数有关。为分析光电三极管的时间响应，首先画出其输出电路的微变等效电路。图3-15（a）所示为光电三极管的输出电路，图3-15（b）为其微变等效电路。不难看出，由电流源I_Φ、r_{be}、C_{be}和C_{bc}构成的部分等效电路为光电二极管的等效电路，表明光电三极管的等效电路是在光电二极管的等效电路基础上增加了电流源I_c、R_{ce}、C_{ce}和R_L。

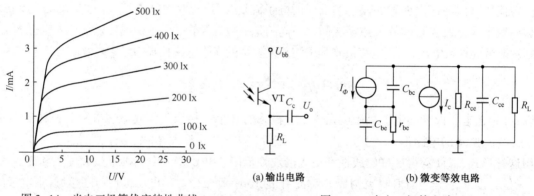

图3-14　光电三极管伏安特性曲线　　　　　图3-15　光电三极管电路

选择R_L，满足$R_L < R_{ce}$，可以导出光电三极管电路的输出电压为

$$U_o = \frac{\beta R_L I_\Phi}{(1+\omega^2 r_{be}^2 C_{be}^2)^{1/2}(1+\omega^2 R_L^2 C_{ce}^2)^{1/2}} \tag{3.2-17}$$

可见，光电三极管的时间响应由以下四部分组成：

① 光生载流子对C_{be}和C_{bc}的充放电时间；

② 光生载流子渡越基区所需要的时间；

③ 光生载流子被收集到集电极的时间；

④ 由R_L与C_{ce}所构成的RC时间。

总时间常数为上述四项和，因此它比光电二极管的响应时间要长得多。

光电三极管常用于各种光电控制系统，其输入的信号多为光脉冲信号，属于大信号或开关信号，因而光电三极管的时间响应是非常重要的参数，直接影响光电三极管的质量。

为了提高光电三极管的时间响应,应尽可能地减小 $r_{be}C_{be}$ 和 R_LC_{ce}。即:一方面在工艺上设法减小结电容 C_{be}、C_{ce};另一方面要合理选择 R_L,尤其在高频应用的情况下应尽量减小 R_L。

图 3-16 绘出了在不同 R_L 下,光电三极管的时间响应与集电极电流 I_c 的关系曲线。从曲线可以看出光电三极管的时间响应不但与 R_L 有关,而且与光电三极管的输出电流有关,增大输出电流可以减小时间响应,提高光电三极管的频率响应。

(3)温度特性

光电二极管和光电三极管的暗电流 I_D 和亮电流 I_L 均随温度而变化。由于光电三极管具有电流放大功能,所以 I_D 和 I_L 受温度的影响要比光电二极管大得多。图 3-17(a)所示为光电二极管与光电三极管暗电流 I_D 的温度特性曲线,随着温度的升高,暗电流增长很快;图 3-17(b)所示为光电二极管与光电三极管亮电流 I_L 的温度特性曲线,光电三极管的 I_L 随温度的变化要比光电二极管快。由于暗电流的增加,使输出的信噪比变差,不利于弱光信号的检测。在进行弱光信号的检测时应考虑温度对光电器件输出的影响,必要时应采取恒温或温度补偿的措施。

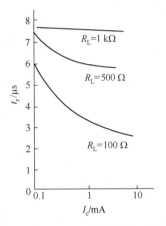

图 3-16 光电三极管的时间响应
与集电极电流的关系曲线

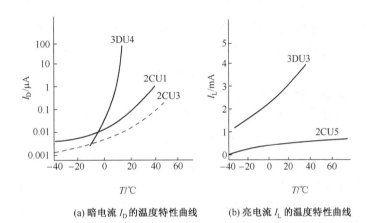

(a) 暗电流 I_D 的温度特性曲线　　(b) 亮电流 I_L 的温度特性曲线

图 3-17 光电二极管、光电三极管的温度特性曲线

(4)光谱响应

光电二极管与光电三极管具有相同的光谱响应。图 3-18 所示为典型的 3DU3 光电三极管的光谱响应,它的响应范围为 $0.4\sim1.0\ \mu m$,峰值波长为 $0.85\ \mu m$。对于光电二极管,减薄 PN 结的厚度可以使短波段的光谱响应得到提高,因为 PN 结的厚度变薄后,长波段的辐射光谱很容易穿透 PN 结,而没有被吸收。短波段的光谱容易被减薄的 PN 结吸收。因此,利用 PN 结的这个特性可以制造出具有不同光谱响应的光生伏特器件,如蓝敏光生伏特器件和色敏光生伏特器件等。但是,一定要注意,蓝敏光生伏特器件是以牺牲长波段光谱响应为代价获得的(减薄 PN 结厚度,减少了长波段光子的吸收)。

表 3-3 所示为典型光电三极管的特性参数。在应用时要注意它的极限参数 U_{CEM} 和 U_{CE},不能使工作电压超过 U_{CEM},否则,将损坏光电三极管。

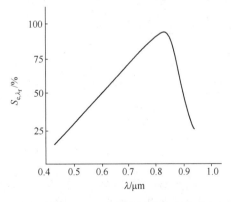

图 3-18 3DU3 光电三极管的光谱响应

表 3-3　典型光电三极管的特性参数

型　号	反向击穿电压 （U_{CEM}/V）	最高工作电压 （U_{CE}/V）	暗电流 （$I_D/\mu A$）	亮电流 （I_L/mA）	时间响应 （$\tau/\mu s$）	峰值波长 （λ_m/nm）	最大功耗 （P_M/mW）
3DU111	≥15	≥10					30
3DU112	≥45	≥30		0.5~1.0			50
3DU113	≥75	≥50					100
3DU121	≥15	≥10	≤0.3		≤6	880	30
3DU123	≥75	≥50		1.0~2.0			100
3DU131	≥15	≥10					30
3DU133	≥75	≥50		≥2.0			100
3DU4A	≥30	≥20	1	5	5	880	120
3DU4B	≥30	≥20	1	10	5	880	120
3DU5	≥30	≥20	1	3	5	880	100

3.2.5　色敏光生伏特器件

色敏光生伏特器件是根据人眼视觉的三原色原理，利用不同厚度的 PN 结光电二极管对不同波长光谱灵敏度的差别,实现对彩色光源或物体颜色的测量。色敏光生伏特器件具有结构简单、体积小、质量轻、变换电路容易掌握、成本低等特点,被广泛应用于颜色测量与颜色识别等领域。例如彩色印刷生产线中色标位置的判别,颜料、染料的颜色测量与判别,显示器荧光屏彩色的测量与调整等,是一种很有发展前途的半导体光电器件。

1. 双色硅色敏器件的工作原理

双结光电二极管色敏器件的结构和等效电路如图 3-19 所示。它是由在同一硅片上制作的两个深浅不同 PN 结的光电二极管 PD_1 和 PD_2 组成的。根据半导体对光的吸收理论,PN 结深对长波光谱辐射的吸收增加,长波光谱的响应增加,而 PN 结浅对短波长的响应较好。因此,具有浅 PN 结的 PD_1 的光谱响应峰值在蓝光范围,具有深 PN 结的 PD_2 的光谱响应峰值在红光范围。这种双结光电二极管的光谱响应如图 3-20 所示,具有双峰效应,即 PD_1 为蓝敏,PD_2 为红敏。

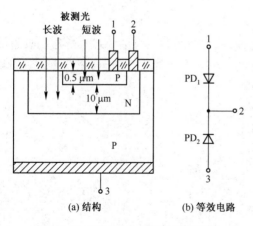

图 3-19　双结光电二极管色敏器件

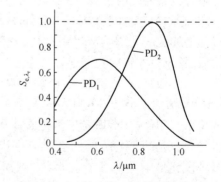

图 3-20　双结光电二极管的光谱响应

双结光电二极管只能通过测量单色光的光谱辐功率与黑体辐射相接近的光源色温来确定颜色。用双结光电二极管测量颜色时,通常测量两个光电二极管的短路电流比（I_{sc2}/I_{sc1}）与入射波长的关系。从图 3-21 不难看出,每一种波长的光都对应一个短路电流比值,从而判别入射光的波长,达到识别颜色的目的。上述双结光电二极管只能用于测定单色光的波长,不能用于测量多种波长组成的混合色光,即便已知混合色光的光谱特性,也很难对光的颜色进行精确检测。

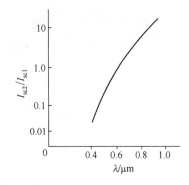

国际照明委员会(CIE)根据三原色原理建立了标准色度系统,制定了等能光谱色的 $\bar{r}$、$\bar{g}$、$\bar{b}$ 光谱三刺激值,得出了如图 3-22(a)所示的 CIE1931-RGB 系统光谱三刺激值曲线 σ_{rgb}。从曲线中看到 $\bar{r}$、$\bar{g}$、$\bar{b}$ 光谱三刺激值有一部分为负值,计算很不方便,又难以理解。因此 1931 年 CIE 又推荐了一个新的国际通用色度系统,称为 CIE1931-XYZ 系统。它是在 CIE1931-RGB 系统的基础上改用三个假想的原色 x、y、z 所建立的一个新的色度系统。同样,在该系统中也定出了匹

图 3-21　短路电流比与入射波长的关系

配等能量光谱色的三刺激值 $\bar{x}$、$\bar{y}$、$\bar{z}$,得出了如图 3-22(b)所示的 CIE1931-XYZ 系统光谱三刺激值曲线 σ_{xyz}。根据以上理论,对任何一种颜色,都可由颜色的三刺激值 x、y、z 表示,计算公式为

$$x = K\int_{380}^{780}\Phi(\lambda)\bar{x}(\lambda)\mathrm{d}\lambda, \quad y = K\int_{380}^{780}\Phi(\lambda)\bar{y}(\lambda)\mathrm{d}\lambda, \quad z = K\int_{380}^{780}\Phi(\lambda)\bar{z}(\lambda)\mathrm{d}\lambda \tag{3.2-18}$$

式中,$\Phi(\lambda)$ 为进入人眼的光谱辐通量,称为色刺激函数,K 为调整系数。

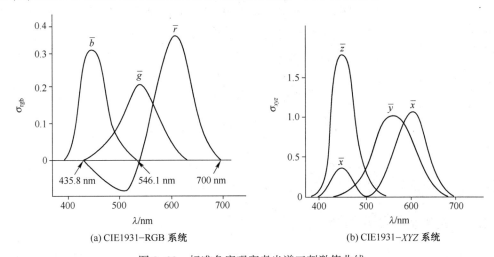

(a) CIE1931-RGB 系统　　　　　　　　　　(b) CIE1931-XYZ 系统

图 3-22　标准色度观察者光谱三刺激值曲线

根据色度学理论,日本的深津猛夫等人研制出可以识别混合色光的三色色敏光电器件。图 3-23 所示为非晶态硅集成全色色敏传感器结构示意图。它是在一块非晶态硅基片上制作三个检测元件,并分别配上 R、G、B 滤色片,得到如图 3-24 所示的近似于 CIE1931-RGB 系统光谱三刺激值曲线,通过对 R、G、B 输出电流的比较,即可识别物体的颜色。

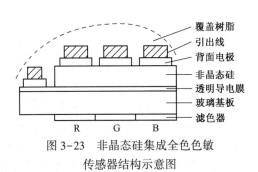

图 3-23　非晶态硅集成全色色敏
传感器结构示意图

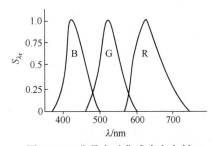

图 3-24　非晶态硅集成全色色敏
传感器光谱三刺激值曲线

2. 三色色敏器件的工作原理

图 3-25 所示为一种典型硅集成三色色敏器件的颜色识别电路方框图。

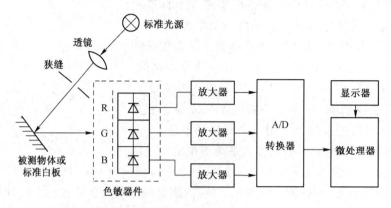

图 3-25 典型硅集成三色色敏器件的颜色识别电路方框图

从标准光源发出的光,经被测物反射,投射到色敏器件后,R、G、B 三个光电二极管输出不同的光电流,经运算放大器、A/D 转换器,将变换后的数字信号输入到微处理器中。微处理器根据式(3.2-18)进行颜色识别与判别,并在软件的支持下,在显示器上显示出被测物的颜色。颜色计算公式为

$$\begin{cases} S = R_{o1} + G_{o1} + B_{o1} \\ R' = KR_{o1} \times 100\% \\ G' = KG_{o1} \times 100\% \\ B' = KB_{o1} \times 100\% \end{cases} \tag{3.2-19}$$

式中,R_{o1}、G_{o1}、B_{o1} 为放大器的输出电压。测量前应对放大器进行调整,使标准光源发出的光,经标准白板反射后,照到色敏器件上时应满足 $R' = G' = B' = 33\%$。

3.2.6 光生伏特器件组合件

光生伏特器件组合件是在一块硅片上制造出按一定方式排列的具有相同光电特性的光生伏特器件阵列。它广泛应用于光电跟踪、光电准值、图像识别和光电编码等方面。用该器件代替由分立光生伏特器件组成的变换装置,不仅具有光敏点密集,结构紧凑,光电特性一致性好,调节方便等优点,而且它独特的结构设计可以完成分立元件所无法完成的检测工作。

目前,市场上的光生伏特器件组合件主要有硅光电二极管组合件、硅光电三极管组合件和硅光电池组合件。

本节主要讨论以下几种光生伏特器件组合件。

1. 象限阵列光生伏特器件组合件

图 3-26 所示为几种典型的象限阵列光生伏特器件组合件。其中,图 3-26(a)所示为 2 象限器件,它是在一片 PN 结光电二极管(或光电池)的光敏面上经光刻的方法制成两个面积相等的 P 区(前极为 P 型硅),形成一对特性参数极为相近的 PN 结光电二极管(或光电池)。这样构成的光电二极管(或光电池)组合件具有 1 维位置的检测功能,或称具有 2 象限的检测功能。当被测光斑落在 2 象限器件的光敏面上时,光斑偏离的方向或大小就可以被如图 3-27(b)所示的电路检测出来。如图 3-27(a)所示,光斑偏向 P_2 区,P_2 的电流大于 P_1 的电流,放大器的输出电压为大于零的正电

压,电压值的大小反映光斑偏离的程度;反之,若光斑偏向 P_1 区,输出电压为负电压,负电压的大小反映光斑偏向 P_1 区的程度。因此,由 2 象限器件组成的电路具有 1 维位置的检测功能,在薄板材料的生产中常被用来检测和控制边沿的位置,以便卷制成整齐的卷。

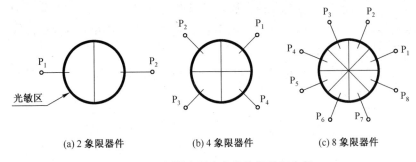

(a) 2 象限器件　　(b) 4 象限器件　　(c) 8 象限器件

图 3-26　象限阵列光生伏特器件组合件

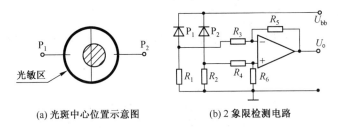

(a) 光斑中心位置示意图　　(b) 2 象限检测电路

图 3-27　光斑中心位置的 2 象限检测电路

图 3-26(b)所示为 4 象限器件,它具有 2 维位置的检测功能,可以完成光斑在 x,y 两个方向的偏移量的检测。

采用 4 象限器件测定光斑的中心位置,可根据器件坐标轴线与测量系统基准线间的安装角度不同,采用下面不同的电路形式进行测定。

（1）和差电路

当器件坐标轴线与测量系统基准线间的安装角度为 $0°$（器件坐标轴线与测量系统基准线平行）时,采用如图 3-28 所示的和差检测电路。用加法器先计算相邻象限输出光电信号之和,再计算和信号之差,最后,通过除法器获得偏差值。

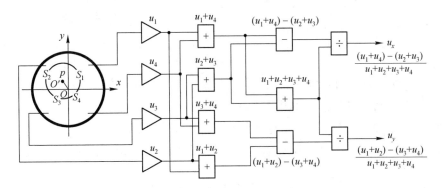

图 3-28　4 象限器件的和差检测电路

设入射光斑形状为弥散圆,其半径为 r,光出射度均匀,投射到 4 象限器件每个象限上的面积分别为 S_1、S_2、S_3、S_4,光斑中心 O' 相对器件中心 O 的偏移量 $OO'=p$（可用直角坐标 x、y 表示）,由运算

电路得到的输出偏离信号分别为

$$u_x = K[(u_1+u_4)-(u_2+u_3)]$$
$$u_y = K[(u_1+u_2)-(u_3+u_4)]$$

式中,K 为放大器的放大倍数,它与光斑的直径和光出射度有关;u_1、u_2、u_3、u_4 分别为 4 个象限输出的信号电压经放大器放大后的电压值;u_x、u_y 分别表示光斑在 x 方向和 y 方向偏离 4 象限器件中心(O 点)的情况。

为了消除光斑自身总能量的变化对测量结果的影响,通常采用和差比幅电路(除法电路),经比幅电路处理后输出的信号为

$$\begin{cases} u_x = \dfrac{(u_1+u_4)-(u_2+u_3)}{u_1+u_2+u_3+u_4} \\[3mm] u_y = \dfrac{(u_1+u_2)-(u_3+u_4)}{u_1+u_2+u_3+u_4} \end{cases} \tag{3.2-20}$$

(2)直差电路

当 4 象限器件的坐标线与基准线成 45°时,常采用如图 3-29 所示的直差电路。直差电路输出的偏移量为

$$\begin{cases} u_x = K\dfrac{u_1-u_3}{u_1+u_2+u_3+u_4} \\[3mm] u_y = K\dfrac{u_2-u_4}{u_1+u_2+u_3+u_4} \end{cases} \tag{3.2-21}$$

这种电路简单,而且,它的灵敏度和线性等特性相对较差。

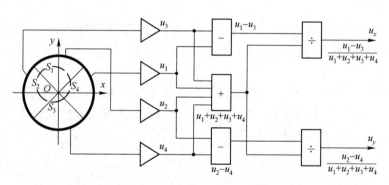

图 3-29 4 象限器件的直差电路

象限阵列光生伏特器件组合件虽然能够用于光斑相位的探测、跟踪和对准工作,但是,它的测量精度受到器件本身缺陷的限制。其明显缺陷为:

① 光刻分割区将产生盲区,盲区会使微小光斑的测量受到限制;

② 若被测光斑全部落入某一象限光敏区,输出信号将无法测出光斑的位置,因此它的测量范围受到限制;

③ 测量精度与光源的光强及其漂移密切相关,使测量精度的稳定性受到限制。

图 3-26(c)所示为 8 象限器件,它的分辨率虽然比 4 象限器件的高,但仍解决不了上述的缺陷。

表 3-4 为典型 4 象限光电二极管的特性参数。

表 3-4　典型 4 象限光电二极管的特性参数

参数	响应范围 （μm）	峰值响应 （μm）	最高工作电压 （U_{max}/V）	每象限暗电流 （I_D/μA）	每象限亮电流 （I_L/μA）	亮电流均匀性 （%）	光敏面直径 （mm）
测试条件			$I_R = I_D$	U_{max} 以下 $E_v = 0$	U_{max} 以下 $E_v = 1000$ lx		
2CU301A	0.4~1.1	0.9	20	≤0.3	≥8	≤15	2
2CU301B	0.4~1.1	0.9	20	≤0.5	≥8	≤15	5

2. 线阵列光生伏特器件组合件

线阵列光生伏特器件组合件是在一块硅片上制造出光敏面积相等、间隔也相等的一串特性相近的光生伏特器件阵列。如图 3-30 所示为由 16 只光电二极管构成的线阵列光生伏特器件组合件，其型号为 16NC。图 3-30（a）所示为器件的正面图，它由 16 个共阴的光电二极管构成，每个光电二极管的光敏面积为 5 mm×0.8 mm，间隔为 1.2 mm。16 个光电二极管的 N 极为硅片的衬底，P 极为光敏面，分别用金属线引出到管座，如图 3-30（b）所示。其原理电路如图 3-30（c）所示，N 为公共的负极，应用时常将 N 极接电源的正极，而将每个阳极通过负载电阻接地，并由阳极输出信号。

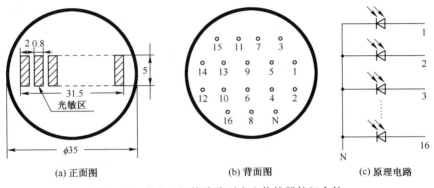

(a) 正面图　　　　(b) 背面图　　　　(c) 原理电路

图 3-30　光电二极管线阵列光生伏特器件组合件

图 3-31 所示为由 15 只光电三极管构成的线阵列光生伏特器件组合件。图 3-31（a）为器件的俯视图，每只光电三极管的光敏面积为 1.5 mm×0.8 mm，间隔为 1.2 mm，光敏区总长度为 28.6 mm，封装在如图 3-31（a）所示的 DIP30 管座中。光电三极管线阵列器件的原理电路图如图 3-31（b）所示。图 3-31（c）与（d）所示为该管座的两个侧视图，标明其安装尺寸。显然，该组合件没有公共的电极，应用时可以更灵活地设置各种偏置电路。

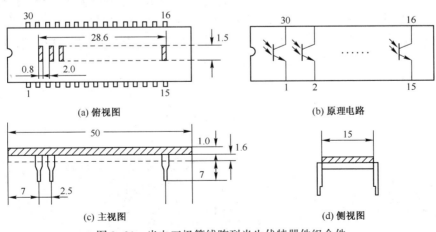

(a) 俯视图　　　　　　　　　　　　(b) 原理电路

(c) 主视图　　　　　　　　　　　　(d) 侧视图

图 3-31　光电三极管线阵列光生伏特器件组合件

另外,还有用硅光电池等其他光生伏特器件构成的线阵列光生伏特器件组合件。线阵列光生伏特器件组合件是一种能够进行并行传输的光电传感器件,在精度要求和灵敏度要求并不太高的多通道检测装置、光电编码器和光电读出装置中得到广泛的应用。但是,线阵列 CCD 传感器的出现使其应用受到很大的冲击。

3. 楔环阵列组合件

图 3-32 所示为楔环探测器。它是一种用于光学功率谱探测的阵列光电器件组合件,在一块 N 型硅衬底上制造出多个 P 型区,构成光电二极管或硅光电池的光敏单元阵列。显然,这些光敏单元由楔与环两种图形构成,故称其为楔环探测器。楔环探测器中的楔形光电器件可以用来检测光的功率谱分布,极角方向(楔形区)用来检测功率在角度方向的分布,环形区探测器用来检测功率在半径方向的分布。因此,可以将被测光功率谱的能量密度分布以极坐标的方式表示。

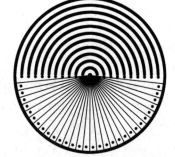

图 3-32　楔环探测器

显然,这种变换方式可以完成并行光电变换,通过并行变换电路和并行 A/D 转换电路将楔与环传感器所得到的瞬时功率谱能量密度信息送入计算机,在软件的作用下完成图像识别、分析等工作。

目前,楔环探测器已广泛应用于面粉粒度分析、癌细胞早期识别与疑难疾病的诊断技术中。

另外,还有以其他方式排列的光生伏特器件组合件,如角度、长度等光电码盘传感器中的探测器,常以格雷码的形式构成光生伏特器件组合件。

*3.2.7　光电位置敏感器件(PSD)

光电位置敏感器件是基于光生伏特器件的横向效应的器件,是一种对入射到光敏面上的光点位置敏感的光电器件。因此,称为光电位置敏感器件(PSD,Position Sensing Detector)。PSD 在光点位置测量方面具有比象限探测器件更多的优点。例如,它对光斑的形状无严格的要求,即它的输出信号与光斑是否聚焦无关;光敏面也无须分割,消除了象限探测器件盲区的影响;它可以连续测量光斑在其上的位置,且分辨率高,一维 PSD 的位置分辨可高达 $0.2\,\mu m$。

1. PSD 的工作原理

图 3-33 所示为 PIN 型 PSD 的结构示意图。它由 3 层构成,上面为 P 型层,中间为 I 型层,下面为 N 型层;在 P 型层上设置有两个电极,两电极间的 P 型层除具有接收入射光的功能外,还具有横向的分布电阻特性,即 P 型层不但为光敏层,而且是一个均匀的电阻层。

当光束入射到 PSD 光敏层上距中心点的距离为 x_A 时,在入射位置上产生与入射辐射成正比的信号电荷,此电荷形成的光电流通过 P 型层电阻分别由电极①与②输出。设 P 型层的电阻是均匀的,两电极间的距离为 $2L$,流过两电极的电流分别为 I_1 和 I_2,则流过 N 型层电极的电流为

$$I_0 = I_1 + I_2$$

若以 PSD 的几何中心点 O 为原点,光斑中心距原点 O 的距离为 x_A,则

$$I_1 = I_0 \frac{L - x_A}{2L}, \quad I_2 = I_0 \frac{L + x_A}{2L}, \quad x_A = \frac{I_2 - I_1}{I_2 + I_1} L \qquad (3.2\text{-}22)$$

利用式(3.2-22)即可测出 x_A,它与 I_1 和 I_2 的和、差比值有关。

PSD 已被广泛应用于激光自准直、光点位移量和振动的测量,以及平板平行度的检测和二维位置测量等领域。目前,已有一维和二维两种 PSD。下面分别讨论。

2. 一维 PSD

一维 PSD 主要用来测量光斑在一维方向上的位置或位置移动量。图 3-34(a)为典型一维 PSD

S1543 的结构,其中①和②为信号电极,③为公共电极。它的光敏面为细长的矩形条。图 3-34(b) 所示为 S1543 的等效电路,它由电流源 I_Φ、理想二极管 VD、结电容 C_j、横向分布电阻 R_D 和并联电阻 R_{sh} 组成。被测光斑在光敏面上的位置由式(3.2-22)计算。即

$$x = \frac{I_2 - I_1}{I_2 + I_1} L \qquad (3.2\text{-}23)$$

所输出的总光电流为

$$I_\Phi = I_1 + I_2 \qquad (3.2\text{-}24)$$

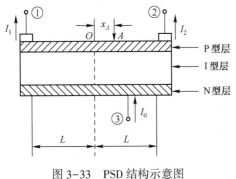

图 3-33　PSD 结构示意图

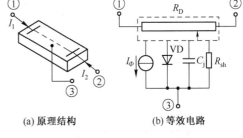

(a) 原理结构　　　(b) 等效电路

图 3-34　一维 PSD

由式(3.2-23)和式(3.2-24)可以看出,一维 PSD 不但能检测光斑中心在一维空间的位置,而且能检测光斑的强度。

图 3-35 所示为一维 PSD 位置检测电路原理图。光电流 I_1 经反相放大器 A_1 放大后分别送给放大器 A_3 与 A_4,而光电流 I_2 经反相放大器 A_2 放大后也分别送给 A_3 与 A_4。A_3 为加法电路,完成 I_1 与 I_2 的相加运算(A_5 用来调整运算后信号的相位);A_4 用作减法电路,完成 I_2 与 I_1 的相减运算。最后,用除法电路计算出($I_2 - I_1$)与($I_1 + I_2$)的商,即为光点在一维 PSD 光敏面上的位置 x。光敏区长度 L 可通过调整放大器的放大倍数,利用标定的方式进行综合调整。

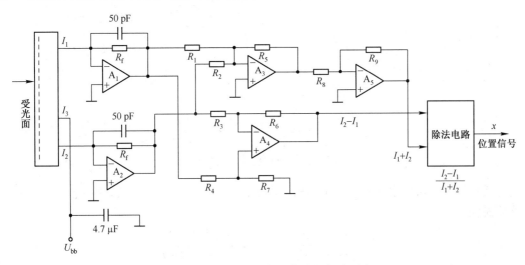

图 3-35　一维 PSD 位置检测电路原理图

3. 二维 PSD

二维 PSD 可用来测量光斑在平面上的二维位置(即 x,y 坐标值),通常它的光敏面为正方形,比一维 PSD 多一对电极,它的结构如图 3-36(a)所示,在正方形 PIN 硅片的光敏面上设置两对电极,其位置分别标注为 Y_1、Y_2 和 X_3、X_4,其公共 N 极常接电源 U_{bb}。二维 PSD 的等效电路如图 3-36(b)

所示,它与图 3-34(b)类似,也由电流源 I_Φ、理想二极管 VD、结电容 C_j、两个方向的横向分布电阻 R_D 和并联电阻 R_{sh} 构成。由等效电路不难看出光电流 I_Φ 由两个方向的四路电流分量构成,即:I_{X_3}、I_{X_4}、I_{Y_1}、I_{Y_2}。可将这些电流作为位移信号输出。

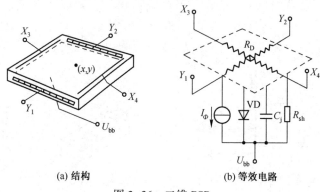

(a) 结构   (b) 等效电路

图 3-36 二维 PSD

显然,当光斑落到二维 PSD 上时,光斑中心位置的坐标值可表示为

$$x = \frac{I_{X_4} - I_{X_3}}{I_{X_4} + I_{X_3}}, \qquad y = \frac{I_{Y_2} - I_{Y_1}}{I_{Y_2} + I_{Y_1}} \qquad (3.2\text{-}25)$$

上式对靠近器件中心点的光斑位置测量误差很小,随着距中心点距离的增大,测量误差也会增大。为了减小测量误差常将二维 PSD 的光敏面进行改进。改进后的二维 PSD 如图 3-37 所示。四个引出线分别从四个对角线端引出,光敏面的形状好似正方形产生了枕形畸变。这种结构的优点是光斑在边缘的测量误差大大减小。

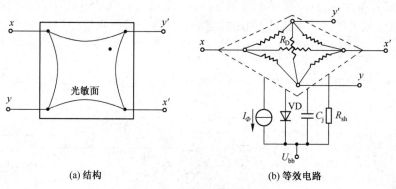

(a) 结构   (b) 等效电路

图 3-37 改进后的二维 PSD

改进后的等效电路比改进前多了四个相邻电极间的电阻,入射光点(如图中黑点)位置 (x,y) 的计算公式变为

$$x = \frac{(I_{x'} + I_y) - (I_x + I_{y'})}{I_x + I_{x'} + I_y + I_{y'}}, \qquad y = \frac{(I_{x'} + I_{y'}) - (I_x + I_y)}{I_x + I_{x'} + I_y + I_{y'}} \qquad (3.2\text{-}26)$$

根据式(3.2-26),可以设计出二维 PSD 的光点位置检测电路原理图(见图 3-38)。电路利用了加法器、减法器和除法器进行各分支电流的加、减和除的运算,以便计算出光点在 PSD 中的位置坐标。目前,市场上已有各种型号的 PSD 的转换电路板,可以根据需要选用。

图 3-38 中通过 A/D 数据采集电路,将所测得的 x 与 y 的位置信息送入计算机,可使 PSD 位置检测电路得到更加广泛的应用。当然,上述电路也可以进一步简化,在各个前置放大器的后面都加上 A/D 数据采集电路,并将采集到的数据送入计算机,在软件的支持下完成光点位置的检测工作。

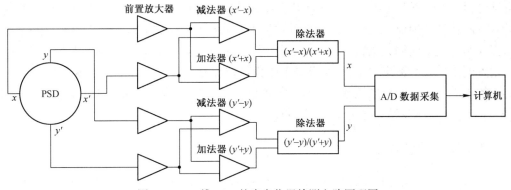

图 3-38　二维 PSD 的光点位置检测电路原理图

4. PSD 的主要特性

PSD 属于特种光生伏特器件,它的特性与一般硅光生伏特器件基本相同。例如,光谱响应、时间响应和温度响应等与前面讲述的 PN 结光生伏特器件相同。作为位置传感器,PSD 有其独特的特性,即位置检测特性。PSD 的位置检测特性近似于线

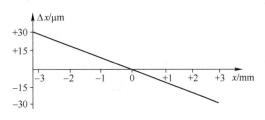

图 3-39　一维 PSD 位置检测误差特性曲线

性。图 3-39 所示为典型一维 PSD(S1544)位置检测误差特性曲线,由曲线可知,越接近中心位置的测量误差越小。因此,利用 PSD 来检测光斑位置时,应尽量使光点靠近器件中心。

表 3-5 所示为几种典型 PSD 的基本特性参数,供应用时参考。

表 3-5　典型 PSD 的基本特性参数

维数	型号	封装	有效面积（mm²）	峰值灵敏度（A/W）	偏置电压（V）	位置检测误差（μm）	位置分辨率（μm）	极间电阻（kΩ）	暗电流（nA）	结电容（pF）	上升时间（μs）	最大光电流（μA）
一维	S1543	金属	1×3			±15	0.2	100	1	6	4	160
	S1771	陶瓷	1×3			±15	0.2	100	1	6	4	160
	S1544		1×6	0.6	20	±30	0.3	100	2	12	8	80
	S1545		1×12			±60	0.3	200	4	25	18	40
	S1532		1×33			±125	7	25	30	150	5	1000
	S1662		13×13			±100	6	10	100	300	8	1000
	S2153	塑料	1×3	0.55		±15	0.2	100	1	6	4	160
二维	S1300	陶瓷	13×13	0.5	20	±80	6	10	1000	200	8	1
	S1743		4.1×4.1			±50	3		20	25	2.5	1
	S1200	陶瓷	1.3×1.3		20	±150	10		1000	300	8	1
	S1869		2.7×2.7	0.6		±300	20	10	2000	650	20	1
	S1880		12×12			±80	6.0		50	350	12	1
	S1881		22×22			±150	12		100	1200	40	1
	S2044	金属	4.7×4.7			±40	2.5		1	35	3	1

注:① 所有 PSD 的光谱响应范围均为 300~1100 nm;峰值响应波长为 900 nm;

② 一维 PSD 位置误差表示从中心到 75%处的误差值;

③ 二维 PSD 位置误差分 A 区(中心区)和 B 区(边缘区)的误差,本表所列的为 A 区误差,B 区误差请查相关手册。

3.3　光生伏特器件的偏置电路

PN 结光生伏特器件一般有自偏置电路、反向偏置电路和零伏偏置电路三种偏置电路。每种

偏置电路使得 PN 结光生伏特器件工作在特性曲线的不同区域,表现出不同的特性,使变换电路的输出具有不同特征。为此,掌握光生伏特器件的偏置电路是非常重要的。

前面介绍硅光电池的光电特性时,已经讨论了自偏置电路。自偏置电路的特点是光生伏特器件在自偏置电路中具有输出功率,且当负载电阻为最佳负载电阻时具有最大的输出功率。但是,自偏置电路的输出电流或输出电压与入射辐射间的线性关系很差,因此,在测量电路中很少采用自偏置电路。关于自偏置电路的计算本节不再赘述。

3.3.1 反向偏置电路

定义加在光生伏特器件上的偏置电压与内建电场的方向相同的偏置电路称为反向偏置电路。所有的光生伏特器件都可以进行反向偏置,尤其是光电三极管、光电场效应管、复合光电三极管等必须进行反向偏置。图 3-40 所示为光生伏特器件的反向偏置电路,在反向偏置状态下,PN 结势垒区加宽,有利于光生载流子的漂移运动,使光生伏特器件的线性范围和光电变换的动态范围加宽。因此,反向偏置电路被广泛地应用到大范围的线性光电检测与光电变换中。

1. 反向偏置电路的输出特性

如图 3-40 所示,当 $U_{bb} \gg kT/q$ 时,流过 R_L 的电流为

$$I_L = I_\Phi + I_d \qquad (3.3-1)$$

输出电压为

$$U_o = U_{bb} - I_L R_L \qquad (3.3-2)$$

反向偏置电路的输出特性曲线如图 3-41 所示。不难看出反向偏置电路的输出电压的动态范围取决于电源电压 U_{bb} 与 R_L,电流 I_L 的动态范围也与 R_L 有关。适当地设计 R_L,可以获得所需要的电流、电压动态范围。图 3-41 的特性曲线中,静态工作点都为 Q 点。当 $R_{L1} > R_{L2}$ 时,R_{L1} 所对应的特性曲线 1 输出电压的动态范围要大于 R_{L2} 所对应的特性曲线 2 输出电压的动态范围;而特性曲线 1 输出电流的动态范围要小于特性曲线 2 输出电流的动态范围。应用时要注意选择适当的负载。

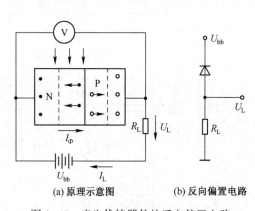

(a) 原理示意图 (b) 反向偏置电路

图 3-40 光生伏特器件的反向偏置电路

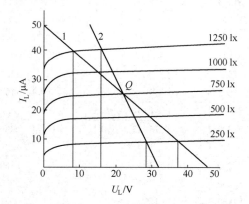

图 3-41 反向偏置电路输出特性曲线

2. 输出电流、电压与辐射量间的关系

由式(3.3-1)可以求得反向偏置电路的输出电流与入射辐射量的关系

$$I_L = \frac{\eta q \lambda}{hc} \Phi_{e,\lambda} + I_d \qquad (3.3-3)$$

由于制造光生伏特器件的半导体材料一般都采用高阻轻掺杂的器件(太阳能电池除外),因此暗电流都很小,可以忽略不计。即反向偏置电路的输出电流与入射辐射量的关系可简化为

$$I_L = \frac{\eta q \lambda}{hc} \Phi_{e,\lambda} \tag{3.3-4}$$

同样,反向偏置电路的输出电压与入射辐射量的关系为

$$U_L = U_{bb} - R_L \frac{\eta q \lambda}{hc} \Phi_{e,\lambda} \tag{3.3-5}$$

信号电压为

$$\Delta U = -R_L \frac{\eta q \lambda}{hc} \Delta \Phi_{e,\lambda} \tag{3.3-6}$$

表明 ΔU 与入射辐射量的变化成正比,变化方向相反,U_L 随入射辐射量增加而减小。

例 3-1 用 2CU$_{2D}$ 光电二极管探测激光器输出的调制信号 $\Phi_{e,\lambda} = 20 + 5 \sin\omega t\,(\mu W)$ 的辐通量时,若已知电源电压为 15 V,2CU$_{2D}$ 的光电流灵敏度 $S_i = 0.5\ \mu A/\mu W$,结电容 $C_j = 3$ pF,引线分布电容 $C_i = 7$ pF。试求负载电阻 $R_L = 2\ M\Omega$ 时该电路的偏置电阻 R_B。并计算信号电压最大情况下的最高截止频率。

解 首先求出入射辐通量的峰值

$$\Phi_m = 20 + 5 = 25\,(\mu W)$$

再求出 2CU$_{2D}$ 的最大输出光电流

$$I_m = S_i \Phi_m = 12.5\,(\mu A)$$

设信号电压最大时的偏置电阻为 R_B,则

$$R_B \,/\!/\, R_L = U_{bb}/I_m = 1.2\,(M\Omega)$$

可得 $R_B = 3\ M\Omega$。

输出电压最大时的最高截止频率为

$$f_b = \frac{1}{\tau} = \frac{R_L + R_B}{R_L R_B (C_j + C_i)} \approx 83\,(kHz)$$

3. 反向偏置电路的设计与计算

反向偏置电路的设计与计算常采用图解的方法,下面通过例题讨论它的设计与计算。

例 3-2 已知某光电三极管的伏安特性曲线如图3-42所示。当入射光通量 $\Phi_{v,\lambda} = 55 + 40 \sin\omega t$ lm 时,要得到 5 V 的输出电压,试设计该光电三极管的变换电路,并画出输入/输出的波形图,分析输入光信号与输出电压信号间的相位关系。

解 首先根据题目的要求,找到入射光通量的最大值与最小值:

$$\Phi_{max} = 55 + 40 = 95\,(lm)$$
$$\Phi_{min} = 55 - 40 = 15\,(lm)$$

在特性曲线中画出光通量的变化波形,补充必要的特性曲线。

再根据题目对输出信号电压的要求,确定光电三极管集电极电压的变化范围。本题要求输出电压为 5 V,指的是有效值,集电极电压变化范围应为双峰值。即

$$U_{ce} = 2\sqrt{2}\,U \approx 14\,(V)$$

在 Φ_{max} 特性曲线上找到靠近饱和区与线性区的临界点 A,过

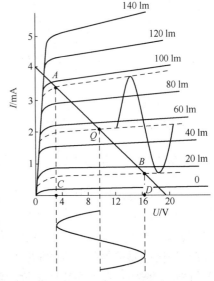

图 3-42 例 3-2 的图

A 点作垂线交于横轴的 C 点,在横轴上找到满足题目对输出信号幅度要求的另一点 D,过 D 作垂线交 $\Phi_{\min}$ 特性曲线于 B 点,过 A、B 点作直线,该直线即为负载线。负载线与横轴的交点为电源电压 U_{bb},负载线的斜率为负载电阻 R_L。于是可得:$U_{bb} = 20$ V,$R_L = 5$ kΩ。最后,画出输入光信号与输出电压信号的波形图。从图中可以看出输出电压信号与入射光信号为反相关系。

3.3.2 零伏偏置电路

光生伏特器件在自偏置的情况下,若负载电阻为零,该偏置电路称为零伏偏置电路。由式(3.1-2)可知,在零伏偏置下,输出的短路光电流 I_{sc} 与入射辐射量(如照度)呈线性关系,因此,零伏偏置电路是理想的电流放大电路。

图 3-43 所示为由高输入阻抗放大器构成的近似零伏偏置电路。图中 I_{sc} 为短路光电流,R_i 为光生伏特器件的内阻与闭环集成放大器输入电阻的并联等效电阻,由于集成运算放大器的开环放大倍数 A_o 很高,使得闭环集成放大器的等效输入电阻很低,相当于光生伏特器件被短路。有

$$R_i \approx \frac{R_f}{1 + A_o} \qquad (3.3\text{-}7)$$

一般 $A_o > 10^5$,反馈电阻 $R_f \leqslant 100$ kΩ,则 $R_i \leqslant 10$ Ω,因此,可认为图 3-43 所示的电路为零伏偏置电路,放大器的输出电压 U_o 与入射辐射量呈线性关系:

$$U_o = -I_{sc} R_f = -R_f \frac{\eta q \lambda}{hc} \Phi_{e,\lambda} \qquad (3.3\text{-}8)$$

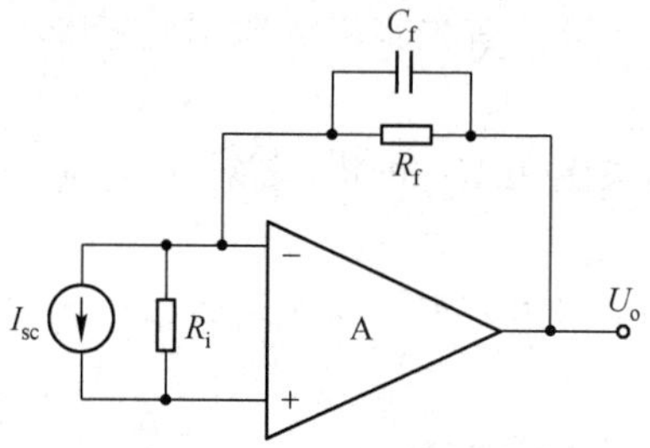

图 3-43　零伏偏置电路

R_f 很高,电路的放大倍率和灵敏度都很高。

除上述利用具有很高开环放大倍数的集成运算放大器构成的零伏偏置电路外,还可以利用由变压器的阻抗变换功能构成的零伏偏置电路,将光生伏特器件接到变压器的低阻抗端(线圈匝数少),使光的波动产生的交变信号被变压器放大并输出;另外,还可以利用电桥的平衡原理设置直流或缓变信号的零伏偏置电路。但是,这些零伏偏置电路都属于近似的零伏偏置电路,它们都有一定大小的等效偏置电阻,当信号电流较强或辐射强度较高时将使其偏离零伏偏置。故零伏偏置电路只适合对微弱辐射信号的检测,不适合较强辐射的检测领域。要获得大范围的线性光电信息变换,应该尽量采用光生伏特器件的反向偏置电路。

3.4　半导体光电器件的特性参数与应用选择

从上述几节可以看出,半导体光电器件种类很多,功能各异。掌握各种半导体光电器件的特性及参数是实际应用中正确选用的关键。

3.4.1　半导体光电器件的特性参数

半导体光电器件主要包括光电导器件与光生伏特器件两大类,它们的主要特性参数如表 3-6 所示。在实际应用中,并不是对所有的特性都有严格的要求,常常对某些特性有要求而对其他特性要求不严或根本不做任何要求。例如,用光电器件进行火灾探测与报警时,对器件的光谱响应和灵敏度的要求很严,必须在发"火"点有很强的响应,而对响应速度则要求很低。因此,要根据具体情况选择具有不同特性参数的器件。

表 3-6　半导体光电器件的特性参数

光电器件	光谱响应（nm）			灵敏度（A/W）	输出电流（mA）	光电响应线性	动态特性		电源及偏置	暗电流与噪声	应用
	短波长	峰值	长波长				频率响应（MHz）	上升时间（μs）			
CdS 光敏电阻	400	640	900	1A/lm	$10 \sim 10^2$	非线性	0.001	$200 \sim 1000$	交、直流	较低	集成或分立的光电开关
CdSe 光敏电阻	300	750	1220	1A/lm	$10 \sim 10^2$	非线性	0.001	$200 \sim 1000$	交、直流	较低	
PN 结光电二极管	400	750	1100	$0.3 \sim 0.6$	≤1.0	好	≤10	≤0.1	三种偏置	最低	光电检测
硅光电池	400	750	1100	$0.3 \sim 0.8$	$1 \sim 30$	好	$0.03 \sim 1$	≤100		较低	
PIN 光电二极管	400	750	1100	$0.3 \sim 0.6$	≤2.0	好	≤100	≤0.002	反向偏置	最低	高速光电探测
GaAs 光电二极管	300	850	950	$0.3 \sim 0.6$	≤1.0	好	≤100	≤0.002	反向偏置	最低	高速光电探测
HgCdTe 光电二极管	1000	与 Cd 组分有关	12000			好	≤10	≤0.1	反向偏置	较低	红外探测
光电三极管 3DU	400	880	1100	$0.1 \sim 2$	$1 \sim 8$	线性差	≤0.2	≤5	反向偏置	低	光电探测与开关
复合光电三极管 3DU	400	880	1100	$2 \sim 10$	$2 \sim 20$	线性差	≤0.1	≤10	反向偏置	较高	光电开关
光控可控硅	400	880	1100		$50 \sim 10^3$	线性更差	≤0.01	≤10		高	光电开关

下面对半导体光电器件的主要特性参数进行比较。

（1）光电变换的线性

光电二极管（包括 PIN 与雪崩管）的线性最好，其他依次为零伏或反向偏置状态的光电池、光电三极管、复合光电三极管等。光敏电阻的光电变换的线性最差。

（2）动态范围

动态范围分为线性动态范围与非线性动态范围。在线性动态范围方面，反向偏置状态的光电二极管的动态范围最好，光电池、光电三极管、复合光电三极管的次之，光敏电阻最差。光敏电阻的非线性动态范围要比其他光电器件宽。

（3）灵敏度

光敏电阻的灵敏度最高，其他依次为雪崩光电二极管、复合光电三极管和光电三极管，光电二极管的灵敏度最低。

（4）时间响应

PIN 与雪崩光电二极管的时间响应最快，其他依次为光电三极管、复合光电三极管和光电池，最慢的是光敏电阻，它不但惯性大，而且还具有很强的前例效应。

（5）光谱响应

光谱响应主要与光电器件的材料有关。一般来讲光敏电阻的光谱响应要比光生伏特器件的光谱响应范围宽。尤其在红外波段光敏电阻的光谱响应更为突出。

（6）供电电源与应用的灵活性

光敏电阻没有极性，可用于交、直流电源。光电池不须外加电源就能进行光电变换，但线性很差，而其他光生伏特器件必须在直流偏置电压下才能工作。因此，光电池的应用灵活性较高，光敏电阻与其他光生伏特器件的应用灵活性较差，但它们都适合在低压下工作。

（7）暗电流与噪声

光电二极管的暗电流最低,光敏电阻、光电三极管、复合光电三极管和光电池的暗电流较大,尤其是放大倍数大的多级复合光电三极管及大面积的光电池的暗电流更大。

光敏电阻的噪声源有三种,而其他光电器件的噪声源只考虑一种,但是,这并不能说明光敏电阻的噪声最大。具有高放大倍数的复合光电三极管与光敏面积较大的光电池的噪声最大。

3.4.2　半导体光电器件的应用选择

半导体光电器件的应用选择,实际上是指一些应用注意事项与应用技巧或方法。在很多要求不太严格的应用中,可采用任何一种光电器件。不过在某些情况下,选用某种器件会更合适些。例如,当需要定量测量光源的发光强度时,选用光电二极管比选用光电三极管要好些,因为光度测量时对光电变换的线性和动态范围的要求比对灵敏度的要求高。但是在对弱辐射进行探测时(发火点的探测),对微弱光探测本领的要求高,这时,必须考虑灵敏度、光谱响应和噪声等特性,对器件的响应速度则不必过多地考虑。因此,光敏电阻是首选。

当测量对象为高速运动的物体时,光电器件的时间响应成为首选,而灵敏度和线性成为次要因素。如探测 10^{-7} s 的光脉冲是否到来,必须选用响应时间小于 10^{-7} s 的 PIN 光电二极管作为探测器件,光谱响应带宽与灵敏度的高低成为次要因素。

当然,在有些情况下选用几种光电器件都可以实现光电变换任务。例如,对于速度并不太快的物体进行速度测量,机械量的非接触尺寸测量等,可选用光电二极管、光电三极管、光电池、光敏电阻等低响应速度的器件,这时就要看体积、成本、电源等情况,选用最合理的光电器件。

为了提高转换效率,无畸变地把光学信息变换成光电信号,这时不仅要合理选用光电器件,还必须考虑光学系统和电子处理系统的设计,使每个环节相互匹配,以及相关的单元器件都处于最佳的工作状态。

为学习和掌握光电信息技术,将选用光电器件的基本原则归纳如下。

（1）光电器件必须和辐射信号源及光学系统在光谱特性上实现匹配。例如,测量波长是紫外波段,则需选用专门的紫外光电半导体器件,或者后面要讲的光电倍增管(PMT);对于可见光,则可选用光敏电阻与硅光生伏特器件;对红外波段的信号,则选用光敏电阻,或红外响应的光生伏特器件。

（2）光电器件的光电转换特性或动态范围必须与光信号的入射辐射能量相匹配。其中首先要注意的是器件的感光面要和入射光匹配好。因此,光源必须照射到器件的有效位置,如果发生变化,则测量电路的光电灵敏度将发生变化。如太阳能电池具有大的感光面,一般用于对杂散光或者没有达到聚焦状态的光束进行探测。又如光敏电阻是一个可变电阻,有光照的部分电阻就降低,必须设计光线照在两电极间的全部电阻体上,以便有效地利用全部感光面。光电二极管、光电三极管的感光面只是在结区附近的一个极小的面积,故一般把透镜作为光的入射窗,并使入射光经透镜聚焦到感光面的灵敏点上。光电池的感光面积较大,输出的光电流与感光面积较小的其他器件相比,在照射光晃动的情况下影响要小些。一般要使入射辐通量的变化中心处于光电器件光电特性的线性范围内,以确保获得良好的线性。对微弱的光信号,器件必须有合适的灵敏度,以确保一定的信噪比与输出足够强的信号。

（3）光电器件的时间响应特性必须与光信号的调制形式、信号频率及波形相匹配,以确保变换后的信号不产生频率失真引起的输出波形失真。当然,变换电路的频率响应特性也要与之匹配。

（4）光电器件与变换电路必须与后面的应用电路的输入阻抗良好匹配,以保证具有足够大的变换系数、线性范围、信噪比及快速的动态响应等。

（5）为保证器件长期工作时的可靠性，必须注意选择器件的参数和使用环境等。一般在长时间连续工作的条件下，要求器件的参数应该高于使用环境的要求，并留有足够的余量，能够保证在最恶劣环境下正常工作。另外还需要考虑光电器件工作的小环境设计（如制冷控温等的设计），以便满足长时间连续工作的要求。当器件的工作条件超过器件最大容限时，器件的特性将急剧恶化，特别是当工作电流超过容限值时，往往会发生永久性的损坏。使用环境的温度和电流容限一样，当超过温度的容限值后，由于器件内部的温度积累将引起特性缓慢恶化，使器件损坏。总之，保证器件工作在额定使用条件范围内，是使器件稳定可靠工作的必要条件。

思考题与习题 3

3.1 试比较硅整流二极管与硅光电二极管的正反向伏安特性曲线，指出它们之间的差异在哪里？若将普通硅整流二极管的 PN 结反向偏置，并使其曝光，它能够具有光电响应吗？为什么普通整流二极管要进行屏蔽光处理？

3.2 硅光电二极管的全电流方程由哪几项构成？各项都有哪些物理意义？若已知硅光电二极管的光电流分别为 $50\,\mu A$ 与 $300\,\mu A$，暗电流都为 $1\,\mu A$，试计算它们的开路电压。

3.3 比较 2CU 型硅光电二极管和 2DU 型硅光电二极管的结构特点，引入环极的意义是什么？

3.4 影响光伏器件频率响应特性的主要因素有哪些？为什么 PN 结硅光电二极管的最高工作频率小于等于 $10^7\,Hz$？怎样提高硅光电二极管的频率响应？

3.5 为什么硅光电池的开路电压在照度增大到一定程度后，不再随入射照度的增大而增大？硅光电池的最大开路电压为多少？为什么硅光电池的有载输出电压总小于相同照度下的开路电压？

3.6 硅光电池的内阻与哪些因素有关？在什么条件下硅光电池自偏置电路的输出功率最大？

3.7 光生伏特器件有几种偏置电路？各有什么特点？

3.8 已知 2CR21 型硅光电池（光敏面积为 $5\times5\,mm^2$）在室温 300 K 下，当辐照度为 $100\,mW/cm^2$ 时的开路电压 $U_{oc}=550\,mV$，短路电流 $I_{sc}=6\,mA$，试求：

（1）室温情况下，辐照度降低到 $50\,mW/cm^2$ 时的开路电压 U_{oc} 与短路电流 I_{sc}。

（2）当将该硅光电池安装在如图 3-44 所示的偏置电路中时，若测得输出电压 $U_o=1\,V$，问此时光敏面上的照度为多少？

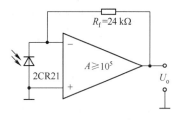

图 3-44 习题 3.8 图

3.9 已知 2CR44 型硅光电池的光敏面积为 $10\times10\,mm^2$，在室温 300 K 下，在辐照度为 $100\,mW/cm^2$ 时的开路电压 $U_{oc}=550\,mV$，短路电流 $I_{sc}=28\,mA$。试求：辐照度为 $200\,mW/cm^2$ 时的开路电压 U_{oc}、短路电流 I_{sc}、获得最大功率的最佳负载电阻 R_L、最大输出功率 P_m 和转换效率 η。

3.10 已知光电三极管变换电路及其伏安特性曲线如图 3-45 所示，若光敏面上的照度变化为 $e=120+80\sin\omega t\,(lx)$，为使光电三极管的集电极输出电压为不小于 4 V 的正弦信号，求所需要的负载电阻 R_L、电源电压 U_{bb}，以及该电路的电流、电压灵敏度，并画出三极管输出电压的波形图。

3.11 利用 2CU2 光电二极管和三极管 3DG40 构成如图 3-46 所示的探测电路，已知光电二极管的电流灵敏度 $S_i=0.4\,\mu A/\mu W$，其暗电流 $I_d=0.2\,\mu A$，三极管 3DG40 的电流放大倍数 $\beta=50$，最高入射辐功率为 $400\,\mu W$ 时的拐点电压 $U_z=1.0\,V$。求使输出信号 U_o 在最高入射辐功率时达到最大值的电阻 R_e 与输出信号 U_o 的幅值。入射辐射变化 $50\,\mu W$ 时的输出电压变化量为多少？

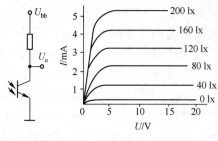

图 3-45　习题 3.10 图

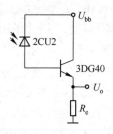

图 3-46　习题 3.11 图

3.12　为什么说楔环探测器能够探测光的功率分布？楔角和环极引出的电极各有什么功能？

3.13　4 象限光生伏特探测器件能够探测光斑在平面坐标上的位置吗？试说明用 4 象限硅光电池探测激光光斑平面位置的原理。

3.14　线阵列光生伏特探测器件为什么要设有一个公共电极？能够用它探测光斑一维位置吗？若用它探测光斑的二维位置又该如何设置？

3.15　你能够用 4 象限光生伏特探测器件检测光点的二维位置吗？应该采用怎样的电路原理方框图测量光斑的偏移量？

3.16　怎样用非晶硅集成全色色敏器件测量物体的颜色？能够用双色硅光二极管测量物体的颜色吗？

3.17　何谓 PSD？PSD 有几种基本类型？

3.18　设某一维 PSD 的输出电流 $I_1 = 2\,\text{mA}$，$I_2 = 4\,\text{mA}$，问光斑偏向 1 电极还是 2 电极？

3.19　为什么用一维 PSD 探测光斑位置时越远离 PSD 几何中心位置的光点检测的误差越大，而越靠近 PSD 中心位置的检测精确度越高？

3.20　试分析如图 3-47 所示的光电变换电路，指出输出电压 U_o 与入射辐通量的变化关系。说明光照增强时输出电压如何变化？光电二极管都是属于怎样的偏置（正偏、反偏还是自偏）？哪个变换电路能够进入饱和状态？

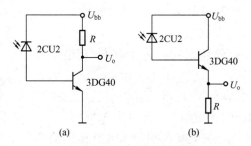

图 3-47　光电二极管控制电路

第4章 光电发射器件

光电发射器件是基于外光电效应的器件,它包括真空光电二极管、光电倍增管、变像管、像增强器和真空电子束摄像管等。20 世纪以来,由于半导体光电器件的发展和性能的提高,在许多应用领域,真空光电发射器件已被性能价格比更高的半导体光电器件所占领。但是,由于真空光电发射器件具有极高的灵敏度、快速响应等特点,它在微弱辐射的探测和快速弱辐射脉冲信息的捕捉等方面应用很多,如天文观测快速运动的星体或飞行物,材料工程、生物医学工程和地质地理分析等领域。

4.1 光电发射阴极

光电发射阴极是光电发射器件的重要部件,它是吸收光子能量发射光电子的部件。其性能好坏直接影响整个光电发射器件的性能,为此,首先讨论用于制造光电阴极的典型光电发射材料。

4.1.1 光电发射阴极的主要特性参数

光电发射阴极的主要特性参数有灵敏度、量子效率、光谱响应和暗电流等。

1. 灵敏度

光电发射阴极的灵敏度包括光谱灵敏度与积分灵敏度两种。

(1)光谱灵敏度

在单色(单一波长)辐射作用于光电阴极时,光电阴极电流 I_k 与光谱辐通量 $\Phi_{e,\lambda}$ 之比,定义为光电阴极的光谱灵敏度 $S_{e,\lambda}$。即

$$S_{e,\lambda} = I_k / \Phi_{e,\lambda}$$

其量纲为 μA/W 或 A/W。

(2)积分灵敏度

在某波长范围内的积分辐射作用于光电阴极时,光电阴极电流 I_k 与积分辐通量 Φ_e 之比,定义为光电阴极的积分灵敏度 S_e。即

$$S_e = I_k \left/ \int_0^\infty \Phi_{e,\lambda} \mathrm{d}\lambda \right.$$

其量纲为 mA/W 或 A/W。

在可见光波长范围内的"白光"作用于光电阴极时,光电阴极输出电流 I_k 与白光光通量 Φ_v 之比,定义为光电阴极的白光灵敏度 S_v。即

$$S_v = I_k \left/ \int_{380}^{780} \Phi_{v,\lambda} \mathrm{d}\lambda \right.$$

其量纲为 mA/lm。

2. 量子效率

在单色辐射作用于光电阴极时,光电发射阴极单位时间发出的光电子数 $N_{e,\lambda}$ 与入射的光子数 $N_{p,\lambda}$ 之比,称为光电阴极的量子效率 η_λ(或称量子产额)。即

$$\eta_\lambda = N_{e,\lambda}/N_{p,\lambda}$$

显然,量子效率和光谱灵敏度是一个物理量的两种表示方法,它们之间存在着一定的关系:

$$\eta_\lambda = \frac{I_k/q}{\Phi_{e,\lambda}/h\nu} = \frac{S_{e,\lambda}hc}{\lambda q} = \frac{1240 S_{e,\lambda}}{\lambda} \tag{4.1-1}$$

式中,波长 λ 的单位为 nm。

3. 光谱响应

光电发射阴极的光谱响应特性用光谱响应特性曲线描述。光电发射阴极的光谱灵敏度或量子效率与入射辐射波长之间的关系曲线,称为光谱响应特性曲线。

4. 暗电流

光电发射阴极中少数处于较高能级的电子在室温下获得热能,产生热电子发射,形成暗电流。光电发射阴极的暗电流与材料的光电发射阈值有关。一般光电发射阴极的暗电流极低,其强度相当于 $10^{-16} \sim 10^{-18}$ A·cm^{-2} 的电流密度。

*4.1.2 光电阴极材料

目前,按光电发射材料种类区分,光电阴极基本上有四类:单碱与多碱锑化物光电阴极、银氧铯和铋银氧铯光电阴极、紫外光电阴极、Ⅲ~Ⅴ族元素的光电阴极。图 4-1 所示为几种常用的光电发射阴极材料的光谱响应特性曲线。

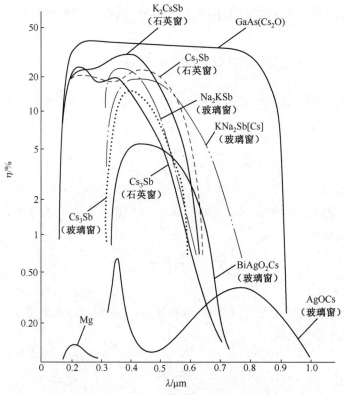

图 4-1　几种光电发射阴极材料的光谱响应特性曲线

1. 单碱与多碱锑化物光电阴极

锑铯(Cs_3Sb)光电阴极是最常用的、量子效率很高的光电阴极。它的制作方法非常简单:先在玻璃管的内壁上蒸镀一层厚约零点几纳米的锑膜,然后在一定温度(130℃、170℃)下通入铯蒸气,反应生成 Cs_3Sb 化合物膜。如果再通入微量氧气,形成 Cs_3Sb (O)光电阴极,可进一步提高光电阴极灵敏度和长波响应。

锑铯光电阴极的禁带宽度约为 1.6 eV,电子亲和势为 0.45 eV,光电发射阈值 $E_{th} \approx 2$ eV。表面氧化后 E_{th} 略减小,阈值波长将向长波延伸,长波限约为 650 nm,对红外辐射不敏感。锑铯阴极的峰值量子效率较高,一般可高达 30%,比银氧铯光电阴极高 30 多倍。

两种或三种碱金属与锑化合形成多碱锑化物光电阴极。其量子效率峰值可高达 30%,且暗电流低,光谱响应范围宽,在传统光电阴极中性能最佳。

Na_2KSb 光电阴极的光谱响应峰值波长在蓝光区,使用温度可高达 150℃。K_2CsSb 光电阴极的光谱响应峰值在 385 nm 处,暗电流特别低。含有微量铯的 Na_2KSb(Cs)光电阴极的电子亲和势由 1.0 eV 左右降到 0.55 eV 左右,对红光敏感的阴极,甚至会降到 0.25~0.30 eV。所以,它不仅有较高的蓝光响应,而且光谱响应会延伸至近红外区。通常含铯的光电阴极的工作温度不超过 60℃,否则铯被蒸发,光谱灵敏度显著降低,甚至无光谱灵敏度。

2. 银氧铯与铋银氧铯光电阴极

银氧铯(Ag-O-Cs)阴极是最早使用的高效光电阴极。它的特点是对近红外辐射灵敏。制作过程是先在真空玻璃壳壁上涂上一层银膜再通入氧气,通过辉光放电使银表面氧化。对于半透明银膜,由于基层电阻太高,必须用射频加热法形成氧化银膜(不能用放电方法),再引入铯蒸气进行敏化处理,形成 Ag-O-Cs 薄膜。

从图 4-1 中可以看出,银氧铯光电阴极的相对光谱响应曲线有两个峰值,一个在 350 nm 处,一个在 800 nm 处。光谱响应范围为 300~1200 nm。量子效率不高,峰值处约为 0.5%~1%。

银氧铯光电阴极的工作温度可高达 100℃,但暗电流较大,且随温度变化较快。

铋银氧铯光电阴极的制作方法很多。在各种制法中,四种元素可以有各种不同的结合次序,如 Bi-Ag-O-Cs,Bi-O-Ag-Cs,Ag-Bi-O-Cs 等。

Bi-Ag-O-Cs 光电阴极的量子效率大致为 Cs_3Sb 光电阴极的一半,其优点是光谱响应与人眼相匹配。暗电流比 Cs_3Sb 光电阴极大,但比 Ag-O-Cs 光电阴极小。

表 4-1 列出几种常用光电阴极材料的特性参数,供选用时参考。

表 4-1　几种常用光电阴极材料的特性参数

光电阴极材料	光谱响应范围 (nm)	峰值波长 (nm)	峰值波长量子效率(%)	灵敏度典型值 (μA/lm)	灵敏度最大值 (μA/lm)	20℃时的典型暗电流 (A/cm²)
Ag-O-Cs	400~1200	800	0.4	20	50	10^{-12}
Cs_3Sb	300~650	420	14	50	110	10^{-16}
Bi-Ag-O-Cs	400~780	450	5	35	100	10^{-14}
Na_2KSb	300~650	360	21	50	110	10^{-18}
K_2CsSb	300~650	385	30	75	140	10^{-17}
Na_2KSb(Cs)	300~850	390	22	200	705	10^{-16}

4.2　真空光电管与光电倍增管(PMT)的工作原理

4.2.1　真空光电管的原理

真空光电管主要由光电阴极和阳极两部分组成,因管内常被抽成真空而称为真空光电管。然而,有时为了使其某种性能提高,在管壳内充入某些低气压惰性气体,形成充气型的光电管。无论真空型还是充气型,均属于光电发射型器件,称为真空光电管或简称为光电管。其工作原理电路如图 4-2 所示,在阴极和阳极之间加有一定的电压,且阳极为正极,阴极为负极。

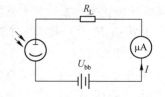

图 4-2　真空光电管原理电路

(1) 真空型光电管的工作原理

当入射光透过真空型光电管的入射窗照射到光电阴极面上时,光电子就从阴极发射出去,在阴极和阳极之间形成的电场作用下,光电子在极间做加速运动,被高电位的阳极收集,其光电流的大小主要由阴极灵敏度和辐强度决定。

(2) 充气型光电管的工作原理

光照产生的光电子在电场的作用下向阳极运动,由于途中与惰性气体原子碰撞而使其发生电离,电离过程产生的新电子与光电子一起被阳极接收,正离子向反方向运动被阴极接收,因此在阴极电路内形成数倍于真空型光电管的光电流。

由于半导体光电器件的发展,真空光电管已基本上被半导体光电器件所替代,因此,这里不再对光电管做进一步的介绍。

4.2.2　PMT 的基本原理

光电倍增管(Photo-Multiple Tube,PMT)是一种真空光电发射器件,它主要由光入射窗、光电阴极、电子光学系统、倍增极和阳极等部分组成。

如图 4-3 所示为 PMT 工作原理示意图。从图中可以看出,当光子入射到光电阴极面 K 上时,只要光子的能量高于光电发射阈值,光电阴极就产生电子发射。发射到真空中的电子在电场和电子光学系统的作用下,经电子限束器电极 F(相当于孔径光阑)会聚并加速运动到第一倍增极 D_1 上,第一倍增极在高动能电子的作用下,将发射比入射电子数目更多的二次电子(即倍增发射电子)。第一倍增极发射出的电子在第一与第二倍增极之间电场的作用下高速运动到第二倍增极。同样,在第二倍增极上产生电子倍增。以此类推,经 N 级倍增极倍增后,电子被放大 N 次。最后,被放大 N 次的电子被阳极收集,形成阳极电流 I_a,I_a 将在负载电阻 R_L 上产生电压降,形成输出电压 U_o。

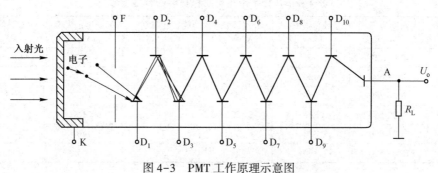

图 4-3　PMT 工作原理示意图

*4.2.3　PMT 的结构

1. 入射窗结构

PMT 通常有端窗式和侧窗式两种形式:端窗式 PMT 倍增极的结构如图 4-4(a)、(b)、(c)所示,光通过管壳的端面入射到端面内侧光电阴极面上;侧窗式 PMT 倍增极的结构如图 4-4(d)所示,光通过玻璃管壳的侧面入射到安装在管壳内的光电阴极面上。端窗式 PMT 通常采用半透明的光电阴极,光电阴极材料沉积在入射窗的内侧面。一般半透明光电阴极的灵敏度均匀性比反射式阴极要好,而且阴极面可以做成从几十平方毫米到几百平方厘米大小各异的光敏面。为使阴极面各处的灵敏度均匀,受光均匀,阴极面常做成半球状。另外,阴极面所发出的电子经电子光学系统会聚到第一倍增极的时间散差最小,因此,光电子能有效地被第一倍增极收集。侧窗式 PMT 的阴极为独立的,且为反射型的,光子入射到光电阴极面上产生的光电子在聚焦电场的作用下会聚到第一倍增极,因此,它的收集效率接近为 1。

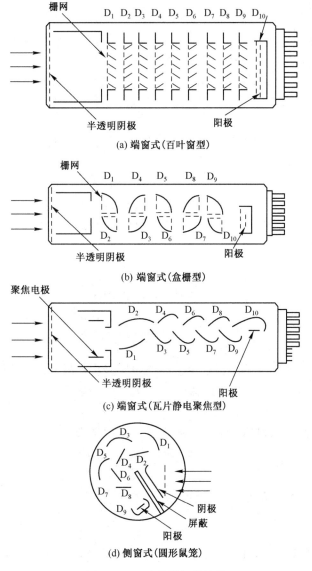

图 4-4　PMT 倍增极的结构

另外,窗口玻璃的不同,将直接影响 PMT 光谱响应的短波限。从图 4-1 中可以看出,同为光电阴极材料 Cs_3Sb 的光电倍增管,石英窗的光谱响应要比普通玻璃窗的光谱响应范围宽,尤其对紫外波段的光谱响应影响更大。

2. 倍增极结构

（1）倍增极材料

倍增极用于将一定动能入射的电子（或称光电子）增大 δ 倍。即倍增极将入射电子数为 N_1 的电子以电子数为 N_2 的二次电子发射出去，其中，$N_2=\delta N_1$，显然 $\delta>1$，称其为倍增极材料的二次电子发射系数。

倍增极发射二次电子的过程与光电发射的过程相似，不同的是二次发射电子由高能电子激发材料产生，而不是光子激发所致。因此，一般光电发射性能好的材料也具有二次电子发射功能。

常用的倍增极材料有以下几种。

① 锑化铯（CsSb）材料：具有很好的二次电子发射功能，它可以在较低的电压下产生较高的发射系数，电压高于 400 V 时 δ 值可高达 10。但是，当电流较大时，它的增益将趋于不稳定。

② 氧化的银镁合金（AgMgO［Cs］）材料：与锑化铯相比，其二次电子发射能力稍差些，但是，它可以在较强电流和较高的温度（150℃）下工作。它在电压为 400 V 时的 δ 最大，约为 6。

③ 铜-铍合金（铍的含量为 2%）材料：也具有二次电子发射功能，不过它的 δ 比银镁合金更低些。

新发展起来的负电子亲和势材料 GaP［Cs］，具有更高的二次电子发射功能，在电压为 1000 V 时，其 δ 一般大于 50，甚至高达 200。

（2）倍增极结构

光电倍增管按倍增极结构可分为聚焦型与非聚焦型两种。非聚焦型光电倍增管有百叶窗型（图 4-4（a））与盒栅型（图 4-4（b））两种结构；聚焦型有瓦片静电聚焦型（图 4-4（c））和圆形鼠笼型（图 4-4（d））两种结构。

4.3　PMT 的基本特性

1. 灵敏度

灵敏度是衡量 PMT 质量的重要参数，它反映光电阴极材料对入射光的敏感程度和倍增极的倍增特性。光电倍增管的灵敏度通常分为阴极灵敏度与阳极灵敏度。

（1）阴极灵敏度

将 PMT 阴极电流 I_k 与入射辐通量 $\varPhi_{e,\lambda}$ 之比，称为阴极灵敏度，即

$$S_{k,\lambda}=I_k/\varPhi_{e,\lambda} \tag{4.3-1}$$

其量纲为 μA/W。

若入射辐射为白光，则以阴极积分灵敏度表示，有

$$S_k=I_k\bigg/\int_0^\infty \varPhi_{e,\lambda}\,\mathrm{d}\lambda \tag{4.3-2}$$

其量纲为 μA/W。还可以用光度单位描述阴极积分灵敏度，有

$$S_k=I_k\bigg/\int_{380}^{780}\varPhi_{v,\lambda}\,\mathrm{d}\lambda$$

其量纲为 μA/lm。

（2）阳极灵敏度

将 PMT 阳极输出电流 I_a 与入射辐通量 $\varPhi_{e,\lambda}$ 之比，称为阳极灵敏度，即

$$S_{a,\lambda} = I_a \big/ \Phi_{e,\lambda} \tag{4.3-3}$$

其量纲为 A/W。

若入射辐射为白光,则定义阳极积分灵敏度为

$$S_a = I_a \Big/ \int_0^\infty \Phi_{e,\lambda} \mathrm{d}\lambda \tag{4.3-4}$$

其量纲为 A/W。同样,用光度量时,其量纲为 A/lm。

2. 电流放大倍数(增益)

电流放大倍数表征 PMT 的内增益特性,它不但与倍增极材料的二次电子发射系数 δ 有关,而且与光电倍增管的级数 N 有关。理想光电倍增管的增益 G 与 δ 的关系为

$$G = \delta^N \tag{4.3-5}$$

考虑到光电阴极发射出的电子被第 1 倍增极所收集,其收集系数为 η_1,且每个倍增极都存在收集系数 η_i,因此,式(4.3-5)应修正为

$$G = \eta_1(\eta_i \delta)^N \tag{4.3-6}$$

对于非聚焦型 PMT,η_1 近似为 90%,η_i 要高于 η_1,但小于 1;对于聚焦型的,尤其是在阴极与第 1 倍增极之间具有电子限束电极 F 的倍增管,其 $\eta_i \approx \eta_1 \approx 1$,可以用式(4.3-5)计算增益 G。

倍增极的二次电子发射系数 δ 可用经验公式计算。

对于锑化铯(Cs_3Sb)材料有经验公式

$$\delta = 0.2(U_{DD})^{0.7} \tag{4.3-7}$$

对于氧化的银镁合金($AgMgO[Cs]$)材料有经验公式

$$\delta = 0.025 U_{DD} \tag{4.3-8}$$

式中,U_{DD} 为倍增极的极间电压。

显然,上述两种倍材料的 G 与 U_{DD} 的关系式可由式(4.3-5)、式(4.3-6)和式(4.3-7)得到:

对于锑化铯材料有 $\qquad G = (0.2)^N U_{DD}^{0.7N} \tag{4.3-9}$

对于银镁合金材料有 $\qquad G = (0.025)^N U_{DD}^N \tag{4.3-10}$

当然,在电源电压确定后,可以从定义出发,通过测量阳极电流 I_a 与阴极电流 I_k 来确定 G。即

$$G = I_a / I_k = S_a / S_k \tag{4.3-11}$$

式(4.3-11)给出了增益与灵敏度之间的关系。

光电倍增管的量子效率、光谱响应这两个参数主要取决于光电阴极材料,这里不再讨论。

3. 暗电流

PMT 在无辐射作用下的阳极输出电流称为暗电流,记为 I_D。PMT 的暗电流值在正常应用的情况下是很小的,一般为 $10^{-16} \sim 10^{-10}$ A,是所有光电探测器件中暗电流最低的器件。但是,影响 PMT 暗电流的因素很多,注意不到会造成暗电流的增大,甚至无法使 PMT 正常工作,因此要特别注意。

影响 PMT 暗电流的主要因素有:

(1) 欧姆漏电

欧姆漏电主要指 PMT 的电极之间玻璃漏电、管座漏电和灰尘漏电等。欧姆漏电通常比较稳定,对噪声的贡献小。在低电压工作时,欧姆漏电成为暗电流的主要部分。

（2）热发射

由于光电阴极材料的光电发射阈值较低，容易产生热电子发射，即使在室温下也会有一定的热电子发射，并被电子倍增系统倍增。这种热发射暗电流对低频率弱辐射光信息的探测影响严重。在光电倍增管正常工作状态下，它是暗电流的主要成分。根据 W. Richardson 的研究，热发射暗电流 I_{Dt} 与温度 T 和光电发射阈值的关系为

$$I_{Dt} = AT^{5/4}e^{\frac{qE_{th}}{kT}} \tag{4.3-12}$$

式中，A 为常数。可见，对 PMT 进行制冷降温是减小热发射暗电流的有效方法。例如，将锑铯光电阴极的 PMT 的温度从室温降低到 0℃，它的暗电流将下降 90%。

（3）残余气体放电

PMT 中高速运动的电子会使管中的残余气体电离，产生正离子和光子，它们也将被倍增，形成暗电流。这种效应在工作电压高时特别严重，使 PMT 工作不稳定。尤其用作光子探测器时，可能引起"乱真"脉冲效应。降低工作电压会减小残余气体放电产生的暗电流。

（4）场致发射

当 PMT 的工作电压较高时，还会引起因管内电极尖端或棱角的场强太高而产生的场致发射暗电流。显然，当降低工作电压时，场致发射暗电流也将下降。

（5）玻璃壳放电和玻璃荧光

当 PMT 负高压使用时，金属屏蔽层与玻璃壳之间的电场很强，尤其是金属屏蔽层与处于负高压的阴极之间的电场最强。在强电场下玻璃壳可能产生放电现象或出现玻璃荧光，放电和荧光都会引起暗电流，而且还将严重破坏信号。因此，在阴极为负高压应用时屏蔽壳与玻璃管壁之间的距离至少应为 10~20 mm。

分析上述暗电流产生的原因可以看出，随着极间电压（U_{DD}）的升高，暗电流将增大，U_{DD} 高至 100 V，热电子发射急剧增大；U_{DD} 再继续升高将发生气体放电、场致发射，以至于玻璃壳放电或玻璃荧光等，使暗电流急剧增加。如图 4-5 所示为 PMT 的阳极电流（包括阳极暗电流与信号电流）与电源电压的关系曲线。由图可见，电源电压较低时，暗电流较低（图中 a 段）；随着电源电压的升高，暗电流也随之增大，当电源电压升高到一定程度时，暗电流随电源电压增高的斜率增大，以至于直线增长（图中 b 段）；电源电压再升高，有可能进入图中 c 段，此时电源电压再升高，暗电流随电源电压增高的斜率更高，可能存在使 PMT 产生自持放电而被损坏的危险。当然，电源电压的增高使 PMT 的增益增高，信号电流也随之增大，对弱信号的检测非常有利。但是，不能过分地追求高增益而使 PMT 的电源电压过高。否则，将损坏 PMT。

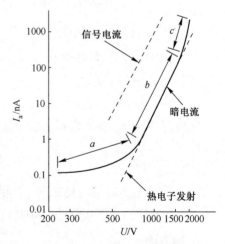

图 4-5　PMT 的阳极电流与
电源电压的关系曲线

4. 噪声

PMT 的噪声主要由负载电阻的热噪声和散粒噪声组成。

负载电阻的热噪声电流为 $\qquad I_{na}^2 = 4kT\Delta f/R_a \qquad$ (4.3-13)

阴极电流 I_k 主要包括阴极暗电流 I_{dk}、背景辐射电流 I_{bk} 及信号电流 I_{sk}，它的散粒效应所引起的噪声电流为

$$I_{nk}^2 = 2qI_k\Delta f = 2q\Delta f(I_{sk}+I_{bk}+I_{dk}) \tag{4.3-14}$$

散粒噪声电流将被逐级放大,并在每一级都产生自身的散粒噪声。如第 1 级输出的散粒噪声电流为

$$I_{nD1}^2 = (I_{nk}\delta_1)^2 + 2qI_k\delta_1\Delta f = I_{nk}^2\delta_1(1+\delta_1) \tag{4.3-15}$$

第 2 级输出的散粒噪声电流为

$$I_{nD2}^2 = (I_{nD1}\delta_2)^2 + 2qI_k\delta_1\delta_2\Delta f = I_{nk}^2\delta_1\delta_2(1+\delta_2+\delta_1\delta_2) \tag{4.3-16}$$

可以推得第 n 级输出的散粒噪声电流为

$$I_{nDn}^2 = I_{nk}^2\delta_1\delta_2\delta_3\cdots_n(1+\delta_n+\delta_n\delta_{n-1}+\cdots+\delta_n\delta_{n-1}\cdots\delta_1) \tag{4.3-17}$$

为简化问题,设各倍增极的发射系数都等于 δ(各倍增极的电压相等时发射系数相差很小)时,则

$$I_{nDn}^2 = 2qI_kG^2\frac{\delta}{\delta-1}\Delta f \tag{4.3-18}$$

δ 的值通常在 3~6 之间,$\frac{\delta}{\delta-1}$ 接近于 1;并且,δ 越大,$\frac{\delta}{\delta-1}$ 越接近于 1。因此,上式可简化为

$$I_{nDn}^2 = 2qI_kG^2\Delta f \tag{4.3-19}$$

总噪声电流为
$$I_n^2 = 4kT\Delta f/R_a + 2qI_kG^2\Delta f \tag{4.3-20}$$

在设计 PMT 电路时,力图使负载电阻的热噪声远小于散粒噪声,即

$$4kT\Delta f/R_a \ll 2qI_kG^2\Delta f \tag{4.3-21}$$

设 $G=10^4$,阴极暗电流 $I_{dk}=10^{-14}$A,在 300 K 的室温下,只要阳极电阻 R_a 满足

$$R_a \geqslant \frac{4kT}{2qI_kG^2} = 52 \quad (\text{k}\Omega) \tag{4.3-22}$$

则电阻的热噪声就远远小于 PMT 的散粒噪声。这样,在计算电路的噪声时就可以只考虑散粒噪声。实际应用中,PMT 的阳极电流大小为微安量级,为使阳极得到适当的输出电压,则 R_a 要大于 52 kΩ,因此式(4.3-22)的条件很容易满足。

当然,提高增益(增大电源电压)G,以及降低 I_{dk} 都会减少对 R_a 的要求,提高 PMT 的时间响应。

表 4-2 所示为几种典型 PMT 的基本特性参数。

表 4-2 几种典型 PMT 的基本特性参数

型号	阴极材料	级数	外径 (mm)	光敏面直径 (mm)	长度 (mm)	光谱响应 (nm)	峰值波长 (nm)	典型工作 电压(V)	阳极灵敏度 (A/lm)	上升时间 (ns)
GDB14P	CsSb	9	14	10	63	300~680	440	800	1	
GDB23T	K_2CsSb	11	28	23	128	300~650	420	900	200	
GDB44D	K_2CsSb	10	51	44	124	300~650	420	1050	50	
GDB52D	K_2CsSb	13	51	44	140	300~650	420	1400	2000	2
GDB53L	K_2CsSb	13	51	10	140	300~650	420	1200	2000	2.5
GDB54Z	$Na_2KSb(Cs)$	11	51	44	154	200~850	420	1200	200	2
GDB76D	K_2CsSb	11	80	75	171	300~650	420	1250	200	2.5

5. 伏安特性

(1) 阴极伏安特性

当入射到 PMT 阴极面上的光通量 Φ 一定时,阴极电流 I_k 与阴极和第一倍增极之间电压(简

称为阴极电压 U_k)的关系曲线称为阴极伏安特性曲线。图 4-6 所示为不同光通量下测得的阴极伏安特性曲线。从图中可见，当阴极电压较小时，I_k 随 U_k 的增大而增加，直到 U_k 大于一定值（几十伏特）后，I_k 才趋向饱和，且与入射光通量 Φ 呈线性关系。

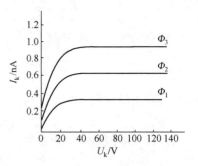

图 4-6　阴极伏安特性曲线

（2）阳极伏安特性

当入射到 PMT 阴极面上的光通量一定时，阳极电流 I_a 与阳极和末级倍增极之间电压（简称为阳极电压 U_a）的关系曲线称为阳极伏安特性曲线，如图 4-7 所示。从图中可以看出，阳极电压较小时（例如小于 40 V），I_a 随 U_a 的增大而增大，因为 U_a 较低，被增大的电子流不能完全被阳极所收集，这一区域称为饱和区。当 U_a 增大到一定程度后，被增大的电子流已经能够完全被阳极所收集，I_a 与入射到阴极面上的辐通量 $\Phi_{e,\lambda}$ 呈线性关系

$$I_a = S_a \Phi_{e,\lambda} \tag{4.3-23}$$

而与 U_a 无关。因此，可以把 PMT 的输出特性等效为恒流源。

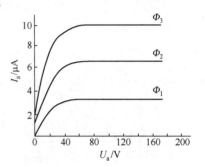

图 4-7　阳极伏安特性曲线

6. 线性

PMT 的线性一般由它的阳极伏安特性表示，它是光电测量系统中的一个重要指标。线性不仅与 PMT 的内部结构有关，还与供电电路及信号输出电路等有关。

造成非线性的原因可分为两类：（1）内因，即空间电荷、光电阴极的电阻率、聚焦或收集效率等的变化；（2）外因，PMT 输出信号电流在负载电阻上的压降，对末级倍增极电压产生的负反馈和电压的再分配，都可能破坏输出信号的线性。

空间电荷主要发生在 PMT 的阳极和最后几级倍增极之间。当阳极光电流大，尤其阳极电压太低或最后几级倍增极的极间电压不足时，容易出现空间电荷。有时，阴极和第一倍增极之间的距离过大或电场太弱，在端窗式 PMT 的第一级中也容易出现空间电荷。为防止空间电荷引起的非线性，应保持这些极间的电压较高，而让管内的电流密度尽可能小一些。

阴极电阻也会引起非线性，特别是当大面积的端窗式 PMT 的阴极只有一小部分被光照射时，非照射部分会像串联电阻那样起作用，在阴极表面引起电位差，于是降低了被照射区域和第一倍增极之间的电压，这一负反馈所引起的非线性是被照射面积的大小和位置的函数。

PMT 中，不同的倍增极结构，其入射电子的收集特性差别较大，因此对线性影响也有较大的差别。表 4-3 列出了各种倍增极结构的基本特性。

表 4-3　各种倍增极结构的基本特性

结构型式	上升时间（ns）	最大线性(2%)输出电流(mA)	收集效率（%）	均匀性	抗磁场能力（mT）	特　点
百叶窗型	6~18	10~40	≤90	好	0.1	面积大、电流大
盒栅型	6~20	1~10	≥97			尺寸小、收集效率高
瓦片静电聚焦型	0.7~3.0	10~250	≥94	差		收集效率高、速度快
圆形鼠笼型	0.9~3.0	1~10	≥94			尺寸小、速度快、收集效率高

阳极或倍增极输出电流引起电阻链中电压的再分配,从而导致 PMT 线性变化。一般当光电流较大时,再分配电压使极间电压(尤其是接近阳极的各级)增大,阳极电压降低,使 PMT 的增益降低;当光电流进一步增大时,使得阳极和最末级电压接近于零,结果尽管入射光继续增强,而阳极输出电流却趋向饱和。因此,应使电阻链中的电流至少大于阳极光电流最大值的 10 倍。

负载电阻和阳极电阻类似,光电流流过时电压降低,引起阳极区产生空间电荷,使阳极的收集效率降低,从而引入非线性。

7. 疲劳与衰老

光电阴极和倍增极一般都含有铯金属。当电子束较强时,电子束的碰撞会使倍增极和阴极板温度升高,铯金属蒸发,影响阴极和倍增极的电子发射能力,使 PMT 的灵敏度下降甚至使灵敏度完全丧失。因此,必须限制入射的光通量,使 PMT 的输出电流不超过极限值 I_{am}。为防止意外情况发生,应对 PMT 进行过电流保护,使阳极电流一旦超过设定值便自动关断供电电源。

在较强辐射作用下 PMT 灵敏度下降的现象称为疲劳。这是暂时的现象,待管子避光存放一段时间后,灵敏度会部分或全部恢复过来。当然,过度的疲劳也可能造成永久损坏。

PMT 在正常使用的情况下,随着工作时间的积累,灵敏度也会逐渐下降,且不能恢复,将这种现象称为衰老。这是真空器件特有的正常现象。

表 4-4 列出了部分国产 PMT 的外形尺寸和主要特性参数。

表 4-4　PMT 的外形尺寸和主要特性参数

型号	直径 (mm)	长度 (mm)	级数	窗口材料	阴极材料	光谱响应 (nm)	峰值波长 (nm)	阴极灵敏度 (μA/lm)		阳极灵敏度 (A/lm)	
								白光	蓝光	电源电压 1	电源电压 2
GDB—106	14	68	9	透紫玻璃	SbKCs	200~700	400±50	30		30/800V	
GDB—110	14	68	9	石英玻璃	SbKCs	185~700	400±50	30		30/860V	
GDB—126	30	84	9	透紫玻璃	SbKCs	200~700	400±20	20	4	1/750V	10/1100 V
GDB—142	30	100	9	硼硅玻璃	SbKCs	300~700	400±30	30	4	1/750V	10/1100 V
GDB—143	30	100	9	硼硅玻璃	SbNaKCs	300~850	400±20	20		1/800V	
GDB—146	30	100	9	透紫玻璃	SbKCs	200~700	400±20	20	4	1/750 V	10/1100 V
GDB—147	30	100	9	透紫玻璃	SbNaKCs	200~850	400±20	50	红光:12.7	10/1100 V	
GDB—151	30	97	9	石英玻璃	SbNaKCs	185~850	400±20	20	红光:3	1/800 V	
GDB—152	30	97	9	石英玻璃	TeCs	200~300	235±15	20 mA/W		1000/1000 V	
GDB—153	30	72	10	硼硅玻璃	CaAs	200~910	340±20	150		20/1250 V	
GDB—221	30	95	8	钠钙玻璃	SbKCs	300~700	420±20	50		1/800 V	10/1200 V
GDB—235	30	110	8	钠钙玻璃	SbCs	300~650	400±20	40	6	1/750V	10/1000 V
GDB—239	30	120	11	钠钙玻璃	AgOCs	400~1200	800±100	10		1/500V	
GDB—333	51	200	14	钠钙玻璃	SbNaKCs	300~850	420±30	70	红光:15	50/1800 V	500/2200 V
GDB—404	30	119	9	硼硅玻璃	SbNaKCs	300~850	450±20	90	红光:0.5	1/850V	10/1250 V

型号	直径 （mm）	长度 （mm）	级数	窗口材料	阴极材料	光谱响应 （nm）	峰值波长 （nm）	阴极灵敏度 （μA/lm）		阳极灵敏度 （A/lm）	
								白光	蓝光	电源电压1	电源电压2
GDB—411	30	120	11	硼硅玻璃	AgOCs	400~1200	800±100	15	红外： 9	10/1300 V	
GDB—413	30	120	11	硼硅玻璃	SbKCs	300~700	400±20	40	8	100/1250 V	
GDB—415	30	120	11	硼硅玻璃	SbNaK	300~650	420±20	20	4	1/1500 V	10/2000 V
GDB—423	40	137	11	硼硅玻璃	SbNaKCs	300~850	420±20	60	4	10/1100 V	100/1500 V
GDB—424	40	125	11	硼硅玻璃	SbNaK	300~650	420±20	25	5	1/1500 V	10/1900 V
GDB—526	51	128	11	硼硅玻璃	SbKCs	300~700	420±20	30	8	1/700 V	10/950 V
GDB—546	51	154	11	硼硅玻璃	SbNaKCs	300~850	420±20	70	红光： 0.2	20/1300 V	200/1800 V
GDB—567	77	163	11	硼硅玻璃	SbKCs	300~700	420±20	30	8	10/1000 V	
GDB—576	91	173	11	硼硅玻璃	SbCs	300~650	420±20	20		10/1200 V	
1975A	28.5	66	9	石英玻璃	SbNaKCs	185~870	420±20	50	红光： 0.25	100/1000 V	

4.4 PMT 的供电电路

PMT 具有灵敏度高和响应速度快等特点,使它在光谱探测和极微弱快速光信息探测等方面成为首选的光电探测器。另外,微通道板 PMT 与半导体光电器件的结合,构成独具特色的光电探测器。例如,微通道板与 CCD 的结合将构成具有微光图像探测功能的图像传感器,并广泛应用于天文观测与航天工程。

正确使用 PMT 的关键是供电电路的设计。PMT 的供电电路种类很多,可以根据应用情况设计出各具特色的供电电路。本节介绍最常用的电阻分压式供电电路。

1. 电阻分压式供电电路

如图 4-8 所示为典型 PMT 的电阻分压式供电电路,由 11 个电阻构成电阻链分压器,分别向 10 级倍增极提供极间电压 U_{DD}。

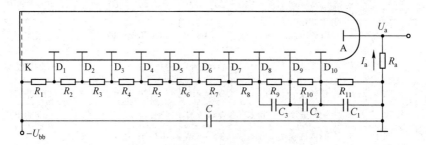

图 4-8　PMT 的电阻分压式供电电路

U_{DD} 直接影响二次电子发射系数 δ,或管子的增益 G。因此,根据 G 的要求来设计 U_{DD} 与电源电压 U_{bb}。

考虑到 PMT 各级的电子倍增效应,各级的电子流按放大倍数分布,其中,末极电阻的电流 I_{Rn} 最大。因此,电阻链分压器中流过每级电阻的电流并不相等,但是,当流过分压电阻的电流

$I_R \gg I_a$ 时,流过各分压电阻 R_i 的电流近似相等。工程上常设计成

$$I_R \geqslant 10I_a \tag{4.4-1}$$

当然,I_R 要根据实际使用情况来选择,太大将使分压电阻功率损耗加大,从而使倍增管温度升高导致性能降低,以至于温升太高而无法工作。另外也会使电源的功耗增大。

选定 I_R 后,可以计算出电阻链分压器的总电阻为

$$R = U_{bb}/I_R \tag{4.4-2}$$

从而可以算出 R_i。考虑到第 1 倍增极与阴极的距离较远,设计 U_{D1} 为其他倍增极的 1.5 倍,即

$$R_1 = 1.5R_i \tag{4.4-3}$$

由图 4-8 可知 PMT 供电电路所用偏置电阻数为 N+1 只,有

$$R_i = \frac{U_{bb}}{(N+1.5)I_R} \tag{4.4-4}$$

2. 末级的并联电容

当入射辐射信号为高速的迅变信号或脉冲时,末 3 级倍增极电流的变化会引起 U_{DD} 的较大变化,引起 PMT 增益的起伏,将破坏信息的变换。为此,在末 3 级并联 3 个电容 C_1、C_2 与 C_3,通过电容的充放电过程使末 3 级电压稳定,有

$$C_1 \geqslant \frac{70NI_{am}\tau}{LU_{DD}}, \quad C_2 \geqslant \frac{C_1}{\delta}, \quad C_3 \geqslant \frac{C_1}{\delta^2} \tag{4.4-5}$$

式中,N 为倍增级数,I_{am} 为阳极峰值电流,τ 为脉冲的持续时间,U_{DD} 为极间电压,L 为增益稳定度的百分数:$L = \frac{\Delta G}{G} \times 100$。

在实际设计中,一般取 $C_1 = 0.01~\mu F$,$C_2 = 1000~pF$,$C_3 = 330~pF$,基本满足要求。

3. 电源电压的稳定度

对式(4.3-9)与式(4.3-10)进行微分,并用增量形式表示,可得到 PMT 的电流增益稳定度与极间电压稳定度的关系式:

对锑化铯倍增极

$$\frac{\Delta G}{G} = 0.7n\frac{\Delta U_{DD}}{U_{DD}} \tag{4.4-6}$$

或

$$\frac{\Delta G}{G} = 0.7n\frac{\Delta U_{bb}}{U_{bb}} \tag{4.4-7}$$

而对银镁合金倍增极,则有

$$\frac{\Delta G}{G} = n\frac{\Delta U_{bb}}{U_{bb}} \tag{4.4-8}$$

由于 PMT 的输出信号 $U_o = GS_k\Phi_v R_L$,因此,输出电压的稳定度与增益的稳定度有关,即

$$\frac{\Delta U}{U} = \frac{\Delta G}{G} = n\frac{\Delta U_{bb}}{U_{bb}} \tag{4.4-9}$$

PMT 的倍增级数常大于 10。因此,在实际应用中对电源电压稳定度的要求常常可以简化,一般认为高于输出电压稳定度一个数量级即可。例如,当要求输出电压稳定度为 1% 时,则要求电源电压稳定度应高于 0.1%。

例 4-1 设入射到 PMT 光敏面上的最大光通量为 $\Phi_v = 12 \times 10^{-6}$ lm,当采用 GDB—235 型 PMT 作为光电探测器时,已知 GDB—235 为 8 级,阴极与倍增极均为 SbCs,阴极灵敏度为 40 μA/lm。若要求入射为 0.6×10^{-6} lm 时的输出电压幅度不低于 0.2 V,试设计它的变换电路。若电源电压的稳定度只能做到 0.01%,试问该 PMT 变换电路输出电压的稳定度最高能达到多少?

解 （1）首先计算电源电压

根据题目的输出电压幅度要求和 PMT 的噪声特性，阳极电阻 R_a 可以选择标准电阻，即 $R_a = 82\ \text{k}\Omega$，阳极电流应不小于 I_{amin}，因此

$$I_{amin} = U_o / R_a = 0.2/82 = 2.439\ (\mu A)$$

入射光通量为 $0.6 \times 10^{-6}\text{lm}$ 时的阴极电流为

$$I_k = S_k \Phi_v = 40 \times 10^{-6} \times 0.6 \times 10^{-6} = 24 \times 10^{-6} (\mu A)$$

此时，PMT 的增益为
$$G = I_{amin}/I_k = 2.439/24 \times 10^{-6} = 1.02 \times 10^5$$

由于 $G = \delta^N$，$N = 8$，因此，每一级的增益 $\delta = 4.227$。另外，SbCs 倍增极材料的增益 δ 与极间电压 U_{DD} 有关：$\delta = 0.2(U_{DD})^{0.7}$，可以计算出 $\delta = 4.227$ 时的极间电压

$$U_{DD} = \sqrt[0.7]{\frac{\delta}{0.2}} = 78\ (V)$$

电源电压为
$$U_{bb} = (N+1.5)U_{DD} = 741\ (V)$$

（2）计算偏置电路电阻链的阻值

偏置电路采用如图 4-8 所示的供电电路，设流过电阻链的电流为 I_{R_i}，流过阳极电阻 R_a 的最大电流为

$$I_{am} = G S_k \Phi_{vm} = 1.02 \times 10^5 \times 40 \times 10^{-6} \times 12 \times 10^{-6} = 48.96(\mu A)$$

取 $I_{R_i} \geqslant 10\ I_{am}$，则有 $I_{R_i} = 500\ \mu A$。因此，电阻链的电阻

$$R_i = U_{DD} / I_{R_i} = 156\ (\text{k}\Omega)$$

取 $R_i = 120\ \text{k}\Omega$，$R_1 = 1.5 R_i = 180\ \text{k}\Omega$。

（3）根据式（4.4-9）可得输出电压的最高稳定度为

$$\frac{\Delta U}{U} = n \frac{\Delta U_{bb}}{U_{bb}} = 8 \times 0.01\% = 0.08\%$$

例 4-2 如果 GDB—235 的阳极最大输出电流为 $2\ \text{mA}$，求阴极面上的入射光通量的最大值。

解 由于
$$I_{am} = G S_k \Phi_{vm}$$

故阴极面上的入射光通量的最大值为

$$\Phi_{vm} = \frac{I_{am}}{G S_k} = \frac{2 \times 10^{-3}}{1.02 \times 10^5 \times 40 \times 10^{-6}} = 0.49 \times 10^{-3} (\text{lm})$$

4.5 PMT 的典型应用

由于 PMT 具有极高的光电灵敏度和极快的响应速度，它的暗电流小，噪声也很低，使得它在光电检测技术领域占有极其重要的地位。它能够探测低至 $10^{-13}\ \text{lm}$ 的微弱光信号，能够检测持续时间低至 $10^{-9}\ \text{s}$ 的瞬变光信息。另外，它的内增益特性的可调范围宽，能够在背景光变化很大的自然光照环境下工作。

目前，PMT 已广泛地用于微弱荧光光谱探测、大气污染监测、生物及医学病理检测、地球地理分析、宇宙观测与航空航天工程等领域，并发挥着越来越大的作用。本节将讨论 PMT 在光谱探测及时间分辨荧光免疫分析领域中的典型应用。

4.5.1 光谱探测领域的应用

PMT 与各种光谱仪器相匹配，可以完成各种光谱的探测与分析工作，它已在石油、化工、冶金

等生产过程的控制、油质分析、金属成分分析、大气监测等领域发挥着重要的作用。

光谱探测仪常分为发射光谱仪与吸收光谱仪两大类型。

（1）发射光谱仪

发射光谱仪的原理图如图4-9所示。采用电火花、电弧或高频高压对气体进行等离子激发、放电等方法使被测物质中的原子或分子被激发发光，形成被测光源；被测光源发出的光经狭缝进入发射光谱仪后，被凹面反光镜1聚焦到光栅上，光栅将其光谱展开；落入到凹面反光镜2上的发散光谱被凹面反光镜2聚焦到光电器件的光敏面上，将被测光谱能量转换为电流或电压强度信号。由于光栅转角是光栅闪耀波长的函数，测出光栅的转角，便可测出被测光谱的波长。发射光谱的波长分布含有被测物质化学成分信息，光谱强度表征被测物质化学成分的含量或浓度。用TMP作为光电检测器件，能够快速捕捉极低含量的元素和瞬间出现的光谱信息。

（2）吸收光谱仪

吸收光谱仪是光谱分析中的另一种重要仪器。吸收光谱仪的原理图如图4-10所示。它与发射光谱仪的主要差别是光源。发射光谱仪的光源为被测光源，而吸收光谱仪的光源为已知光谱分布的照明光源。吸收光谱仪比发射光谱仪多一个承载被测物的样品池。样品池安装在吸收光谱仪的光路中，被测液体或气体放置在吸收光谱仪的样品池中，已知光谱通过被测样品后，表征被测样品化学元素的特征光谱被吸收。根据吸收光谱的波长可以判断被测样品的化学成分，吸收深度表明其含量。吸收光谱仪的光电器件可以选用PMT或其他光电探测器件。选用PMT可以提高吸收光谱仪的响应速度与灵敏度，选用CCD器件可以同时检出不同波长光谱的吸收状况。

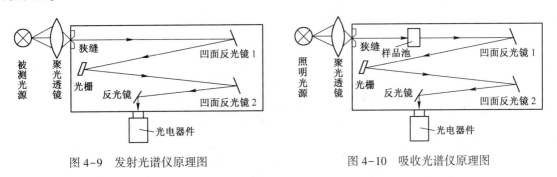

图4-9　发射光谱仪原理图　　　　　　　图4-10　吸收光谱仪原理图

*4.5.2　时间分辨荧光免疫分析中的应用

1983年，Pettersson和Eskola等人提出了用时间分辨荧光免疫分析（Time-Resolved FluoroImmunoAssay，TRFIA）法测定人绒毛膜促性腺激素和胰磷脂酶在临床医学研究中的应用课题，在随后的10多年中，该技术获得迅速发展，成为最有发展前途的一种全新的非同位素免疫分析技术。

（1）TRFIA的原理

TRFIA用镧系元素作为标记物，标记抗原或抗体，用时间分辨技术测量荧光，同时利用波长和时间两种分辨方法，极其有效地排除了非特异荧光的干扰，大大地提高了分析灵敏度。

波长和时间两种分辨是指用激光器发出的高能量单色光激发镧系元素作为标记物的螯合物，螯合物将在不同的时间段发出不同波长的辐射光。辐射光载荷着抗原或抗体的信息，通过测量不同波长的辐射光便可分析抗原或抗体。另外，螯合物对不同配位体发射最强光谱波长的衰变时间不同。表 4-5 所示为一些镧系元素螯合物的荧光特性。从表中可以看出不同配位体螯合物会发出不同波长的辐射光谱,光谱的衰变时间也各不相同。

图 4-11 所示为镧系元素螯合物与典型配位体 β-NTA 的吸收光谱与发光光谱。图中曲线 1 为吸收光谱,可以看出螯合物与 β-NTA 对 320~360 nm 的紫外光具有很高的吸收,因此,常用含有 320~360 nm 紫外光的脉冲氙灯或氮激光器作为激发光源,使装载 β-NTA 的螯合物激发荧光。螯合物在激发光源的作用下将发出如曲线 2 与曲线 3 所示的荧光光谱,曲线 3 的光谱载荷着 β-NTA 的信息。

表 4-5　一些镧系元素螯合物的荧光特性

镧系元素离子	配 位 体	激发光峰值波长(nm)	发射光谱波长(nm)	衰变时间(μs)	荧光相对强度(%)
Sm^{3+}	β-NTA	340	600.643	65	1.5
Sm^{3+}	PTA	295	600.643	60	0.3
Eu^{3+}	β-NTA	340	613	714	100.0
Eu^{3+}	PTA	295	613	925	36.0
Tb^{3+}	PTA	295	490.543	96	8.0
Dy^{3+}	PTA	295	573	~1	0.2

图 4-11 中为双坐标曲线图,其中 $r_{e,r}$ 为螯合物的相对吸收系数,I_V 为螯合物激发出的荧光光强。

图 4-12 所示为载荷 β-NTA 的螯合物荧光时间特性。图中,激发光结束的时刻为初始时刻($t=0$),在最初的很短时间内,短寿命荧光很快结束,长寿命荧光也会在 400 ns 内消失或降低到很低的程度,而有用的荧光出现在 400~800 ns 时间段内(图中斜线所标注的时间段)。在 800~1000 ns 时间段内有用的荧光将衰减到零。1000 ns 后开始新的循环。

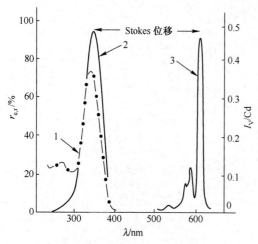

图 4-11　镧系元素螯合物与典型配位体
β-NTA 的吸收光谱和发光光谱

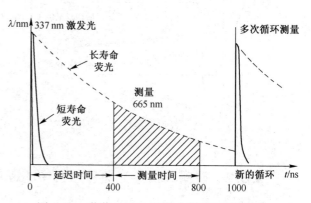

图 4-12　载荷 β-NTA 的螯合物荧光时间特性

(2) TRFIA 的测量原理

根据图 4-11 所示光谱的特性和图 4-12 所示荧光时间特性就可以设计 TRFIA 的测量系统。

图 4-13 所示为一种双波长时间分辨荧光光电分析仪的原理图。氮激光器作为激发光源,发出 320~360 nm 的脉冲激光;经透镜 2 扩束,并经滤光片 3 后,使 337 nm 激发光经分光镜分得部分光;经聚光透镜 5 聚焦到被测样品 6 上,样品受光激发后分时发出的荧光经聚光透镜 5、光束分解器 4 及光束分解器 7 分为两路。一路经滤光片 10 和聚光透镜将波长为 620 nm 的信号光会聚到 PMT8 上,PMT8 输出波长为 620 nm 的强度信号。另一路经滤光片 11 和聚光透镜将波长为 665 nm 的信号光会聚到 PMT9 上,PMT9 输出波长为 665 nm 的强度信号。

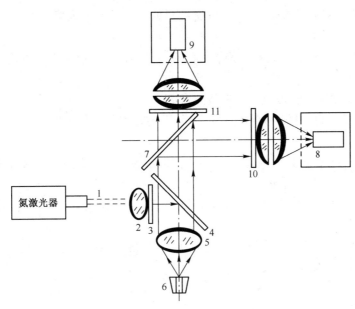

图 4-13　双波长时间分辨荧光光电分析仪原理图

1—氮激光光束　2—透镜　3—337 nm 滤光片　4—光束分解器　5—聚光透镜　6—被测样品
7—光束分解器　8—PMT　9—PMT　10—620 nm 滤光片　11—665 nm 滤光片

PMT8 与 9 分别由同步控制器和时间延时电路控制,在激发光脉冲结束后的400~800 ns时间段内测出两个 PMT 的输出信号,将其转换成数字信号后送入计算机,计算出配位体 β-NTA 的信息。

PMT 在双波长时间分辨荧光光电分析仪中的应用,既发挥了 PMT 时间响应快、灵敏度高的特点,又发挥了 PMT 的增益受供电电源电压控制的特点,利用该特点可以完成定时检测的功能,实现时间分辨。

思考题与习题 4

4.1　试写出 N 型与 P 型半导体材料的光电发射阈值公式,指出两者的差异在哪里? 它与金属材料的"逸出功"有哪些差异? 引入"光电发射阈值"对分析外光电效应有哪些意义?

4.2　为什么真空 PMT 的光电灵敏度有光电阴极灵敏度与阳极灵敏度之分? 两者之间有哪些差异?

4.3　将真空 PMT 的光电阴极面做成球形有哪些好处? 盒栅型与百叶栅型倍增极有对电子的聚焦作用吗?

4.4　PMT 的增益是怎样产生的? PMT 各倍增极之间的发射系数 δ 与哪些因素有关? 其中哪些因素能够在不改变倍增管材料与结构的情况下人为地控制与调整增益?

4.5　PMT 产生暗电流的主要原因有哪些? 如何降低暗电流? 哪些暗电流会随着供电电压的升高而迅速增大?

4.6　PMT 的主要噪声有哪些? 为什么负载电阻增大到一定值后 PMT 的热噪声可以被忽略?

4.7　怎样理解 PMT 的光谱灵敏度与积分灵敏度? 二者的根本差别是什么? 二者之间的关系如何?

4.8　为什么 PMT 必须要加屏蔽罩,而且屏蔽罩还必须具有屏蔽电与磁的功能? 用什么材料制造 PMT 的屏蔽罩才能达到屏光、屏电与屏磁的目的？为什么要求屏蔽罩必须与 PMT 的阴极玻璃壳至少分离 20 mm？

4.9　什么叫 PMT 的疲劳与衰老？两者之间有哪些差别？为什么不能在明亮的室内观看 PMT 倍增极的结构？

4.10　PMT 的短波限与长波限各由哪些因素决定？

4.11　某 PMT 的阳极灵敏度为 10 A/lm，为什么还要限制它的阳极输出电流在 $50 \sim 100\,\mu A$ 范围内？

4.12　已知某 PMT 的阳极灵敏度为 100 A/lm，阴极灵敏度为 $2\,\mu A/lm$，阳极输出电流应限制在 $100\,\mu A$ 范围内，问允许入射到光电阴极面上的最大光通量为多少？

4.13　PMT 的供电电路分为负高压供电与正高压供电，试说明两种供电电路的特点，举例说明它们分别适用于哪种情况？

4.14　已知 GDB44F PMT 的阴极灵敏度为 $0.5\,\mu A/lm$，阳极灵敏度为 50 A/lm，长期使用时阳极允许电流应限制在 $2\,\mu A$ 以内。求：

（1）阴极面上最大允许的光通量。

（2）当阳极电阻为 75 KΩ 时，其最大输出电压。

（3）若已知该 PMT 为 12 级的 Cs_3Sb 倍增极，其倍增系数为 $\delta = 0.2\,(U_{DD})^{0.7}$，试计算它的供电电压。

（4）当要求输出信号的稳定度为 1% 时，求高压电源电压的稳定度。

4.15　试用表 4-4 所示的 GDB-151 PMT 探测光谱强度为 2×10^{-9} lm 的光谱时，若要求输出信号电压不小于 0.3 mV，稳定度要求高于 0.1%，试设计该 TMP 的供电电路。

4.16　设入射到 PMT 光敏面上的最大光通量为 $\Phi_v = 8 \times 10^{-6}$ lm，当采用 GDB-239 PMT 作为光电探测器入射时，已知 GDB-239 为 11 级的 PMT，阴极为 AgOCs 材料，倍增极为 AgMg 合金材料，阴极灵敏度为 $10\,\mu A/lm$，若要求入射光通量为 8×10^{-6} lm 时的输出电压幅度不低于 0.15 V，试设计该 PMT 的变换电路。若供电电压的稳定度只能做到 0.01%，试问该 PMT 变换电路输出信号的稳定度最高能达到多少？

4.17　如图 4-9 所示，试分析发射光谱仪外设置的聚光透镜会起到什么作用？能否将其省略掉？省略后会带来哪些益处与缺陷？

4.18　如图 4-9 所示，能否将其内部的凹面反光镜 1 省略掉？省略后的光学系统又该如何布局？

4.19　如图 4-12 所示，将采取怎样的控制方式能够用 PMT 测量出 $Eu^{3+}\beta$-NTA 螯合物发出的信息荧光？

4.20　如图 4-13 所示，采用 2 只 PMT 分别测量 620 nm 和 655 nm 辐射波长时间分布的意义何在？能否对其测量原理进行适当的变更？

第5章 热辐射探测器件

本章主要介绍热辐射探测器件的工作原理、基本特性、变换电路和典型应用。它不同于前几章介绍的基于内外光电效应的光电敏感器件,而是基于光与物质相互作用的热效应而制成的器件,也是研究历史最早,并且最早得到应用的探测器件。它具有工作时不需要制冷,光谱响应无波长选择性等突出特点,至今仍在广泛应用。在某些领域甚至是光电敏感器件所无法取代的。近年来,由于新型热辐射探测器件的出现,使它进入某些过去被光电敏感器件所独占的应用领域,以及光电敏感器件无法实现的应用领域。

热辐射探测器件也在响应速度、灵敏度与稳定性等方面得到不断的改进与提高,涌现出许多新器件,以热释电探测器件为代表的新型探测器件正在为人类探索未知世界做出贡献。

近年来,热辐射探测器件、温度传感器、远红外探测器与光子探测器互补,在机器人技术、智能制造领域和安检方面得到广泛的应用。

5.1 热辐射的一般规律

热辐射探测器件是将入射到器件上的辐射能转换成热能,然后再把热能转换成电能的器件。显然,输出信号的形成过程包括两个阶段:第一阶段为将辐射能转换成热能(入射辐射引起温升的阶段),这个阶段是所有热探测器都要经过的,是共性的,具有普遍的意义。第二阶段为将热能转换成各种形式的电能(各种电信号的输出),这是个性表现的阶段,随具体器件而表现各异。本节首先讨论第一阶段的内容,第二阶段的内容放在后面其他节讨论。

5.1.1 温度变化方程

热辐射探测器件在没有受到辐射作用的情况下,它与环境温度处于平衡状态,其温度为 T_0。当辐功率为 Φ_e 的热辐射入射到器件表面时,令表面的吸收系数为 α,则器件吸收的辐功率为 $\alpha\Phi_e$:其中一部分使器件的温度升高,另一部分用于补偿器件与环境热交换所损失的能量。设单位时间器件的内能增量为 $\Delta\Phi_i$,则有

$$\Delta\Phi_i = C_\theta \frac{\mathrm{d}(\Delta T)}{\mathrm{d}t} \tag{5.1-1}$$

式中,C_θ 称为热容,表明内能的增量为温度变化的函数。

热交换能量的方式有三种:传导、辐射和对流。设单位时间通过传导损失的能量

$$\Delta\Phi_\theta = G\Delta T \tag{5.1-2}$$

式中,G 为器件与环境的热传导系数(热导)。根据能量守恒原理,器件吸收的辐射功率应等于器件内能的增量与热交换能量之和。即

$$\alpha\Phi_e = C_\theta \frac{\mathrm{d}(\Delta T)}{\mathrm{d}t} + G\Delta T \tag{5.1-3}$$

设入射辐射为正弦辐射量,$\Phi_e = \Phi_0 \mathrm{e}^{\mathrm{j}\omega t}$,则式(5.1-3)变为

$$C_\theta \frac{\mathrm{d}(\Delta T)}{\mathrm{d}t} + G\Delta T = \alpha\Phi_0 \mathrm{e}^{\mathrm{j}\omega t} \tag{5.1-4}$$

若选取刚开始辐射的时间为初始时间,则此时器件与环境处于热平衡状态,即 $t=0$,$\Delta T=0$。将初始

条件代入微分方程(式(5.1-4)),解此方程,得到热传导方程为

$$\Delta T(t) = -\frac{\alpha\Phi_0 e^{-\frac{G}{C_\theta}t}}{G+j\omega C_\theta} + \frac{\alpha\Phi_0 e^{j\omega t}}{G+j\omega C_\theta} \tag{5.1-5}$$

设 $\tau_T = C_\theta/G = R_\theta C_\theta$,称为热辐射探测器件的热时间常数;$R_\theta = 1/G$,称为热阻。$\tau_T$ 一般为毫秒至秒的数量级,它与器件的大小、形状和颜色等参数有关。

当 $t \gg \tau_T$ 时,式(5.1-5)中的第一项可以忽略,则有

$$\Delta T(t) = \frac{\alpha\Phi_0 \tau_T e^{j\omega t}}{C_\theta(1+j\omega\tau_T)} \tag{5.1-6}$$

为正弦变化的函数。其幅值为

$$|\Delta T| = \frac{\alpha\Phi_0 \tau_T}{C_\theta(1+\omega^2\tau_T^2)^{\frac{1}{2}}} \tag{5.1-7}$$

可见,热辐射探测器件吸收交变辐射能所引起的温升与吸收系数 α 成正比。因此,几乎所有的热探测器都被涂黑。

另外,它又与工作角频率 ω 有关,ω 增高,其温升下降,在低频时($\omega\tau_T \ll 1$),它与热导 G 成反比,因此式(5.1-7)可写为

$$|\Delta T| = \alpha\Phi_0/G \tag{5.1-8}$$

由此可见,减小 G 是增高温升及灵敏度的好方法。但是 G 与 τ_T 成反比,提高温升将使器件的惯性增大,时间响应变坏。

当 ω 很高(或器件的惯性很大)时,$\omega\tau_T \gg 1$,式(5.1-7)可近似为

$$|\Delta T| = \frac{\alpha\Phi_0}{\omega C_\theta} \tag{5.1-9}$$

结果是温升与 G 无关,而与热容成反比,且随角频率的增高而衰减。

当 $\omega = 0$ 时,由式(5.1-5)得 $\qquad \Delta T(t) = \frac{\alpha\Phi_0}{G}\left(1-e^{-\frac{t}{\tau_T}}\right) \tag{5.1-10}$

ΔT 由初始零值开始随时间 t 增大,当 $t \to \infty$ 时,ΔT 达到稳定值 $\alpha\Phi_0/G$。$t = \tau_T$ 时,ΔT 上升到稳定值的 63%。故 τ_T 被称为器件的热时间常数。

5.1.2 热辐射探测器件的最小可探测功率

根据斯忒藩-玻耳兹曼定律,若热辐射探测器件的温度为 T,接收面积为 A,并可以将其近似为黑体(吸收系数与发射系数相等),当它与环境处于热平衡时,单位时间所辐射的能量为

$$\Phi_e = A\alpha\sigma T^4 \tag{5.1-11}$$

由热导的定义 $\qquad G = \frac{d\Phi_e}{dT} = 4A\alpha\sigma T^3 \tag{5.1-12}$

经证明,当热辐射探测器件与环境温度处于平衡时,在频带宽度 Δf 内,热辐射探测器件温度起伏的均方根值为

$$|\Delta T| = \left[\frac{4kT^2 G\Delta f}{G^2(C_\theta\omega^2\tau_T^2)}\right]^{\frac{1}{2}} \tag{5.1-13}$$

考虑式(5.1-7),可以求出热辐射探测器件仅仅受温度影响的最小可探测功率(或称为温度等效功率)为

$$P_{NE} = \left(\frac{4kT^2 G\Delta f}{\alpha^2}\right)^{\frac{1}{2}} = \left(\frac{16A\sigma kT^5\Delta f}{\alpha}\right)^{\frac{1}{2}} \tag{5.1-14}$$

例如,在常温环境下($T=300\,\text{K}$),对于黑体($\alpha=1$),热探测器件的面积为$100\,\text{mm}^2$,频带宽度为$\Delta f=1$,斯忒藩-玻耳兹曼系数$\sigma=5.67\times10^{-12}\,\text{W/(cm}^2\cdot\text{K}^4)$,玻耳兹曼常数$k=1.38\times10^{-23}\,\text{J/K}$。则由式(5.1-14)可以得到常温下$P_\text{NE}\approx5\times10^{-11}\,\text{W}$。

由式(5.1-14)很容易得到热辐射探测器件的比探测率为

$$D^*=\frac{(A\Delta f)^{\frac{1}{2}}}{P_\text{NE}}=\left(\frac{\alpha}{16\sigma kT^5}\right)^{\frac{1}{2}} \tag{5.1-15}$$

它只与探测器件的温度有关。

5.2 热敏电阻与热电堆

5.2.1 热敏电阻

1. 热敏电阻及其特点

凡吸收入射辐射后引起温升而使电阻值改变,导致负载电阻两端电压的变化,并输出电信号的器件,叫作热敏电阻。

相对于一般的金属电阻,热敏电阻有如下特点:

① 电阻的温度系数大,灵敏度高,热敏电阻的温度系数一般为金属电阻的$10\sim100$倍。

② 结构简单,体积小,可以测量近似几何点的温度。

③ 电阻率高,热惯性小,适宜做动态测量。

④ 阻值与温度的变化关系呈非线性。

⑤ 不足之处是稳定性和互换性较差。

大部分半导体热敏电阻由各种氧化物按一定比例混合,经高温烧结而成。多数半导体热敏电阻具有负的温度系数,即当温度升高时,其电阻值下降,同时灵敏度也下降。由于这个原因,限制了它在高温情况下的使用。

2. 热敏电阻的原理、结构及材料

半导体材料对光的吸收除了直接产生光生载流子的本征吸收和杂质吸收外,还有不直接产生载流子的晶格吸收和自由电子吸收等,并且会不同程度地转变为热能,引起晶格振动加剧,使器件温度上升,即器件的电阻值发生变化。

由于热敏电阻的晶格吸收,对任何能量的辐射都可以使晶格振动加剧,只是吸收辐射的波长不同,晶格振动加剧的程度不同而已,因此,可以说它是一种无选择性的敏感器件。

一般金属的能带结构外层无禁带,自由电子密度很大,以致外界光作用引起的自由电子密度的相对变化较半导体而言可忽略不计。相反,晶格吸收光以后,其振动加剧,妨碍了自由电子做定向运动。因此,光作用于金属器件使其温度升高的同时,其电阻值也略有增加。即由金属材料组成的热敏电阻具有正温度特性,而由半导体材料组成的热敏电阻具有负温度特性。

图5-1所示为热敏电阻的温度特性曲线。白金材料热敏电阻的温度系数为正值,约为$+0.37\%$。将金属氧化物(如

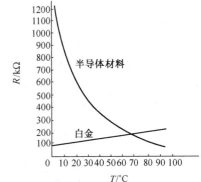

图5-1 热敏电阻的温度特性曲线

铜的氧化物,锰-镍-钴的氧化物)的粉末用黏合剂黏合后,涂敷在瓷管或玻璃上烘干,即构成半导体材料的热敏电阻。半导体材料热敏电阻的温度系数为负值,约为$-3\% \sim -6\%$,约为白金的 8 倍以上。所以热敏电阻常用半导体材料制作而很少采用贵重金属。

图 5-2 所示为热敏电阻结构示意图。

图 5-3 所示为几种常用的热敏电阻外形图。

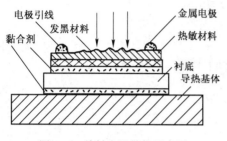

图 5-2　热敏电阻结构示意图

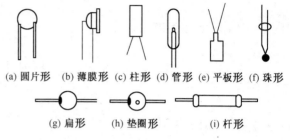

(a) 圆片形 (b) 薄膜形 (c) 柱形 (d) 管形 (e) 平板形 (f) 珠形

(g) 扁形 (h) 垫圈形 (i) 杆形

图 5-3　几种常用热敏电阻的外形图

由热敏材料制成的厚度为 0.01 mm 左右的薄片电阻(因为在相同的入射辐射下会得到较大的温升)黏合在导热能力强的绝缘衬底上,电阻体两端蒸发金属电极以便与外电路连接,再把衬底同一个热容很大、导热性能良好的金属相连,构成热敏电阻。红外辐射通过探测窗口投射到热敏材料上,引起器件的电阻变化。为了提高热敏材料接收辐射的能力,常将它的表面进行黑化处理。

通常把两个性能相似的热敏电阻安装在同一个金属壳内,形成如图 5-4 所示的热敏电阻。其中一个用作工作元件,接收入射辐射;另一个接收不到入射辐射,为环境温度的补偿元件。为使它们的温度尽量接近,应使两个元件尽可能地靠近,并用硅橡胶灌封把补偿元件掩盖起来。

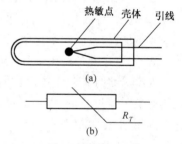

图 5-4　热敏电阻结构
与电路符号

热敏电阻同光敏电阻十分相似,为了提高输出信噪比,必须减小其长度。但为了不使接收辐射的能力下降,有时也采用浸没技术,以提高灵敏度。

热敏电阻一般做成二端器件,但也可做成三端或四端器件,二端和三端器件为直热式,即直接由电路中获得功率。根据不同的要求,可以把热敏电阻做成不同形状,如图 5-4 所示。

3. 热敏电阻的参数

热敏电阻有以下主要参数。

（1）电阻-温度特性

热敏电阻的电阻-温度特性是指实际阻值与电阻体温度之间的依赖关系,这是它的基本特性之一(见图 5-1)。

热敏电阻器的实际阻值 R_T 与其电阻体温度 T 的关系有正温度系数与负温度系数两种,分别表示为:

① 正温度系数的热敏电阻

$$R_T = R_0 e^{AT} \qquad (5.2\text{-}1)$$

② 负温度系数的热敏电阻

$$R_T = R_\infty e^{B/T} \qquad (5.2\text{-}2)$$

式中，R_T 为工作温度为 T 时的实际电阻值；R_0、R_∞ 分别为正、负温度系数热敏电阻的背景环境温度下的阻值，是与电阻的几何尺寸和材料物理特性有关的常数；A、B 为材料常数。

例如，标称阻值 R_{25} 指环境温度为 25℃ 时的实际阻值。测量时若环境温度过高，可分别按下式计算其阻值：

对于正温度系数的热敏电阻有

$$R_{25} = R_T e^{A(298-T)}$$

对于负温度系数的热敏电阻有

$$R_{25} = R_T e^{B\left(\frac{1}{298}-\frac{1}{T}\right)}$$

由式(5.2-1)和式(5.2-2)可分别求出正、负温度系数的热敏电阻的温度系数 a_T。

温度系数 a_T 表示温度每变化 1℃ 时，热敏电阻实际阻值的相对变化，即

$$a_T = \frac{1}{R}\frac{dR_T}{dT}(1/℃) \tag{5.2-3}$$

对于正温度系数的热敏电阻，其温度系数为

$$a_T = A \tag{5.2-4}$$

对于负温度系数的热敏电阻，其温度系数为

$$a_T = \frac{1}{R_T}\frac{dR_T}{dT} = -\frac{B}{T^2} \tag{5.2-5}$$

可见，在工作温度范围内，正温度系数热敏电阻的 a_T 在数值上等于 A，负温度系数热敏电阻的 a_T 随工作温度 T 的变化很大，并与 B 成正比。因此，通常在给出热敏电阻温度系数的同时，必须指出工作时的温度。

B 是用来描述热敏电阻材料物理特性的参数，又称为热灵敏指标。在工作温度范围内，B 并不是严格的常数，其值随温度的升高而略有增大。一般说来，B 值大电阻率也高。对于负温度系数的热敏电阻，B 可按下式计算：

$$B = 2.303\frac{T_1 T_2}{T_2 - T_1}\lg\frac{R_1}{R_2} \tag{5.2-6}$$

而对于正温度系数的热敏电阻，A 可按下式计算：

$$A = 2.303\frac{1}{T_1 - T_2}\lg\frac{R_1}{R_2} \tag{5.2-7}$$

式中，R_1、R_2 分别是温度为 T_1、T_2 时的阻值。

（2）热敏电阻阻值变化量

已知热敏电阻温度系数为 a_T，当热敏电阻接收入射辐射后温度变化 ΔT 时，则阻值变化为

$$\Delta R_T = R_T a_T \Delta T$$

上式只有在 ΔT 的值不大的条件下才成立。

（3）热敏电阻的输出特性

热敏电阻电路如图 5-5 所示。图中 $R_T = R_T'$，$R_{L_1} = R_{L_2}$。在热敏电阻上加偏压 U_{bb} 之后，由于辐射的照射使热敏电阻的阻值改变，因而负载电阻电压增量为

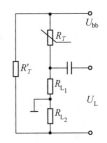

图 5-5 热敏电阻电路

$$\Delta U_L = \frac{U_{bb}\Delta R_T}{4R_T} = \frac{U_{bb}}{4}a_T\Delta T \tag{5.2-8}$$

上式是在假定 $R_{L_1} = R_T$，$\Delta R_T \ll R_T + R_{L_1}$ 的条件下得到的。

（4）冷阻与热阻

热敏电阻在某温度下的电阻值 R_T 称为冷阻。如果以辐功率 φ 入射到热敏电阻上，设吸收系数为 α，则热敏电阻的热阻 R_θ 定义为吸收单位辐功率所引起的温升，即

$$R_\theta = \frac{\Delta T}{\alpha \varphi} \qquad (5.2-9)$$

因此，式（5.2-8）可写成

$$\Delta U_L = \frac{U_{bb}}{4} a_T \alpha \varphi R_\theta \qquad (5.2-10)$$

若入射辐射为正弦交流信号，$\varphi = \varphi_0 e^{j\omega t}$，则负载上的输出电压增量为

$$\Delta U_L = \frac{U_{bb}}{4} \cdot \frac{a_T \alpha \varphi R_\theta}{\sqrt{1 + \omega^2 \tau_\theta^2}} \qquad (5.2-11)$$

式中，$\tau_\theta = R_\theta C_\theta$，为热时间常数；$R_\theta$、$C_\theta$ 分别为热阻和热容。由式（5.2-11）可见，随着辐照频率的增加，热敏电阻传递给负载的电压增量减小。τ_θ 为 $1 \sim 10\,\mu s$，因此，使用频率上限约为 $20 \sim 200\,kHz$。

（5）灵敏度（响应率）

将单位入射辐功率下热敏电阻变换电路的输出信号电压称为灵敏度或响应率。它常分为直流灵敏度 S_0 与交流灵敏度 S_S。

$$S_0 = \frac{U_{bb}}{4} a_T \alpha R_\theta$$

$$S_S = \frac{U_{bb}}{4} \cdot \frac{a_T \alpha R_\theta}{\sqrt{1 + \omega^2 \tau_\theta^2}}$$

可见，要提高热敏电阻的灵敏度，需采取以下措施：

① 增加偏压 U_{bb}。但会受到热敏电阻的噪声，以及不损坏元件的限制。

② 把热敏电阻的接收面涂黑，以提高吸收率。

③ 增大热阻 R_θ。办法是减小元件的接收面积及元件与外界对流所造成的热量损失。常将元件装入真空壳内，但随着热阻 R_θ 的增大，τ_θ 也增大。为了减少响应时间，通常把热敏电阻贴在具有高热导的衬底上。

④ 选用 a_T 大的材料，也即选取 B 值大的材料。当然还可使元件冷却工作，以增大 a_T。

（6）最小可探测功率

热敏电阻的最小可探测功率受噪声的影响。热敏电阻的噪声主要有：

① 热噪声。热敏电阻的热噪声为：$\overline{U_T^2} = 4kTR\Delta f$。

② 温度噪声。因环境温度的起伏而造成元件温度起伏变化所产生的噪声称为温度噪声。将元件装入真空壳内可降低这种噪声。

③ 电流噪声。当工作频率 $f < 10\,Hz$ 时，应该考虑此噪声。若 $f > 10\,kHz$ 时，此噪声可以忽略不计。

根据以上这些噪声，热敏电阻可探测的最小功率约为 $10^{-9}\,W$。

5.2.2 热电偶

热电偶是发明于 1826 年的古老红外探测器件，至今仍在光谱、光度探测仪器中得到应用，尤其在高、低温温度探测领域，是其他探测器件无法取代的。

1. 热电偶的工作原理

热电偶是利用物质温差产生电动势的特性,对入射辐射进行探测的。

图 5-6(a)所示为温差热电偶。两种金属材料 A 和 B 组成一个回路时,若两金属连接点的温度存在差异(一端高而另一端低),则在回路中会有如图 5-6(a)所示的电流 I 产生。即温度差会产生温差电位差 ΔU,$I = \Delta U/R$,式中,R 为回路电阻。这一现象称为温差热电效应(也称为泽贝克热电效应)(Seebeck Effect)。

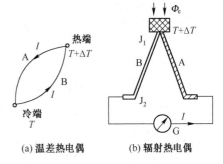

图 5-6 热电偶

ΔU 的大小与 A、B 材料有关,通常由铋和锑所构成的热电偶,其 ΔU 较大,约为 $100\mu V/℃$。用来测量温度的测温热电偶,常由铂(Pt)、铑(Rh)等合金组成,它具有较宽的温度测量范围,一般为 $-200℃ \sim 1000℃$,测量准确度高达 $1/1000℃$。

测量辐射能的热电偶称为辐射热电偶,它与温差热电偶的原理相同,结构不同。如图 5-6(b)所示,辐射热电偶的热端接收入射辐射,因此在热端装有一块涂黑的金箔,当入射辐通量 Φ_e 被金箔吸收后,金箔的温度升高,形成热端,产生温差电势,在回路中将有电流流过。图 5-6(b)中用检流计 G 检测出电流为 I。显然,图中结 J_1 为热端,J_2 为冷端。

由于入射辐射引起的温升 ΔT 很小,因此对热电偶材料要求很高,结构也非常严格和复杂,成本昂贵。

采用半导体材料构成的辐射热电偶不但成本低,而且具有更高的温差电位差。半导体辐射热电偶的温差电位差可高达 $500 \mu V/℃$。图 5-7 所示为半导体辐射热电偶。图中用涂黑的金箔将 N 型半导体材料和 P 型半导体材料的一端连在一起构成热结,它们的另一端(冷端)之间将产生温差电势,P 型半导体材料的冷端带正电,N 型半导体材料的冷端带负电。两端开路电压 U_{OC} 与温升 ΔT 的关系为

$$U_{OC} = M_{12}\Delta T \qquad (5.2-12)$$

式中,M_{12} 为泽贝克常数,又称温差电势率($V/℃$)。

辐射热电偶在恒定辐射作用下,用负载电阻 R_L 构成回路,将有电流 I 流过 R_L,产生电压降 U_L,则

$$U_L = \frac{M_{12}}{(R_i+R_L)}R_L\Delta T = \frac{M_{12}R_L\alpha\Phi_0}{(R_i+R_L)G_Q} \qquad (5.2-13)$$

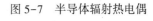

图 5-7 半导体辐射热电偶

式中,Φ_0 为入射辐通量(W);α 为金箔的吸收系数;R_i 为热电偶的内阻;M_{12} 为热电偶的温差电势率;G_Q 为总热导(W/m℃)。

若入射辐射为交流信号,$\Phi = \Phi_0 e^{j\omega t}$,则

$$U_L = \frac{M_{12}R_L\alpha\Phi_0}{(R_i+R_L)G_Q\sqrt{1+\omega^2\tau_T^2}} \qquad (5.2-14)$$

式中,$\omega = 2\pi f$,f 为交流辐射的调制频率,τ_T 为热电偶的时间常数,$\tau_T = R_Q C_Q = C_Q/G_Q$。式中,$R_Q$、$C_Q$、$G_Q$ 分别为热阻、热容和热导。G_Q 与材料的性质及周围环境有关,为使其稳定,常将热电偶封装在真空管中,因此,也称其为真空热电偶。

2. 热电偶的基本特性参数

真空热电偶的基本特性参数如下。

(1) 灵敏度(响应率)

在直流辐射作用下,热电偶的灵敏度为

$$S_0 = \frac{U_L}{\Phi_0} = \frac{M_{12}R_L\alpha}{(R_i+R_L)G_Q} \qquad (5.2\text{-}15)$$

在交流辐射作用下,热电偶的灵敏度为

$$S_S = \frac{U_L}{\Phi} = \frac{M_{12}R_L\alpha}{(R_i+R_L)G_Q\sqrt{1+\omega^2\tau_T^2}} \qquad (5.2\text{-}16)$$

由式(5.2-15)和式(5.2-16)可见,提高热电偶灵敏度,除选用泽贝克系数较大的材料外,增加吸收率 α,减小内阻 R_i,减小热导 G_Q 等措施都是有效的。对于交流灵敏度,降低工作频率,减小时间常数 τ_T,也会使其有明显的提高。但是,热电偶的灵敏度与时间常数是一对矛盾,应用时只能兼顾。

(2) 响应时间

热电偶的响应时间为几毫秒到几十毫秒,比较长,因此,它常被用来探测直流或低频率的辐射,一般不超过几十赫兹。但是,在 BeO 衬底上制造 Bi-Ag 结结构的热电偶有望得到更快的时间响应,据资料报道,这种工艺的热电偶,其响应时间可达到或超过 10^{-7} s。

(3) 最小可探测功率

热电偶的最小可探测功率取决于探测器的噪声,主要包括热噪声和温度起伏噪声,电流噪声几乎被忽略。半导体热电偶的最小可探测功率为 10^{-11} W 左右。

*5.2.3 热电堆

为了减小热电偶的响应时间,提高灵敏度,常把辐射接收面分为若干块,每块都接一个热电偶,并把它们串联起来构成如图 5-8 所示的热电堆。在镀金的铜衬底上蒸镀一层绝缘层,在绝缘层的上面蒸发制造工作结和参考结。参考结与铜衬底之间既要保证电气绝缘又要保持热接触,而工作结与铜衬底是电气和热都要绝缘的。热电材料敷在绝缘层上,把这些热电偶串接或并接起来构成热电堆。

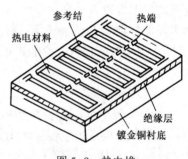

图 5-8 热电堆

1. 热电堆的灵敏度

热电堆的灵敏度为

$$S_t = nS \qquad (5.2\text{-}17)$$

式中,n 为热电偶的对数(或 PN 结的个数),S 为热电偶的灵敏度。

热电堆的响应时间常数为

$$\tau_\theta \propto C_\theta R_\theta \qquad (5.2\text{-}18)$$

式中,C_θ 为热电堆的热容量,R_θ 为热电堆的热阻抗。

从式(5.2-17)和式(5.2-18)可以看出,要想使热电堆提高响应速度和提高灵敏度两者并存,就要在不改变 R_θ 的情况下减小 C_θ。R_θ 由导热通路长度、热电堆数目及膜片的剖面面积比决定。因而,要提高热电堆性能,就要减小多晶硅的间隔,减小膜片的厚度,以便减小热容量。

2. 微机械红外热电堆及其应用

早先的红外热电堆是利用掩膜真空镀膜的方法,将热电偶材料沉积到塑料或陶瓷衬底上获得的,但器件的尺寸较大,且不易批量生产。随着微电子技术的发展,提出了微电子机械系统的概念,进而发展了微机械红外热电堆。金属热电偶的加工与 IC 集成工艺并不兼容,并且,其吸收系数 α 的值总比硅热电偶要小得多,现在已基本上退出了微机械红外热电堆领域。与化合物半导体相比,

硅的 M_{12} 较小,它的制造工艺与 IC 工艺的兼容性好,可以进行批量生产,因此硅基的微机械红外热电堆得到较大的发展。

与一般的红外探测器件相比,微机械红外热电堆的优点为:① 具有较高的灵敏度,宽松的工作环境与非常宽的频谱响应。② 与标准 IC 工艺兼容,成本低廉且适合批量生产。

微机械热电堆由热电堆结构、支撑膜及红外吸收层组成,热电偶多采用半导体材料。为提高热传导,设计一定的隔热结构。图 5-9 所示为微机械红外热电堆芯片的基本结构。它利用薄膜热导率较小的特点,采用封闭膜与悬臂膜两种支撑膜隔热结构。在支撑膜上生长红外吸收层,可以大幅度、宽光谱地吸收红外辐射,提高热结区的温度,改善热电堆的性能。

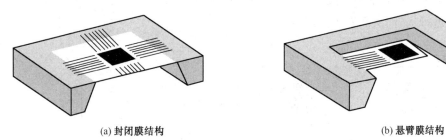

(a) 封闭膜结构　　　　　　　　　　　　　　(b) 悬臂膜结构

图 5-9　微机械红外热电堆芯片的基本结构

为建立热结区与冷结区的热传导,需构建一定的隔热结构,现在主要由薄膜来实现。薄膜结构有两类,即封闭膜结构(图 5-9(a))和悬臂膜结构(图 5-9(b))。其中封闭膜是指热电堆的支撑膜为整层的复合介质膜,一般为氮化硅与氧化硅的复合膜。悬臂膜采用周围为气体介质所包围,一端固定、一端悬空的膜结构,其中的膜亦为复合介质膜。热电堆、热结区及红外吸收区都在膜上。从隔热效果来说,悬臂膜更优。因为这种膜结构的周围是导热性能很差的气体介质(如空气),因此热耗散小,热阻高,隔热效果好,同时吸收的热可以沿着膜的方向,也就是热电偶对的方向进行有效传导,故热电转换效率较高,灵敏度高;而封闭膜,吸收红外辐射后,热沿着介质支撑膜传播,并不完全沿着热电偶对传播,故热耗散较大,热电转换效率低,灵敏度低。但是,从制造工艺及成品率角度,封闭膜更优,因为这种膜结构稳定。由于膜与基体处处相连,因此,受应力影响小,制造过程中,膜本身不易破裂,成品率高,易制造;而悬臂膜与基体间只通过固定端相连,另一端悬空,因此受应力的影响显著,制造过程中膜容易发生翘曲或破裂,成品率较低,不易制造。

目前,热电堆在耳式体温计、放射体温计、电烤炉、食品温度检测等领域中作为温度检测器件,获得了广泛应用。半导体热电堆发电技术为我们开辟了利用低温热源发电(如工业余热、地热、太阳能发电等)的一个崭新分支。尤其是进入 20 世纪 50 年代后期,随着半导体热电材料技术的飞速发展,半导体热电发电技术以其体积小、质量轻、无运动部件、运行寿命长、可靠性高,以及无污染等优点,在军事、医疗、科研、通信、航海、动力,以及工业生产等领域得到了广泛应用。

图 5-10 所示为一个典型的微机械热电堆红外传感器,它包括基座和热电堆。基座内有薄膜区和围在它外面的厚壁区;热电堆则由许多个串联的热电偶组成。因此,冷结位于厚壁区,而热结则位于薄膜区。由于薄膜区与厚壁区是相接触的,因此,它可以用高精度的参考温度来确定基于热电偶输出的温度。它可以用来制作测量精度高、成本低、结构紧凑的测温元件。

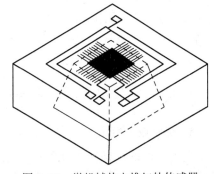

图 5-11(a)所示为 15TP551N 型热电堆的外形结构,其吸收区为一种热容量小、温度容易上升的薄膜。在紧靠

图 5-10　微机械热电堆红外传感器

近衬板中央的下部为一空洞结构,这种结构的设计确保了冷端和测温热端的温度差。热电偶由多晶硅与铝构成,两者串联,如图 5-11(b)所示。当各个热电偶测温热端升温时,热电偶之间就会产生 ΔU_i,输出端可获得它们的电压之和。此热电堆具有灵敏度高、响应速度快和温度系数小等特点。

另外,还可以提供各种温差的热电堆,这些热电堆在很宽的波段范围内,以及在所有的波长上均具有相同的灵敏度,可以进行可见光和红外辐射的测量。美国还发明了用于预防犯罪行为的热电堆远红外探测仪,此探测仪可以用来探测进入监视区的入侵者,其特点是无论监视区的温度有多大变化,或者入侵者以多快的速度进入监视区,它都能发现入侵者。这种红外探测仪利用三个或更多个热电堆来探测进入监视区的入侵者。它首先获得一对热电堆的输出差值,然后将不同对的热电堆的输出差值进行比较,从而发现入侵者。

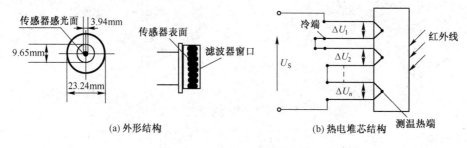

(a) 外形结构   (b) 热电堆芯结构

图 5-11　15TP551N 型热电堆

5.3　热释电器件

热释电器件是一种利用热释电效应制成的热探测器件。与其他热探测器相比,热释电器件具有以下优点。

① 频率响应范围宽,接近兆赫兹,远超其他热探测器。一般热探测器的时间常数在 $1 \sim 0.01 \, \text{s}$ 范围内,而热释电器件的时间常数可低至 $10^{-4} \sim 3 \times 10^{-5} \, \text{s}$;

② 探测率高,在热探测器中只有气动探测器件的探测率比热释电器件稍高,且差距正在不断减小;

③ 可以制作均匀的大面积敏感面,工作时可以不必外加偏置电压;

④ 与热敏电阻相比,它受环境温度变化的影响更小;

⑤ 热释电器件的强度和可靠性比其他多数热探测器件都要好,且制造比较容易。

但是,由于热释电器件属于压电类晶体,因而它容易受外界震动的影响,并且只对入射的交变辐射有响应,而对入射的恒定辐射没有响应。由于热释电器件具有上述特点,因而近年来发展迅速,已经获得广泛应用。它不但广泛应用于从可见光到红外波段的探测,而且在亚毫米波段辐射的探测方面也受到重视。亚毫米波探测不需制冷,是其他热探测器难以做到的。对于热释电材料、器件及其应用技术的研究至今仍受到重视。

5.3.1　热释电器件的基本工作原理

1. 热释电效应

电介质内部没有自由载流子,没有导电能力。但是,它也是由带电的粒子(价电子和原子核)构成的,在外加电场的作用下,带电粒子也受电场力的作用,使其运动发生变化。例如,在电介质的上、下两侧加上如图 5-12 中所示的电场后,电介质产生极化现象,从电场的加入到电极化状态建立起来的这段时间内,电介质内部的电荷做适应电场的运动,相当于电荷沿电力线方向运动,也是一种电流,称为位移电流,电极化完成该电流即告停止。

对于一般的电介质,在电场去除后极化状态随即消失,带电粒子又恢复原来状态。而有一类称为"铁电体"的电介质,在外加电场去除后仍能保持极化状态,称其为"自发极化"。图 5-13 所示为电介质的极化曲线。从图 5-13(a)可知,一般电介质的极化曲线通过中心,而图5-13(b)所示铁电体电介质的极化曲线在电场去除后仍能保持一定的极化强度。

图 5-12　电极化现象

铁电体的自发极化强度 P_s(单位面积上的电荷量)随温度变化的曲线如图 5-14 所示。随着温度的升高,极化强度减低,当温度升高到一定值时,自发极化突然消失,这个温度被称为"居里温度"或"居里点"。在居里点以下,极化强度 P_s 为温度 T 的函数。利用这一关系制造的热敏探测器称为热释电器件。

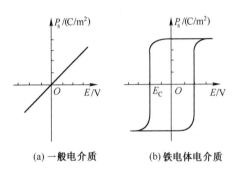

图 5-13　电介质的极化曲线

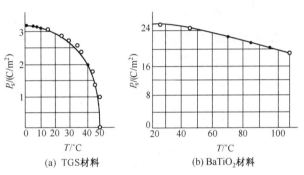

图 5-14　自发极化强度随温度变化的曲线

当红外辐射照射到已经极化的铁电体薄片上时,引起薄片温度升高,表面电荷减少,相当于热"释放"了部分电荷。释放的电荷可通过放大器转变成电压输出。如果辐射持续作用,表面电荷将达到新的平衡,不再释放电荷,也不再有信号输出。因此,热释电器件不同于其他光电器件,在恒定辐射作用的情况下其输出信号为零。只有在交变辐射的作用下才会有信号输出。

无外加电场的作用而具有电矩,且在温度发生变化时电矩的极性发生变化的介质,称为热电介质。外加电场能改变这种介质自发极化矢量的方向,即在外加电场的作用下,无规则排列的自发极化矢量趋于同一方向,形成所谓的单畴极化。当外加电场去除后仍能保持单畴极化特性的热电介质,又称为铁电体或热电-铁电体。热释电器件是用这种热电-铁电体制成的。

产生热释电效应的原因是:没有外电场作用时,热电晶体具有非中心对称的晶体结构。自然状态下,极性晶体内的分子在某个方向上的正、负电荷中心不重合,即电矩不为零,形成电偶极子。当相邻晶胞的电偶极子平行排列时,晶体将表现出宏观的电极化方向。在交变的外电场作用下会出现如图 5-13(b)所示的电滞回线。图中的 E_C 称为矫顽电场,即在该外电场作用下无极性晶体的电极化强度为零。

对于经过单畴化的热释电晶体,在垂直于极化方向的表面上,将由表面层的电偶极子构成相应的静电束缚电荷。因为自发极化强度是单位体积内的电矩矢量之和,所以面束缚电荷密度 σ 与自发极化强度 P_s 之间的关系可由下式确定:

$$P_s = \frac{\sum \sigma \Delta s \Delta d}{Sd} = \sigma \qquad (5.3\text{-}1)$$

式中,S 和 d 分别是晶体的表面积和厚度。上式表明热释电晶体的 σ 在数值上等于 P_s。但在温度恒定时,这些面束缚电荷被来自晶体内部或外围空气中的异性自由电荷所中和,因此观察不到它的自发极化现象。如图5-15(a)所示,由内部自由电荷中和表面束缚电荷的时间常数 $\tau = \varepsilon\rho$,ε 和 ρ 分别为晶体的介电常数和电阻率。大多数热释电晶体材料的 τ 值一般在 1~1 000 s 之间,即热释电晶体表面上的面束缚电荷可以保持 1~1 000 s 的时间。因此,只要使热释电晶体的温度在面束缚电荷被中和掉之前因吸收辐射而发生变化,晶体的 P_s 就会随 T 的变化而变化,相应的 σ 也随之变化,如图5-15(b)所示。这一过程的平均作用

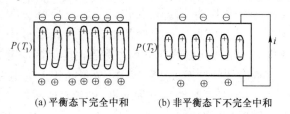

时间很短,约为 10^{-12} s。若入射辐射是变化的,且仅当它的调制频率 $f > 1/\tau$ 时才会有热释电信号输出,即热释电器件为工作在交变辐射作用下的非平衡器件。将束缚电荷引出,会有变化的电流输出,也有变化的电压输出。利用辐射引起热释电器件温度变化的特性,可以探测辐射的变化。

(a) 平衡态下完全中和   (b) 非平衡态下不完全中和

图5-15 热释电晶体的内部电偶极子和外部自由电荷的补偿情况

2. 热释电器件的工作原理

设晶体的自发极化矢量为 P_s,P_s 的方向垂直于电容器的极板平面。接收辐射的极板和另一极板的重叠面积为 A_d。由此引起表面上的束缚极化电荷为

$$Q = A_d\sigma = A_dP_s \tag{5.3-2}$$

若辐射引起晶体温度的变化为 ΔT,则相应束缚电荷的变化为

$$\Delta Q = A_d(\Delta P_s / \Delta T)\Delta T = A_d\gamma\Delta T \tag{5.3-3}$$

式中,$\gamma = \Delta P_s / \Delta T$,称为热释电系数,单位为 C/(cm^2·K),$\gamma$ 是与材料本身特性有关的物理量,表示自发极化强度随温度的变化率。

若在晶体两个相对的极板敷上电极,在两电极间接上负载 R_L,则负载上会有电流通过。由于温度变化在负载上产生的电流可以表示为

$$i_s = \frac{dQ}{dt} = A_d\gamma\frac{dT}{dt} \tag{5.3-4}$$

式中,$\frac{dT}{dt}$ 为热释电晶体温度随时间的变化率,它与材料的吸收率和热容有关,吸收率大,热容小,则温度变化率大。

按照不同性能的要求,常将热释电器件的电极做成如图5-16所示两种结构。如图5-16(a)所示为面电极结构,电极置于热释电晶体的前、后表面上,其中一个电极位于光敏面内。这种结构的电极面积较大,极间距离较短,极间电容较大,不适于高速应用。此外,由于辐射要通过电极层才能到达晶体,所以电极对于被测的辐射波段必须透明。图5-16(b)所示为边电极结构,电极所在平面与光敏面互相垂直,电极间距较大,电极面积较小,因此极间电容较小。由于热释电器件的响应速度受极间电容的限制,因此,在高速运用时采用极间电容小的边电极。

热释电器件产生的热释电电流在负载电阻 R_L 上产生的电压响应为

$$U = i_dR_L = \left(\gamma A_d\frac{dT}{dt}\right)R_L \tag{5.3-5}$$

可见,热释电器件的电压响应正比于热释电系数和温度的变化率 dT/dt,而与晶体和入射辐射达到平衡的时间无关。

热释电器件的图形符号如图5-17(a)所示。如果将热释电器件跨接到放大器的输入端,其等效电路如图5-17(b)所示。图中 I_s 为恒流源,R_s 和 C_s 为晶体内部介电损耗的等效电阻和电容,R_L

和 C_L 为外接放大器的负载电阻和电容。由等效电路可得热释电器件的等效负载电阻为

$$R'_L = \frac{1}{1/R + j\omega C} = \frac{R}{1 + j\omega RC} \tag{5.3-6}$$

式中,$R = R_s /\!/ R_L$,$C = C_s + C_L$,分别为热释电器件与放大器的等效电阻和等效电容。可得

$$|R'_L| = \frac{R}{(1 + \omega^2 R^2 C^2)^{1/2}} \tag{5.3-7}$$

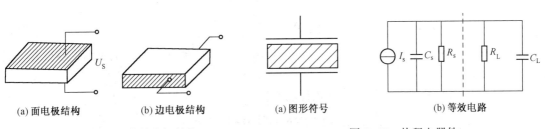

(a) 面电极结构   (b) 边电极结构   (a) 图形符号   (b) 等效电路

图 5-16   热释电器件的电极结构   图 5-17   热释电器件

对于热释电系数为 λ,电极面积为 A 的热释电器件,在调制频率为 ω 的交变辐射照射下的温度可以表示为

$$T = |\Delta T_\omega| e^{j\omega t} + T_0 + \Delta T_0 \tag{5.3-8}$$

式中,T_0 为环境温度,ΔT_0 表示热释电器件接收光辐射后的平均温升,$|\Delta T_\omega| e^{j\omega t}$ 表示与时间有关的温度变化。于是热释电器件的温度变化率为

$$\frac{\mathrm{d}T}{\mathrm{d}t} = \omega |\Delta T_\omega| e^{j\omega t} \tag{5.3-9}$$

将式(5.3-7)和式(5.3-9)代入式(5.3-5),可得输入到放大器的电压为

$$U = \gamma A_d \omega |\Delta T_\omega| \frac{R}{(1 + \omega^2 R^2 C^2)^{1/2}} e^{j\omega t} \tag{5.3-10}$$

由热平衡温度方程(式(5.1-7))可知

$$|\Delta T_\omega| = \frac{\alpha \Phi_\omega}{G(1 + \omega^2 \tau_T^2)^{1/2}} \tag{5.3-11}$$

式中,$\tau_T = C_\theta / G$,为热释电器件的热时间常数。

将式(5.3-11)代入式(5.3-10),可得热释电器件输出电压的幅值为

$$|U| = \frac{\alpha\omega\gamma A_d R}{G(1 + \omega^2 \tau_e^2)^{1/2}(1 + \omega^2 \tau_T^2)^{1/2}} P_\omega \tag{5.3-12}$$

式中,$\tau_e = RC$,为热释电器件的电路时间常数,$R = R_s /\!/ R_L$,$C = C_s + C_L$;$\tau_T = C_\theta / G$,为热时间常数,τ_e、τ_T 的数值为 0.1~10 s;A_d 为光敏面的面积;α 为吸收系数;ω 为入射辐射的调制频率。

5.3.2 热释电器件的灵敏度

1. 电压灵敏度

按照光电器件灵敏度的定义,热释电器件的电压灵敏度 S_v 为其输出电压的幅值 $|U|$ 与入射光功率之比。由式(5.3-12)可得

$$S_v = \frac{\alpha\omega\gamma A_d R}{G(1 + \omega^2 \tau_T^2)^{1/2}(1 + \omega^2 \tau_e^2)^{1/2}} \tag{5.3-13}$$

分析式(5.3-13)可以看出：

（1）当入射辐射为恒定辐射，即 $\omega=0$ 时，$S_v=0$，说明热释电器件对恒定辐射不灵敏；

（2）在低频段，$\omega<1/\tau_T$ 或 $1/\tau_e$ 时，S_v 与 ω 成正比，这是热释电器件交流灵敏的体现。

（3）当 $\tau_e\neq\tau_T$ 时，通常 $\tau_e<\tau_T$，在 $\omega=1/\tau_T\sim1/\tau_e$ 范围内，S_v 为与 ω 无关的常数；

（4）高频段（$\omega>1/\tau_T$ 或 $1/\tau_e$）时，S_v 随 ω^{-1} 而变化。所以在许多应用中，式(5.3-13)的高频近似式为

$$S_v\approx\frac{\alpha\gamma A_d}{\omega C_\theta C} \tag{5.3-14}$$

即灵敏度与调制频率 ω 成反比。式(5.3-14)表明，减小热释电器件的有效电容和热容有利于提高高频段的灵敏度。

表 5-1 所示为几种典型热释电材料热性能参数。

表 5-1　热释电材料热性能参数

名　　称	居里温度 T_c（℃）	介电常数 ε	极化强度 P_s（$C\cdot cm^{-2}$）	热释电系数 γ（$(C\cdot cm^{-2}\cdot℃^{-1})\times10^{-3}$）	密　度（$g\cdot cm^{-3}$）	测量温度 T（℃）	测量频率 f（Hz）
铌酸锂	1200±10	30	50×10^{-6}	0.4	4.65	27	1 k，100 k
铌酸锂	450	1×10^5			1		
钽酸锂	660	47	50×10^{-6}	1.9	7.45	25	1
钽酸锂	618	70	45×10^{-6}	2.1		250	10 k
铌酸锶钡	115	380	29.8×10^{-6}	6.5	5.2	25	1 k
硫酸三甘肽	45	50	2.75×10^{-6}	3.5	1.65~1.85	25	1 k
氘化硫酸三甘肽	62.9	20	2.6×10^{-6}	2.5	1.7	23	1 k
硝酸三甘肽	−67	50	0.6×10^{-6}	5	1.58	−77	10 k
磷酸三甘肽	−150	2500	4.8×10^{-6}	3.3	0.94	−178	1 k

图 5-18 给出了不同负载电阻下热释电器件的灵敏度与频率的关系曲线。由图可见，增大 R_L 可以提高灵敏度，但是，频率响应的带宽变窄。应用时须考虑灵敏度与频率响应带宽的矛盾，根据具体应用条件，合理选用 R_L。

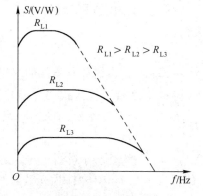

图 5-18　不同负载电阻下，热释电器件的灵敏度与频率的关系曲线

5.3.3　热释电器件的噪声

热释电器件的基本结构是电容器，其输出阻抗很高，所以它后面接有源极跟随器形式的场效应管，来降低输出阻抗。因此在分析噪声的时候，需要考虑放大器的噪声。这样，热释电器件的噪声主要有电阻热噪声、温度噪声和放大器噪声等。

1. 热噪声

热噪声来自晶体的介电损耗和与热释电器件相并联的等效电阻 R_{eff}。则热噪声电流的方均值为

$$\overline{i_R^2}=4kT_R\Delta f/R_{eff} \tag{5.3-15}$$

式中，k 为玻耳兹曼常数，T_R 为敏感面的温度，Δf 为测试系统的带宽。等效电阻为

$$R_{\text{eff}} = R_e \frac{1}{\dfrac{1}{R} + j\omega C} = \frac{R}{(1+\omega^2 R^2 C^2)^{1/2}} \tag{5.3-16}$$

式中，R 为热释电器件的等效电阻，是交流损耗和放大器输入电阻的并联；C 为热释电器件的电容 C_d 与前置放大器的输入电容 C_A 之和。

热噪声电压为

$$\sqrt{\overline{U_{\text{NJ}}^2}} = \frac{(4kTR\Delta f)^{1/2}}{(1+\omega^2\tau_e^2)^{1/4}} \tag{5.3-17}$$

当 $\omega^2\tau_e^2 \gg 1$ 时，上式可简化为

$$\sqrt{\overline{U_{\text{NJ}}^2}} = \left(\frac{4kTR\Delta f}{\omega\tau_e}\right)^{1/2} \tag{5.3-18}$$

表明热释电器件的热噪声电压随调制频率的升高而下降。

2. 放大器噪声

放大器噪声来自放大器中的有源元件和无源元件，以及信号源阻抗与放大器输入阻抗之间的噪声是否匹配等。如果放大器的噪声系数为 F，把放大器输出端的噪声折合到输入端，认为放大器是无噪声的，这时，放大器输入端附加的噪声电流方均值为

$$\overline{I_K^2} = 4k(F-1)T\Delta f/R \tag{5.3-19}$$

式中，T 为环境温度。

3. 温度噪声

温度噪声来自热释电器件的敏感面与外界辐射交换能量的随机性，噪声电流方均值为

$$\overline{I_T^2} = \gamma^2 A^2 \omega^2 \overline{\Delta T^2} = \gamma^2 A_d^2 \omega^2 \left(\frac{4kT^2\Delta f}{G}\right) \tag{5.3-20}$$

式中，A 为电极的面积，A_d 为敏感面的面积，$\overline{\Delta T^2}$ 为温度起伏的方均值。

如果这三种噪声是不相关的，则总噪声为

$$\overline{I_N^2} = \frac{4kT\Delta f}{R} + \frac{4kT(F-1)\Delta f}{R} + \frac{4kT^2\gamma^2 A_d^2 \omega^2\Delta f}{G}$$

$$= \frac{4kT_N\Delta f}{R} + \frac{4kT^2\gamma^2 A_d^2 \omega^2\Delta f}{G}$$

式中，$T_N = T + (F-1)T$，称为放大器的有效输入噪声温度。

考虑统计平均值时的信噪比为

$$\text{SNR}_p = I_S^2/I_N^2 = \Phi^2/(4kT^2 G\Delta f/\alpha^2 + 4kT_N G^2\Delta f/\alpha^2\gamma^2 A^2\omega^2 R) \tag{5.3-21}$$

如果温度噪声是主要噪声源而忽略其他噪声，则噪声等效功率为

$$(\text{NEP})^2 = (4kT^2 G^2\Delta f/\alpha^2 A^2\gamma^2\omega^2 R)[1+(T_N/T)^2] \tag{5.3-22}$$

可以看出，热释电器件的 NEP 具有随着调制频率的增高而减小的性质。

4. 响应时间

热释电器件的响应时间可分析式(5.3-13)获得。由图 5-18 可见，热释电器件在低频段的电压灵敏度与调制频率成正比，在高频段则与调制频率成反比，仅在 $1/\tau_T \sim 1/\tau_e$ 范围内，S_v 与 ω 无关。电压灵敏度高端半功率点取决于 $1/\tau_T$ 或 $1/\tau_e$ 中较大的一个，因而按通常的响应时间定义，τ_T 和 τ_e 中较小的一个为热释电器件的响应时间。通常 τ_T 较大，而 τ_e 与负载电阻大小有关，多在几秒到几个微秒之间。由图 5-18 可见，随着负载的减小，τ_e 变小，灵敏度也相应减小。

5. 热释电器件的阻抗特性

热释电器件几乎是一种纯容性器件,由于电容量很小,所以阻抗很高。因此必须配以高阻抗的负载,通常在 $10^9\ \Omega$ 以上。由于空气潮湿、表面沾污等原因,普通电阻不易达到这样高的阻值。由于结型场效应管(JFET)的输入阻抗高,噪声又小,所以常用 JFET 作为热释电器件的前置放大器。如图 5-19 所示,用 JFET 构成源极跟随器,进行阻抗变换。

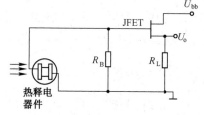

图 5-19　带有前置放大器的
热释电器件电路

最后要特别指出的是,由于热释电材料具有压电特性,对微震等应变十分敏感,因此在使用时应注意减震防震。

5.3.4　热释电器件的类型

在具有热释电效应的大量晶体中,热释电系数最大的为铁电晶体材料。因此铁电晶体以外的其他热释电材料很少被用来制作热释电器件。已知的热释电材料有上千种,但目前仅对其中约十分之一的材料特性进行了研究。研究发现真正能满足制作热释电器件要求的材料不过十多种,其中最重要的常用材料有硫酸三甘肽(TGS)晶体、LT 钽酸锂(LiTaO$_3$)晶体、锆钛酸铅(PZT)类陶瓷、聚氟乙烯(PVF)和聚二氟乙烯(PVF$_2$)聚合物薄膜等。无论哪一种材料,都有一个特定温度,称为居里温度。当温度高于居里温度后,自发极化矢量会减小为零;只有低于居里温度时,材料才有自发极化性质。所以正常使用时,都要使器件工作在离居里温度稍远一点的温度区域。

1. 硫酸三甘肽(TGS)热释电器件

TGS 热释电器件是发展最早、工艺最成熟的热辐射探测器件。它在室温下的热释电系数较大,介电常数较小,比探测率 D^* 的值较高[D^*(500,10,1)为 $1\sim5\times10^9\ \mathrm{cm\cdot Hz^{1/2}\cdot W^{-1}}$]。在较宽的频率范围内,这类器件的灵敏度较高,因此,至今仍在广泛应用。

TGS 属水溶性晶体,其物理化学性能稳定性较差。由于 TGS 单晶的居里温度仅为 49℃,因此不能承受大的辐功率。例如,几毫瓦的 CO$_2$ 激光器的辐射就会使它发生分解(TGS 的分解温度为 150℃)。在常温下由于部分铁电畴反转而产生退极化现象。TGS 晶体经过掺杂、辐射等处理可以克服这些缺点,故目前一般不用纯的 TGS 单晶材料制作热释电器件。氘化硫酸三甘肽(DTSG)的居里温度有所提高,但工艺较为复杂,成本亦较高。

TGS 热释电器件可在室温下工作,具有光谱响应宽(紫外光到远红外范围内均能工作)、灵敏度高等优点,是一种性能优良的红外探测器件,广泛应用于红外光谱领域。

掺杂丙乙酸的 TGS(LATGS)具有很好的锁定极化特点。温度由居里温度以上降到室温时,仍无退极化现象。它的热释电系数也有所提高。掺杂后 TGS 晶体的介电损耗减小,介电常数下降。前者降低了噪声,后者改进了高频特性。在低频情况下,这种热释电器件的 NEP = $4\times10^{-11}\ \mathrm{W/Hz^{-1/2}}$,相应的 $D^* = 5\times10^9\ \mathrm{cm\cdot Hz^{1/2}\cdot W^{-1}}$。它不仅灵敏度高,而且响应速度也很快。图 5-20 所示为 LATGS 的等效噪声功率 NEP 和比探测率 D^* 与工作频率 f 的关系曲线。

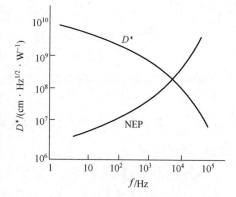

图 5-20　LATGS 的 NEP 和 D^*
与工作频率的关系曲线

2. 铌酸锶钡(SBN)热释电器件

这种热释电器件由于材料中钡含量的提高而使居里温度相应提高。例如,钡含量从0.25增加到0.47,其居里温度相应地从47℃提高到115℃。在室温下去极化现象基本消除。SBN热释电器件在大气条件下性能稳定,无须窗口材料保护,电阻率高,热释电系数大,机械强度高,在红外波段吸收率高,可不必涂黑。在500 MHz尚未出现明显的压电谐振,故可用于快速光辐射的探测。但SBN晶体在钡含量$x<0.4$时,如不加偏压,在室温下就趋于退极化。而当$x>0.6$时,晶体在生长过程中趋于开裂。

在SBN中掺入少量La_2O_2可提高热释电系数,用掺杂的SBN制作的热释电器件无退极化现象,$D^*(500,10,1)$可达8.0×10^8 cm·$Hz^{1/2}$·W^{-1}。掺镧后其居里温度有所降低,但极化仍很稳定,损耗也有所改善。

3. 钽酸锂(LiTaO₃)热释电器件

这种热释电器件具有很吸引人的特性。在室温下它的热释电响应约为TGS的一半,但在低于零度或高于45℃时都比TGS好。这种器件的居里温度T_c高达620℃,在室温下其响应率几乎不随温度变化,可在很高的环境温度下工作,能够承受较高的辐能量,且不退极化;它的物理化学性质稳定,不需要保护窗口,机械强度高,响应快(时间常数为13×10^{-12} s,极值为1×10^{-12} s,受晶体振动频率限制),适于探测高速光脉冲,已用于测量峰值功率为几个千瓦,上升时间为100 ps的Nd:YAG激光脉冲。其$D^*(500,30,1)$已达8.5×10^8 cm·$Hz^{1/2}$·W^{-1}。

4. 压电陶瓷热释电器件

压电陶瓷热释电器件的特点是材料的热释电系数γ较大,介电常数ε也较大,所以二者的比值并不高。其机械强度大、物理化学性能稳定、电阻率可用掺杂来控制,能承受的辐射功率大于LiTaO₃热释电器件,居里温度高,不易退极化。例如,锆钛酸铅热释电器件的T_c高达365℃,$D^*(500,1,1)$可达7×10^8 cm·$Hz^{1/2}$·W^{-1}。此外,这种热释电器件容易制造,成本低廉。

5. 有机聚合物热释电器件

有机聚合物热释电材料的导热小,介电常数也小,易于加工成任意形状的薄膜,物理化学性能稳定,造价低廉。它的热释电系数γ不大,介电系数ε也小,所以比值γ/ε并不小。在有机聚合物热释电材料中,聚二氟乙烯(PVF₂)、聚氟乙烯(PVF)及聚氟乙烯和聚四氟乙烯共聚物的性能较好。利用PVF₂薄膜已使$D^*(500,10,1)$达10^8 cm·$Hz^{1/2}$·W^{-1}。

6. 快速热释电器件

如前所述,由于热释电器件的输出阻抗高,需要配以高阻抗负载,因而其时间常数较大,即响应时间较长。这样的热释电器件不适于探测快速变化的光辐射。即使用补偿放大器,其高频响应也仅为10^3 Hz量级。在高频应用中,例如用热释电器件测量脉冲宽度很窄的激光峰值功率和观察波形时,要求热释电器件的响应时间要小于光脉冲的持续时间。为此,近年来发展了快速热释电器件。快速热释电器件一般都设计成同轴结构,将敏感器件置于阻抗为50 Ω同轴线的一端,采用面电极结构的时间常数可达到1 ns左右,采用边电极结构的时间常数可降至几个ps。图5-21所示为一种快速热释电器件的结构。敏感器件是SBN晶体薄片,采用边电极结构,电极Au的厚度为0.1 μm,衬底采用Al₂O₃或BeO陶瓷等导热良好的材料。输出采用SMA/BNC高

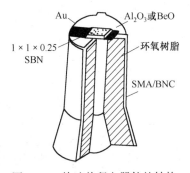

图5-21 快速热释电器件的结构

频接头。这种结构的热释电器件的响应时间为 13 ps，最低极限值受晶格振动弛豫时间的限制，约为 1 ps。不采用同轴结构而采用一般的管脚引线封装结构，热释电器件的频响带宽已扩展到几十兆赫。

快速热释电器件一般用于测量大功率脉冲激光，应能承受大功率辐射而不受到损伤，为此应选用损伤阈值高的热释电材料和高热导衬底材料制成的探测器。

5.3.5 典型热释电器件

如图 5-22 所示为典型 TGS 热释电器件的结构。把制好的 TGS 晶体连同衬底贴于普通三极管管座上，上、下电极通过导电胶、铟环或细铜丝与管脚相连，加上窗口后便构成完整的 TGS 热释电器件。由于晶体本身的阻抗很高，因此，整个封装工艺过程必须严格清洁处理，以便提高电极间的阻抗，降低噪声。

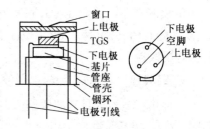

图 5-22 典型 TGS 热释电器件的结构

为了降低器件的总热导，一般采用热导率较低的衬底。管内抽成真空或充氮气等热导很低的气体。为获得均匀的光谱响应，可在热释电器件灵敏层表面涂特殊的漆，增加对入射辐射的吸收。

所有的热释电器件同时又是压电晶体，因此它对声频振动很敏感，入射辐射脉冲的热冲击会激发热释电晶体的机械振荡，而产生压电谐振。这意味着在热释电效应上叠加有压电效应，产生虚假信号，使器件在高频段的应用受到限制。为防止压电谐振，常采用如下方法：(1)选用声频损耗大的材料，如 SBN，在很高的频率下没有发现谐振现象；(2)选取压电效应最小的取向；(3)器件要牢靠地固定在底板上，例如可用环氧树脂将 $LiTaO_3$ 粘贴在玻璃板上，再封装成管，会有效消除谐振；(4)器件在使用时，一定要注意防震。显然，前两种方法限制了器件的选材范围，第三种方法降低了灵敏度和比探测率。

对于热释电器件的尺寸，应尽量减小体积，减小热容，提高热探测率。

为提高热释电器件的灵敏度和信噪比，常把热释电器件与放大器（场效应管）做在一个管壳内。图 5-23 所示为带场效应管放大器的热释电探测器的结构图。由于热释电器件本身的阻抗高达 $10^{10} \sim 10^{12}\ \Omega$，因此场效应管的输入阻抗应高于 $10^{10}\ \Omega$，而且应采用具有较低噪声、较高跨导（$g_m >$ 2 000）的场效应管作为放大器。引线要尽可能短，最好将场效应管的栅极直接焊接到器件的一个管脚上，并一同封装在金属屏蔽壳内。

带有场效应管放大器的热释电器件的等效电路如图 5-24 所示。其等效输出阻抗 Z、电流和电压灵敏度等参数如 5.3.2 节所讨论，与工作频率等参数有关。

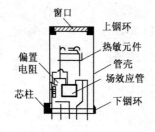

图 5-23 带场效应管放大器的
热释电器件的结构图

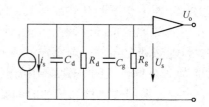

图 5-24 带场效应管放大器的热释电
器件的等效电路

表 5-2 列出了几种国产热释电器件特性参数,供选用时参考。

表 5-2 国产热释电器件的特性参数

参数名称		比探测率 D^* $(\text{cm}\cdot\text{Hz}^{0.5}/\text{W})$	电压灵敏度 S_v (V/W)	元件阻抗 Z (Ω)	灵敏面积 A (mm^2)	居里温度 T_c (℃)	最高使用温度 (℃)	工作波长
测试条件		黑体温度 500 K 调制频率 80 Hz 放大器带宽 4 Hz	调制频率 80 Hz 放大器带宽 4 Hz					带 ZnS 窗口;长波截止波长 14 μm
SBN 铌酸锶钡	RD-S-A	$3\sim5\times10^7$	$30\sim50$	$10^{10}\sim10^{11}$	6	$80\sim115$	55	
	RD-S-B	$5\sim7\times10^7$	$50\sim70$		8			
	RD-S-C	$7\times10^7\sim1\times10^8$	$70\sim100$		10			
LT 钽酸锂	RD-L-A	$7\sim10\times10^7$	$100\sim150$	10^{12}	6	618	120	无窗口;从 340 nm 起至远红外
	RD-L-B	$1\sim2\times10^8$	$150\sim200$		8			
	RD-L-C	$\geqslant2\times10^8$	$\geqslant200$		10			
PT 钛酸锂	RD-P-A	$3\sim5\times10^7$	$30\sim50$	$10^{10}\sim10^{11}$	6	470	120	
	RD-P-B	$5\sim7\times10^7$	$50\sim70$		8			
	RD-P-C	$7\times10^7\sim1\times10^8$	$70\sim100$		10			

5.4　热探测器概述

热探测器是一类基于光辐射与物质相互作用的热效应制成的器件。这类器件的共同特点是,光谱响应范围宽,对于从紫外到毫米量级的电磁辐射几乎都有平坦的响应,而且灵敏度都很高,但响应速度较慢。所以热探测器对于交变光辐射来说,又是一类窄带响应器件。因此,具体选用器件时,要扬长避短,综合考虑。

在热探测器中最受重视的是热释电探测器。它除具有一般热探测器的优点外,还具有探测率高,时间常数小的优点。

使用本章介绍的温差热电偶、热敏电阻和热释电器件时,应注意以下几点:

(1)由半导体材料制成的温差电堆,灵敏度很高,但机械强度较差,使用时必须小心。它的功耗很小,应对所测的辐强度大小有所估计,不要因电流过大而烧毁热端黑化的金箔。保存时,输出端不能短路,防止电磁感应。

(2)热敏电阻的响应灵敏度也很高,对敏感面采取制冷措施后,灵敏度会进一步提高。它的机械强度较差,容易破碎,所以使用时也要小心。与它相接的放大器要有很高的输入阻抗。流过它的电流不能太大,以免电流产生的焦耳热影响敏感面的温度。

(3)热释电器件是一种比较理想的热探测器件,其机械强度、灵敏度、响应速度都很高。根据它的工作原理,它只能测量变化的辐射,入射辐射的脉冲宽度必须小于自发极化矢量的平均作用时间。辐射恒定时无信号输出。利用它来测量辐射体温度时,它的直接输出是背景与热辐射体的温差,而不是热辐射体的实际温度。所以,要确定热辐射体实际温度时,必须另设一个辅助探测器,先测出背景温度,然后再将背景温度与热辐射体的温差相加,即得被测物的实际温度。另外,因各种热释电材料都存在居里温度,所以它只能在低于居里温度的范围内使用。

思考题与习题 5

5.1 热辐射的探测分为哪两个阶段？哪个阶段能够产生热电效应？

5.2 试说明热容、热导和热阻的物理意义，热惯性用哪个参量来描述？它与 RC 时间常数有什么区别？

5.3 热释电器件的最小可探测功率与哪些因素有关？

5.4 为什么半导体材料的热敏电阻常具有负温度系数？何谓热敏电阻的"冷阻"与"热阻"？

5.5 热敏电阻灵敏度与哪些因素有关？

5.6 热电堆可以理解成热电偶的有序累积而成的器件吗？

5.7 一个热探测器的光敏面积 $A_d = 1 \text{ mm}^2$，工作温度 $T = 300 \text{ K}$，工作带宽 $\Delta f = 10 \text{ Hz}$，若该器件表面的发射率 $\varepsilon = 1$，试求由于温度起伏所限制的最小可探测功率 P_{min}（斯忒藩–玻耳兹曼常数 $\sigma = 5.67 \times 10^{-12} \text{W} \cdot \text{cm}^{-2} \cdot \text{K}^4$，玻耳兹曼常数 $k = 1.38 \times 10^{-23} \text{J} \cdot \text{K}^{-1}$）。

5.8 某热电传感器的探测面积为 5 mm^2，吸收系数 $\alpha = 0.8$，试计算该热电传感器在室温 300 K 与低温 280 K 时 1 Hz 带宽的最小探测功率 P_{NE}、比探测率 D^* 与热导 G。

5.9 热释电器件为什么不能工作在直流状态？工作频率等于何值时热释电器件的电压灵敏度达到最大值？

5.10 为什么热释电器件总是工作在 $\omega \tau_e \gg 1$ 的状态？在 $\omega \tau_e \gg 1$ 的情况下热释电器件的电压灵敏度如何？

5.11 为什么热释电器件的工作温度不能在居里温度？当工作温度远离居里温度时热释电器件的电压灵敏度会怎样？工作温度接近居里温度时又会怎样？

5.12 热释电器件常与场效应管放大器组合在一起，并封装在同一个管壳内，这样封装有什么好处？

5.13 热释电器件可视为一个与电阻 R 并联的电容器。假定电阻 R 中的热噪声是主要的噪声源，试导出热释电器件的最小可探测功率的表达式。

5.14 已知 TGS 热释电器件的光敏面积 $A_d = 4 \text{ mm}^2$，厚度 $d = 0.1 \text{ mm}$，体积比热 $c = 1.67 \text{ J} \cdot \text{cm}^{-3} \cdot \text{K}^{-1}$，若视其为黑体，求 $T = 300 \text{ K}$ 时的热时间常数 τ_T。若入射光辐射 $P_\omega = 10 \text{ mW}$，调制频率为 1 Hz，求输出电流（热释电系数 $\gamma = 3.5 \times 10^{-8} \text{C} \cdot \text{K}^{-1} \cdot \text{cm}^{-2}$）。

5.15 如果上述热释电器件的热容 $H = 10^{-7} \text{ J} \cdot \text{K}^{-1}$，试求在 $T = 300 \text{ K}$ 时的热时间常数 τ_T。（假定热释电器件只通过辐射与周围环境交换能量）。

5.16 能否将恒流与恒压偏置电路应用于热敏电阻的变换电路？对热敏电阻实施恒压偏置后会带来哪些好处？

第6章 发光器件与光电耦合器件

除热辐射发光外还有多种激发光,激发光的光谱范围很宽,涵盖紫外光、可见光与红外光。从激发光的原理与方式上,可分为半导体载流子能级跃迁发光(电致发光)、化学发光、光致发光、阴极射线致发光和摩擦发光等。在光电技术中最常用的是电致发光。它又有结型(注入式)、粉末、薄膜电致发光三种形态。本章着重介绍目前占据光源市场分量最大的半导体发光二极管(LED)及其光电耦合器,尽管半导体激光器也属于该发光类型,但是考虑到在《激光原理》教材里已经讲得很清楚,这里不再赘述。

6.1 LED 的基本工作原理与特性

1907 年首次发现半导体二极管在正向偏置情况下会发光。1970 年以后,LED 开始用作数码显示器和简单图像的显示器。近 20 年来,由于 LED 的发光效率、发光光谱与制造工艺的进步,使 LED 成本急剧下降,应用市场急剧升温,并被世人重视,成为 21 世纪科技发展的一大亮点。尤其是蓝色 LED 与荧光材料配合能够制造出各种不同功率的"白光"LED,从而替代钨丝灯与"节能荧光灯"而进入环保照明市场。它不但具有高效节能,调控便利等突出优点,还因为体积小,便于集成与组装成大规模显示器,时间响应快,便于调制,而在信息传输、数据与图像显示和虚拟环境工程等方面发挥着越来越大的作用。LED 的突出优点为:

(1) 电光转换效率高(高于 90%),响应速度快;

(2) 体积小(单珠尺寸已经小于 1 mm),质量轻,便于集成;

(3) 工作电压低,耗电少,驱动简便,容易通过软硬件实现计算机数字控制;

(4) 既能制成单色性好的各种单色 LED,又能制成发各种色品的白光 LED;

(5) 发光亮度高,色泽鲜艳易于数字调整与控制,成为数字仪表显示器的重要组成部件,可构成光电检测领域的特种光源(线光源与理想光谱光源),易于构成大屏幕图像显示器成为室内外宣传广告的主要手段。

6.1.1 LED 的发光机理和基本结构

1. 发光机理

LED 是一种注入型电致发光器件,它由 P 型和 N 型半导体组合而成。其发光机理可分为 PN 结注入发光与异质结注入发光两种类型。

(1) PN 结注入发光

处于平衡状态的 PN 结,存在一定高度的势垒区,注入发光能带结构如图 6-1 所示。当在 PN 结的两端加正向偏压时,PN 结区的势垒将降低,大量非平衡载流子从扩散区 N 区注入 P 区,并与 P 区向 N 区扩散的空穴不断地产生复合而发光,由于空穴的扩散速度远小于电子的扩散速度,使发光主要发生在 P 区。电子的迁移

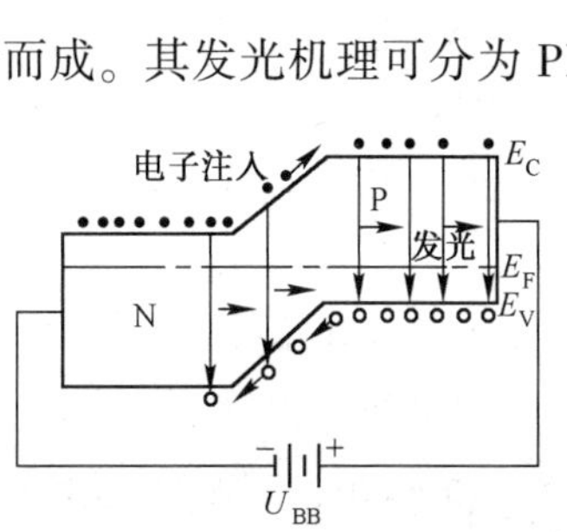

图 6-1 注入发光能带结构

率 μ_n 比空穴的迁移率 μ_p 高约 20 倍,电子很快从 N 区迁移到 P 区;N 区的费米能级因简并而处于很高能级的位置;而 P 区的受主能级很深且形成杂质能带,因而减小了有效带隙的宽度,使之复合。复合的过程是电子从高能级跌落到低能级的过程,若以光辐射的形式释放能量便产生光辐射或称发光。

PN 结型发光器件有发红外光 GaAs 的 LED,发红光 GaP 掺 Zn-O 的 LED,发绿光 GaP 掺 Zn 的 LED,发黄光 GaP 掺 Zn-N 的 LED,以及其他各种单色光谱的 LED 和通过光致发光物质而发白光的 LED。

（2）异质结注入发光

为了提高载流子注入效率,可以采用异质结。图 6-2(a)所示为理想的异质结能带图。由于 P 区和 N 区的禁带宽度不相等,当加上正向电压时结区的势垒降低,两区的价带几乎相同,空穴不断地向 N 区扩散,这就保证了空穴向发光区的高注入效率。对 N 区的电子,势垒仍然较高,不能注入 P 区。这样,禁带宽的 P 区成为注入源,禁带窄的 N 区成为载流子复合发光的发光区。异质结注入发光机理如图 6-2(b)所示。例如,禁带宽 $E_{G2} = 1.32$ eV 的 P-GaAs 与禁带宽 $E_{G1} = 0.7$ eV 的 N-GaSb 组成异质结后,P-GaAs 的空穴注入 N-GaAs 区复合发光。由于 N 区所发射的光子能量 $h\nu$ 比 E_{G2} 要小得多,它进入 P 区不会引起本征吸收而直接透射出去。因此,异质结 LED 中禁带宽度大的区域(注入区)又兼作光的透射窗。

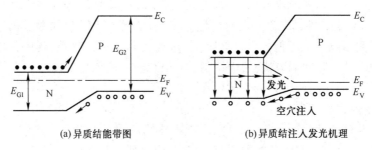

(a)异质结能带图　　　　　　(b)异质结注入发光机理

图 6-2　异质结注入发光

2. 基本结构

（1）面发光型 LED

图 6-3 示出了波长为 0.8~0.9 μm 的双异质结 GaAs/AlGaAs 面发光型 LED 的结构。它的有源发光区是圆形平面,直径约为 50 μm,厚度小于 2.5 μm。一段光纤(尾纤)穿过衬底上的小圆孔与有源发光区平面正垂直接入,周围用黏合材料加固,用以接收有源发光区平面射出的光,光从尾纤输出。有源发光区光束的水平、垂直发散角均为 120°。

（2）边发光型 LED

图 6-4 示出了波长为 1.3 μm 的双异质结 InGaAsP/InP 边发光型 LED 的结构。它的核心部分是一个 N 型 AlGaAs 有源区,及其两边的 P 型 AlGaAs 和 N 型 AlGaAs 导光层(限制层)。导光层的折射率比有源层低,比周围其他材料的折射率高,从而构成以有源区为芯层的光波导,有源区产生的光辐射从其端面射出,因而称为边发光型 LED。

为了和光纤的纤芯尺寸相配合,有源区射出光的端面宽度通常为 50~70 μm,长度为 100~150 μm。边发光型 LED 的方向性比面发光型 LED 要好,其发散角水平方向为 25°~35°,垂直方向为 120°。

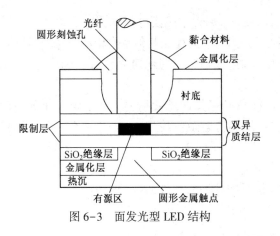

图 6-3 面发光型 LED 结构

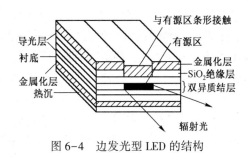

图 6-4 边发光型 LED 的结构

6.1.2 LED 的特性参数

（1）发光光谱和发光效率

发光光谱指 LED 发出光的相对强度（或能量）随波长（或频率）变化的曲线。它直接决定着 LED 的发光颜色,并影响它的发光效率。发光光谱的形成由材料的种类、性质及发光中心的结构决定,与器件的几何形状和封装方式无关。描述发生光谱分布的两个主要参量是它的峰值波长和发光强度的半宽度。

对于辐射跃迁发射的光子,其波长 λ 与跃迁前、后的能量差 ΔE 之间的关系为

$$\lambda = hc/\Delta E$$

对于 LED,复合跃迁前、后的能量差一般是材料的禁带宽度。因此,LED 的峰值波长由材料的禁带宽度决定。对大多数半导体材料来讲,由于折射率较大,在发射光逸出半导体之前,可能在样品内已经过了多次反射与折射。因为短波光比长波光更容易被吸收,所以与峰值波长相对应的光子能量比禁带宽度所对应的光子能量小些。

例如 GsAs 的峰值波长出现在 1.1 eV,比室温下的禁带宽度所对应的光子能量小 0.3 eV。图 6-5 给出了 $GaAs_{0.6}P_{0.4}$ 和 GaP 的发射光谱。当 $GaAs_{1-x}P_x$ 中的 x 值不同时,峰值波长在 620～680 nm 之间变化,谱线半宽度为 20～30 nm。GaP 发红光的峰值波长在 700 nm 附近,半宽度约为 100 nm。

峰值光子的能量还与温度有关,它随温度的升高而减小。在结温上升时,峰值波长以 0.2～0.3 nm/℃的比例向长波方向移动。

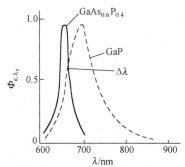

图 6-5 $GaAs_{0.6}P_{0.4}$ 和 GaP 的发射光谱

LED 发射的光通量与输入电能之比为发光效率,单位为 lm/W;也有人把光强度与注入电流之比称为发光效率,单位为 cd/A（坎/安）。GaAs 红外 LED 的发光效率由输出辐功率与输入电功率的百分比表示。

发光效率由内部量子效率与外部量子效率决定。内部量子效率在平衡时,电子-空穴对的激发率等于非平衡载流子的复合率（包括辐射复合和无辐射复合）,而复合率又分别取决于载流子寿命 τ_r 和 τ_{nr},其中辐射复合率与 $1/\tau_r$ 成正比,无辐射复合率为 $1/\tau_{nr}$,内部量子效率为

$$\eta_{in} = \frac{n_{eo}}{n_i} = \frac{1}{1+\tau_r/\tau_{nr}} \tag{6.1-1}$$

式中,n_{eo} 为每秒发射出器件的光子数,n_i 为每秒注入到器件的电子数,τ_r 是辐射复合的载流子寿

命,τ_{nr}是无辐射复合的载流子寿命。由上式可见,只有 $\tau_{nr} \gg \tau_r$,才能获得有效的光子发射。

对以间接复合为主的半导体材料,一般既存在发光中心,又存在其他复合中心。通过发光中心的复合产生辐射,通过其他复合中心的复合不产生辐射。因此,要使辐射复合占压倒优势,必须使发光中心浓度远大于其他杂质浓度。

必须指出,辐射复合发光的光子并不是全部都能离开晶体向外发射的。光子通过半导体时一部分被吸收,一部分到达界面后因高折射率(折射系统的折射系数约为3~4)产生全反射而返回晶体内部后被吸收,只有一部分发射出去。因此定义外部量子效率为

$$\eta_{ex} = n_{ex}/n_{in} \tag{6.1-2}$$

式中,n_{ex} 为单位时间发射到外部的光子数,n_{in} 为单位时间内注入器件的电子-空穴对数。

表 6-1 所示为几种典型 LED 的发光效率与峰值波长。

表 6-1　几种典型 LED 的发光效率与峰值波长

名　　称		峰值波长 (μm)	外部量子效率(%)		可见光发光效率 (lm/W)	禁带宽度 E_g (eV)
			数　值	平　均　值		
$GaAs_{0.6}P_{0.4}$	红光	0.65	0.5	0.2	0.38	1.9
$Ga_{0.65}Al_{0.35}As$	红光	0.66	0.5	0.2	0.27	1.9
GaP:EnO	红光	0.79	12	12.3	2.4	1.77
GaP:N	绿光	0.568	0.7	0.05~0.15	4.2	2.19
GaP:NN	黄光	0.59	0.1	—	0.45	2.1
GaP	纯绿光	0.555	0.66	0.02	0.4	2.05
$GaAs_{0.35}P_{0.65}:N$	红光	0.638	0.5	0.2	0.95	1.96
$GaAs_{0.15}P_{0.85}:N$	黄光	0.589	0.2	0.05	0.90	2.1
GaAs	红外	0.9				1.35
$In_{0.32}Ga_{0.68}P[Te,Zn]$			0.2	0.1		

对 GaAs 这类直接带隙半导体,η_{in} 可接近100%。但 η_{ex} 很小,如 CaP[Zn-O]红光发射效率 η_{ex} 很小,最高为15%;发绿光的 GaP[N] 的 η_{ex} 约为0.7%;对发红光的 $GaAs_{0.6}P_{0.4}$,其 η_{ex} 约为0.4%;对发红外光的 $In_{0.32}Ga_{0.68}P[Te,Zn]$,其 η_{ex} 约为0.1%。

提高外部量子效率的措施有三条:

① 用比空气折射率高且透明的物质如环氧树脂($n_2 = 1.55$)涂敷在 LED 上;

② 把晶体表面加工成半球形;

③ 用禁带较宽的晶体作为衬底,以减小晶体对光的吸收。

(2) 时间响应特性与温度特性

LED 的时间响应快,短于 1 μs,比人眼的时间响应快得多,但用作光信号传递时,响应时间又太长。LED 的响应时间取决于注入载流子非发光复合的寿命和发光能级上跃迁的概率。

LED 的外部发光效率均随温度上升而下降。图 6-6 所示为 GaP(绿色)、GaP(红色)、GaAsP 三种 LED 的相对光亮度 L_{e,λ_r} 与温度的关系曲线。

(3) 发光亮度与电流的关系

LED 的发光亮度 L 是单位面积发光强度的量度。在辐射发光发生在 P 区的情况下,发光亮度 L 与电子扩散电流 i_{dn} 之间有如下关系:

$$L \propto i_{dn} \frac{\tau}{\exp(\tau_r)} \tag{6.1-3}$$

式中,τ 是载流子辐射复合寿命 τ_r 和非辐射复合寿命 τ_{nr} 的函数。

图 6-7 所示为 LED 的发光亮度与电流密度的关系曲线。这些 LED 的亮度与电流密度近似呈线性关系,且在很大范围内不易饱和。该特性使得 LED 可以作为亮度可调的光源,而且,这样的光源在亮度调整过程中发光光谱保持不变。当然,它也很适合用于脉冲电流驱动,在脉冲工作状态下 LED 工作时间缩短,产生的发热量低,因此在平均电流与直流相等的情况下,可以得到更高的亮度,而且长时间工作的稳定度较高。

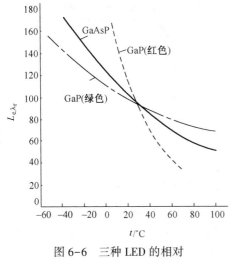

图 6-6　三种 LED 的相对
光亮度与温度的关系曲线

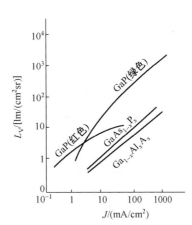

图 6-7　LED 的发光亮度与电流密度
的关系曲线

（4）最大工作电流

在低工作电流下,LED 发光效率随电流的增大而明显提高,但电流增大到一定值时,发光效率不再提高;相反,发光效率会随工作电流的继续增大而降低。图 6-8 所示为 GaP（红光）LED 的 η_{in} 与电流密度 J 及温度 T 的关系曲线。随着发光管电流密度的增加,PN 结的温度升高,将导致热扩散,使发光效率降低。因此,最大工作电流密度 J_m 应低于最大发射效率的 J_{max}。若 LED 的最大容许功耗为 P_{max},则发光管最大容许的工作电流为

$$I_{max} = \frac{(I_f r_d + U_f) + \sqrt{(U_f - I_f r_d)^2 + 4 r_d P_{max}}}{2 r_d} \tag{6.1-4}$$

式中,r_d 为 LED 的动态内阻;I_f、U_f 为 LED 在较小工作电流时的电流和正向压降。

（5）伏安特性

图 6-9 所示为发红光 LED 的伏安特性曲线。它与 PN 结二极管的伏安特性曲线大致相同。作用在 LED 的电压 U_D 小于开启点的电压 U_{on} 时,正向电流 I_D 很小,U_D 一超过 U_{on},I_D 将随 U_D 迅速增大,电流与电压的关系为

$$I = I_D \exp(U_D / mkT) \tag{6.1-5}$$

式中,m 为复合因子。在宽禁带半导体中,当电流 $I < 0.1\,\text{mA}$ 时,通过结内深能级进行复合的空间复合电流起支配作用,这时 $m = 2$。电流增大后,扩散电流占优势时,$m = 1$。因而实际测得的 m 值的大小可以标志器件发光特性的好坏。

反向击穿电压 U_{off} 一般在 $-5\,\text{V}$ 以下,目前,已经有 U_{off} 低于 $-200\,\text{V}$ 的 LED。

（6）寿命

LED 的寿命定义为亮度降低到原有亮度一半时所经历的时间。二极管的寿命一般都很长,在电流密度小于 $1\,\text{A/cm}^2$ 时,一般可达 $10^6\,\text{h}$,最长可达 $10^9\,\text{h}$。随着工作时间的加长,亮度下降的现象叫作老化。老化的快慢与工作电流密度 J 有关。随着 J 的加大,老化变快,寿命缩短。

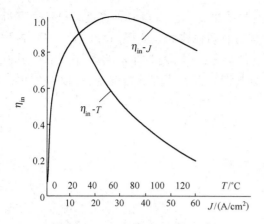

图 6-8 GaP(红色)LED 的 η_{in} 与
电流密度 J 及温度 T 的关系曲线

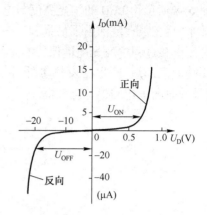

图 6-9 发红光 LED 的伏安特性曲线

（7）响应时间

响应时间是标志器件对信息变化速度响应程度的物理量,LED 的响应时间是指控制信号电流加载到器件上,其发光(上升)与去载熄灭(衰减)的时间延迟。实验证明,二极管的上升时间随电流的增大而近似呈指数衰减,它的响应时间很短,如 $GaAs_{1-x}P_x$ 仅为几个 ns,GaP 约为 100 ns。在用脉冲电流驱动二极管时,脉冲的间隔和占空比必须在器件响应时间所许可的范围内,否则 LED 发出的光脉冲将与输入脉冲差异很大。

（8）光强分布

不同型号的 LED 发出的光在半球空间内具有不同的光强分布规律。通常用图 6-10(b)所示的光强空间分布来说明 LED 的光强分布规律。图 6-10(a)为 LED 外形,在 xyz 直角坐标系中,z 为 LED 机械轴的方向,它发出光的主方向可能不与机械轴重合,LED 的(光强 I_v(或 I_e)是角度变量 θ 的函数)

$$I_v = f(\theta)$$

显然,θ 一般取为 LED 器件的"机械角"。定义器件几何尺寸的中心线或法线为机械角的零度角。由于 LED 封装工艺问题使 LED 器件发出光强最强的方向(称为主光线)与机械轴不重合,产生如图 6-10(b)所示的偏差 $\Delta\theta$,称其为偏差角或偏向角。描述 LED 发光的空间特性的另一个主要参数是半发光强度角,常用 $\theta_{1/2}$ 表示,它描述的是 LED 的发光范围。为获得更宽更均匀的面光源,总希望 LED 的 $\theta_{1/2}$ 更大;而要使 LED 能够在更远的地方获得更强的照度,则希望 $\theta_{1/2}$ 要尽量小些,使光的能量在传输过程中损耗更小。手册中常将 $\theta_{1/2}$ 称为视角。

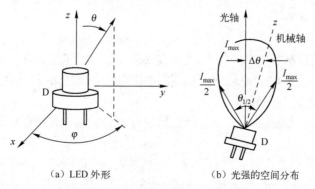

（a）LED 外形 　　　　　（b）光强的空间分布

图 6-10 LED 外形及光强的空间分布

6.1.3 驱动电路

LED 需要在正向偏置电流的作用下才能发光,提供给 LED 正向电流的电路称为驱动电路。驱动电路有多种,根据具体的应用,LED 驱动电路可以分为直流驱动、脉冲驱动与交流驱动三种方式。典型的直流驱动电路如图 6-11 所示,由限流电阻与电源构成,调整限流电阻的阻值即可以调整流过 LED 的电流而改变 LED 的发光亮度。式(6.1-6)描述了流过 LED 的电流 I_L 与限流电阻阻值 R_L 的关系

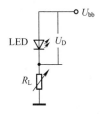

图 6-11 直流驱动电路

$$I_L = \frac{U_{bb} - U_D}{R_L} \tag{6.1-6}$$

式中,U_{bb} 为电源电压,U_D 为 LED 的正向电压,它与 LED 的性质有关,蓝光 LED 的最高,接近 3.7 V,红光 LED 的最低,在 0.9 V 左右。当然如果所提供的电源是脉冲源,则发光二极管将在脉冲的作用下发出脉冲光。

如图 6-12 所示为三极管驱动的交流驱动电路,LED 串入集电极,通过调节 R_e,调整 I_e 与 I_L,改变 LED 的光功率。在光通信中常用 LED 作为信息光源,通过光纤传输音、视频信号。调整 R_{b2} 使三极管处于合适的静态工作点,确保输入的音、视频信号不失真地通过光纤传输。

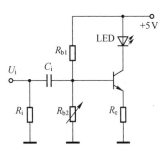

图 6-12 交流驱动电路

LED 的驱动电路很多,目前还有很多专用集成 LED 驱动电路。图 6-13 所示为一种典型的由低电压(单节电池)供电的集成 LED 驱动电路 IV0104 器件。图 6-14 为 IV0104 驱动电路原理图,输入电压 V_{in} 直接接到 V_{bat} 端,通过 8.2 μH 的电感 L 接到 LX 端进行滤波。逻辑地 PGND 与电源地 V_{ss} 共同接地形成输入电路。输出端经电容 C 滤波后再经电阻 R_1 与 R_2 分压,将所得部分电压回送给驱动器作为反馈基准电压,以便稳定输出驱动电流。

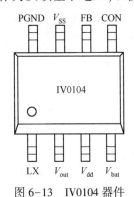

图 6-13 IV0104 器件

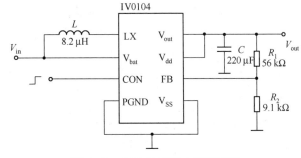

图 6-14 IV0104 驱动电路原理图

驱动电路的输出电压 V_{out} 由下式决定

$$V_{out} = V_{FB} \frac{R_1 + R_2}{R_2}$$

式中,当反馈参考电压 V_{FB} 的值为 0.8 V 时,若希望输出 5 V 的电压,选 $R_2 = 10\,\text{k}\Omega$,则可以计算出 $R_1 \approx 52\,\text{k}\Omega$。

表 6-2 所示为 IV0104 的输出电流与输出电容、输入电感之间的关系,输出电流越大要求选配的电容量越大。

表6-2　输出电流与输出电容、输入电感的关系

输入电压（V）	输入电流（mA）	输出电压（V）	输出电流（mA）	输入电感（μH）	输出电容（μF）	输入电压（V）	输入电流（mA）	输出电压（V）	输出电流（mA）	输入电感（μH）	输出电容（μF）
1.25	75	3.2	10	120.0	22	1.25	750	3.2	110	12.0	220
1.25	160.71	3.2	20	56.0	47	1.25	900	3.2	120	10.0	220
1.25	230.77	3.2	30	39.0	47	1.25	900	3.2	130	10.0	330
1.25	272.73	3.2	40	33.0	100	1.25	109.756	3.2	140	8.2	330
1.25	409.09	3.2	50	22.0	100	1.25	109.756	3.2	150	8.2	330
1.25	409.09	3.2	60	22.0	220	1.25	109.756	3.2	160	8.2	330
1.25	500	3.2	70	18.0	220	1.25	1323.53	3.2	170	6.8	330
1.25	600	3.2	80	15.0	220	1.25	1323.53	3.2	180	6.8	470
1.25	750	3.2	90	12.0	220	1.25	1323.53	3.2	190	6.8	470
1.25	750	3.2	100	12.0	220	1.25	1607.14	3.2	200	5.6	470

另外,还有能够直接驱动三种颜色的彩色 LED 驱动器,驱动 8 路、16 路及多种方式的集成驱动电路。应用时可以随时上网查找。

6.2　LED 的应用

现代科技的发展,LED 应用越来越广泛,其电光转换效率高的特点会为人类节约大量的电能,被称为"绿色光源",目前已经被越来越多的人所接受。在光电显示技术方面,LED 易于制造成超小型的发光元,并易于集成,耗电微弱,在很多户外显示方面发挥着越来越重要的作用。

6.2.1　LED 绿色照明光源

在短波长 LED 的表面涂覆荧光材料可以获得多种光谱的白光。

近年来,LED 照明灯具已有很大的发展,到 2013 年我国照明行业的总产值已到达 4800 亿元,其中包括 350 亿美元国际市场份额和 2000 多亿元的国内市场份额。现阶段我国 LED 球形灯泡(如图 6-15 所示)已经实现了标准化,其售价已降到 1~3 元,与钨丝白炽灯的售价接近,而其寿命远远长于钨丝白炽灯。

图 6-15　LED 球形灯泡

1. LED 球形灯泡

如图 6-15 所示为典型的 LED 球形灯泡,它的供电电源一般为 50 Hz、220 V 的正弦交流电,可直接替代钨丝白炽灯。它具有色泽明亮,发光效率高,在相同亮度情况下的耗电量仅为钨丝白炽灯的 1/6。采用不同的荧光粉可以获得不同色泽的"白光"而且在调整亮度时色泽保持不变。球形 LED 灯泡的内部装有开关电源,为 LED 提供各种形式的电源。不同的厂家为不同功率的 LED 球形灯泡中的 LED 提供不同脉冲频率的供电电源。

2. LED 吸顶灯

为了室内照明的美观,需要开发出各式各样的 LED 吸顶灯。如图 6-16 所示为三种典型的安装在室内天花板上的 LED 吸顶灯。它色泽鲜明,亮度易于调控,节能,寿命远长于其他发光方式的吸顶灯。

 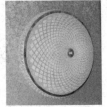 

| (a) 矩形LED吸顶灯 | (b) 圆形装饰LED吸顶灯 | (c) 带护圈的圆形吸顶灯 |

图 6-16　LED 吸顶灯

3. LED 筒灯

它是应用新型 LED 照明光源在传统筒灯基础上改良开发的产品,与传统筒灯对比具有以下优点:节能、低碳、寿命长、显色性好、响应速度快。LED 筒灯的设计更加美观轻巧,安装时能达到保持建筑装饰的整体统一与完美,不破坏灯具的设置,光源隐藏在建筑装饰内部,光源不外露,无眩光,视觉效果柔和、均匀。

图 6-17 为用于装饰的三种典型的 LED 筒灯,筒灯的种类很多,可用于酒柜、橱窗和室内特殊装饰的照明与渲染。

(a)　　　　　　(b)　　　　　　(c)

图 6-17　三种典型的 LED 筒灯

4. LED 路灯

道路、庭院、广场与景区等都需要照明,这些室外照明设施现在基本采用了绿色节能的 LED 灯具,简称 LED 路灯。LED 路灯种类很多,根据照明场地、环境与条件的不同可设计出数百款 LED 路灯灯具,图 6-18 所示为几款有典型的 LED 路灯。

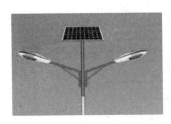 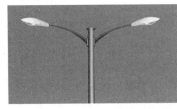 

LDC—0050型　LDC—0051型　LDC—0052型

| (a) 太阳能LED路灯 | (b) 双臂LED路灯 | (c) 草坪LED路灯 |

图 6-18　典型 LED 路灯

5. 其他 LED 照明灯

如图 6-19 所示为几种其他应用的 LED 照明灯。很多技术摄影与特殊场景都需要灯光照明予以配合,如影棚摄影需要补光,测量系统需要远心照明光源、线光源,高速摄影需要脉冲闪光光源,以及无土栽培技术需要的满足作物不同生长阶段的光谱可以调整的 LED 灯等。这些应用都属于其他应用范畴。

(a) 补光灯

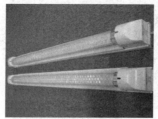
(b) LED管灯

(c) 补色LED照明灯

图 6-19　其他应用的 LED 照明灯

图 6-19(a)所示为补光灯的代表,常用于照相馆、展馆等需要补偿背景照明与渲染环境的场所。图 6-19(b)所示为替代普遍日光灯管的 LED 日光灯管,各种教室的屋顶照明灯。图 6-19(c)所示为室内栽培蔬菜等植物专用的补色 LED 照明灯,该灯可以根据作物的生长阶段进行颜色与亮度的调整。

6.2.2　LED 在显示方面的应用

1. 数码显示器

用 LED 能方便地构成各种数字、文字及图像的显示器,七段数字显示器是最简单的数字显示方式。将 LED 管芯切成细条,并拼成如图 6-20 所示的形状,便构成能够显示 0~9 数字的七段数码管。显示工作时分别让某些细条发光,便可以显示 0~9 的数字。它常用在台式及袖珍型半导体电子计算器、数字钟表和数字化仪器的数字显示中。

图 6-20　七段数码管

2. 文字字符显示器

图 6-21 是 16 笔画的字码管,它可显示 10 个数字和 26 个字母,并可根据同样的设计增添其他的符号。

在文字显示应用时,常把发光二极管按矩阵方式排列,它除完成数码管所能显示的数字符号外,还能显示文字和其他符号。最常用的 LED 阵列显示器为如图 6-22 所示的 5×7 矩阵。这样排列的显示阵列可以单独作为显示器使用也可以将其组成更大的阵列,用来显示内容更为丰富的文字或图像。它的显示原理如图 6-23 所示。

图 6-21　16 笔画字码管

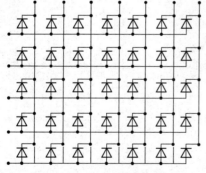

图 6-22　LED 阵列显示器

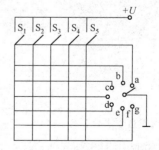

图 6-23　LED 阵列显示器原理图

由图 6-23 可见,它由横向(行)和纵向(列)开关控制的 LED 共阳或共阴极组成 LED 阵列,行与列开关均赋予地址码,只有在满足阳极电位高于阴极电位时,该 LED 才能够发光,为此,必须通过高速扫描电路切换控制开关,使其按着一定的规则发光。

通常由多块阵列拼接成大型文字、字符显示板,将要显示的内容预先设计好,然后通过程序控制单片机等完成所希望显示的文字与字符。

显示过程是计算机控制行、列开关完成点亮 LED,使其在人眼的驻留时间内显示出各种文字、字符信息,该显示方式也被称为"扫描显示"。扫描过程中利用高频脉冲来控制开关,形成文字、符号或图像,显示 LED 是闪烁的,但是,由于人眼的频率响应低于发光频率,人眼所看到的仍然是静止、低速运动或视觉动画的文字或图像。

3. 图像显示模组

为便于大型图像显示器的组装与拼接,生产商提供一系列便于拼装的基本图像显示单元,常称其为图像显示模组,或简称为显示模组。

图 6-24 所示为一款 LED 图像显示模组正、反面实物图。显示模组的基本显示单元(像元)有单色、双色与三色等,有正方形与长方形等不同规格。目前国内市场大量供应的产品有室内 P1.6、P3、P4 与 P6 等多款真彩色 LED 显示模组。模组的长与宽尺寸也有多种,选用时要注意区别。为满足户外用户远距离显示图像的需要,厂商提供 P8、P10、P16 至 P20 等多种型号的双色与真彩色模组,用来拼接出各种大型视频图像显示器屏,如市面上使用的电子商标及大型广告屏幕等。

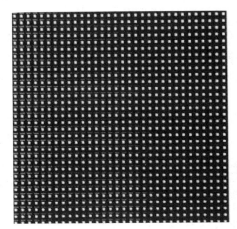

图 6-24　LED 显示模组正、反面实物图

4. 指示与装饰

单个 LED 还可作为仪器指示灯、示波器标尺灯、道路交通指挥显示灯、仪表盘灯、文字照明灯等应用到各个领域。目前已有双色、多色甚至变色的单体 LED,如市场供应的将红、绿、蓝三色管芯组装在一个管壳内的显示单体发光管,用于各种玩具及装饰。

此外,LED 可用来制作光电开关、光电报警器、光电遥控器及光电耦合器件等。

6.3　光电耦合器件

将发光器件与光电接收器件组合成一体,制成的具有信号传输功能的器件,称为光电耦合器件。光电耦合器件的发光件常采用 LED 发光二极管、LD 半导体激光器和微型钨丝灯等。光电接收器件常采用光电二极管、光电三极管、光电池及光敏电阻等。由于光电耦合器件的发送端与接收端是电、磁绝缘的,只有光信息相连,因此,在实际应用中它具有许多优点,成为重要的器件。

6.3.1 光电耦合器件的结构与电路符号

用来制造光电耦合器件的发光元件与光电接收元件的种类都很多,因而它具有多种类型和多种封装形式。

1. 光电耦合器件的结构

光电耦合器件的基本结构如图6-25所示。图6-25(a)所示为发光器件(LED)与光电接收器件(光电二极管或光电三极管等)被封装在黑色树脂外壳内构成的光电耦合器件。图6-25(b)所示为将发光器件与光电器件封装在金属管壳内构成的光电耦合器件。发光器件与光电接收器件靠得很近,但不接触。发光器件与光电接收器件之间具有很强的电气绝缘特性,绝缘电阻常高于 $M\Omega$ 量级,信号通过光进行传输。因此,光电耦合器件具有脉冲变压器、继电器、开关电器的功能。而且,它的信号传输速度、体积、抗干扰性等方面都是上述器件所无法比拟的。使得它在工业自动检测、电信号的传输处理和计算机系统中代替继电器、脉冲变压器或其他复杂电路来实现信号输入/输出装置与计算机主机之间的隔离、信号的开关、匹配与抗干扰等功能。

光电耦合器件的电路符号如图6-26所示。图中的发光二极管泛指一切发光器件,图中的光电二极管也泛指一切光电接收器件。

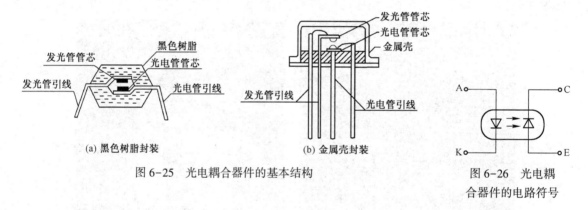

(a) 黑色树脂封装　　　　(b) 金属壳封装

图6-25　光电耦合器件的基本结构

图6-26　光电耦合器件的电路符号

图6-27所示为几种不同封装的光电耦合器件(光电开关)的外形。

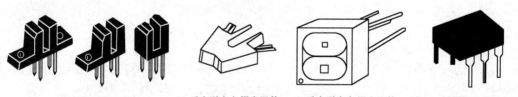

(a) 对射式光电开关　(b) 反光型光电耦合器件1　(c) 反光型光电耦合器件2　(d) DIP封装的光电耦合器件

图6-27　几种不同封装的光电耦合器件的外形

图6-27(a)为三种不同安装方式的光电发射器件与光电接收器件分别安装在器件的两臂上,分离尺寸一般为 4~12 mm,分开的目的是要检测两臂间是否存在物体,以及物体的运动速度等参数。这种封装的器件也称为光电开关。

图6-27(b)为一种反光型光电耦合器件,LED 和光电二极管封装在一个壳体内,发射光轴与接收光轴夹一锐角,LED 发出的光被被测物体反射,并被光电二极管接收,构成反光型光电耦合器。

图 6-27(c)为另一种反光型光电耦合器件,LED 和光电二极管平行封装在同一个壳体内,LED 发出的光可以被较远位置上放置的被测体反射到光电二极管的光敏面上。显然,这种反光型光电耦合器件要比成锐角的光电耦合器件作用距离远。

图 6-27(d)为 DIP(或贴片)封装的光电耦合器件。这种封装形式的器件有多种,可将几组光电耦合器件封装在一只器件中,用作多路信号隔离传输。

2. 光电耦合器件的特点

光电耦合器件具有以下一些特点。

(1)具有电隔离的功能。它的输入、输出信号间完全没有电路的联系,所以输入和输出回路的电气零电位可以任意选择。绝缘电阻高达 $10^{10} \sim 10^{12}$ Ω,击穿电压高达 100 V ~ 25 kV,耦合电容小于 1 pF。

(2)信号传输是单向性的,脉冲、直流信号都可以传输。适用于模拟信号和数字信号。

(3)具有抗干扰和噪声的能力。它作为继电器和变压器使用时,可以使线路板上看不到磁性元件。它不受外界电磁干扰、电源干扰和杂光影响。

在代替继电器使用时,能克服继电器在断电时反向电动势的泄放干扰,以及在大震动、大冲击下触点抖动等不可靠的问题。

代替脉冲变压器耦合信号时,可以耦合从零频到几兆赫兹的信息,且失真很小,这使得变压器相形见绌。

(4)响应速度快,一般可达微秒数量级,甚至纳秒数量级。它传输信号的频率在直流和 10 MHz 之间。

(5)实用性强。它具有一般固体器件的可靠性,体积小(一般 $\phi6\times6$ mm),质量轻,抗震,密封防水,性能稳定,耗电小,成本低,工作温度在 $-55 \sim +100$℃之间。

(6)既具有耦合特性又具有隔离特性。它能很容易地把不同电位的两组电路互连起来,圆满地完成电平匹配、电平转移等功能。

光电耦合器件输入端的发光器件是电流驱动器件,通过光与输出端耦合,抗干扰能力很强,在长线传输中用它作为终端负载时,可以大大提高信息在传输中的信噪比。

在计算机主体运算部分与输入/输出之间,用光电耦合器件作为接口部件,将会大大增强计算机的可靠性。

光电耦合器件的饱和压降比较低,在作为开关器件使用时,又具有晶体管开关不可比拟的优点。

在稳压电源中,它被作用过电流自动保护器件时,可以使保护电路既简单又可靠。

由于光电耦合器件性能上的优点,使它的发展非常迅速。目前,光电耦合器件在品种上有 8 类 500 多种,近几年仅在日本其年产量就达几百万只。在美国,近几年销售额每年增长 10% 以上。在我国,自 1977 年起已在工厂定型生产。这一光电结合的新器件使我国电子线路设计工作出现了较大的飞跃和进步。它已在自动控制、遥控遥测、航空技术、电子计算机和其他光电、电子技术中得到广泛的应用。

6.3.2 光电耦合器件的特性参数

光电耦合器件的主要特性为传输特性与隔离特性。

1. 传输特性

光电耦合器件的传输特性就是输入与输出间的特性,它用下列几个特性参数来描述。

（1）电流传输比 β

在直流工作状态下，将光电耦合器件的集电极电流 I_C 与发光二极管电流 I_F 之比，定义为光电耦合器件的电流传输比，用 β 表示。图 6-28 所示为光电耦合器件的输出特性曲线。在其中部取一工作点 Q，它所对应的发光电流为 I_{FQ}，对应的集电极电流为 I_{CQ}，因此该点的电流传输比为

$$\beta_Q = I_{CQ}/I_{FQ} \times 100\% \qquad (6.3-1)$$

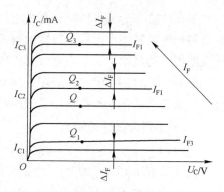

图 6-28 光电耦合器件的输出特性曲线

如果工作点选在靠近截止区的 Q_1 点，I_F 变化 ΔI_F，相应的 ΔI_{C1} 的变化量很小。这样，β 值很明显地要变小。同理，当工作点选在接近饱和区的 Q_3 点时，β 值也要变小。说明当工作点选择在输出特性的不同位置时，将具有不同的 β 值。因此，在传送小信号时，用直流传输比是不恰当的，而应当用所选工作点 Q 处的小信号电流传输比来计算。以微小变量定义的传输比称为交流电流传输比，用 $\tilde{\beta}$ 来表示。即

$$\tilde{\beta} = \Delta I_C/\Delta I_F \times 100\% \qquad (6.3-2)$$

对于输出特性曲线线性度比较好的光电耦合器件，β 值很接近 $\tilde{\beta}$ 值。一般在线性状态使用时，都尽可能地把工作点设计在线性工作区；在开关状态下使用时，由于不关心交流与直流电流传输比的差别，而且在实际使用中直流传输比又便于测量，因此通常都采用 β。

需要指出的是，光电耦合器件的 β 与三极管的电流放大倍数都是输出与输入电流之比值，从表面上看是一样的，但它们却有本质的差别。在三极管中，集电极电流 I_C 总是比基极电流 I_B 大几十甚至几百倍。因此，把三极管的输出与输入电流之比值称为电流放大倍数。而光电耦合器件内的输入电流使发光二极管发光，输出电流是光电接收器件（光电二极管或光电三极管）接收到的光所产生的光电流，可用 αI_F 表示，其中 α 是与发光二极管的发光效率、光电三极管的增益及二者之间距离等参数有关的系数，常称为光激发效率。激发效率一般比较低，所以一般 $I_F > I_C$。因此光电耦合器件在不加复合放大三极管时，其 β 总小于 1，常用百分数来表示。

图 6-29 所示为光电耦合器件的 β 与 I_F 的关系曲线。在 I_F 较小时，光电耦合器件的光电接收器件处于截止区，因此 β 值较小；当 I_F 变大后，光电接收器件处于线性工作状态，β 值将随 I_F 增大；I_F 继续增大时，β 反而会变小，因为发光二极管发出的光不总与 I_F 成正比。

图 6-30 所示为 β 与环境温度 T 的关系曲线。在 0℃ 以下时，β 值随温度 T 的升高而增大；在 0℃ 以上时，β 值随 T 的升高而减小。

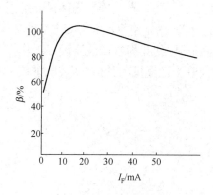

图 6-29 $\beta\text{-}I_F$ 关系曲线

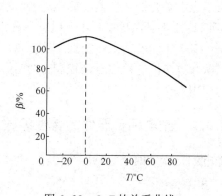

图 6-30 $\beta\text{-}T$ 的关系曲线

（2）输入与输出间的寄生电容 C_{FC}

当输入与输出端之间的寄生电容 C_{FC} 变大时，会使光电耦合器件的工作频率下降，也能使其共模抑制比 CMRR 下降，使后面系统的噪声容易反馈到前面系统中。对于一般的光电耦合器件，C_{FC} 仅仅为几个 pF，在中频范围内不会影响电路的正常工作，但在高频电路中应予以重视。

（3）最高工作频率 f_m

光电耦合器件的频率特性取决于发光器件与光电接收器件的频率特性。由 LED 与光电二极管组成的光电耦合器件的频率响应很高，最高工作频率 f_m 接近于 10 MHz，其他组合的频率响应相应降低。图 6-31 所示为光电耦合器件的频率特性测量电路。等幅度的可调频率信号送入 LED 的输入电路，在光电耦合器件的输出端得到相应的输出信号，当测得输出信号电压的相对幅值降至0.707 时，所对应的频率就是光电耦合器件的最高工作频率（或称截止频率），用 f_m 来表示。图 6-32示出了一个光电耦合器件的频率特性曲线。图中 R_L 为光电耦合器件的负载电阻，显然，f_m 与 R_L有关。减小 R_L 会使 f_m 增高。

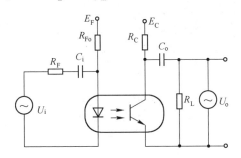

图 6-31　光电耦合器件的频率特性测量电路

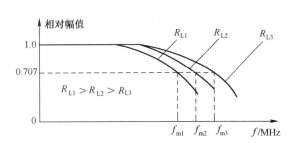

图 6-32　光电耦合器件的频率特性曲线

（4）脉冲上升时间 t_r 和下降时间 t_f

光电耦合器件在脉冲电压信号作用下的时间响应特性用输出端的上升时间 t_r 和下降时间 t_f描述。如图 6-33 所示为典型光电耦合器件的脉冲响应特性曲线。从输入端输入矩形脉冲，采用频率特性较高的脉冲示波器观测输出信号波形，可以看出，输出信号的波形会产生延迟。通常将脉冲前沿的输出电压上升到满幅度的 90% 所需要的时间称为上升时间，用 t_r 表示；而脉冲在下降过程中，输出电压的幅度由满幅度下降到 10% 所需要的时间称为下降时间，用 t_f 表示。

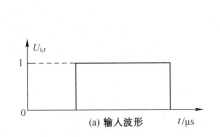

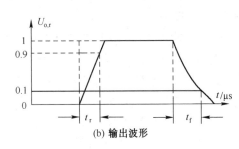

图 6-33　光电耦合器件的脉冲响应特性曲线

f_m、t_r 和 t_f 都是衡量光电耦合器件动态特性的参数。当用光电耦合器件传送小的正弦信号或非正弦信号时，用 f_m 来衡量较为方便；而当传送脉冲信号时，则用 t_r 和 t_f 来衡量较为直观。

t_r、t_f 与 f_m 具有同样的特性，也与负载电阻有关，减小负载电阻可以使光电耦合器件获得更好的时间响应特性。

2. 隔离特性

（1）输入与输出间隔离电压 BV_{CFO}

光电耦合器件的输入（发光器件）与输出（光电接收器件）的隔离特性可用 BV_{CFO} 来描述。一般低压使用时隔离特性都能满足要求；在高压使用时，隔离电压成为重要的参数。绝缘耐压与电流传输比都与 LED 和光电三极管之间的距离有关，当两者的距离增大时，BV_{CFO} 提高，但 β 却降低；反之，当两者的距离减小时，虽然 β 值会增大，但 BV_{CFO} 却降低。这是一对矛盾，可以根据实际使用要求来挑选不同种类的光电耦合器件。如果制造工艺得到改善，可以得到既具有很高的 β 值又具有很高绝缘耐压的光电耦合器件。目前，光电耦合器件的 $BV_{CFO} \geqslant 500$ V。采用特殊的组装方式，可制造出用于高压隔离的 BV_{CFO} 高达几千伏或上万伏的光电耦合器件。

（2）输入与输出间的绝缘电阻 R_{FC}

光电耦合器件隔离特性的另一种描述方式是绝缘电阻 R_{FC}。光电耦合器件的 R_{FC} 一般在 $10^9 \sim 10^{13}$ Ω 之间。它与 BV_{CFO} 密切相关，它与 β 和 BV_{CFO} 的关系一样。

R_{FC} 的大小即意味着光电耦合器件的隔离性能的好坏。光电耦合器件的 R_{FC} 一般比变压器原、副边绕组之间的绝缘电阻大几个数量级。因此，它的隔离性能要比变压器好得多。

3. 光电耦合器件的抗干扰特性

光电耦合器件的重要优点之一就是能强有力地抑制尖脉冲及各种噪声等的干扰，从而大大提高了信噪比。

（1）光电耦合器件抗干扰能力强的原因

光电耦合器件之所以具有很高的抗干扰能力，主要有下面几个原因。

① 光电耦合器件的输入阻抗很低，一般为 10 $\Omega \sim 1$ kΩ；而干扰源的内阻很大，一般为 $10^3 \sim 10^6$ Ω。按一般分压比的原理来计算，馈送到光电耦合器件输入端的干扰噪声就变得很小。

② 由于一般干扰噪声源的内阻都很大，虽然也能供给较大的干扰电压，但可供出的能量却很小，只能形成很微弱的电流。而光电耦合器件输入端的 LED 只有在通过一定的电流时才能发光。因此，即使是电压幅值很高的干扰，由于没有足够的能量，也不能使 LED 发光，而被抑制掉。

③ 光电耦合器件的输入/输出端是用光耦合的，且这种耦合又是在一个密封管壳内进行的，因而不会受到外界光的干扰。

④ 光电耦合器件的输入/输出间的寄生电容很小（一般为 $0.5 \sim 2$ pF），绝缘电阻又非常大（一般为 $10^{11} \sim 10^{13}$ Ω），因而输出系统内的各种干扰噪声很难通过光电耦合器件反馈到输入系统中。

（2）光电耦合器件抑制干扰噪声电平的估算

下面通过具体实例讨论光电耦合器件的抗干扰能力。

在向光电耦合器件输入端馈送信息（例如矩形脉冲信号）的同时，不可避免地会混入各种各样的干扰信号。这些干扰信号，主要包括系统自身产生的干扰、电源脉动干扰、外界电火花干扰，以及继电器释放时反抗电动势的泄放干扰等。干扰信号中包含各种白噪声和各种频率的尖脉冲等，其中以继电器、电磁电器的开关干扰最为严重。将这些干扰波形画在一起成为如图 6-34（a）所示的实际干扰波形。显然，它们的相位和幅度都是随机的。为了计算方便，把这些干扰脉冲都恶劣化后，成为继电器、电磁电器释放时反抗电动势的泄放干扰（这一干扰幅度最高、脉宽最宽）。于是可以把图 6-34（a）所示的干扰波形变成图 6-34（b）所示的干扰脉冲序列。设每个干扰脉冲宽度为 1 μs，其重复频率为 500 kHz。经过傅里叶变换，将其变换成含有各种频率的余弦函数序列：

$$u(t) = \frac{A}{2} + \frac{2A}{\pi}\cos 2\pi ft - \frac{2A}{3\pi}\cos 2\pi 3ft + \frac{2A}{5\pi}\cos 2\pi 5ft + \cdots \qquad (6.3\text{-}3)$$

由上式可以看出,直流分量为 $A/2$,交流分量的幅度随频率的升高逐级减小。可用它的一次分量近似地代表所有的交流分量,这样简化不会带来太大的误差。因此,其交流分量可以写为

$$u_f(t) = \frac{2A}{\pi}\cos 2\pi ft \qquad (6.3\text{-}4)$$

电磁干扰电路如图 6-35(a) 所示,继电器开关引起的干扰通常是由绕组与接触点间的寄生电容 C_s 串入光电耦合器件输入端引起的。经式(6.3-4)的简化,就可以画出如图 6-35(b) 所示的交流等效电路。

设继电器绕组与接触点间的寄生电容 $C_s = 2\text{ pF}$,则等效内阻为

$$Z_o = \frac{1}{2\pi f C_s} = \frac{1}{2\pi}10^6(\Omega) \qquad (6.3\text{-}5)$$

设使光电耦合器件工作的最小输入电流为 1 mA,由于一般 LED 工作时的正向压降为 1 V 左右,故其等效输入阻抗 $Z = 1\text{ k}\Omega$。显然,$Z \ll Z_o$。在该回路内,当瞬时电流达到 1 mA 时,干扰源电压的基波幅值为

$$u_F(t) = \frac{1}{2\pi}\times 10^3(\text{V}) \qquad (6.3\text{-}6)$$

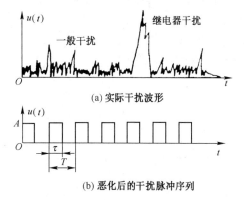

图 6-34 光电耦合器的抗干扰原理

（a）实际干扰波形

（b）恶化后的干扰脉冲序列

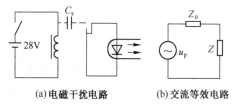

（a）电磁干扰电路　　　（b）交流等效电路

图 6-35 电磁干扰对耦合器的影响

由于该干扰电压是通过寄生电容耦合过来的,因此,式(6.3-3)中的直流分量是不能起作用的。根据式(6.3-4)可求出在上述条件下,使光电耦合器件工作的最小脉冲电压幅值为 $U_{min} = 250\text{ V}$,表明在外来干扰脉冲频率 f 为 500 kHz、脉宽为 1 μs、幅值大于等于 250 V 时,才能使光电耦合器件产生误动作,低于该值的干扰脉冲都将被光电耦合器件抑制掉。

如果能增大光电耦合器件的工作电流,它所能抑制的电压也将增大。在实际应用中,继电器的工作电压一般在 30 V 以下,继电器开关引起的干扰脉冲不可能高于 250 V,因此,用光电耦合器件完全可以抑制。即光电耦合器件可以抑制所有干扰源的干扰信号。

6.4　光电耦合器件的应用

1. 电平转换

在工业控制系统中所用集成电路的电源电压和脉冲信号的幅度有时不尽相同。例如,TTL 用 5 V 电源,HTL 为 12 V,PMOS 为-22 V,CMOS 则为 5~20 V。如果在系统中采用两种集成电路芯片,就必须对电平进行转换,以便实现逻辑控制。另外,各种传感器的电源电压与集成电路间也存在着电平转换问题。图 6-36 所示为利用光电耦合器件实现 PMOS 电路电平与 TTL 电路电平的转换电路。电路的输入端为-20 V 电源和 0~-20 V 脉冲,输出端为 TTL 电平的脉冲,光电耦合器件不但使前后两种不同电平的脉冲信号实现了耦合,而且使输入与输出电路完全隔离。

2. 逻辑门电路

利用光电耦合器件可以构成各种逻辑电路。图 6-37 所示为由两个光电耦合器件构成的与门电路。如果输入 U_{i1} 和 U_{i2} 同时为高电平"1"，则 VD_1 和 VD_2 都发光，VT_1 和 VT_2 都导通，输出 U_o 呈现高电平"1"。若输入 U_{i1} 或 U_{i2} 中有一个为低电平"0"，则 VT_1 与 VT_2 中必有一个不导通，使得 U_o 为"0"。故为与门逻辑电路，$U_o = U_{i1} U_{i2}$。

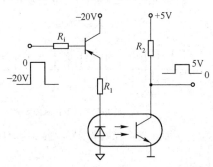

图 6-36　光电耦合器件的电平转换电路

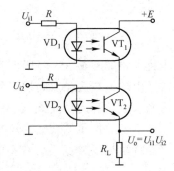

图 6-37　两个光电耦合器件构成的与门电路

光电耦合器件还可以构成与非、或、或非、异或等逻辑门电路。

为了充分利用逻辑元件的特点，在组成系统时，往往要用很多种元件。例如，TTL 的逻辑速度快、功耗小，可作为计算机中央处理部件；而 HTL 的抗干扰能力强，噪声容限大，可在噪声大的环境，或在输入/输出装置中使用。但 TTL、HTL 及 MOS 等电路的电源电压不同，工作电平不同，直接互相连接有困难。而光电耦合器件的输入与输出在电方面是绝缘的，可很好地解决互连问题。即可方便地实现不同电源或不同电平电路之间的互连。电路之间不仅可以电源不同（极性和大小），而且接地点也可分开。

例如，图 6-38 所示的典型应用电路中，左侧的输入部分中，电源为 13.5 V 的 HTL 逻辑电路，中间的中央运算、处理部分为+5 V 电源，后边的输出部分依然为抗干扰特性高的 HTL 电路。将这些电源与逻辑电平不同的部分耦合起来需要采用光电耦合器件。输入信号经光电耦合器件送至中央运算、处理部分的 TTL 电路，TTL 电路的输出又通过光电耦合器件送到抗干扰能力强的 HTL 电路，光电耦合器件成了 TTL 和 HTL 两种电路的媒介。

3. 隔离方面的应用

有时为隔离干扰，或者使高压电路与低压信号分开，可采用光电耦合器件。图 6-38 所示电路展示了光电耦合器件的这一重要功能，即隔离功能。

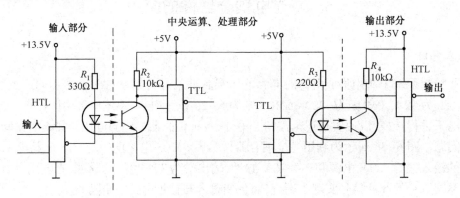

图 6-38　光电耦合器件的典型应用电路

在电子计算机与外围设备相连的情况下,会出现感应噪声、接地回路噪声等问题。为了使输入、输出设备及长线传输设备等外围设备的各种干扰不串入计算机,以便提高计算机工作的可靠性,亦可采用光电耦合器件把计算机与外围设备隔离开来。

4. 光电开关

前面的图 6-27 为几种典型光电开关。其中图 6-27(a)为对射式,LED 与光电器件分置于被测或被感知物体的两侧,一旦 LED 与光电器件之间的光被遮挡,便发出开关量,产生信号或动作;图 6-27(b)和(c)为 LED 与光电器件置于同一侧的光电开关,当被测或被感知的物体进入 LED 与光电器件构成的光路中时,光电开关将发出开关量,产生信号或动作。

光电开关广泛用于自动报警、自动控制等领域。

5. 光电可控硅在控制电路中的应用

可控硅整流器(SCR)是一种很普通的单向低压控制高压的器件,可用于光触发形式。同样,双向可控硅是由一种很普通的 SCR 发展改进的器件,也可用于光触发形式。将一只 SCR 和一只 LED 密封在一起,可以构成一只光耦合的 SCR;而将一只双向可控硅和一只 LED 密封在一起就可以制成一只光耦合的双向可控硅。图 6-39 和图 6-40 示出了它们的典型外形(它们通常被密封在一只六引脚的双列直插式的或贴片式封装中)。

虽然,这些器件都具有相当有限的输出电流额定值,实际的有效值对于 SCR 来说为300 mA,而对于双向可控硅来说则为100 mA。然而,这些器件的浪涌电流值远远大于它们的有效值,一般可达到数安培。

图 6-41 所示为光电耦合双向可控硅大功率负载控制电路。这里用光电耦合双向可控硅去控制更大功率双向可控硅,从而达到控制大功率负载的目的。

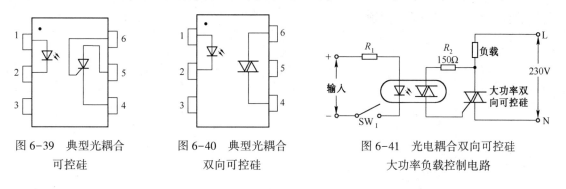

图 6-39 典型光耦合　　　　图 6-40 典型光耦合　　　　图 6-41 光电耦合双向可控硅
　　　可控硅　　　　　　　　　　双向可控硅　　　　　　　大功率负载控制电路

光电耦合器是近年来发展起来的新型器件,应用范围不断扩大。由于它具有独特的优点,可组成各种各样的电路,因而广泛应用在测量仪器、精密仪器、工业和医用电子仪器、自动控制、遥控和遥测、各种通信装置、计算机系统及农业电子设备等领域。

思考题与习题 6

6.1　为什么说 LED 的发光区在 PN 结的 P 区?它与电子和空穴的迁移率有什么关系吗?

6.2　为什么 LED 必须在正向电压作用下才能发光?在反向偏置电压作用下的 LED 能发光吗?为什么?

6.3　LED 发出光的颜色与哪些因素有关?禁带宽度越宽的半导体发光材料发出的光波长越短吗?

6.4 LED 发光光谱有一定的宽度其原因是什么？为什么它的半宽带比半导体激光器的半宽带要宽？

6.5 已知流过 LED 的最大功耗为 0.5 W，LED 正向电压是 2.3 V，问流过它的最大电流是多少 mA？

6.6 将 LED 与光电二极管封装在一起构成的光电耦合器件有什么特点？光电耦合器件的主要特性有哪些？

6.7 举例说明光电耦合器件可以应用在哪些方面？为什么计算机系统常采用光电耦合器件？为什么步进电机的控制输入信号常通过光电耦合器接入？

6.8 为什么由 LED 与光电二极管构成的光电耦合器件的电流传输比总是小于 1，而由 LED 与光电三极管构成的光电耦合器件的电流传输比有可能大于等于 1？

6.9 试用光电耦合器件构成或门、或非门逻辑电路（要求画出电路图），能否用光电耦合器构成其他逻辑电路？

6.10 光电耦合器件在电路中的信号传输作用与电容的隔直传交作用有什么差别？

6.11 分析图 6-38 的电路，分别计算出流过电阻 R_1 与 R_2 的电流各为多少 mA？

6.12 若图 6-38 电路中的光电耦合器件要求流过 LED 的电流必须大于 20 mA，问应该怎样调整电阻 R_1 与 R_3？

6.13 用如图 6-38 所示的光电耦合单向可控硅做直流电动机的启动控制器，手册上查到单向可控硅光电耦合器件的输入光电流必须大于 20 mA，LED 的正向压降为 0.9 V，所提供的输入电压不大于 5 V，试设计控制电路，给出串联电阻的阻值。

6.14 试用如图 6-40 所示的光电耦合双向可控硅做电机控制器，已知双向可控硅光电耦合器件的输入光电流必须大于 50 mA，LED 的正向压降为 0.9 V，所提供的输入电压不大于 12 V，试设计控制电路，给出串联电阻的阻值。

第7章 光电信息变换

将光学信息变换为电学信息的设备或系统称为光电信息变换器,光电信息变换器常由光源、光学系统、光电传感器、偏置电路和处理电路等构成。前面几章已经对各种光电传感器及其偏置电路进行了讨论,有关光学系统和处理电路等理论与技术已在相关专业基础课如光学(应光、物光)、电学(模电、数电)课中学习过。本章将根据信息存在于光学量的方式或称光学信息的类型进行讨论,找到光电信息变换的基本方式,建立光电信息变换系统的基本认识,以便在解决具体光电技术课题时能够根据变换方式找出更加合理的解决方案并给出正确设计。

7.1 光电信息变换的分类

光电信息变换可用于许多技术领域,对于不同的应用,光电信息变换的内容、变换装置的组成和结构形式等均有所不同。可根据光学信息的类型,对光电信息变换的基本类型进行分类。

在本章的讨论中,为了突出关键问题,我们将光学系统省略,用箭头表示光电信息的传输方向,并将所有类型的光电传感器件都用光电二极管的符号代替,但是光电二极管符号中的正、负极将没有任何意义。可从两个方面对光电信息变换进行分类:一方面根据信息载入的方式分为如图 7-1 所示的 6 种光电信息变换的基本形式;另一方面根据光电变换电路输出信号与信息的函数关系分为模拟光电变换与模-数光电变换两类。

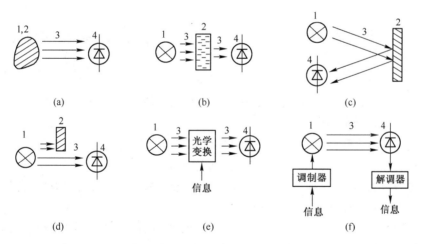

图 7-1 光电信息变换的基本形式
1—光源 2—变换对象 3—光电信息 4—光电器件

7.1.1 光电信息变换的基本形式

1. 信息载荷于光源的方式

图 7-1(a)所示为信息载荷于光源中的情况(或光学信息为光源本身),如光源的温度信息,光源的频谱信息,光源的强度信息等。根据这些信息可以进行钢水温度的探测、光谱分析、火灾报警、

武器制导、夜视观察、地形地貌普查和成像测量等应用。

物体自身辐射通常是缓慢变化的，因此，经光电传感器获得的电信号为缓变的信号或直流信号。为克服直流放大器的零点漂移、环境温度影响和背景噪声的干扰，常采用光学调制技术或电子调制的方法将其变为交流信号，然后再解调出被测信息。

下面以全辐射测温为例讨论信息载荷于光源中这类问题的处理方法。在全辐射测温应用中，温度信息存在于光源的辐出度 $M_{e,\lambda}$。由黑体辐射定律可知

$$M_{e,\lambda} = \varepsilon M_{e,\lambda,s} = \varepsilon\sigma T^4 \tag{7.1-1}$$

式中，$M_{e,\lambda,s}$ 为同温度黑体的辐出度；ε 为物体的发射系数，与物体的性质、温度及表面状况有关；T 为被测体的温度，即测量的信息量。

在近距离测量时，不考虑大气的吸收，光电传感器的变换电路输出的电压为

$$U_s = m\tau SGK M_{e,\lambda} = \xi M_{e,\lambda} \tag{7.1-2}$$

式中，m 为光学系统的调制度，τ 为光学系统的透过率，S 为光电器件的灵敏度，G 为变换电路的变换系数，K 为放大器的放大倍数，$\xi = m\tau SGK$，称为系统的光电变换系数。

将式(7.1-1)代入式(7.1-2)得 $\qquad\qquad U_s = \xi\varepsilon\sigma T^4 \tag{7.1-3}$

表明变换电路输出电压 U_s 是 T 的函数，温度变化必然引起电压的变化。因此，通过测量输出电压，并进行相应的标定就能够测出物体的温度。

2. 信息载荷于透明体的方式

图7-1(b)所示为信息载荷于透明体中的情况。在这种情况下，透明体的透明度、透明体密度的分布、透明体的厚度、透明体介质材料对光的吸收系数等都可作为载荷信息。

提取信息的方法，常用光通过透明介质时光通量的损耗与入射通量及材料对光吸收的规律求解。即

$$\Phi = \Phi_0 e^{-\alpha l} \tag{7.1-4}$$

式中，α 为透明介质对光的吸收系数，它与介质的浓度 C 成正比，即 $\alpha = \mu C$。显然，μ 为与介质性质有关的系数。式(7.1-4)可改写为

$$\Phi = \Phi_0 e^{-\mu C l} \tag{7.1-5}$$

由式(7.1-5)可见，当 μ 为常数时，光通量的损耗与 C 及介质的厚度 l 有关，采用如图7-1(b)所示的变换方式，变换电路的输出电压为

$$U_s = \xi\Phi = \Phi_0\xi e^{-\mu C l} \tag{7.1-6}$$

两边取自然对数 $\qquad\qquad \ln U_s = \ln U_0 - \mu C l \tag{7.1-7}$

即将 U_s 送入对数放大器后，可获得与 C 及 l 有关的信号。利用此信号可以方便地得到 C(在 l 确定的情况下)，或得到 l(在 C 确定的情况下)。

应用这种变换方式还可以测量液体或气体的透明度(或混浊度)，检测透明薄膜的厚度、均匀度及杂质含量等质量问题。当然，透明胶片的密度测量、胶片图像的判读等均可用这种方式。

3. 信息载荷于反射光的方式

图7-1(c)所示为信息载荷于反射光的方式。反射有镜面反射与漫反射两种，各有不同的物理性质和特点。利用这些性质和特点将载荷于反射光的信息检测出来，实现光电检测的目的。镜面反射在光电技术中常用作合作目标，用它来判断光信号有无等。例如，在光电准直仪中利用反射回来的十字叉丝图像与原十字叉丝图像的重叠状况判断准直系统的状况；在迈克耳孙干涉仪中，通过干涉条纹的变化，可以检测动镜位置的变化。另外，镜面反射还用于测量物体的运动、转动的速度、相位变化等信息。而漫反射则不同，物体的漫反射本身载荷物体表面性质的信息，如反射系数载荷

表面粗糙度及表面瑕疵等信息,通过检测漫反射系数可以检测物体表面的粗糙度及表面瑕疵。用这种方式可以对光滑零件表面的外观质量进行自动检测。

在检测产品外观质量时,变换电路输出的疵病信号电压

$$U_s = E(r_1 - r_2)B\xi \tag{7.1-8}$$

式中,E 为被测表面的照度,r_1 为正品(无疵病)表面的反射系数,r_2 为疵病表面的反射系数,B 为光电器件有效视场内疵病所占的面积,ξ 为光电变换系数。由式(7.1-8)可知,当 E、r_1 和 ξ 已知时,U_s 为 r_2 和 B 的函数,因此,可以通过 U_s 的幅度判断表面疵病的程度和面积。

除上述应用外,这种方式还可应用于电视摄像、文字识别、激光测距、激光制导等方面。

4. 信息载荷于遮挡光的方式

图 7-1(d)所示为信息载荷于遮挡光的方式。物体部分或全部遮挡入射光束,或以一定的速度扫过光电器件的视场,实现了信息载荷于遮挡光的过程。

例如,设光电器件光敏面的宽度为 b,高度为 h,当被测物体的宽度大于 b 时,物体沿光敏面高度方向运动的位移量为 Δl,则物体遮挡入射到光敏面上的面积变化为

$$\Delta A = b\Delta l \tag{7.1-9}$$

变换电路输出的面积变化信号电压为

$$\Delta U = E\Delta A\xi = Eb\xi\Delta l \tag{7.1-10}$$

由式(7.1-10)可见,用这种方式既可以检测被测物体的位移量 Δl、运动速度 v 和加速度等参数,又可以测量物体的宽度 b。例如,光电测微仪和光电投影显微测量仪等测量仪器均属于这种方式。

当然这种方式也可用于产品的光电计数、光控开关和主动式防盗报警等。

5. 信息载荷于光学量化器的方式

光学量化是指通过光学的方法将连续变化的信息变换成有限个离散量的方法。光学量化器主要包括光栅莫尔条纹量化器、各种干涉量化器和光学码盘量化器等。

光信息量化的变换方式在位移量(长度、宽度和角度)的光电测量系统中得到广泛的应用。长度或角度的信息量经光学量化装置(光栅、码盘、干涉仪等)变换为条纹或代码等数字信息量,再由光电变换电路变换为脉冲数字信号输出。如图 7-1(e)所示,光源发出的光经光学量化器量化后送至光电器件,转换成脉冲数字信号,再送给数字电路进行处理或送给计算机进行处理或运算。例如,将长度信息量 L 经光学量化后形成 n 个条纹信号,量化后的长度信息 L 为

$$L = qn \tag{7.1-11}$$

式中,q 称为长度的量化单位,它与光学量化器的性质有关,量化器确定后它是常数。例如,采用光栅莫尔条纹变换器时,量化单位 q 等于光栅的节距,在微米量级;而采用激光干涉量化器时,q 为激光波长的 1/4 或 1/8,视具体的光学结构而定。

目前,这种变换形式已广泛应用于精密尺寸测量、角度测量和精密机床加工量的自动控制等方面。

6. 光通信方式的信息变换

光通信技术是信息高速公路的主要组成部分。光通信技术的实质是光电信息变换,称为光通信的变换方式。如图 7-1(f)所示,信息首先对光源进行调制,发出载有各种信息的光信号,通过光导纤维等媒体传送到远方,再经解调器将信息还原。由于光纤传输媒体常为激光载波,它具有载荷量大、损耗小、速度快、失真小等特点,现已广泛用于声音和视频图像等信息通信中。

7.1.2　光电信息变换的类型

从上面的六种变换方式可以看出,光电信息变换和信息处理方法可分为两类:一类称为模拟量的光电信息变换,如前四种变换方式;另一类称为数字量的光电信息变换,如后两种变换方式。

1. 模拟光电变换

被测的非电量(如温度、介质厚度、均匀度、溶液浓度、位移量、工件尺寸等)载荷于光信息时,常以光度量(通量、照度和出射度等)的方式送至光电器件,光电器件则以模拟电流 I_p 或电压 U_p 输出。即输出量是被测信号 Q 的函数,或称输出信号与被测信号之间的关系为模拟函数关系。可表示为

$$I_p = f(Q) \tag{7.1-12}$$

或
$$U_p = f(Q) \tag{7.1-13}$$

I_p 或 U_p 不仅与 Q 有关而且与载体光度量有关。因此,为保证光电变换电路输出信号与 Q 的函数关系,载体光度量必须稳定。否则,载体光度量的变化直接影响 Q。另外,电路参数的变化,尤其是电源电压的波动、放大电路的噪声、放大倍率的变化等都将影响 Q 的稳定。而光度量的稳定又与光源、光学系统及机械结构等有关。因此,实现稳定、高精度的模拟光电信息变换常常遇到许多技术方面的困难,必须采用各种措施解决,才能进行高质量的模拟光电信息变换。

2. 模-数光电变换

在这类光电变换中,Q 通过光学变换量化为数字信息(包括光脉冲、条纹信号和数字代码等),再经光电变换电路输出。

模-数光电变换中的光电变换电路只要输出"0"和"1"(高、低电平)两种状态的脉冲即可。脉冲的频率、间隔、宽度、相位等都可以载荷信息。因此,这类光电变换电路的输出信号不再是电流或电压,而是数字信息量 F。它与 Q 的函数关系为

$$F = f(Q) \tag{7.1-14}$$

显然,F 只取决于光通量变化的频率、周期、相位和时间间隔等参数,而与光度量无关,也不受电源、光学系统及机械结构稳定性等外界因素的影响。因此,这类光电变换方式对光源和光电器件的要求不像模拟光电变换那样严格,只要能使光电变换电路输出稳定的"0"和"1"两种状态即可。

7.2　光电变换电路的分类

光电变换电路输出信号的方式应与光电信息的函数关系相一致,因此,光电变换电路也有模拟与模-数两种类型。

7.2.1　模拟光电变换电路

凡输出信号电流(或电压)与入射光度量具有式(7.1-12)或式(7.1-13)所述关系的变换电路都称为模拟光电变换电路。根据光电信息变换的内容和精度要求,模拟光电变换电路又分为四种类型,下面分别进行讨论。

1. 简单变换电路

在对测量精度要求不高的情况下测量受照面的照度(例如测量教室课桌表面的照度)时,常采用如图 7-2 所示的简单光电变换电路,即简单照度计电路。图 7-2(a)为不需要外接电源的硒光

电池照度计电路,而图7-2(b)为具有外接电源的照度计电路。考虑到硒光电池的光谱响应曲线与人眼的光视效率曲线非常接近,一般不必考虑外加滤光器进行光谱修正。调整电位器可使微安表的指针指示出光敏面上的照度。

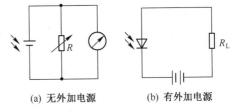

(a) 无外加电源　　　　(b) 有外加电源

图 7-2　简单光电变换电路

为提高灵敏度,采用放大器对光电器件的输出信号进行放大。如图7-3(a)所示,由光电三极管 3DU2 与电阻 R_1 及 R_2 构成光电变换电路,其输出信号经由三极管 3DG6 构成的放大电路进行放大。

设 3DU2 的偏置电流为 I_1,3DG6 的基极电流为 I_B,则集电极电流 I_C 为电路的输出信号。I_C 由毫安表指示。

设 3DU2 的电流灵敏度为 S,入射光的照度为 E_V,电流放大倍数为 β,则流过电阻 R_1 与 R_2 的电流为

$$I_1 = I_2 + I_B = \beta S E_V + I_B \tag{7.2-1}$$

设 $I_1 \gg I_B$,可推出

$$I_B \approx \frac{U_{bb} - (R_1 + R_2) I_1}{(R_3 + R_4)(\beta + 1)} = \frac{U_{bb} - (R_1 + R_2) S E_V}{(R_3 + R_4)\beta} \tag{7.2-2}$$

$$I_C = \beta I_B = \frac{1}{R_3 + R_4} \left[U_{bb} - (R_1 + R_2) S E_V \right] \tag{7.2-3}$$

由式(7.2-3)可见,当入射光很弱时,$E_V \to 0$,流过 3DU2 的电流近似为 0,I_C 为最大值 I_{CM},有

$$I_{CM} = \frac{U_{bb}}{R_3 + R_4} \tag{7.2-4}$$

I_C 随光照度的增强而减小。因此,照度计的调整过程是:先将光敏面遮暗,调节电阻 R_1 与 R_3 使毫安表指针指示满刻度,此时指针的位置为照度计的"零点";然后,改变光照度,根据标定的照度值在表头上进行刻度。显然,毫安表指针的零位置是照度计的最大照度测量值。

图7-3(b)所示为以电压方式输出的光通量检测电路。光电流 I_1 与入射光通量 Φ_V 的关系为

$$I_1 = S\Phi_V$$

因此,三极管的基极电流为

$$I_B = \frac{I_1 R_e}{r_{be}} = \frac{S\Phi_V R_e}{r_{be}} \tag{7.2-5}$$

故输出电压为

$$U_o = U_{bb} - I_C R_C = U_{bb} - \beta \frac{S\Phi_V R_e R_C}{r_{be}} \tag{7.2-6}$$

可见,当 Φ_V 变化时,U_o 也变化。因此,可通过 U_o 检测入射到光电三极管上的光通量。

由式(7.2-6)可知,U_o 不仅与 β 有关,而且与基射结电阻 r_{be} 有关。而 β 与 r_{be} 均为环境温度 T 的函数,表明放大电路的稳定性较差。为了提高检测电路的稳定性,需要引入温度补偿功能。

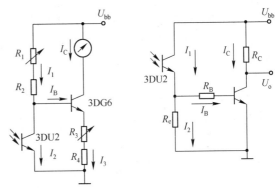

(a) 光度计检测电路　　　　(b) 光通量检测电路

图 7-3　具有放大电路的光电检测电路

2. 具有温度补偿功能的变换电路

图7-4所示为具有温度补偿功能的电桥式光电变换电路。图中 VD_1 为测光光电二极管,VD_2 为补偿光电二极管,由 VD_1、VD_2 及电阻、可变电阻器构成电桥。在背景光照下调整可变电阻器使

电桥平衡,输出电压表指示为"零"。当 VD_1 光敏面上的光照度发生变化时,电桥失去平衡,输出电压表将指示出光敏面上的光照度。

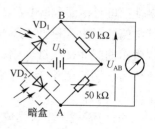

图 7-4　具有温度补偿功能的桥式光电变换电路

VD_2 被遮蔽并与 VD_1 封装在同温槽中,且要求 VD_1 与 VD_2 的特性尽量接近。这样,温度变化使两个光电二极管的温度漂移基本相同,又分别处于两个桥臂,相互补偿,以消除温度对电路造成的影响。

图 7-5 所示为采用热敏电阻的温度补偿电路。将图 7-3(b)所示的 R_e 用热敏电阻代替,可构成具有温度补偿功能的光电检测电路。R_t 跨接在基极与发射极之间,由于光电二极管的暗电流随温度升高而增大,而具有负温度系数的 R_t 的阻值随温度的升高而减小,使得三极管的基极电位不随温度变化。即引入负温度系数的热敏电阻能够对光电变换电路进行温度补偿。

设光电二极管的电流为 I_1,三极管的基极电压

$$U_{be} = I_1(R_t /\!/ r_{be}) = I_1 \frac{R_t r_{be}}{R_t + r_{be}} = I_1 \frac{r_{be}}{1 + \dfrac{r_{be}}{R_t}} \qquad (7.2-7)$$

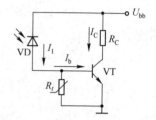

图 7-5　采用热敏电阻的温度补偿电路

可见,R_t 可以补偿光电二极管的电流 I_1 受环境温度的影响。

实践证明,R_t 对光电二极管光电流的温度影响进行补偿是有限的,即便将 R_t 与光电二极管装在同一个温度槽内,也不可能完全补偿。为了尽可能地消除温度对光电变换电路的影响,提出了差分式光电变换电路方案。

3. 差分式光电变换电路

图 7-6 所示为光电比色计的原理图,是一种典型的差分式光电变换电路。由图可见,光源发出的光经聚光镜会聚,并以平行光的方式投射到滤光片上。经滤光片得到所需要的测量光谱,并分为两路:一路经被测溶液入射到光电池 D_1 上;另一路经可调光阑、反光镜到光电池 D_2 上。由 D_1 与 D_2 构成的电路称为差分式光电变换电路。

图 7-7 所示为光电比色计的电路原理图。不难看出光电比色计电路为电桥差分式的光电变换电路。D_1 与负载电阻 R_1 构成一个桥臂,D_2 与电位器 R_2 构成另一个桥臂,桥的两端用检流计检测是否平衡。

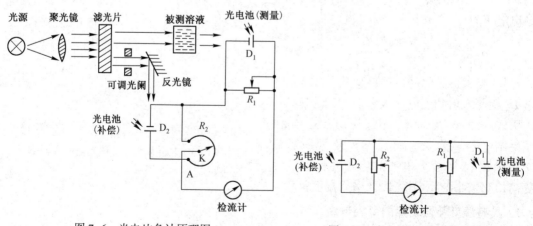

图 7-6　光电比色计原理图　　　　图 7-7　光电比色计电路原理图

测量开始时,首先使暗态电桥平衡。即在开灯之前,将 R_2 的旋钮调至 A 点(最低点)位置,调节

R_1,使电桥平衡,检流计指零。开灯后,调节可调光阑使检流计再次指零,确保入射到两个光电池上的光通量相等。当注入被测溶液后,由于溶液吸收部分光通量,使 D_1 上的入射光通量减少,检流计指针偏转,调节 R_2 的旋钮使检流计指零。此时 R_2 的旋钮 K 的位置值表征溶液的浓度。

与具有温度补偿功能的电路相比,采用差分式光电变换电路有很多优点,在所挑选的两个光电器件的特性参数尽量一致的情况下,该电路不但能减小暗电流的影响,也能减小温度变化引起的测量误差;另外,由于测量光路与参考光路为同一个光源,光源的漂移和波动不会对测量结果带来太大的误差;检流计的多次指零也会消除检流计的指示误差。

图 7-8 所示为双光路差分式光电检测系统的原理示意图。光源发出的光通过反光镜分别进入参考系统与测量系统。参考系统输出的光通量由光电器件 VD_1 接收,测量系统输出的光通量由光电器件 VD_2 接收。VD_1 与 VD_2 的特性参数应尽量一致。VD_1 与 VD_2 按图 7-9 所示差分电路的形式连接。设参考系统中 VD_1 的输出为 U_{VD1},测量系统中 VD_2 的输出为 U_{VD2},则变换电路的输出为

$$U_o = K(U_{VD2} - U_{VD1}) \tag{7.2-8}$$

式中,K 为放大器的放大倍数。

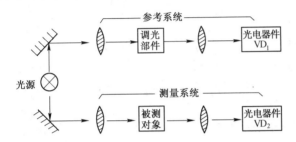

图 7-8　双光路差分式光电检测系统原理示意图

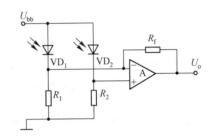

图 7-9　差分式光电变换电路

另一种常用的双光路双器件光电变换器如图 7-10 所示。这种光电变换器又称为比较差接式光电变换器。这种变换电路常用于测色仪器。测色仪的光源发出的光分为两路:一路经透镜照射在标准色板上,经标准色板反射后再会聚到 VD_1 上;另一路经透镜照射在被测样品上,经被测样品反射后再会聚到 VD_2 上。两个光电二极管的输出信号可以进行差分比较,测量被测面的颜色与标准色板的差;也可以采用分别输出的方式,并将测量结果经 A/D 数据采集后送至计算机进行分析。

由于双光路双器件光电变换电路的输出信号与测量系统和参考系统输出信号的差成正比,因此,测量系统和参考系统随温度及光源的影响将被消除。消除的条件是 VD_1 与 VD_2 的特性参数十分接近。然而,特性参数十分接近的光电器件很难挑选,而且,光电器件的特性参数还随时间变化,随着时间的推移,两个光电器件的差异会越来越大,这对消除外界因素的影响不利。为此引入了如图 7-11 所示的双光路单光电器件的光电检测系统。

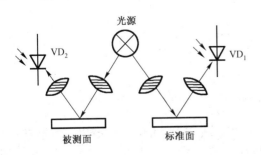

图 7-10　比较差接式光电变换器

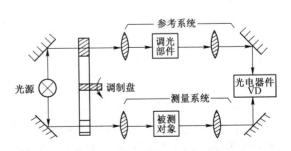

图 7-11　双光路单光电器件光电检测系统

双光路单光电器件的光电检测系统中,光源发出的光经反射镜分为两路,经调制盘的转动,使参考光与测量光分时进入系统,并分时由 VD 接收。VD 分时接收到参考光和测量光后输出如图 7-12 所示的信号波形,输出信号的差即为被测信号。

4. 光外差式光电变换电路

对于微弱辐射信号的探测常采用光外差式光电变换电路。其较常规光电变换电路的灵敏度高;此外,光外差式采用激光作为变换媒体,而激光具有很强的方向性和频率选择性,使噪声带宽变得很窄,信噪比得到很大的提高。因此,光外差式光电变换电路在光通信、激光雷达和红外技术领域得到广泛的应用。

图 7-13 所示为光外差式光电变换电路的原理示意图。

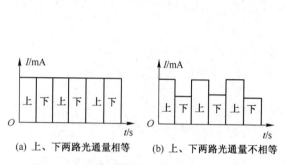

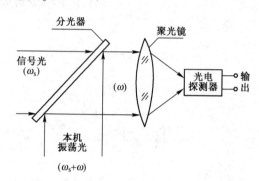

(a) 上、下两路光通量相等　　(b) 上、下两路光通量不相等

图 7-12　双光路单光电器件输出信号波形　　图 7-13　光外差式光电变换电路的原理示意图

设信号光与本机振荡光均为简谐函数,并分别表示为 $E_S \cos\omega_s t$ 和 $E_L \cos(\omega_s+\omega)t$,其中 E_S 和 E_L 为光束的振幅,且差频 $\omega \gg \omega_s$。两光束在分光器上相干,得到差拍信号。

入射到光电探测器上的辐射为

$$e(t) = \mathrm{Re}\left[E_L e^{j(\omega_s+\omega)t} + E_S e^{j\omega_s t}\right] = \mathrm{Re}\left[V(t)\right] \tag{7.2-9}$$

光电探测器输出的电流为

$$i_o \propto V(t)V^*(t) = E_L^2 + E_S^2 + 2E_L E_S \cos\omega t \tag{7.2-10}$$

若 $E_L \gg E_S$,式(7.2-10)变为

$$i_o = aE_L^2\left(1+\frac{2E_S}{E_L}\cos\omega t\right) \tag{7.2-11}$$

式中,a 为比例系数。

由于辐通量 $\Phi_{eL} \propto E_L^2$、$\Phi_{eS} \propto E_S^2$,所以

$$i_o = \frac{q\eta}{h\nu}\Phi_{eL}\left(1+2\sqrt{\frac{\Phi_{eS}}{\Phi_{eL}}}\cos\omega t\right) \tag{7.2-12}$$

如果采用选频放大器,则输出交流分量为

$$i_s = 2\frac{q\eta\sqrt{\Phi_{eL}\Phi_{eS}}}{h\nu}\cos\omega t \tag{7.2-13}$$

假设直接变换的输出交流分量为

$$i_s = \frac{q\eta}{h\nu}\Phi_{eS}\cos\omega t$$

则可以得到光外差式和直接式变换灵敏度的比值 $G_s = (\Phi_{eL}/\Phi_{eS})^{1/2}$。因为 $\Phi_{eL} \gg \Phi_{eS}$,所以外差式的灵敏度比直接式的要高得多,一般要高 $10^3 \sim 10^4$ 数量级。

假设光电探测器为硅光电二极管,其输出信号电流的均方值为

$$\bar{I}_s^2 = 2\left(\frac{q\eta\sqrt{\Phi_{eL}\Phi_{eS}}}{h\nu}\right)^2 \tag{7.2-14}$$

输出噪声电流主要是散粒噪声,忽略暗电流后,有

$$\bar{I}_n^2 = 2q\frac{q\eta\,\Phi_{eL}}{h\nu}\Delta f \tag{7.2-15}$$

故信噪比与噪声等效功率分别为

$$S/N = \frac{q\eta\Phi_{eL}}{h\nu\Delta f} \tag{7.2-16}$$

$$NEP = \frac{h\nu\Delta f}{\eta} = \frac{hc\Delta f}{\eta\lambda} \tag{7.2-17}$$

例如,采用 CO_2 激光器,波长 $\lambda = 10.6\ \mu m$,带宽 $\Delta f = 10^7$ Hz,量子效率 $\eta = 50\%$,则有

$$NEP = \frac{6.62\times10^{-34}\times3\times10^8\times10^7}{10.6\times10^{-6}\times0.5} = 3.75\times10^{-13}\ (W)$$

而直接探测的情况下,在不考虑背景和暗电流时,有

$$S/N = \frac{\eta\Phi_{eS}}{2h\nu\Delta f} \tag{7.2-18}$$

$$NEP = \frac{2hc\Delta f}{\eta\lambda} \tag{7.2-19}$$

比较式(7.2-16)和式(7.2-18)可见,光外差式的 S/N 提高了 1 倍。如果考虑背景噪声,则光外差式的 S/N 会提高得更多。

7.2.2　模-数光电变换电路

7.1 节简单地讨论了模-数光电变换的分类,提出了模-数光电变换系统对光源和光电器件的要求不像模拟光电变换那样严格,只要能使光电变换电路输出稳定的"0"和"1"两种状态即可。因此,模-数光电变换电路的设计要比模拟光电变换电路简单得多。本节将介绍几个模-数光电变换电路的典型应用。

1. 激光干涉测位移

如图 7-14 所示为激光单路干涉测位移的原理图。光稳频的 He-Ne 激光器发出的激光入射到反射镜 M_1(分光器)上分成两束光,一束为参考光束,另一束为测量光束。两束光分别经全反射镜 M_2 与 M_3 反射回到 M_1,并在 M_1 处产生干涉。其干涉条纹被光电器件接收,形成脉冲信号。M_3 的位置量模拟信息载于脉冲信号中。

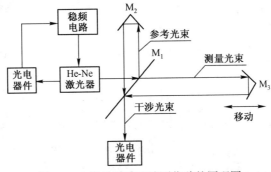

图 7-14　激光单路干涉测位移的原理图

M_2 固定,而 M_3 装在可动测量头上,根据 M_3 的移动量与被测物体长度的线性关系可以测量物体的长度。参考光束和测量光束的光程不相等。当光程差 Δ 是波长 λ 的整数倍,即 $\Delta = \pm K\lambda$ ($K = 0,1,2,3,\cdots$)时,两束光波的相位相同,光强度最大,在 M_1 上出现亮点,光电器件得到亮点信号;当 $\Delta = \pm(K+1/2)\lambda$ 时,两束光波的相位差为 π,光强度为零,在 M_1 上出现暗点,光电器件上无光信号入射,输出信号为零。这样,当 M_3 沿着测量光束的光轴移动时,在 M_1 上将出现亮暗交替的干涉条纹。其光强度的变化规律为

$$I_v = I_{ov} + I_{ov}K_I \cos(2\pi\Delta/\lambda) \tag{7.2-20}$$

式中,I_{ov} 为平均光强度,K_I 为干涉条纹的对比度。从式(7.2-20)可知,Δ 每变化波长 λ 时,干涉条纹暗亮变化一次;干涉条纹变化 n 次,则 $\Delta = n\lambda$。对于图 7-14 所示结构,光程差 Δ 是 M_3 位移量 L 的 2 倍。因此,被测位移量

$$L = n\lambda/2 \tag{7.2-21}$$

所以,只要计量干涉条纹的个数 n,便可测出测量头移动的长度。这种结构的量化单位为 $\lambda/2$。

测量头可以左右移动,因此必须采用可逆计数器,并且必须判断条纹是由亮变暗还是由暗变亮,计数器是加还是减。为此,采用两个光电器件对输出脉冲进行判断。图 7-15 所示为条纹方向的检取示意图。

干涉条纹随着 M_3 的左右移动而亮暗交替变化,相当于干涉条纹在移动。因此,光电器件输出的信号近似为正弦波。两个狭缝使两个光电器件输出的正弦波相差 $\pi/2$。假设干涉条纹向右移动,器件 1 输出的波形 1 的相位超前于器件 2 输出的波形 2 的相位为 $\pi/2$;若干涉条纹左移,则相反,即波形 2 超前于波形 1 的相位为 $\pi/2$。可以控制计数器进行加减计数。

2. 莫尔条纹测位移

两块光栅以微小角度重叠时,在与光栅大致垂直的方向上,将看到明暗相间的粗条纹,称为莫尔条纹(moire fringe)。

如图 7-16 所示为两种计量光栅的示意图。其中图(a)为刻画光栅。在平面度很高的光学玻璃上用真空镀膜的方法蒸镀很薄的金属膜,并在金属膜上用钻石刀压削或刻制的方法制成大量等间距的线条,线条部分透光,而形成光栅。图 7-16(b)为用蜡腐蚀或照相腐蚀的方法制成的黑白光栅。通常,计量光栅的黑白线条等宽,光栅的节距(光栅常数)为等间隔的。当两块光栅接近重叠时便产生如图 7-17 所示的莫尔条纹。

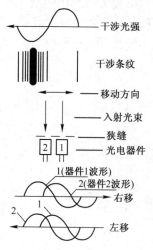

图 7-15　条纹方向的检取示意图

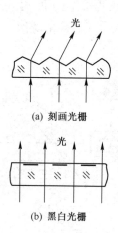

图 7-16　计量光栅示意图

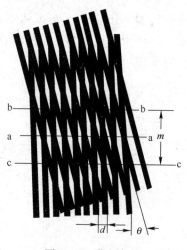

图 7-17　莫尔条纹

图 7-17 中的 a-a 线的透光面积最大,形成条纹的亮带;在 b-b 线上,光线被暗条相互遮挡,形成暗带。

假设光栅的节距为 d,两光栅的栅线夹角为 θ,则条纹的间隔(宽度)为

$$m = \frac{d}{2\sin(\theta/2)} \tag{7.2-22}$$

一般 θ 很小,上式可简化为

$$m \approx d/\theta \tag{7.2-23}$$

从条纹的形状可以看出,莫尔条纹的位置在 θ 的补角平分线上。当两光栅相对移动时,莫尔条纹就在移动的垂直方向即 θ 的平分线上移动。光栅每移动一个栅距,莫尔条纹就移过一个间隔(即一个条纹)。因此,只要计测条纹移过的个数 n,便可计算出光栅的位移量 L,即

$$L = nq \tag{7.2-24}$$

式中,$q=d$ 为量化单位,表示每条纹的长度量。

图 7-18 所示为光栅测长原理图。它先将长度量变换成莫尔条纹信号,然后再用光电器件读取长度信息。这种光栅又称为长光栅或长光栅副。它包括指示光栅与标尺光栅。一般指示光栅固定,它与光源、透镜、狭缝、光电器件及前置放大器等装在光电读数头内。标尺光栅的长度由位移量决定,一般较长。

莫尔条纹信号通过狭缝入射到光电器件上,它输出的光电信号近似为正弦波。用两个光电器件输出的信号可以判断光栅移动的方向。两路光电信号的相位差为 $\pi/2$,即一路为 $\sin\theta$,另一路为 $\cos\theta$。

图 7-19 所示为测角度用的圆光栅测量原理图。圆光栅副包括指示光栅与圆盘光栅。圆盘光栅是通过在玻璃圆盘上等间隔地刻线制成的。圆盘光栅与指示光栅重叠产生莫尔条纹。圆盘光栅固定在转轴上,可以转动。指示光栅、光源、透镜与光电器件构成固定的光电探测头。当圆盘旋转时,指示光栅与圆盘光栅产生的莫尔条纹将沿圆盘径向移动,由光电探测头读出并判断莫尔条纹的移动量和方向,便可将角度量变换成莫尔条纹信号。

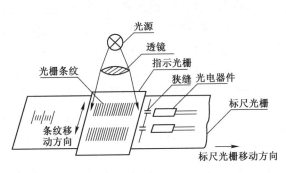

图 7-18 光栅测长原理图

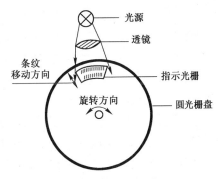

图 7-19 圆光栅测量原理图

显然,这种装置只能测量角度的变化量,不能得到角度的绝对值。因此,称它为增量式编码器。

每条刻线表示角度的增量,即量化单位。当圆盘转过一条刻线时,莫尔条纹将变化一次,通过计算莫尔条纹的变化次数 n,便可得到转轴旋转的角度 θ,即

$$\theta = qn \tag{7.2-25}$$

式中,q 为量化单位,表示每条纹的角度量。

用莫尔条纹法进行几何量的测量有如下优点。

（1）位移量的放大作用

将莫尔条纹间隔与光栅距之比定义为光栅副的放大倍数 α。对于微小倾角有

$$\alpha = m/d \approx 1/\theta \tag{7.2-26}$$

假设 $\theta = 8'$，则 $\alpha = 450$，对于每毫米 50 条线的光栅，莫尔条纹宽度可达 9 mm。因此，可以认为光栅副是高质量的"放大器"，它将微小的变化放大，并具有信噪比高的特点。

（2）误差的平均效应

光电器件接收莫尔条纹光信号是光栅视场刻线 n 的综合平均效果。因此，若每一刻线误差为 δ_0，则光电器件输出的总误差

$$\delta_{\Sigma} = \pm \frac{1}{\sqrt{n}} \delta_0 \tag{7.2-27}$$

例如，对于 $d = 0.02$ mm 的光栅副，用长为 10 mm 的硅光电池接收，在视场内同时有 500 根线工作。若单根线的误差为 ± 1 μm，则光电池输出的平均误差仅为 ± 0.04 μm。

7.3 几何光学方法的光电信息变换

7.3.1 长、宽尺寸信息的光电变换

将目标或工件的长、宽等尺寸信息变换为光电信息的方法如下。

1. 投影放大法

被测工件尺度 y 经投影物镜放大后成像在屏幕（或光电器件的像敏面）上，像的尺度为 y'，若物镜的横向放大倍率为 β，则工件尺度为

$$y = y'/\beta \tag{7.3-1}$$

投影仪是通过光学系统把被测工件放大的轮廓影像投影到观察屏幕上的测量仪器。投影仪所采用的测量方法有两种：一种是用投影屏上的十字（或米字）刻线对工件被测部位的轮廓边缘分别进行对准，通过工作台的移动，在相应的读数机构上进行读数，测得工件的尺寸；另一种是在投影屏上把放大了的工件影像和按一定比例绘制成的放大的标准图样（也可绘出公差带）相比较，检验工件是否合格。投影仪特别适合对形状复杂的工件和较小型的工件的测量，如成型刀具、螺纹、丝锥、齿轮、凸轮、样板、冲压零件、仪表零件及电子元件等。

投影仪的光学系统如图 7-20 所示。其中位于被测物体之前的部分称为照明系统，位于待测物体之后的部分称为投影系统（即成像系统）。

投影仪是一种光学放大成像仪器，它的成像原理比较简单。由光源 1 发出的光，经聚光镜 2 照明位于工作台上的被测物体 4；被测物体经投影物镜 5 以一定倍率放大成像在投影屏 7 上。通常用眼睛直接对投影屏进行观察；也可以在投影屏处设置工业摄影机（如 CCD 摄像机）来观测。平面反射镜 6 位于投影物镜之后，用来折叠光路，使结构紧凑、美观，便于观察。

投影仪的光路安排，通常可分为立式光路和卧式光路两类。所谓立式光路是指投影物镜的光轴与工作台面垂直，如图 7-20（a）所示；所谓卧式光路是指投影物镜的光轴与工作台面平行，如图 7-20（b）所示。通常，立式光路的投影仪适合测量板形零件，如平面样板、钟表齿轮等；而卧式光路的投影仪适合测量轴类零件，如丝杠、螺纹等。

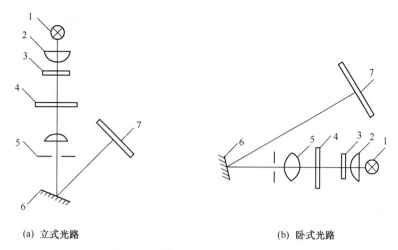

(a) 立式光路   (b) 卧式光路

图 7-20 投影仪的光学系统

1—光源 2—聚光镜 3—保护玻璃 4—被测物体 5—投影物镜 6—平面反射镜 7—投影屏

2. 激光三角法

激光三角法是激光测试技术的一种,也是激光技术在工业测试中的一种较为典型的测试方法。因为该方法具有结构简单、测试速度快、实时处理能力强、使用灵活方便等特点,在长度、距离及三维形貌等的测试中有广泛的应用。

近年来,随着半导体技术、光电子技术等的发展,尤其是计算机技术的迅猛发展,激光三角法在位移、物体表面形态和质量测试中得到广泛应用。

单点式激光三角法常采用直射和斜射两种结构,如图 7-21 所示。

在图 7-21(a)中,激光器发出的光线,经聚光镜聚焦后垂直入射到被测物体表面上。物体移动或其表面的变化导致入射点沿光轴方向移动。入射点处的散射光经接收透镜入射到光电位置探测器(PSD 或 CCD)上。若光点在成像面上的位移为 x',则被测面沿光轴方向的位移量为

$$x = \frac{ax'}{b\sin\theta - x'\cos\theta} \tag{7.3-2}$$

式中,a 为激光束光轴和接收透镜光轴的交点到接收透镜前主面的距离;b 是接收透镜后主面到成像面中心点的距离;θ 是激光束光轴与接收透镜光轴之间的夹角。

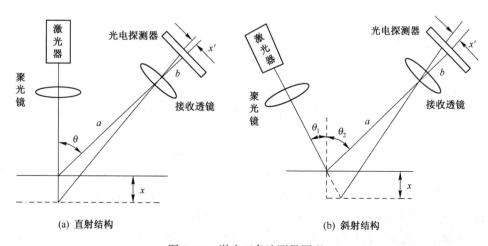

(a) 直射结构   (b) 斜射结构

图 7-21 激光三角法测量原理

在图 7-21(b)中,激光器发出的光线和被测面的法线成一定角度入射到被测面上。同样,物体移动或其表面变化将导致入射点沿光轴的移动。入射点处的散射光经接收透镜入射到光电探测器上。若光点在成像面上的位移为 x',则被测面沿法线方向的移动距离为

$$x = \frac{ax'\cos\theta_1}{b\sin(\theta_1+\theta_2)-x'\cos(\theta_1+\theta_2)} \tag{7.3-3}$$

式中,θ_1 是激光束光轴与被测面法线之间的夹角;θ_2 是成像透镜光轴与被测面法线之间的夹角。

从图中可以看出,斜射式入射光的光点照射在被测面的不同点上,无法知道被测面中某点的位移情况,而直射式却可以。因此,当被测面的法线无法确定或被测面的面形复杂时,只能采用直射式结构。在上述的激光三角法中要计算被测面的位移量,需要知道距离 a,而在实际应用中,一般很难知道 a 的具体值,或者知道其值,但准确度不高,影响系统的测量准确度。实际应用中可以采用另一种表述方式,如图 7-22 所示,被测距离为

$$z = b\tan\beta$$

式中,$\tan\beta = f'/x'$。因此

$$z = bf'/x' \tag{7.3-4}$$

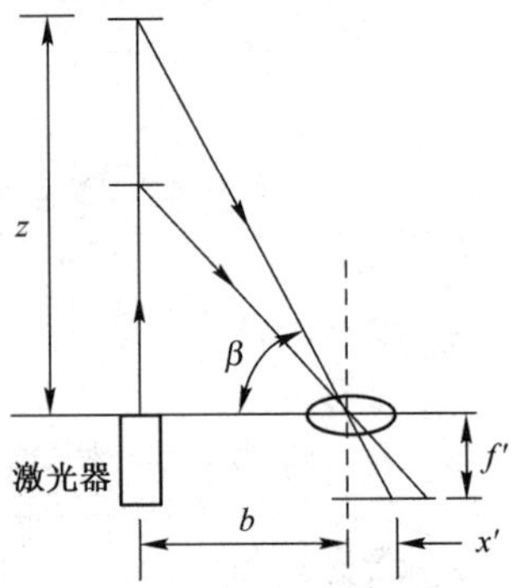

图 7-22 激光三角法测量原理的另一种表述

式中,b 为激光器光轴与接收透镜光轴之间的距离;f' 为接收透镜焦距;x' 为接收光点到透镜光轴的距离。其中 b 和 f' 均已知,只要测出 x' 的值就可以求出距离 z。因此,只要很准确地标定出 b 和 f' 的值,就可以保证测试的准确度。

激光三角法的测量准确度受传感器自身因素和外部因素的影响。传感器自身因素主要包括光学系统的像差,光点大小和形状,探测器固有的位置检测不确定度和分辨力,探测器暗电流和外界杂散光的影响,探测器检测电路的测量准确度和噪声,电路和光学系统的温度漂移等。外部因素主要有被测表面倾斜,被测表面光泽度和粗糙度,被测表面颜色等。这些外部因素一般无法定量计算,而且不同的传感器在实际应用中会表现出不同的性质,因此在使用前必须通过实验对这些因素进行标定。

根据激光三角法测量原理制成的仪器被称为激光三角位移传感器。一般采用半导体激光器(LD)作为光源,功率在 5 mW 左右,光电探测器可采用 PSD 或 CCD。商品化的激光三角位移传感器中,比较常见的有日本 Keyence 公司斜射式 LD 系列、直射式 LC 系列和 LB 系列;Renishaw 公司的 OP2 型;美国 MEDAR 公司的 2101 型等。

3. 光学灵敏杠杆法

用于绝对测量的万能工具显微镜为双坐标测量系统。它具有分立的瞄准、读数系统,且备有很多附件可用于不同的被测对象,其瞄准系统可实现多种不同的瞄准方式。图 7-23 所示为万能工具显微镜接触瞄准系统——光学灵敏杠杆的测量原理图。由照明光源照亮分划板上的三对双刻线,经透镜后由与测杆相连的反射镜反射,再经物镜放大,最后成像在测角目镜分划板(米字形刻线)上。反射镜随测杆摆动时,三组双刻线的像随之左右移动。仅当测杆中心线与显微镜光轴重合时,三对双刻线的像才位于米字形刻线的中心位置。测量方向可根据接触方向进行相应的改变。

在万能工具显微镜上用光学灵敏杠杆测量端面定位孔的直径时,可用两种方法确定采样点的位置。假设测量工件 x 方向的直径已知。第一种为寻找拐点法(见图 7-24(a)):先沿 x 方向移动被测工件,使测头与被测表面接触;再在 y 方向移动测杆,则双刻线会在 x 方向直径点处(俗称拐点)改变移动方向;精确确定拐点位置并锁紧仪器在 y 方向的运动副;然后在 x 方向移动工件,使测

头在直径的两端瞄准对零,由读数系统读得 x_1、x_2;若已知测头直径为 d,则被测孔径为

$$D = \mid x_2 - x_1 \mid + d$$

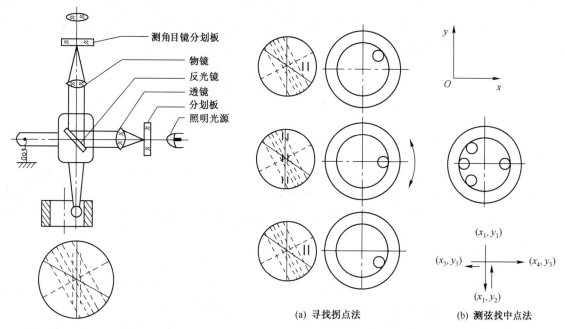

图 7-23　光学灵敏杠杆测量原理图

(a) 寻找拐点法　　　　　(b) 测弦找中点法

图 7-24　光学灵敏杠杆法测量端面定位孔径原理图

第二种为测弦找中点法(见图 7-24(b)):先在 x 方向移动测杆,使测头瞄准任一平行于光轴的弦的两端点,读得 (x_1, y_1)、(x_1, y_2);计算 $y_3 = y_1 + (y_2 - y_1)/2$;然后将测杆锁定在 y_3 的位置;移动工件使测头瞄准直径端点并读得两端点 x 的坐标值 x_2、x_3。同理可得

$$D = \mid x_3 - x_2 \mid + d$$

无论用哪种方法定位,测量时测头的高度均不允许改变。

4. 激光扫描法

激光扫描法是从 1972 年开始发展起来的一种技术,有人称之为 Laser Shadow Gauge。1975 年推出了第一台仪器并申请了专利。现在已经有很多不同型号的仪器产品。

如图 7-25 所示为激光扫描法的原理图。激光束经透镜 1 后被反射镜反射,由于同步位相电机的转动而形成扫描光束。扫描光束经透镜 1 后变成平行扫描光束,平行扫描光束在扫描过程中被工件遮挡,光束经透镜 2 后被位于焦平面上的探测器接收,得到一个随时间变化的光电信号。再经过信号处理电路,就可以得到工件直径的测量值。

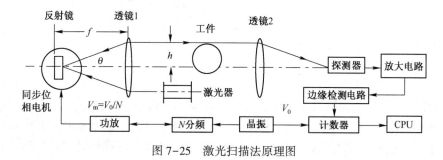

图 7-25　激光扫描法原理图

由于同步位相电机是匀速转动的,转速为ω_m,所以平行扫描光束的扫描角速度$\omega_L = 2\omega_m$。则光扫描的线速度为

$$v = \omega_L f = 2\omega_m f = 4\pi\nu_m f \quad (7.3-5)$$

式中,f为透镜1的焦距。若在平行扫描光束被遮挡的时间t内计数器的计数为n,晶振的时钟频率为ν_0,分频数为N,则被测工件的直径为

$$d = vt = 4\pi\nu_m fn\frac{1}{\nu_0} = n\frac{4\pi f}{N} \quad (7.3-6)$$

这样,根据计数器所记录的工件挡光时间内的时钟脉冲数,就可以求得工件的直径。

7.3.2 位移信息的光电变换

将物体位移量变换成光电信号,以便进行非接触测量,是工业生产和计量检测中的重要工作。采用线、面阵CCD、CMOS、象限探测器、PSD等器件与成像物镜配合,很容易构成被测物像的位移信息变换系统,实现对物体位移量、运动速度、振动周期或频率等参数的测量。下面主要介绍像点轴上偏移检测的光焦点法和像点轴外偏移检测的像偏移法。

1. 像点轴上偏移检测的光焦点法

在光学成像系统中,物像之间有严格的几何关系。被测物体离开理想物面便会使像面的光照度分布发生变化。点光源对被测物体表面照明,使用成像物镜对该光点成像并聚焦。当物体沿光轴方向位移时,像面焦点扩散形成弥散圆。只有准确处于物面位置,物体所成的像才能保证有集中的光密度分布。这种以聚焦光斑光密度分布的集中程度来判断物体轴向位移的方法称为光焦点法。

如图7-26(a)所示为光焦点法测距原理图。

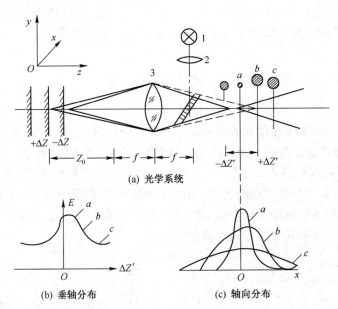

(a) 光学系统

(b) 垂轴分布　　　　(c) 轴向分布

图7-26　光焦点法测距原理图

图中,点光源1通过成像镜头2在被测透镜3的表面成像点,该像点作为新的发光点,折回成像物镜的光路中,在像面上成清晰的像。像面的光照度分布呈衍射斑的形式,如图7-26(b)中曲线的a段所示。当被测物体表面相对理想物面前后偏移$\pm\Delta Z$时,像点相对理想像面在相同方向上前后移动$\pm\Delta Z'$。根据几何光学规律有关系:

$$\Delta Z' = \beta^2 \Delta Z \tag{7.3-7}$$

式中, β 为成像物镜的横向放大率。设物镜焦距为 f, 物距为 Z_0, 则

$$\beta = f/Z_0 \tag{7.3-8}$$

像点的 $\Delta Z'$ 偏移引起原像面上的离焦, 使像面照度分布扩散, 对照着观看图 7-26(a)、(b)和(c)中曲线的 b 段和 c 段的像斑。

现在, 在初始像面位置上设置针孔光阑, 并使其直径小于光斑直径。这时, 前、后移动光阑位置 $\pm\Delta Z'$, 通过针孔的光通量将随 ΔZ 而改变。若将光斑和针孔光阑看作一个像分析器, 则它们的轴向分布如图 7-26(c)所示。它表明了通过针孔光阑的光通量和像点轴向偏移量 $\Delta Z'$ 的关系。由于式(7.3-7)的关系, 曲线表示了物面的轴向偏移量 ΔZ 与像的聚焦度有关。轴向定位特性表明, 在初始物面位置 Z_0 呈现极值, 曲线呈对称分布。曲线范围由物镜焦深决定, 超过焦深后能量密度将急剧下降。

利用轴向定位特性, 可以组成各种形式的像面离焦检测系统。例如扫描调制检测, 双通道差分像分析器检测等。

2. 像点轴外偏移检测的像偏移法

像偏移法又称光切法, 是一种三角测量方式的轴向位移测量方法。当光束照射到被测物体时, 用成像物镜从另外的角度对物体上的光点位置成像, 通过三角测量关系可以计算出物面的轴向偏移。这种方法在数毫米到数米的距离范围内都可以得到较高的测量精度。常用在离面位移检测中。

如图 7-27 所示为像偏移法测距原理图。点光源经聚光镜成像于被测物面上, 反射亮点由成像物镜接收, 在像面上成点像。设被测物面轴向偏移为 ΔZ 时, 照明光点由 O_1 移到 O_2, 相应的像点由 P_1 偏移到 P_2, 则像点的横向偏移量为

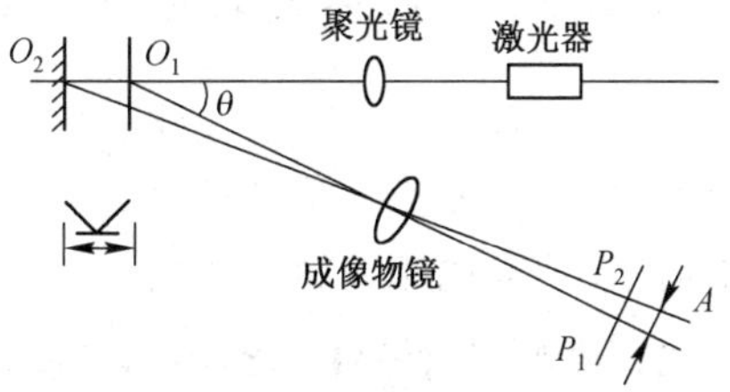

$$A = \left| \overline{P_1 P_2} \right| = \Delta Z \beta \sin\theta$$

式中, β 为横向放大率。上式可改写为

图 7-27　像偏移法测距原理图

$$\Delta Z = \frac{A}{\beta \sin\theta} \bigg|_{\theta \to 0} = \frac{A}{\beta\theta} \tag{7.3-9}$$

上式表明, 在已知 β 和 θ 的情况下, 只要测量出 A, 即可计算出 ΔZ。

像点偏移量的检测可以采用 CCD 或者 PSD, 前者的空间分辨率取决于像元尺寸, 比后者优越。它的温度漂移较小, 工作稳定。但是 CCD 需要扫描驱动电路, 背景光的调制作用会引起干扰信号。此外, 它的测量响应速度由扫描速度决定, 高速应用受到限制。采用 PSD 检测方法, 信号是模拟输出的, 分辨率受入射光功率的影响。只有光功率稳定度达到一定值时才具有和 CCD 相接近的分辨率。PSD 的响应速度快, 可进行光点位置的连续检测。也可用调制光检测。因此, 容易和背景光分离。此外, 它的信号处理电路简单。光源可以选用白炽灯、He-Ne 激光器或半导体激光器等多种光源。

图 7-28 所示为采用 PSD 和半导体激光器的距离传感器。照明装置由半导体激光器 1、驱动电路 2 和聚光透镜 3 组成。接收装置由成像聚光镜 4、窄带滤光片 5 和 PSD 6 组成。半导体激光器 1 通过高频调制投射到被测面上。反射面上被散射的光点由聚光镜 4 接收, 最后透过窄带滤光片 5 由 PSD 6 接收。产生的信号电流进入信号处理装置。在这里, 信号电流经前置放大器 7, 一路反馈到电源驱动器, 控制发光强度保持恒定。另一路经过模拟开关 8 将 PSD 6 的两个输出信号 I_A 和 I_B 分别接入同一电路中。其中

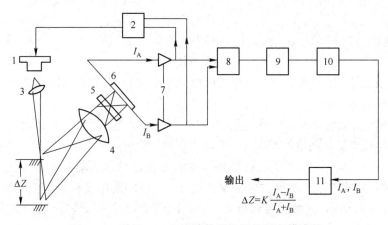

图 7-28　采用 PSD 和半导体激光器的距离传感器

$$I_A = \lg(L+A)/2L \qquad I_B = \lg(L-A)/2L$$

并有
$$\frac{A}{L} = \frac{I_A - I_B}{I_A + I_B} \qquad\qquad (7.3\text{-}10)$$

式中,L 为信号电极距 PSD 6 光敏区中心的距离;A 为入射光点距 PSD 6 中心的距离。模拟开关的输出信号送至采样放大器 9 和 A/D 转换器 10,它们以光源调制频率将 PSD 6 的输出信号转换成数字信号,最后利用微型计算机 11 计算出被测量的距离。

7.3.3　速度信息的光电变换

将电机等物体的转动速度、运行速度、信息的变化速度等物理量变换成光电信号的过程称为速度信息的光电变换。速度信息光电变换的方法有多种,其中利用光电耦合器件(光电开关)、频闪测速法测速既简单又容易实现。

1. 光电耦合器件(光电开关)测速

光电开关是光电耦合器件的一种特殊形式,是将发光器件与光电接收器件分开一定距离再封装成一个器件(见图 6-27)。利用光电开关可以实现各种速度信息的光电变换。

由于其通、断代表了"1"、"0"信号,因而又起到 1b 的编码作用,所以也是一种最简单的编码器。光电开关应用很广,利用它可简单方便地实现自动控制与自动检测。

光电开关可以用在数字控制系统中组成编码器。例如,在自动售货机中检测硬币数目;在各种程序控制电路中作为定时信号发生器;在计算机终端设备中,读取纸带、卡片;在高速印刷机中,做定时控制或印字头的位置控制等。反射型光电开关正日益广泛地应用于传真、复印机等的纸检测或图像色彩浓度的调整等。在民用电器和儿童玩具中,也会用到光电开关。例如,将反射型光电开关靠近旋转着的电机,利用电机转轴上的反射镜,使发光管发射的光不断地反射到光电开关上,通过计数显示可直观地记录电机的运转速率。此外,采用透光型光电开关还可制成如图 7-29 所示的圆盘光栅式读数装置。光电开关作为转速测量装置能检测出转动物体的转速和转动方向。其在液面控制和电子秤中也得到应用。这种用法在被测物体上要事先设置如图 7-29(a)所示的光孔码盘。并且至少采用两组工作特性相近的光电开关,以便判断转动方向。图中光孔盘的两侧分别安装光电开关 S_A 与 S_B,并经如图 7-29(b)所示的变换电路输出两路脉冲,其输出的转向波形如图 7-29(c)所示。显然,向右转和向左转时的相位变化不同,可以通过逻辑电路自动地判断码盘的转向。通过计量每秒脉冲的个数,可以精确地测量码盘的转速,也可以测量码盘的瞬时转角和转速。

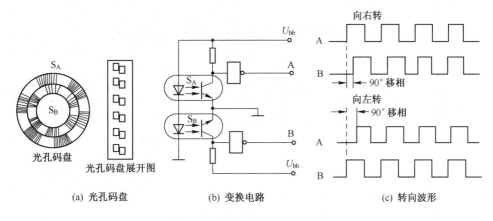

| (a) 光孔码盘 | (b) 变换电路 | (c) 转向波形 |

图 7-29　圆盘光栅式读数装置

2. 频闪测速法测速

（1）频闪效应

物体在人的视野中消失后，人眼视网膜能在一段时间内保持视觉印象，即为视后暂留现象。在物体平均亮度条件下，其维持时间约为 $1/5 \sim 1/20$ s。

（2）频闪测速法测量转速原理

频闪测速法是利用人眼的频闪效应来测量转速的。测量转速所用的圆盘称为频闪盘。测量转速时按频闪原理复现的图像称为频闪像。当用一个可调频率的闪光灯照射频闪盘时，在闪光频率与频闪盘转动频率相同时频闪盘在某一位置，灯恰好亮，使人眼清晰地看到频闪像。在其他时间频闪像转动形成圆环，因此色彩反差不明显，也不清晰。若每一次看到的频闪像在同一位置静止不动，则用闪光频率乘以 60 即为频闪盘每分钟的转数。由已知频闪盘的转速可求得被测物体的转速。

因为当闪光频率与频闪像频率相同或成整数倍时都能看到不动的频闪像，因此在测转速时，要调整闪光灯的频率，使频闪像不动时频闪灯的最低频率为被测物体的真正转数。

具体测量方法如下。

① 测转速范围为 $n \sim n'$，则先将闪光频率调到大于 $n \sim n'$，然后使其逐渐下降，直到第一次出现不动的频闪像，此时的频闪数为被测转速。

② 若无法估计被测转速时，首先调整频闪盘的转速，当旋转的频闪盘上连续出现两次频闪像停留时，分别测出频闪盘的两次转速。然后计算被测转速为

$$n = \frac{n_1 n_2 z}{n_1 - n_2} \qquad (7.3\text{-}11)$$

式中，n_1 为测得的频闪盘转速的较大值；n_2 为测得的频闪盘转速的较小值；z 为频闪盘上的频闪像个数。

（3）频闪测速仪

SSC-1 型频闪测速仪是根据频闪测速原理制成的频率可调的闪光灯装置来测量转速的，仪器采用单结晶体管作为振荡器。由频闪测速原理可知，振荡器的精度决定了频闪的精度，亦决定了仪器的测量精度。因此采用高稳定度振荡器和均匀变频装置是提高频闪测速精度的主要途径。频闪测速仪的主要优点是非接触测量，最高可测转速为 1×10^6 r/min。SSC-1 型频闪测速仪的量程为 $100 \sim 240\ 000$ r/min，测量误差不大于 1%，操作简便，有多种用途，广泛用于纺织、机电、印刷和国防科研等领域。

7.4 物理光学方法的光电信息变换

物理光学告诉我们,光具有波动的属性,单一频率的光波在传输过程中会发生衍射,几束单色光的叠加能形成干涉。衍射和干涉现象通常发生在一定的空间域内,由此组成各种衍射和干涉图样。空间分布光波的干涉可以形成全息图样和散斑图样。不同频率光波的干涉会形成光学拍频,空间域内的拍频分布构成光拍图形。这样,光以其波动的属性构成了光学信息领域色彩绚丽的世界。

7.4.1 干涉方法的光电信息变换

1. 光电干涉测量技术

各种干涉现象都是以光波波长为基准的,与形成它的外部几何参数,如长度、距离、角度、面形、微位移、运动方向和速度、传输介质等,存在着严格的内在联系。在这种变换过程中,光波作为物质的载体,载荷了待测信息及其变化,表现出随时间和空间改变的外观特性。利用光电方法对光波的各种干涉现象进行检测和处理,最后算出被测几何和物理参量的技术,统称为光电干涉测量技术。随着现代光学技术和光电技术的发展,光电干涉测量技术以其巨大的生命力在信息科学中崭露头角,并取得了较大的发展。

从信息处理的角度来看,干涉测量实质上是待测信息对光频载波的调制和解调的过程。各种类型的干涉仪器或干涉装置实质上都可看作光频波的调制器和解调器。我们用最常见的干涉仪来进行说明。图 7-30 所示为它的结构配置和信息处理器。就其信息传递的实质而言,实际的干涉仪结构和工作过程可以用下列方式描述。干涉仪中的激光源是相干光载波的信号发生器,它产生振幅为 A、频率为 f_r、初相位为 φ_0 的载波信号,用 $I_0(A, f_r, \varphi_0)$ 表示。载波信号分为两路引入干涉仪。在测量臂中 $I_0(A, f_r, \varphi_0)$ 受到待测位移信号 $\sigma(x)$ 的相位调制,形成 $I_0(A, f_r, \varphi_0 + \Delta\varphi)$ 的调相信号。若待测信息以速度 $v(x)$ 运动,则产生 $I_0(A, f_r + \Delta f, \varphi_0)$ 的调频信号。这样测量臂就起到了信号调制器的作用。已调制光频波在干涉物上与来自参考臂的参考光波相干涉,呈现出具有稳定的干涉图样(在测位移情况下)或确定光拍频率(在测速情况下)的输出信号。这个信号消除了光频载波的影响,以干涉条纹的相位分布或光拍的时间性变化表征被测量的变化,因此可看成光学解调的过程。

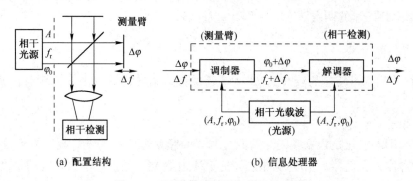

图 7-30 干涉仪的配置与信息处理器

干涉测量的调制和解调过程可以是时间性的,也可以是空间性的。根据调制的方式不同,形成了各种类型的光学图样。这种以光波的时空相干性为基础,受被测信息调制的光波时空变换称为相干光学信息。它的形成和检测过程就是光载波受待测信息调制和已调制光波解调再现为信息的过程。根据相干光学信息的时空状态和调制方式,可以将调制光信号分为局部空间的一维时间调制光信号和二维空间内的时间或空间调制光信号。

2. 单频光相干的条纹检测

使用窄光束单频光照明的干涉测量中,用单元光电器件检测干涉条纹可以在较小的空间范围内进行。检测的对象一般是干涉条纹波数或相位随时间的变化,为一维空间单频光的相位调制,适用于被测对象为物体的整体位移或运动。另外,当激光束扩成平行光照射到被测物体时,会形成由干涉条纹组成的平面干涉图像。它反映了被测物面微观面形的几何参量的变化,是二维空间单频光的相位调制。这种方法依据干涉条纹的光强分布对干涉图像进行判读,从周围条纹分布的比较中得到某点处条纹的空间相位。因此,它的空间分辨率和相位分辨率受到限制,使干涉测量的实际精度不超过 $\lambda/20$。20 世纪 70 年代发展起来的可直接进行相位检测的干涉图像测量技术,其基本原理就是通过对两束相干光相位差的时间调制,使干涉图像上各点的光学相位变换为相应点的时序电信号的相位变化。利用扫描或阵列探测器分别测得各点的时序变化,就能以优于 $\lambda/100$ 的相位精度和 100 线/毫米的空间分辨率测得干涉图像的相位分布。这些干涉图像的测量法包括锁相干涉测量和扫描干涉测量。它们为干涉测量开辟了实时、数字、高分辨的新领域,在全息与散斑干涉图像的测量中得到广泛应用。

干涉条纹时序变化的检测可采用下列方法。

(1) 干涉条纹光强检测法

干涉条纹光强检测法主要利用光学干涉仪的双光束或多光束的干涉作用,以光电器件直接检测条形或同心圆环形干涉条纹的光强变化来实现测量。图 7-31 所示为干涉条纹光强检测法示意图。该图也可以用于一维干涉测长。当角反射镜 M_2 随被测物移动 $\lambda/2$ 时,干涉条纹的光强发生一个周期的变化。采用光电接收器计数干涉条纹数目的增减和条纹间隔的相位关系,即能确定被测物体位置的变化。

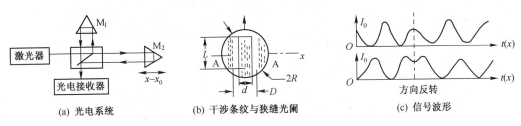

(a) 光电系统　　　(b) 干涉条纹与狭缝光阑　　　(c) 信号波形

图 7-31　干涉条纹光强检测法示意图

用光电接收器检测干涉条纹时,光电信号的质量不仅取决于干涉条纹光强的对比度,而且在很大程度上取决于光电接收器的光阑尺寸和干涉条纹的间距。图 7-31(b) 所示为均匀照明光产生的干涉条纹。在 A-A 截面上的光强分布可简化为

$$I = I_0 + I_m \cos x \tag{7.4-1}$$

式中,I_0 为光强的直流分量,I_m 为交变分量的幅值,x 为干涉平面上的坐标值。当采用狭缝光阑,且横向尺寸 d 小于光斑直径 $2R$ 时,光电接收器产生的光电信号的交变分量幅值为

$$U_\varphi = K_\varphi I_m L \int_{-\pi d/D}^{+\pi d/D} \cos x \, dx = 2K_\varphi I_m L \sin \frac{\pi d}{D} \tag{7.4-2}$$

式中,K_φ 为光电接收器的灵敏度,d、L 分别为光阑的宽度和长度,D 为干涉条纹的间距。一方面,当满足

$$d = D/2 \qquad\qquad (7.4\text{-}3)$$

时,光电接收器输出的交变信号取最大值。因此,式(7.4-3)确定了最佳光阑值。另一方面,在 D 本身允许调节的情况下,计算和实验表明:不论是采用均匀分布的照明光束,还是采用单模激光光束,当截面上的辐强度呈高斯分布时,增大干涉条纹的间距都有利于提高信号检测的对比度和增大交变分量的幅值。

在多数情况下,为了消除震动的干扰和进行双向测长,干涉测量中需要采用可逆计数器。要求为检测装置提供彼此正交的两路交变信号,信号波形如图 7-31(c)所示。将信号二值化处理后送入可逆计数器,即能进行双向位移的测量。若采用倍频细分(如 4 细分)技术,用 $\lambda = 0.6328~\mu m$ 的稳频 He-Ne 激光器作为光源,可得到 $\lambda/8 = 0.0791~\mu m$ 的位移分辨率,相对误差小于 10^{-6}。当要求更高的分辨率时,应该采用更高的细分技术。此外,若将二值信号送入计算机中,则可获得更方便、功能更强的测量。

图 7-32(a)所示为数字式激光干涉仪原理图。图中激光器 1 产生的相干光束经扩束镜 2 在半透明反射镜 3 上被分束。其中,反射光被光电器件 5 接收后,产生的光电信号通过电源控制器对激光器进行频率稳定和功率稳定。透射光束由半反射镜 6 进行分束。由反射镜 A 反射的是参考光束,经活动角反射镜 4 和固定反射镜 B 反射的是测量光束。两束相干光束在两个光电检测器 D_1 和 D_2 上分别形成干涉条纹。调整两个光电检测器的相对位置,使其处于干涉条纹空间分布周期的四分之一位置上,以便得到相位差为 90° 的两路光电信号。信号处理系统如图 7-32(b)所示,光电检测器的光电信号经前置放大、抵消直流分量、整形(图中未画出)、辨向、细分倍频电路处理后,得到代表被测物体位移的脉冲,将其通过计算机接口电路送入计算机,同时将气压、温度等信息也送入计算机以便修正环境对测量值的影响。经软件计算后将结果显示或打印出来。实际的测量系统可以得到 $0.1~\mu m$ 以上的测长精度。

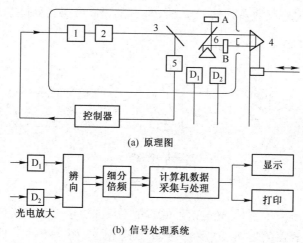

(a) 原理图

(b) 信号处理系统

图 7-32 数字式激光干涉仪

(2) 干涉条纹比较法

对于图 7-31(b)所示的干涉条纹,若采用两束不同频率的相干光作为光源,其中一束频率已知,另一束为未知,则对应测量臂的位移,两束光各自形成干涉条纹。再经光电检测后形成两种不同频率的电信号,如图 7-31(c)所示。通过电信号频率的比较可以计算出未知光的波长(或频率)。这种对应于同一位移、通过比较波长不同的两束光干涉条纹频率变化的方法称为干涉条纹比较法。

图 7-33 所示为测量精度为 10^{-7} m 的干涉条纹比较法波长测量仪器的原理图。它由已知波长的基准光波 λ_r 和被测光波 λ_x 经半透反射镜 1 分别投射到放置于移动工作台上的两个圆锥角反射镜 2 和 3 上,使两束光的入射位置分别处于弧矢与子午方向,保证它们在空间上彼此分开。每束光的逆时针反射和顺时针反射在各自的光电传感器 PD_r 和 PD_x 上,形成干涉条纹。对应于工作台的同一位移,因两束光波长不同,产生的干涉条纹也有不同的变化周期,因而输出的光电信号为不同的频率。精确地测量出两个光电信号的频率,根据基准波长的数值即能计算出被测量的波长值。采用锁相振荡计数的方法测量频率比,两个锁相振荡器分别与 PD_r 和 PD_x 光电信号同步,产生与 λ_r 和 λ_x 的干涉条纹同频的整形脉冲信号。其中与 λ_r 对应的脉冲信号做 M 倍频,而与 λ_x 所对应的信号做 N 倍分频。利用脉冲开关由 N 分频信号控制 M 倍频信号进行脉冲计数。最后计算出被测光的波长为

$$\lambda_x = \frac{\lambda_r}{M}\frac{C}{N}\left(1+\frac{\Delta n}{n}\right) \tag{7.4-4}$$

式中,C 为脉冲计数器的计数值;$\Delta n/n$ 为折射率的相对变化。

（3）干涉条纹跟踪法

干涉条纹跟踪法为平衡测量的方法。在干涉仪测量镜位置变化时,通过光电器件实时地检测出干涉条纹的变化。同时利用控制系统使参考镜沿相应方向移动,以维持干涉条纹保持静止不动。这时,根据参考镜位移驱动电压的大小可以直接得到测量镜的位移。图 7-34 所示为利用这种原理测量微小位移的干涉测量系统。这种方法能避免干涉测量的非线性的影响,并且不需要精确的相位测量装置。但是所用跟踪系统的固有惯性限制了测量的速度,只能测量 10 kHz 以下的位移变化。

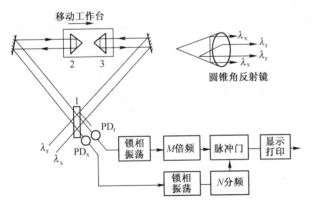

图 7-33　干涉条纹比较法波长测量仪器的原理图

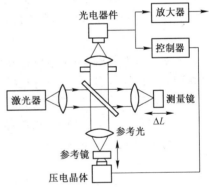

图 7-34　测量微小位移的干涉测量系统

3. 双频光相干的差频检测

双频光相干的差频检测是将包含有被测信息的相干光调制波和作为基准的本机振荡光波在满足波前匹配的条件下,在光电器件上进行光学混频,光电器件的输出为两光波的差频电信号。信号含有调制信号的振幅、频率和相位等特征。因此,差频检测也是相干检测。与非相干检测的直接检测法相比,差频检测具有灵敏度高(比直接检测高 7~8 个数量级)、输出信噪比高、精度高、探测目标的作用距离远等优点,因而在精密测量系统中得到广泛应用。

差频信号(或称拍频)的获得,主要利用具有平方律特性的光电器件。例如,光电倍增管或光电二极管等光电器件在输入光强较弱的情况下光照特性具有平方律的性质。即输出光电流 I_φ 和输入光振幅 E 的平方成正比。有

$$I_\varphi = KE^2 \tag{7.4-5}$$

设入射的信号光波为 $E_1 = A_1\sin(\omega_1 t + \varphi_1)$，参考光波为 $E_2 = A_2\sin(\omega_2 t + \varphi_2)$，则光电器件输出的光电流为

$$
\begin{aligned}
I_\varphi &= K(E_1 + E_2)^2 = K[A_1\sin(\omega_1 t + \varphi_1) + A_2\sin(\omega_2 t + \varphi_2)]^2 \\
&= K\left\{ \frac{A_1^2 + A_2^2}{2} - \frac{A_1^2}{2}\cos 2(\omega_1 t + \varphi_1) - \frac{A^2}{2}\cos 2(\omega_2 t + \varphi_2) - 2A_1 A_2\cos[(\omega_1 + \omega_2)t + \right. \\
&\left. (\varphi_1 + \varphi_2)] + 2A_1 A_2\cos[(\omega_1 - \omega_2)t + (\varphi_1 - \varphi_2)] \right\}
\end{aligned}
\tag{7.4-6}
$$

由式(7.4-6)可知，在输出信号中除直流分量外还有交变分量 $2\omega_1$、$2\omega_2$、$(\omega_1 + \omega_2)$ 和 $(\omega_1 - \omega_2)$ 等四个谐波成分。只要 ω_1 和 ω_2 比较接近，则 $(\omega_1 - \omega_2)$ 就比较小，可以限定在光电器件的上限频率之内。其余的倍频项与和频项会远远超出通频带，光电器件便可以分离出差频信号分量。于是式(7.4-6)可简化为

$$
\begin{aligned}
I_\varphi &= 2KA_1 A_2\cos[(\omega_1 - \omega_2)t + (\varphi_1 - \varphi_2)] \\
&= 2KA_1 A_2\cos(\Delta\omega t + \Delta\varphi)
\end{aligned}
\tag{7.4-7}
$$

式中，$\Delta\omega = \omega_1 - \omega_2 = 2\pi(f_1 - f_2)$；$\Delta\varphi = \varphi_1 - \varphi_2$。

式(7.4-7)为光学差频或光拍的表达式。为了形成光学差频信号，对光波的单色性、偏振方向、入射光通量的幅度和光电器件的受光面积等都有严格的要求。利用差频信号进行干涉测量的方法常称为差频检测。根据频差形成的方式不同，差频检测可分为两类。第一类的频差由被测量引起的同一光波的频率分离，例如由于运动效应引起的光学多普勒频移，可用来进行物体运动速度的测量；电磁场变化引起的环形激光与反向光波间的光波偏移，可用于电磁场场强的测量等。在第二类差频检测中，需要人为地产生光频差。例如，利用声光控制的布拉格频偏盒和旋转光栅等的外部频偏器，以及在气体激光器上加横向磁场产生的称作塞曼效应的频率分裂等内部调制方法。人为光频差主要用于外差干涉仪和激光外差通信中。下面简单地介绍几种利用光频差进行检测的典型实例。

(1) 光学多普勒(Optical Doppler)差频检测

运动物体能改变入射于其上的波动性质(例如波动频率)，这种现象称为多普勒效应。其中对入射光波光频的影响称为光学多普勒频移。对光学多普勒效应的分析表明：频率为 f_0 的单色光作用到以速度 v 运动的散射物体上，被物体散射的光辐射频率 f_s 将产生附加的频率偏移 Δf，称为多普勒频移。Δf 和散射方向有关，其数值为

$$\Delta f = f_s - f_0 = \frac{1}{\lambda}[v(r_s - r_0)] \tag{7.4-8}$$

式中，v 是物体运动速度矢量；$(r_s - r_0)$ 为散射接收方向 r_s 与光束入射方向 r_0 的矢量差，称作多普勒强度方向，如图 7-35(a)所示。式(7.4-8)表明，多普勒频移等于散射物体的运动速度在多普勒强度方向上的分量与入射光波长的倒数积。

在特殊情况下，当 $r_s = -r_0$ 时，如图 7-35(b)所示，有 $r_s - r_0 = 2r_0$，代入式(7.4-8)有

$$\Delta f = \pm\frac{2v}{\lambda}$$

在一般情况下，若 v 和 r_0 夹角为 α，r_0 和 r_s 的夹角为 θ，如图 7-35(c)所示，将其代入式(7.4-8)后，有

$$\Delta f = \frac{2v}{\lambda}\sin\frac{\theta}{2}\sin\left(\alpha + \frac{\theta}{2}\right) \tag{7.4-9}$$

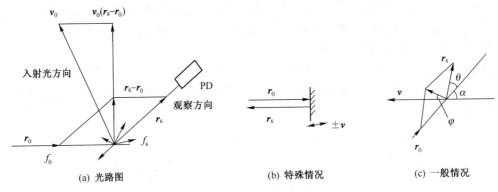

(a) 光路图   (b) 特殊情况   (c) 一般情况

图 7-35   光学多普勒效应

由式(7.4-9)所表示的光学差频的应用实例为双频激光干涉仪,它的原理如图 7-36 所示。双频激光装置中,激光器产生频率为 f_1 和 f_2 的激光,两者频率相差几兆赫兹。它们在基准光束分光镜 M_1 处分为两束,其中反射光经光电器件 PD_1 混频得到两光频的差频信号 f_2-f_1 作为参考信号。透射光受干涉反射镜 M_2 反射,经光学滤波器 F_2 得到 f_2 的单频激光,它由参考角反射镜 M_3 反射后形成干涉仪的参考光束。透过 M_2 的光束经光学滤波器 F_1 后得到 f_1 的单频激光,经测量角反射镜 M_4 的反射,附加了镜面运动引起的多普勒频移 Δf 后,将以 $f_1\pm\Delta f$ 的光频入射到光电器件 PD_2 上,并与参考光频 f_2 相混频,得到光学差频信号,其频率为

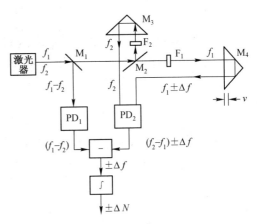

图 7-36   双频激光干涉仪原理

$$f_2-(f_1\pm\Delta f)=(f_2-f_1)\pm\Delta f$$

相当于多普勒频移 Δf 对光学差频(f_2-f_1)的频率调制。光学差频(f_2-f_1)已落在电信号处理电路的通频带内。因此,将 PD_1 和 PD_2 中检测到的两路光拍信号经过电信号混频,或用频率计数后做加减运算,即可以得到表征物体运动速度的光学差频信号 Δf,并有

$$\Delta f=\pm\frac{2}{\lambda}\Delta v$$

若用积分器累加差频信号的相位变化,或者计数差频信号的波数 N,可得

$$N=\int_0^t \Delta f \mathrm{d}t=\int_0^t \frac{2v}{\lambda}\mathrm{d}t=\frac{2}{\lambda}\int_0^t v\mathrm{d}t=\frac{2}{\lambda}L$$

式中,$L=\int_0^t v\mathrm{d}t$ 为运动物体的位移。于是有

$$L=\frac{\lambda}{2}N \tag{7.4-10}$$

这就是双频干涉测长装置的测量公式。其优点在于整个系统中的信号是在固定频率偏差 f_2-f_1 的状态下工作的,它克服了常规干涉仪中采用直流零频系统所固有的通道耦合复杂、长期工作漂移等不稳定因素,提高了测量精度和对环境条件的适应能力。通常,在频差为 $10\sim50\,\mathrm{MHz}$、激光频率稳定度为 10^{-8} 时,能得到小于 $0.1\,\mu m$ 的灵敏度和 $1\,\mu m$ 的测长精度。

式(7.4-10)也是激光流速测量的基本关系式。当用激光束照射流动的散射粒子时,被运动粒子散射的激光束被流动速度频率调制,形成运动光拍。用光电检测器和参考波混频后检测到光拍信号,经解算即能解调出被测的流速分量。

由于物体运动而引起的光学拍频及其检测过程可以采用如图 7-37 所示的自差式光学差频检测系统。由被测信息对参考光波的频率进行调制,形成光学差频。差出的频率可由频率计或送入计算机进行精确的自动检测。

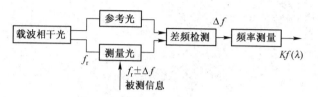

图 7-37 自差式光学差频检测系统

(2) 萨格纳克(Sagnac)效应和转动差频

当封闭的光路相对于惯性空间有一转速 Ω 时,顺时针光路和逆时针光路之间形成与转速成正比的光程差 ΔL,其数值满足下列关系

$$\Delta L = \frac{4A}{c}\Omega\cos\varphi \tag{7.4-11}$$

式中,c 为光速,A 为封闭光路所包围的面积,φ 为转速矢量 Ω 与面积 A 的法线夹角。当光路平面垂直于 Ω 时,上式简化为

$$\Delta L = \frac{4A}{c}\Omega \tag{7.4-12}$$

这种光程差随转速而改变的现象称作萨格纳克效应。图 7-38 所示为该效应的图解。由图可以看到,当以转速 Ω 顺时针转动时,从光路上一点 M 发出的顺时针光束 CW 在绕光路一周后重新回到 M 点时要多走一段光程,而反时针光束 CCW 却少走一段光程。于是,形成了光程差。这种光程差的量值甚小。例如,采用 $A = 100\ \mathrm{cm}^2$ 的环形光路,对于地球自转 $\Omega_E = 7.3 \times 10^{-5}\mathrm{r/s}$,相应的 ΔL 仅为 $10^{-2}\ \mathrm{cm}$。只有利用环形干涉仪或环形激光器才有可能通过检测双向电路的光频差得到被测角速度。

由三个或三个以上反射镜组成的激光谐振腔使光路转折形成闭合环路。将这种激光器称为环形激光器,如图 7-39(a)所示。在环形激光器中,激光束的基频纵模频率可表示为

$$\nu = q\frac{c}{L} \tag{7.4-13}$$

式中,c 为光速;L 为腔长,q 为正整数。上式表明 L 与光频 f 间为正比关系,即

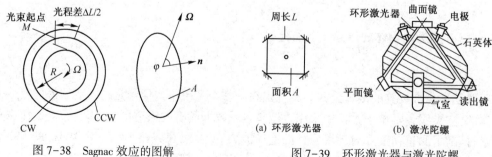

图 7-38 Sagnac 效应的图解

图 7-39 环形激光器与激光陀螺

(a) 环形激光器   (b) 激光陀螺

$$\frac{\Delta f}{f} = \frac{\Delta L}{L} \qquad (7.4\text{-}14)$$

式中,Δf 为与光程差 ΔL 对应的光频差。利用式(7.4-12)和式(7.4-14)可得

$$\Delta f = \frac{4A}{L\lambda}\Omega \qquad (7.4\text{-}15)$$

上式为环形激光器光频差的测量公式。为了计算实际转角 θ,可以对光频进行计数累加积分,其波数为

$$N = \int_0^t \Delta f \mathrm{d}t = \frac{4A}{L\lambda}\theta \qquad (7.4\text{-}16)$$

上式为环形激光器的测角公式。

由小型化的环形激光器及相应的光频差检测装置组成激光陀螺仪。它可以感知相对惯性空间的转动,在惯性导航中作为光学陀螺仪使用。图 7-39(b)所示为早期激光陀螺。

转动效应在相反方向光路中所引起的光频增减是反相的,为一种非互易效应。类似的现象也发生在电场和磁场对环形激光的相互作用中。由于非互易效应引起的光频差是双向的,因此,在这种干涉测量中,参考波同样受到调制而不再保持恒定。光频差是由两束测量光波混频而形成的,如图 7-40 所示。将这种差频检测方式称为互差式光电差频检测。

(3) 二维平面的外差干涉检测

光频差测量的另一种方式为外差干涉检测。外差干涉检测技术起源于无线电电子学,被信息调制的高频载波在接收端和具有一定频差的本机振荡信号相混频,得到的中频信号保有调制信号的特征。因此,通过检测中频信号可以解调出被传送的信息。将其应用到光频干涉,便为光外差干涉技术。它的基本过程包括人为产生具有一定光频差的两束相干光波,使一束光波受被测信息调制,另一束与参考光波相干,形成载有被测信息的光拍,光电器件将光拍信号转换为电信号。检测电信号的相位或频率即可得到被测信息。这个调制过程可以发生在局部空间,用单元检测器实现检测。也可用于二维平面空间的调制,使空间各点处分别产生各自的差频。固定频率相差的光电外差干涉检测系统如图 7-41(a)所示。图中的固定频率偏置 Δf 可以在参考通路中引入,也可以在检测通道中引入。图 7-41(b)所示为光学通信系统中广泛采用的外差式相干接收的原理图,它是光学外差检测的一种典型应用。

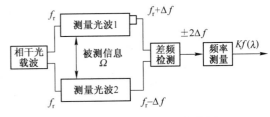

图 7-40 互差式光电差频检测

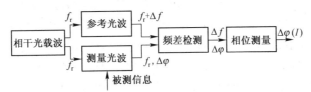

(a) 固定频率相差的光电外差干涉检测系统

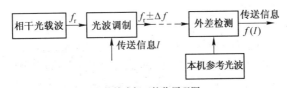

(b) 外差式相干接收原理图

图 7-41 光电外差干涉检测系统

图 7-42 所示为外差干涉仪的原理图,为一种改进的泰曼-格林干涉仪,用作对物体面形的精确测量。图中的干涉条纹由两束光频率稍有不同的光束形成。可以利用塞曼效应使激光频移,也可以利用声光效应或电光效应使激光频移,还可以利用旋转波片或衍射光栅等方法实现。由激光器产生的单频光在参考光路中经过频移器,原来的频率为 $\omega_0 = 2\pi f_0$,频率偏移为 $2\Delta\omega = 2(2\pi\Delta f)$。因此,干涉图样上任意点 x 处的光波复振幅为

$$V(x,t) = U_0(x)\exp\left[j(\omega_0 t + \varphi_0(x))\right] + U_r\exp\left\{j\left[(\omega_0 + 2\Delta\omega)t + \varphi_r\right]\right\} \qquad (7.4-17)$$

式中,$U_0(x)$ 和 $\varphi_0(x)$ 分别为测量光束各点的光波振幅和相位;U_r 和 φ_r 为参考光束的振幅和相位,它们在相干平面上为均匀的。在干涉平面上各点处的光强为

$$I(x,t) = |U(x,t)|^2 = U_0^2(x) + U_r^2 + 2U_0(x)U_r\cos\left[2\Delta\omega t + \varphi_r - \varphi_0(x)\right] \qquad (7.4-18)$$

式中,$2\Delta\omega = 4\pi\Delta f$,$\Delta f$ 为光频差。上式表明,干涉平面上各点处的合成光束以测量光束和参考光束的 $4\pi\Delta f$ 光频差波动,频率随时间按正弦规律变化。其中 $\varphi_r - \varphi_0(x)$ 为两光束在没有频偏时稳定干涉条纹的空间相位。而在外差干涉仪中变换成了时序信号的相位差。这样,若在 x 点处放置平方律检测器件,就能将光拍的波动变换为交变的电信号。且具有 $2\Delta f$ 的频率和 $\varphi_r - \varphi_0(x)$ 的初始相位。为了比较不同位置上的相位差,可选取 $x = x_0$ 处为相位基准点,利用两个光电器件(外差检测器)同时测量差频信号,如图 7-42(b)所示。设被测信号相对参考信号的时间延迟为 ΔT,信号周期为 T,则相位差为

$$\varphi_0(x) - \varphi_0(x_0) = 2\pi\Delta T/T \qquad (7.4-19)$$

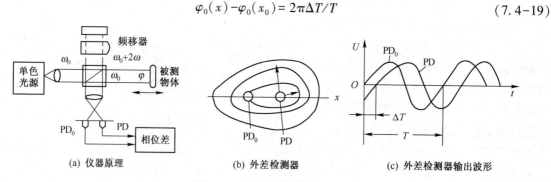

(a) 仪器原理　　　　　　　(b) 外差检测器　　　　　　(c) 外差检测器输出波形

图 7-42　外差干涉仪原理图

用外差检测器扫描整个干涉图,测量出各点处的相位分布 $\varphi_0(x)$,就可以换算出被测物体的表面形状。

外差干涉法具有很高的相位测量精度($\lambda/100 \sim \lambda/1000$)和空间分辨率(100 线/毫米),特别重要的是外差干涉法在测量原理上并不是用两相干光束的光强,而是用它们的相位关系。因此,即使相干光束有时间或空间的变化,也不会影响测量结果。此外,频移装置所造成的光频偏移的波动对两束光的影响是相同的,不致引起相对的相位变化,这为高精度的测量提供了可靠的保证。外差干涉法在高质量光学元件的检测、干涉显微镜的检测,以及利用波面检测相位的波动光学系统中都获得了广泛应用,是干涉检测技术的重大突破,也是现代光电技术的重要发展方向。

7.4.2　衍射方法的光电信息变换

光束通过被测物产生衍射现象时,将在其后面的屏幕上形成光强有规则分布的光斑条纹。这些光斑条纹称为衍射图样。衍射图样和衍射物(即障碍物或孔)的尺寸,以及光学系统的参数有关,因此根据衍射图样及其变化就可确定衍射物(被测物)的尺寸。

按光源、衍射物和观察衍射条纹的屏幕三者之间的位置,可以将光的衍射现象分为两类:菲涅

耳衍射(有限距离处的衍射);夫琅禾费衍射(无限远距离处的衍射)。若入射光和衍射光都是平行光,就好似光源和观察屏到衍射物的距离为无限远,因此产生的衍射就是夫琅禾费衍射。夫琅禾费衍射理论较简单,在此仅讨论夫琅禾费衍射。

1. 夫琅禾费单缝衍射

氦氖激光器发出的近似平行的单色光垂直照射宽度为 b 的狭缝 AB,经透镜在其焦平面处的屏幕上形成夫琅禾费衍射图样。若衍射角为 φ 的一束平行光经透镜后聚焦在屏幕上的 P 点,如图 7-43 所示,图中 AC 垂直 BC,因此衍射角为 φ 的光线从狭缝两边到达 P 点的光程差,即它们中的两条边缘光线之间的光程差为

$$BC = b\sin\varphi \qquad (7.4\text{-}20)$$

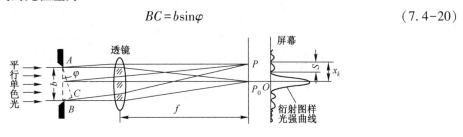

图 7-43　夫琅禾费单缝衍射原理图

P 点干涉条纹的亮暗由 BC 值决定,用数学式表示如下:

$$\begin{cases} -\lambda < b\sin\varphi < \lambda \\ b\sin\varphi = \pm 2k\dfrac{\lambda}{2} \\ \text{或 } b\sin\varphi = \pm(2k+1)\dfrac{\lambda}{2} \end{cases} \qquad (7.4\text{-}21)$$

式中,±号表示亮暗条纹分布于零级亮条纹的两侧;$k=1,2,\cdots$,相应地为第一级、第二级、……亮(或暗)条纹。中央零级亮条纹最亮最宽,为其他亮条纹宽度的二倍。两侧亮条纹的亮度随级数增大而逐渐减小,它们的位置可近似地认为是等间距分布的,暗点等间距地分布在中心两点的两侧。当狭缝宽度 b 变小时,衍射条纹将对称于中心亮点向两边扩展,条纹间距增大。激光衍射图样明亮清晰,衍射级次可以很高。若屏幕离开狭缝的距离 L 远大于狭缝宽度 b,将透镜取掉,仍可以在屏幕上得到垂直于缝宽方向的亮暗相间的夫琅禾费衍射图样。由于 φ 角很小,因此由图 7-43 和式(7.4-21)可得:

$$b = \frac{kL\lambda}{x_k} = \frac{L\lambda}{S} \qquad (7.4\text{-}22)$$

式中,k 为从 $\varphi=0$ 算起的暗点数,x_k 为第 k 级暗点到中心亮纹的间距,λ 为激光的波长,$S = x_k/k$ 为相邻两点的间隔。

图 7-44 示出了 $L=1\,\mathrm{m}$ 时,不同宽度狭缝所形成的几种衍射图样。由于 b 值的微小变化将引起条纹位置和间隔的明显变化,因此可以用目测、照相记录或光电图像技术测量出条纹间距,从而求得 b 值或其变化量。用物体的微小间隔、位移或

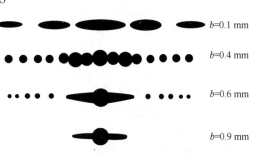

图 7-44　不同宽度狭缝的衍射图样

振动等代替狭缝或狭缝的一边,可测出物体微小间隔、位移或振动等的值。夫琅禾费单缝激光衍射传感器的误差由 L、x_k 的测量精度决定。b 一般为 $0.01\sim0.5\,\mathrm{mm}$。

2. 夫琅禾费细丝衍射

当氦氖激光器发出的激光束照射细丝(被测物)时,其衍射效应和狭缝一样,在屏幕(焦距为 f 的透镜焦平面处)上形成夫琅禾费衍射图样,如图7-45所示。同理,相邻两暗点或亮点间隔 S 与细丝直径 d 的关系为:

$$d = \lambda f / S \tag{7.4-23}$$

当 d 变化时,各条纹位置和间距随之变化。因此可根据亮点或暗点间距测出 d。若在屏幕位置放置线阵 CCD 传感器件,则可以直接读出亮、暗条纹的间距,即可测出 d。测量范围约为 $0.01 \sim 0.1\,mm$,分辨力为 $0.05\,\mu m$,测量精度一般为 $0.1\,\mu m$,也可高达 $0.05\,\mu m$。

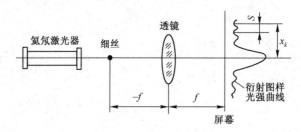

图7-45 夫琅禾费细丝衍射

由激光器、光学零件和将衍射图样转换成电信号的光电器件组成的激光衍射传感器的特点是:结构简单,精度高,测量范围小,需选用功率大于 $1.5\,mW$ 的氦氖激光器,激光平行光束要经望远系统扩束成直径大于 $1\,mm$(有时为 $3\,mm$)的光束。

3. 应用举例

利用激光衍射传感器可以测量微小间隔(如薄膜材料表面涂层厚度)、微小直径(如漆包线,棒材直径变化量)、薄带宽度(如钟表游丝)、狭缝宽度、微孔孔径、微小位移,以及能转换成位移的物理量,如质量、温度、振动、加速度或压力等。

(1) 转镜扫描式激光衍射测径仪

转镜扫描式激光衍射测径仪的测量范围为 $0.01 \sim 0.3\,mm$,精度为 $0.1\,\mu m$。其原理图如图7-46所示。平行激光束照射被测细丝,在反射镜(转镜)处形成衍射图样。同步电机带动反射镜稳速转动,使衍射图样亮、暗条纹相继扫过狭缝光阑而被光电器件接收,转换成电信号。若将某两暗点之间的扫描时间 t 由电路测出,则显示出被测细丝的直径为

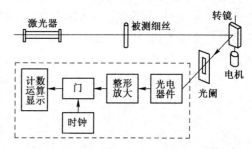

图7-46 转镜扫描式激光衍射测径仪原理图

$$d = (L_1 + L_2)\lambda / (4\pi n L_2 t) = k/t$$

式中,L_1 为反射镜到被测细丝的距离,L_2 为光电器件到反射镜的距离,n 为电动机转速(r/s)。

(2) 激光衍射振幅测量仪

激光衍射振幅测量仪原理图如图7-47所示。激光照射由基准棱和被测物所组成的狭缝,在 P 处产生衍射图样。设狭缝的初始宽度为 b,光电器件置于第 k (一般取2或3)级条纹的暗点处,与零级中心线的距离为 x_k,$x_k = kL\lambda / b$。当被测物做简谐振动时,若振动方程为 $x = X_M \sin\omega t$,则狭缝宽度变为 $b - X_M \sin\omega t$,衍射条纹位置和间隔相应变化。根据式(7.4-22)可得

$$x_k' = \frac{kL\lambda}{b - X_M \sin\omega t} \tag{7.4-24}$$

因此,x'_k 为 X_M 的函数。由于光电器件的位置固定,即 x_k 为定值,所以 x'_k 的变化使光电器件所接收的光强随之变化。若满足 $X_M<b/2$,则可直接根据光电信号随幅度的变化测得 X_M 的值。

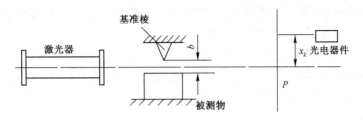

图 7-47　激光衍射振幅测量仪原理图

7.5　时变光电信息的调制

7.5.1　调制的基本原理与类型

1. 载波与调制

在光电系统中,光通量为信息的载体。光通量"载荷"信息有多种形式。例如物质燃烧过程所形成的光辐射本身就包含着物质内部结构成分的信息。更多的情况是通过人为的变换把被测信息"载荷"到光通量上。例如在透过率测量系统中,使恒定的光通量通过被测介质,随介质吸收情况的不同输出光通量的大小有所改变,于是被测介质透过率的信息即被载荷到光通量上。这里,光通量作为信息的物质载体称作载波。使光载波信号的一个或几个特征参数按被传送信息的特征变化,以实现信息检测传送目的的方法称为调制。

可以利用复合的非相干光波,也可以利用窄带单色且有确定初相位的相干光波作为光载波。许多光学参量都可以作为载波的特征参数,例如非相干光辐射能量的幅度、光波或光脉冲的调制频率、周期、相位及时间等参数,相干光波的振幅、频率、相位、偏振方向、光束的传播方向等参数。众多的可调制参量增强了对光载波信号的处理,使光电信息变换技术的内容更加丰富。

将信息直接调制到光载波上的广义调制,在许多情况下是人为地使载波光通量随时间或空间变化,形成多变量的载波信号。然后,再使其特征参数随被测信息而改变。因为它是对已随时间调制的光通量特征参数的再调制,故也称为二次调制。使光载波参数按确定的时间或空间规律变换,这样做似乎增加了信号的复杂性,但有助于信息传输过程的信号处理和传输能力的提高,能更好地从背景噪声和干扰中分离出有用信号,提高信噪比和测量灵敏度。此外调制信号还能简化检测系统的结构,利用调制还可以扩大目标定位系统的视场和搜索范围。因此,调制技术是光电检测系统中常用的方法。

在辐射源或光路系统中进行光通量调制的装置称为调制器。从已调制信号中分离并提取出有用的信息,即恢复原始信息的过程称为解调。

2. 光电信息调制的分类

（1）按时空状态分类

① 时间调制:载波随时间和信息变化。

② 空间调制:载波随空间位置变化后再按信息规律调制。

③ 时空混合调制:载波随时间、空间和信息同时变化。

（2）按载波波形和调制方式分类

① 直流载波调制：不随时间而只随信息变化的调制；

② 交变载波调制：载波随时间周期变化的调制。交变载波又分为连续载波与脉冲载波。

连续载波调制方式包括调幅、调频、调相。

脉冲载波调制方式包括脉冲调宽、调幅、调频等。

光通量的调制可以在辐射源或光路系统中进行，能实现调制作用的装置称作调制器。从已调制信号中分离或提取有用信息的过程称为解调。

3. 典型的调制

（1）连续波调制

连续波调制的光载波通常具有谐波的形式，用下列函数描述

$$\phi(t) = \phi_0 + \phi_m \sin\omega t$$

式中，ϕ_0 为光通量的直流分量，一般不载荷任何信息；ϕ_m 和 ω 为载波交变分量的振幅和频率。

由于光载波不可能是负值，所以载波的交变分量总是叠加在直流分量之上，被测信息可以对交流分量的振幅、频率或者初相位等参数进行调制，使之随信息变化。一般情况下，调制后的载波信号的形式为

$$\phi(t) = \phi_0 + \phi_m[V(t)] \sin\{\omega[V(t)]t - \varphi[V(t)]\} \qquad (7.5-1)$$

式中，$V(t)$ 为由被测信息决定的调制函数，根据调制参量的不同可以分为：

振幅调制（AM）：调制参量为 $\phi_m[V(t)]$；

频率调制（FM）：调制参量为 $\omega[V(t)]$；

相位调制（PM）：调制参量为载波的初始相位 $\varphi[V(t)]$。

① 振幅调制

光载波信号的幅度瞬时值随调制信息成比例变化，而频率、相位保持不变的调制，称幅度调制或调幅。此时，若式（7.5-1）中

$$\phi_m[V(t)] = [1 + mV(t)]\phi_m \qquad (7.5-2)$$

则式（7.5-1）变成以下形式： $\quad \phi(t) = \phi_0 + [1 + mV(t)]\phi_m \sin\omega t \qquad (7.5-3)$

式中，$V(t)$ 为调制函数，规定 $|V(t)| \leq 1$；m 为调制度或调制深度，表示 $V(t)$ 对载波幅度的调制能力，并且

$$m = \frac{\Delta\phi_m}{\phi_m} = \frac{被调制波的最大幅度变化}{载波幅度} \leq 1$$

下面以最简单的正弦调制函数为例讨论幅度调制的一般规律，分析调幅波的形成过程和它的频谱分布。如图 7-48（a）所示为按单一谐波（正弦波）规律变化的被传送信息，$V(t) = \sin(\Omega t + \varphi)$，式中，$\Omega = 2\pi F$，为被测信息的谐波角频率；$F$、$\varphi$ 为相应的频率和初相位。图 7-48（b）所示为正弦载波。当 $V(t) = \sin(\Omega t + \varphi)$ 的初始相位 $\varphi = 0$ 时，被调制的载波信号（调幅信号）为

$$\phi(t) = \phi_0 + [1 + m\sin(\Omega t + \varphi)]\phi_m \sin(\omega t) \qquad (7.5-4)$$

相应的波形如图 7-48（c）所示。

将式（7.5-4）用三角公式展开，可以得到

$$\phi(t) = \phi_0 + \phi_m \sin(\omega t) + \frac{1}{2}m\phi_m\{\cos[(\omega - \Omega)t - \varphi] - \cos[(\omega + \Omega)t + \varphi]\} \qquad (7.5-5)$$

相应的频谱如图 7-48（d）所示。

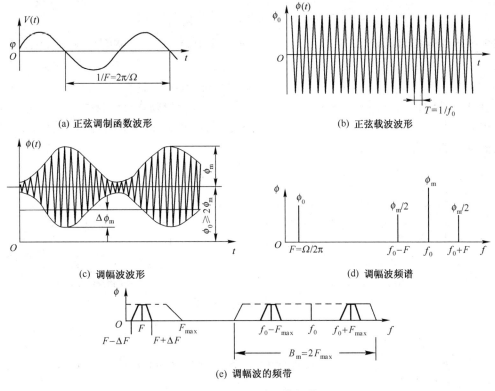

(a) 正弦调制函数波形

(b) 正弦载波波形

(c) 调幅波波形

(d) 调幅波频谱

(e) 调幅波的频带

图 7-48　调幅波及其频谱

由图 7-48(d) 或式(7.5-5) 可见,正弦调制函数的调幅信号除了零频率分量 ϕ_0 外,还包含三个谐波分量:以载波频率 f_0 为中心频率的基频分量和以振幅为基波振幅之半、频率分别为中心频率与调制频率(F_0)的和频(f_0+F_0)和差频(f_0-F_0)的两个分量。与正弦调制函数的单一谱线相对比,可发现调幅波的频谱由低频向高频移动,而且增加了两个边频。

对于频谱分布在 $F_0\pm\Delta F(\Omega=2\pi F_0)$ 范围内的任意函数 $V(t)$,所对应的调幅波频谱由以载波频率 f_0 为中心的一系列边频组成,分别为 $f_0\pm F_1,f_0\pm F_2,\cdots,f_0\pm\Delta F$。式中 $F_1,F_2,\cdots$ 均为 ΔF 内的频谱分量;调幅波的频带如图 7-48(e) 所示。若调制信号具有连续的带宽 F_{max},则调幅波的频带是 $f_0\pm F_{max}$,带宽为 $B_m=2F_{max}$,其中 F_{max} 是调制信号的最高频率(图中虚线)。

确定调制载波的频谱是选择检测通道带宽的依据。例如若载波频率为 $f_0=10\,kHz$,调制信号频率为 $F_0=500\,Hz$,则调幅后的载波频谱分布在 $f_L=10-0.5=9.5(kHz)$ 和 $f_H=10+0.5=10.5(kHz)$ 之间,也就是调幅波的带宽为 $B_m=1\,kHz$。这样,就可以使检测通道的带宽满足 B_m 的要求,对带宽外的信号进行有选择滤波,以便减小噪声和干扰的影响,有利于提高信噪比。

② 频率调制

频率调制是指载波的频率按调制信号的幅度改变,使调制后的调频波频率偏离原有的载波频率,而偏离值与调制信号幅度瞬时值成正比,简称为调频。

式(7.5-1)中的调制项为
$$\omega[V(t)]=\omega_0+\Delta\omega V(t) \tag{7.5-6}$$

式中,$V(t)$ 为调制函数,规定 $|V(t)|\leqslant1$;$\Delta f=\dfrac{\Delta\omega}{2\pi}$ 是载波频率相对于中心频率 f_0 的最大频率偏差,简称频偏。

当 $|V(t)|=1$ 时,载波频率的变化最大,为 $\omega_0\pm\Delta\omega$。将式(7.5-6)代入式(7.5-1)得:

$$\phi(t) = \phi_0 + \phi_m \sin\left(\omega_0 t + \Delta\omega \int_0^t V(t)\,\mathrm{d}t\right) \tag{7.5-7}$$

在余弦函数调制的情况下,即 $V(t) = \cos(\Omega t + \varphi)$,式中 $\Omega = 2\pi F$ 为调制角频率。则式(7.5-7)可写成

$$\phi(t) = \phi_0 + \phi_m \sin[\omega_0 t + m_f \sin(\Omega t + \varphi)] \tag{7.5-8}$$

式中,$m_f = \Delta\omega/\Omega = \Delta f/F$,为频率调制指数。$\Delta f$ 为偏频,F 为调制频率。m_f 表示单位调制频率引起偏频变化的大小。m_f 在设计时确定。当 $m_f > 1$ 时称为宽带调频,$m_f \ll 1$ 时称为窄带调频。调频信号的波形及频谱如图7-49所示。

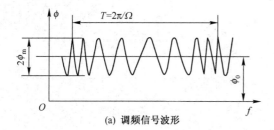

(a) 调频信号波形

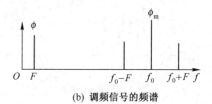

(b) 调频信号的频谱

图7-49　调频信号波形及频谱

将式(7.5-8)展开

$$\phi(t) = \phi_0 + \phi_m\{\sin\omega_0 t \cdot \cos[m_f \sin(\Omega t + \varphi)] + \cos\omega_0 t \cdot \sin[m_f \sin(\Omega t + \varphi)]\} \tag{7.5-9}$$

在窄带调频的情况下

$$\cos[m_f \sin(\Omega t + \varphi)] \approx 1$$

$$\sin[m_f \sin(\Omega t + \varphi)] \approx m_f \sin(\Omega t + \varphi)$$

则式(7.5-9)可写成:

$$\phi(t) = \phi_0 + \phi_m[\sin\omega_0 t + \cos\omega_0 t \cdot m_f \sin(\Omega t + \varphi)]$$

$$= \phi_0 + \phi_m \sin\omega_0 t + \frac{1}{2}m_f\phi_m\{\sin[(\omega_0 + \Omega)t + \varphi] - \sin[(\omega_0 - \Omega)t - \varphi]\} \tag{7.5-10}$$

频谱的基波频率为 ω_0,组合频率为 $\omega_0 + \Omega$ 和 $\omega_0 - \Omega$。

当调制信号形式比较复杂时,频谱是以载波频率为中心的一个带宽域,带宽因 m_f 而异。窄带调频时的带宽为 $B_f = 2F$,宽带调频时的带宽为

$$B_f = 2(\Delta f + F) = 2(m_f + 1)F$$

例如,对光通量调频,若 $F = 300\ \mathrm{Hz}$,则当

$m_f = 40$ 时　　　　　　　$B_f = 24.6\ \mathrm{kHz}$

$m_f = 4$ 时　　　　　　　$B_f = 3\ \mathrm{kHz}$

$m_f = 0.4$ 时　　　　　　$B_f = 0.84\ \mathrm{kHz}$

光辐射调频不但可以对交变的光通量进行调频,而且还可以对光频振荡进行调频。例如,可以对激光器进行调频,以便得到中心载波频率 $f_0 = 5 \times 10^{14}\ \mathrm{Hz}$、调制频率 $\Delta f_{max} = 44\ \mathrm{MHz}$ 的频率调制,相对频偏为 9×10^{-8}。

③ 相位调制

相位调制为载波的相位随着调制信号的变化而变化的调制。调频和调相两种调制波最终都表现为总相位的变化。

相位调制是式(7.5-1)中的相位 φ 随调制信号的变化规律而变化,调相波的总相位为

$$\Psi(t) = \omega t - \varphi = \omega t - (k_\varphi \sin\omega_m t + \varphi_c) \tag{7.5-11}$$

则调相波的表达式可写为:　　　$\phi(t) = \phi_0 + \phi_m \sin\{\omega t - \varphi[V(t)]\}$

$$= \phi_0 + \phi_m \sin \{ \omega t - (k_\varphi \sin \omega_m t + \varphi_c) \} \tag{7.5-12}$$

式中，k_φ 为相位比例系数，φ_c 为相位角。

（2）脉冲调制

上述调制方式得到的调制波都是连续振荡波，称为模拟调制。目前，广泛采用不连续状态下的脉冲调制和数字式调制（编码调制）。

例如，将直流信号用间歇通断的方法进行调制，就可以得到连续的脉冲载波。若使载波脉冲的幅度、相位、频率、脉宽及其他的组合按调制信号改变，就会得到不同的脉冲调制。

脉冲调制有脉冲幅度调制、脉冲宽度调制、脉冲频率调制等，图 7-50 所示为其波形。

（3）编码调制

编码调制是把模拟信号先变成脉冲序列，再变成代表信号信息的二进制编码，然后对载波进行强度调制。实现编码调制有三个过程：采样、量化和编码。

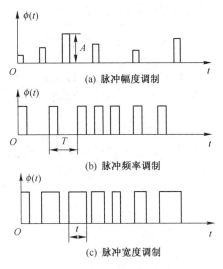

图 7-50　不同类型脉冲调制的波形

采样：把连续信号波分割成不连续的脉冲波，用一定的脉冲序列来表示，且脉冲序列的幅度与信号波的幅度相对应。根据采样定理，只要采样频率比所传输信号的最高频率大两倍以上，就能够恢复原信号。

量化：把采样后的脉冲幅度调制波进行分级取"整"处理，用有限个数的代表值取代采样值的大小。

编码：把量化后的数字信号变换成相应的二进制码的过程。这种调制方式具有很强的抗干扰能力，在数字通信中得到了广泛的应用。

（4）其他参量调制

表征光波几何或物理特性的参量除幅度、频率和相位外还有许多其他的参量，比如光偏振面的方向和光传播的方向等，这些参量也可作为调制的对象，用来传送有用的信息。

当光波在旋光性物质中传播时，偏振面的转动可用来获得该物质性质的信息。例如糖溶液或松节油，当偏振光通过该溶液后偏振面的转角 $\Delta \varphi$ 不仅与通过溶液的路程长度 l 有关，而且还与溶液的浓度 c 成正比，即有

$$\Delta \varphi = alc \tag{7.5-13}$$

式中，a 是溶液的旋光率。由于偏振面的旋转角有方向性，例如葡萄糖为右旋，果糖为左旋，因此通过测量偏振面的旋转角可以获得溶液的浓度和物质的性质。这样，对于糖溶液浓度的测量，可以采用指零法光度测量方法，也可以采用调制入射偏振角的方法进行调制测量。如图 7-51 所示，周期性地改变起偏器偏振角的位置，使入射光辐射的电场强度 E 相对平均位置周期性变化，单位时间内 E 的变化次数为调制频率，最大偏转角为 φ_{max}。当未插入溶液试样时，检测器的输出光通量是平均值为零的交变分量。插入溶液后输出光通量的平均值将发生变化。利用后面提及的解调方法可以判断平均值变化的大小和极性。偏振角调制可应用于偏振糖度计中。典型的工作参数为：照明波长 $\lambda = 0.59\ \mu m$，调制幅度 $f_0 = 50\ Hz$，最大偏振角 $\varphi_{max} = 3.5°$。

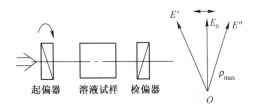

图 7-51　偏振角调制

光束传播方向的调制可以通过周期性地改变光路中的光学元件,例如反射镜的方位角来实现,主要用于对空间目标的扫描。

7.5.2 信号的调制

调制器是用来实现单色光波或复合光通量调制的装置,包括机电调制器,电光调制器,辐射源调制器和电子调制器,电子调制器属电子技术的内容。以下详细介绍前三类调制器。

1. 机电调制器

常用的机电调制器主要包括机电振子、旋转光闸以及利用电致伸缩的压电型调制器。利用遮光或改变透过率的调制器主要用作光通量的幅度调制和二次调制。改变光束反射、折射方向的调制器有时兼有扩大扫描和搜索视场的作用。

（1）机电振子

机电振子是光电测量中得到广泛应用的调制器,它有许多成熟的技术方案。图 7-52 所示为极化继电器形式的振子调制器结构图。电磁驱动部分包括两个并联的软磁回路 7,磁轭 10 上装有绕组 8,绕组外加交流电源形成交变磁场分量。磁通经由衔铁 6 和气隙 11 构成闭合磁路,磁路中间装有永久磁铁 9 形成恒定磁场。交变磁场和恒定磁场构成差分磁路在气隙中叠加。在交流电源的正负周期内使两个气隙中磁场交替增加和减弱。不均衡的磁场强度推动衔铁 6 振动。衔铁 6 固定于组成平行四边形结构的两片弹簧钢片上,在磁力推动下做平行振动。衔铁上装有带通光狭缝 3 的玻璃片 5,部分遮掉来自光源 1 和成像透镜 2 的光束,在光电器件 4 上便可得到调制了的光通量。

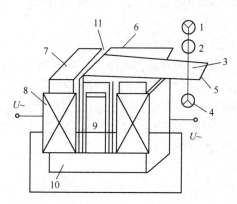

图 7-52 极化继电器形式的振子调制器结构图

图 7-53 所示为其他形式的机电振子调制器的结构图。图 7-53(a) 为电磁式振子调制器,电流通过线圈 3 在铁心 2 上形成交变磁场,从而吸动电枢 1 振动。电枢 1 靠自身的弹性或专用的弹簧恢复到平衡位置。由于电枢 1 在绕组电流的每个半周期内都动作,因此它的振动频率为激磁电流频率的 2 倍。这种振子的缺点是振动的两个方向不对称。因为它们分别是由电磁力和机械弹力推动的。图 7-53(b) 为往复运动的电动式振子调制器,用永久磁铁 2 和磁轭 1 形成直流磁场,活动线圈 3 通以交变电流,使动圈往复直线运动。弹簧片 4 起支承动圈和产生恢复力矩的作用。图 7-53(c) 为角振动式振子调制器,也称为电动式振子调制器。它包括激励线圈 1 和由两个线圈组成的部件 2,其中一个线圈接通直流,另一个线圈接通交流电流,在活动线圈电流磁场作用下产生的力矩使其绕支承弹性片 3 偏转。

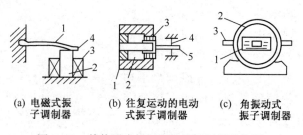

(a) 电磁式振子调制器　　(b) 往复运动的电动式振子调制器　　(c) 角振动式振子调制器

图 7-53 其他形式的机电振子调制器结构图

机电调制器的优点是,振子结构紧凑,调制方法简单,并且不改变入射光辐射的频谱分布。但是,由于它的机电时间常数大,使其调制频率不高,通常为几百到几千赫兹。此外,振动振幅和平衡位置的稳定性差,也会影响检测系统的工作质量。机电振子能以各种方式和光学元件组合,组成调制光通量或光束传播方向的测量装置。在观察反射表面的散射状态(如透反射仪)和透反射目标上的光学反差(如光电显微镜)等方面都有许多应用,它们是早期光电仪器的基本元件。

(2) 旋转光闸

旋转光闸是另外一种形式的机电调制器。在金属或玻璃圆盘上用光学或机械方法加工成不同形状的通光孔,用电机带动圆盘旋转,组成旋转调制盘。投向圆盘的光束被旋转调制盘交替遮挡,相当于光路中的光闸,给光束加入调制信号。典型的旋转光闸如图7-54所示。旋转光闸的应用是对辐射光源的直流光通量进行调制。其基本的光路如图7-54(a)所示。图中,1为辐射光源,2为聚光镜,3为调制盘,4为调制盘电机。根据调制盘通光孔的形状和调制盘面上照明光斑的形状不同,可以得到谐波形式、方波脉冲形式或锯形波等各种波形的调制光通量。图7-54(b)的扇形光孔调制盘,若调制盘面上的光斑为圆形,其直径 D 与光斑和扇形光孔两边相切点间的圆弧长相等,并且通光与遮光扇形区均匀划分,则能得到近似正弦的调制光通量,其调制频率为

$$f = \frac{n}{60} N \tag{7.5-14}$$

式中,N 是透光扇形数目;n 是调制盘转速(转/分)。在图7-54(c)的调制盘中,辐射光源1装置在转鼓2的内部,转鼓面上刻有矩形通光槽,在转鼓外侧的半径方向上安装有矩形狭缝光阑3。在转鼓转动过程中只有在光源、通光槽孔、狭缝光阑三者成一条直线时才有光源光线穿过狭缝输出,产生的调制光通量波形近似为连续脉冲序列。脉冲频率取决于转速和波形的数目,脉宽由狭缝和通光孔的比例确定。这些调制盘除能调制光通量外还能作为转角传感器用来测量定轴转动物体的转速,构成各种形式的光电转速计。

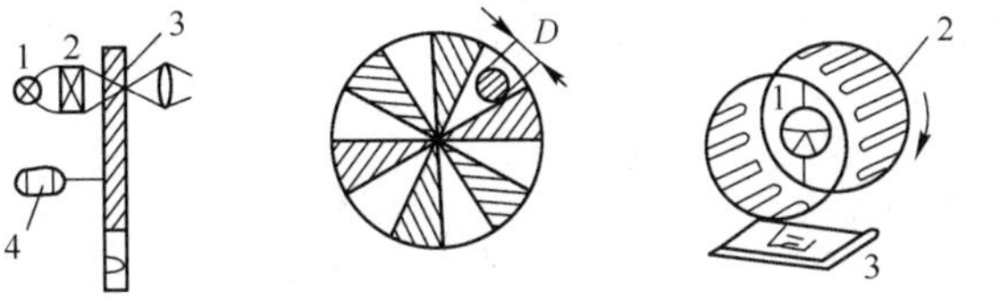

(a) 旋转光闸的光路　　(b) 扇形光孔调制盘　　(c) 转鼓形光闸调制盘

图7-54　典型的旋转光闸

旋转光闸还可用来产生如图7-55所示的两路交替光束。图中,旋转圆盘1半周透光,半周全反射。随调制盘的旋转,两个通道的照明光束2和3被交替反射、透射到光电接收器4上,完成转接光束的作用。光束交替调制器用于双光束分光测量中,此外,调制盘还可以用作光斑二维坐标探测器,在活动目标跟踪定位等军事应用中广泛使用。

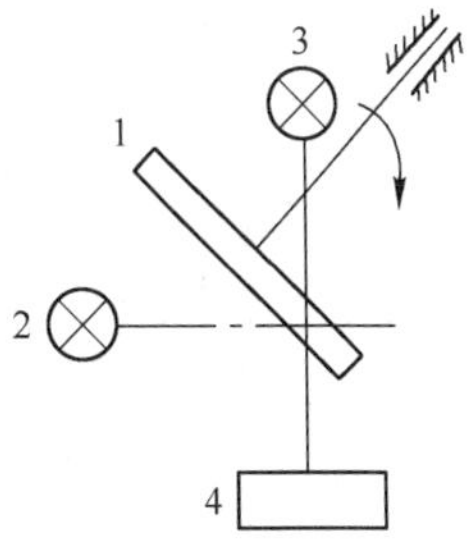

机电调制器还包括利用压电效应的压电振动调制器。在这种器件中振动位移的产生是利用了某些晶体具有的反压电性质,即在外电场作用下晶格会产生形变造成器件边缘的宏观位移。这种晶体统称为电致伸缩陶瓷或压电晶体。根据外加电场相对于晶轴方向的不同,变形可以是纵向位移或横向切变。压电陶瓷的振动量较小(在几微米到几十微米之间),可用于激光器谐振腔长的调整和激光振荡的频率稳定中。

图7-55　光束交替调制器

2. 光控调制器

对于光学性质随方向而异的一些介质,常发生一束入射光分解为两束折射光的现象,称为双折射,相应的介质称为各向异性材料。由于它们在两个方向上的折射率不同,这种材料具有旋光性,可以改变入射偏振光的偏振方向。材料折射率各向异性可在电场、磁场和机械力等外力作用下形成和改变。利用这些光控效应可以对光波进行振幅、频率、相位、偏振面等光学参数的调制。

根据引起光控效应外因形式的不同,光控效应可以分为电光效应、磁光效应和声光效应。表 7-1 所示为不同光控效应所能实现的调制类型及主要应用。

（1）电光调制器

① 泡克耳斯调制器

泡克耳斯效应是一种线性电光现象,在外加电场作用下,晶体的折射率会发生变化,感应电场与折射率的变化,也与外加电压的一次方成正比。最常使用的泡克耳斯盒是磷酸二氢钾 KDP（KH_2PO_4）和磷酸氘钾 KDP（KD_2PO_4）,后者的外加电压比前者要低一半。

图 7-56(a)所示为利用泡克耳斯盒调制光通量的泡克耳斯调制器。在晶体 3 上加有电极,外加电压沿光束的传播方向建立电场。晶体放在起偏器 1 和检偏器 2 之间,它们的偏振面彼此垂直,当晶体未外加电压时,通过起偏器的线偏振光全部被检偏器遮挡。在电场的作用下晶体折射率改变,产生旋光作用,透过晶体传播的线偏振光变成椭圆偏振光,并在检偏器的偏振方向产生光束分量,因此光束部分透过检偏器形成了受外电压调制的输出光束。在某一确定的外加电压作用下,晶体的输出光束会由椭圆偏振伸直为线偏振,并和检偏器偏振方向重合,这时调制器处于全开状态,有最大光通量透过检偏器输出。利用这种调制器使外加电压具有谐波、脉冲或被测信息的电压形状时,通过调制器的输出光即按幅度调制,得到与输入电信号成比例的谐波、脉冲或随信息改变的输出光通量。

表 7-1 不同光控效应实现的调制类型及主要应用

光调制类型	典型光调制器
振幅调制	电光光强调制器
频率调制	声光频移器
相位调制	电光相位调制器
偏振面调制	磁光调制器
光束方向调制	声光偏转器

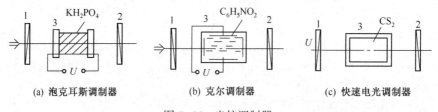

(a) 泡克耳斯调制器　　　(b) 克尔调制器　　　(c) 快速电光调制器

图 7-56　光控调制器

常用的泡克耳斯调制器的工作参数为:晶体尺寸 $10 \times 30 \times 30$ mm,透过系数 10% ~ 30%,调制度为 90%,频率范围 $0 \sim 10^{10}$Hz,调制电压达数千伏,消耗功率几十到一百瓦。

② 克尔调制器

克尔效应是一种二次电光效应,在外电场作用下晶体的折射率变化与电场强度的平方成正比。常用的克尔盒材料是硝基苯（$C_6H_5NO_2$）和钛酸钡（$Ba-TiO_7$）。

图 7-56(b)为克尔调制器。充有硝基苯的透明槽 3 里面装有两个平面电极,并放置在两个偏振器 1 和 2 之间。两个偏振面正交,偏振取向与外电场成 ±45° 角。电场的电力线与光束传播方向垂直。与泡克耳斯调制器相类似,在外电场作用下会对光束进行调制。克尔调制器的透过系数约为 25%,光的波长范围为 0.4 ~ 2.1 μm,调制度为 90%,最高调制频率达 10^{10}Hz。

（2）其他光控调制器

图 7-56(c)所示为一种能以极短的通断时间建立光闸的快速光电调制器。在正交放置的偏振器 1 和 2 之间放置装有二硫化碳的透明槽 3,如前面提到的那样,在未加外部激励时入射光束将不能通过该装置,但是若对介质作用以强功率的短脉冲激光,则介质材料的旋光作用会使输入光束偏振方向改变,因而能透过该装置形成持续时间仅为纳秒级的超短光脉冲。其旋光作用是在外部光辐射的激发下形成的。

此外,利用外加磁场和机械力激励的磁光和声光效应也能实现光束的调制,构成各种调制器和偏转器。

3. 辐射源调制器

多数情况下,在光辐射源供电电源上施加交变或脉冲激励电压,便可以对光源发出的光进行调制。实现电源调制的方法在许多情况下比起在电路中加入调制器的方法更为简单和有效。

常用的光源例如白炽灯或气体放电灯都具有较大的发光惯性。因此,电源调制的利用效率和调制频率较低。特别是白炽灯,即使采用细灯丝的专用灯泡,对于调制频率为 $100 \sim 200\ Hz$ 的调制度也不超过百分之几,因此白炽灯的电源调制只能在很低的频率下进行。在直接利用工业频率 $50\ Hz$ 激励时,会产生 $100\ Hz$ 的调制光通量。为了提高调制度,常将工频电源经半波整流后再接到白炽灯上。这时会产生 $50Hz$ 幅度较大的调制光通量。在工业测量中这是一种提高调制度的简单易行的方法。

利用气体放电光源可以得到几千赫兹的调制频率和 80% 的调制度。但大功率的气体放电灯调制器是比较笨重的设备。半导体发光二极管(LED)可以得到很高的调制频率,其上限频率达到 $10^2\ MHz$ 以上,且驱动设备简单,发光效率较高,是目前应用最广泛的光通量调制器。此外,半导体激光器(LD)等许多激光器也具有高速、高效光通量调制的功能,并且它的激励电源简单,控制方便,也是目前非常具有发展前景的光强度调制的电光调制器。LED 电光调制器与 LD 电光调制器是目前最具应用前景的辐射源调制器。

7.5.3　调制信号的解调

从已调制信号中分离出有用信息的过程称为解调,也称为检波,它是信号调制的相反过程。实现解调作用的装置称为解调器。在时域分析中,调制是将有用信息及其时间变化载荷到载波的特征变量上,而解调则是从这些调制了的特征变量上再现出所需信息。从频域分析的角度,调制是将信号的频谱向以载波频率为中心频率的高频方向变换,而解调则是将变换了的频谱分布复原或反变换为初始的信号频谱分布。

不同的调制信号有不同的解调方法。下面介绍调幅波解调的直线律检波和确定载波相位数值的相敏检波。

1. 直线律检波

（1）二极管的检波特性

解调是将调制信号从载波中分离出来。显然,这个信号的变换过程为非线性过程,需要利用非线性元件来完成。利用具有良好单向导电特性的二极管构成如图 7-57 所示检波电路可以实现调幅波的解调。图 7-57 所示的检波电路由检波二极管 VD、负载电阻 R 和滤波电容 C 构成。当图 7-58(a)所示的调幅波 U_{in} 送入检波电路输入端时,经二极管检波器输出如图 7-58(b)所示的半波整流信号。

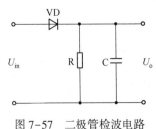

图 7-57　二极管检波电路

即半波整流的输出电压为

$$U_o = \begin{cases} K_D\, U_{in} & U_{in} > 0 \\ 0 & U_{in} \leqslant 0 \end{cases} \tag{7.5-15}$$

（2）调幅信号的解调

用直线律检波器对调幅信号进行解调是最简单的解调方式。假设按正弦规律调幅的光载波信号经光电变换及隔直处理后具有下列形式

$$U_i = (1 + m\sin\Omega t)\sin\omega t \tag{7.5-16}$$

式中，m 为调制度，Ω 为调制频率，ω 为载波频率。代入式（7.5-15），并进行傅里叶级数展开，得

$$U_o = K_D \frac{2}{\pi}\left\{ (1 + m\sin\Omega)t - \sum_{n=1}^{\infty} \frac{1}{4n^2 - 1}\left[\cos 2n\omega t + \right.\right.$$

$$\left.\left. \frac{m}{2}\sin(2n\omega + \Omega)t - \frac{m}{2}\sin(2n\omega - \Omega)t \right] \right\} \tag{7.5-17}$$

式中，n 为高次谐波的阶次。可见，输出信号中除 $\{\ \}$ 中的第一项是希望提取的低频调制信号外，其余各项都为高频分量，并且高频幅值逐次衰减。整流输出波形如图 7-58（b）所示。当 $\Omega \ll \omega$ 时，利用 RC 低通滤波器滤掉高频分量，即可得到有用信号波形

$$U_o = K_D \frac{2}{\pi}(1 + m\sin\Omega t) \tag{7.5-18}$$

如图 7-58（c）所示。

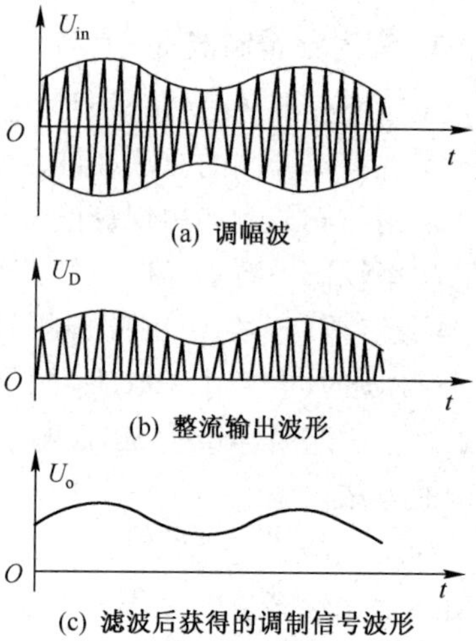

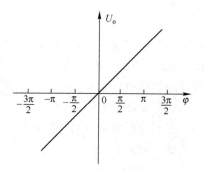

图 7-58　调幅波及解调波形

比较式（7.5-17）与式（7.5-18）可知，检波器的输出信号和输入信号的包络线成正比，即实现了调幅波的解调。

2. 相敏检波

（1）相敏检波和同步解调

对于相位调制的载波信号，载波和参考信号间的相位差随被测信息改变。这种信号的解调，应该对载波的相位敏感，检波器的输出电压应反映相位的变化。相敏检波器的工作特性如图 7-59 所示。另外，对于有些调幅信号，不仅要求检测变量变化的大小，而且希望确定变化的方向或极性。对这种有极性变量的调制，通常可用载波的幅度大小表示变量的数值，而用载波的相位正反表示变量的极性。显然为处理这种调幅信号也需要有对相位敏感的解调方法。这种不仅能检测出调制信号的幅度，而且能确定载波相位数值的解调称作相敏检波或同步检相，它的基本原理是乘积检波。

图 7-59　相敏检波器的工作特性

（2）相敏检波器的基本原理

如图 7-60（a）所示为相敏检波器的原理图。它是由模拟乘法器构成的解调器和低通滤波器串联而成的。模拟乘法器对调制信号具有检波功能，因此又称为乘积检波器。

设载波受单一频率谐波调幅，其调幅信号为

$$U_i = U_m\cos\Omega t\cos\omega t$$

用作相位比较的参考信号为

$$U_c = U_{cm}\cos(\omega t + \varphi)$$

式中,两信号间的相位差 φ 可以作为变量。为简单起见,设 $U_m = U_{cm}$。模拟乘法器的输出信号 U_o 为调幅信号 U_i 与参考 U_c 的乘积,即

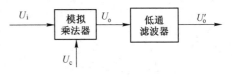

(a) 原理图

$$
\begin{aligned}
U_o = U_i U_c &= U_m^2(\cos\Omega t\cos\omega t)\cos(\omega t+\varphi) \\
&= \frac{1}{2}U_m^2\cos\Omega t[\cos(2\omega t+\varphi)+\cos\varphi] \\
&= \frac{U_m^2}{2}\cos\varphi\cos\Omega t + \frac{U_m^2}{4}\cos[(2\omega+\Omega)t+\varphi]+ \\
&\quad \frac{U_m^2}{4}\cos[(2\omega-\Omega)t+\varphi] \qquad (7.5\text{-}19)
\end{aligned}
$$

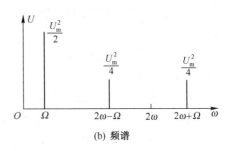

(b) 频谱

图 7-60　相敏检波器

式(7.5-19)表明,模拟乘法器的输出信号包括 $\cos\Omega t$、$\cos(2\omega+\Omega)t$ 和 $\cos(2\omega-\Omega)t$ 三项,具有如图 7-60(b) 所示的频谱,输出的低频($\omega=\Omega$)信号幅度最高,为 $U_m^2/2$;而高频[$(2\omega+\Omega)$ 与 $(2\omega-\Omega)$]信号幅度较低,为 $U_m^2/4$。当 $\omega\gg\Omega$ 时,用低通滤波器可以滤除式(7.5-19)中的高频项,使得相敏检波器的最终输出为

$$U_o' = \frac{U_m^2}{2}\cos\Omega t\cos\varphi \qquad (7.5\text{-}20)$$

式(7.5-20)表明:

① 相敏检波器能够消除高次谐波的影响,使输出信号幅度与载波信号的幅度成正比,因此能够解调或再现调幅信号 $U_m\cos\Omega t$;

② 相敏检波器的输出信号与载波和参考信号之间的相位差 φ 有关。在载波信号幅度不变的条件下能够单值地确定载波信号和参考信号之间的相位差。

当 $\varphi=0$ 时,$U_o'=\frac{U_m^2}{2}\cos\Omega t$,为正值;当 $\varphi=\pi$ 时,$U_o'=-\frac{U_m^2}{2}\cos\Omega t$,为负值。根据输出信号的正、负值可以判断载波和参考信号之间的相位差 φ 或二者之间的极性。利用这个性质,也可以判断相对运动物体几何位移量变化的方向。

（3）典型的相敏检波电路

实际相敏检波电路有多种。如图 7-61 所示为常用的二极管和三极管相敏检波电路。已调制的载波信号通过放大器由输入变压器输入,参考电压由中心抽头变压器引入。在参考电压的正负半周期内分别控制两对二极管或三极管的通断,使输入信号在负载电阻上进行全波整流输出。输出电流的流向取决于参考电压和信号电压的相位关系,以达到相敏检波的目的。

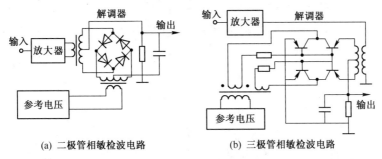

(a) 二极管相敏检波电路　　(b) 三极管相敏检波电路

图 7-61　二极管与三极管相敏检波电路

思考题与习题 7

7.1 光电信息变换有哪些基本类型？将光电信息变换划分为 6 种基本类型的目的与意义是什么？

7.2 全辐射测温属于哪种基本类型？这种类型应采用怎样的处理技术才能更好更便利地将所需要的信息检测出来？

7.3 测量透明薄膜的厚度要用到光电信息变换的哪种基本类型？为什么在测量透明薄膜厚度时需要采用对数放大器？

7.4 测量物体表面粗糙度及表面疵面积与性质时应该采用哪种光电信息变换的基本类型？怎样将表面粗糙度及表面疵病信息检测出来？

7.5 试设计出测量物体边界位置的测量方案。再分析所设计的方案属于哪种光电信息变换类型？能否采用模-数光电变换电路？为什么在能用模-数光电变换电路时不采用模拟光电变换电路？

7.6 在图 7-62 所示的光电变换电路中,已知 3DU2 的电流灵敏度 $S_1 = 0.15$ mA/lx,电阻 $R_L = 5.1$ kΩ,三极管 9014 的电流放大倍率 $\beta = 120$,若要求该光电变换电路在照度变化为 20 lx 情况下,输出电压 U_o 的变化不小于 2 V,问:

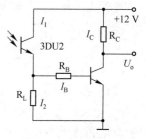

图 7-62　习题 7.6 图

(1) R_B 与 R_C 应为多少？

(2) 试画出电流 I_1、I_2、I_B 和 I_C 的方向。

(3) 当背景光的照度为 10 lx 时,电流 I_1 为多少？输出端的电位为多少？

(4) 入射光的照度为 30 lx 时的输出电压又为多少？

7.7 模拟光电变换电路与模-数光电变换电路有什么区别？为什么说模拟光电变换电路受环境条件的影响要比模-数光电变换电路大？

7.8 在图 7-14 中,若用 He-Ne 激光器作为光源,问:

(1) 反光镜 M_3 移动多少毫米光电器件输出的脉冲才为 100 个数？

(2) 该测位移装置的位移灵敏度为多少？若考虑数字电路具有 1 字测量误差,问此装置位移测量的最高精度为多少？

7.9 假设两个光栅的节距为 0.2 mm,两个光栅的栅线夹角为 1°,求所形成的莫尔条纹的间隔。若光电器件测出莫尔条纹走过 10 个,求两个光栅相互移动的距离。

7.10 假设调制波是频率为 500 Hz、振幅为 5 V、初相位为 0 的正弦波,载波频率为 10 kHz,振幅为 50 V,求调幅波的表达式、带宽及调制度。

7.11 在实验室或实习场所你见到过哪几种光电调制器？它们分别有哪些特点？其作用如何？

第8章　图像信息的光电变换

8.1　图像传感器简介

1. 图像传感器发展历史

完成图像信息光电变换的功能器件称为光电图像传感器。光电图像传感器的发展历史悠久，种类很多。

早在 1934 年就成功地研制出光电摄像管(Iconoscope)，用于室内外的广播电视摄像。但是，它的灵敏度和信噪比很低，需要高于 10 000 lx 的照度才能获得较为清晰的图像，使它的应用受到限制。

1947 年研制出的超正析像管(Imaige Orthico)的灵敏度有所提高，但是最低照度仍要求在 2000 lx以上。

1954 年投放市场的高灵敏度摄像管(Vidicon)基本具有成本低，体积小，结构简单的特点，使广播电视事业和工业电视事业有了更大的发展。

1965 年推出的氧化铅摄像管(Plumbicon)成功地取代了超正析像管，发展了彩色电视摄像机，使彩色广播电视摄像机的发展产生了一次飞跃，诞生了 1 英寸、1/2 英寸，甚至 1/3 英寸(8mm)靶面的彩色摄像机。然而，氧化铅摄像管抗强光的能力低，余晖效应影响了它的采样速率。

1976 年又相继研制出灵敏度更高，成本更低的硒靶管(Saticon)和硅靶管(Siticon)，以不断满足人们对图像传感器日益增长的需要。

1970 年，美国贝尔电话实验室发现电荷耦合器件(CCD)原理，使图像传感器的发展进入了一个全新的阶段，使图像传感器从真空电子束扫描输出方式发展成为固体自扫描输出方式。CCD 图像传感器不但具有固体器件的所有优点，而且它的自扫描输出方式消除了由电子束扫描所造成的图像光电转换的非线性失真。即 CCD 图像传感器的输出信号能够不失真地将光学图像转换成视频电视图像。而且，它的体积、质量、功耗和制造成本等方面的优点是电子束摄像管根本无法达到的。CCD 图像传感器的诞生和发展使人类进入了广泛应用图像传感器的新时代。利用 CCD 图像传感器人们可以近距离地实地观测星球表面的图像，观察肠、胃、耳、鼻、喉等器官内部的病变图像信息，以及人们不能直接观测的图像(如放射环境的图像，敌方阵地图像等)。CCD 图像传感器目前已经成为图像传感器的主流产品。其应用研究成为当今高新技术的主流课题。它的发展推动了广播电视、工业电视、医用电视、军用电视、微光与红外电视技术的发展，带动了机器视觉的发展，促进了公安刑侦、交通指挥、安全保卫等事业的发展。

2. 图像传感器的分类

图像传感器按其工作方式可分为扫描型和直视型两类。扫描型图像传感器通过电子束扫描或数字电路的自扫描方式将二维光学图像转换成一维时序信号输出。这种代表图像信息的一维信号称为视频信号。视频信号通过信号放大和同步控制等处理后，通过相应的显示设备(如监视器)还原成二维光学图像信号。或者将视频信号通过 A/D 转换器输出具有某种规范的数字图像信号，经数字传输后，通过显示设备(如数字电视)还原成二维光学图像。视频信号的产生、传输与还原过程中都要遵守一定的规则，才能保证图像信息不产生失真，这种规则称为制式。例如广播电视系统中所遵循的规则被称为电视制式。根据计算机接口方式的不同,数字图像在传输与处理过程中也有多种不同的制式。

直视型图像传感器用于图像的转换和增强。它的工作原理是,将入射辐射图像通过外光电效应转化为电子图像,再通过电场或电磁场的加速与聚焦进行能量的增强,并利用二次电子的发射作用进行电子倍增,最后将增强的电子图像激发荧光屏产生可见光图像。因此,直视型图像传感器一般由光电发射体、电子光学系统、微通道板、荧光屏及管壳等构成,通常称之为像管。这类器件的应用领域很广,如夜视技术、精密零件的微小尺寸测量、产品外观检测、应力应变场分析、机器人视觉、交通管理与指挥,以及目标定位和跟踪等。

扫描型图像传感器输出的视频信号可经 A/D 转换器转换为数字信号(或称其为数字图像信号),存入计算机系统,并在软件的支持下完成图像处理、存储、传输、显示及分析等功能,因此,其应用范围远远超过了直视型图像传感器。人们对扫描型图像传感器的研究很早就非常重视。

本章主要介绍图像传感器的工作原理、基本特性、热成像器件的工作电路和典型应用等。

8.2 光电成像原理与电视制式

8.2.1 光电成像原理

如图 8-1 所示为光电成像系统的基本原理方框图。光电成像系统由光电成像部分(摄像机)与图像显像两部分组成。光电成像部分由光学成像(物镜)、光电变换(光电传感器)、图像分割、同步与编码和视频信号输出单元等构成。物镜将景物图像成像到光电传感器的敏感面上,完成景物图像的光电转换工作,通过适当的方式将光电图像分割成单元电信号,在同步(包括行、场)与编码的配合下输出全电视视频信号。本节主要讨论光电成像系统。

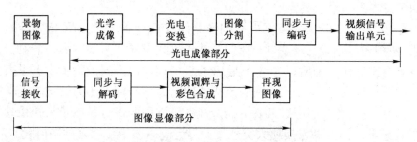

图 8-1　光电成像系统基本原理方框图

图像显像部分由信号接收(对于电视接收机为高频头,而对于监视器则直接接收全电视视频信号)、同步与解码、视频调晖与彩色合成和再现图像等部分构成。这部分内容不是本章的重点,这里不再详述。

光学成像部分主要由各种成像物镜构成,其中包括光圈、焦距等的调整。光电变换部分包含光电变换器、像束分割器与信号放大电路等。同步与编码部分内容比较丰富,它包含为保持光电变换后的图像能够不失真的传输,存储与重现,必须进行的各种同步控制,包括光电信号的行、场同步扫描、同步合成与分离等技术环节。编码是指对图像灰度与色彩所涉及的信息编码是形成各种彩色图像所必备的系统,内容更为丰富。视频信号输出单元是使光电成像部分能够输出具有行、场同步的时序信号,且输出信号的幅度在规定的范围内。

1. 摄像机的基本原理

在外界照明光照射下或自身发光的景物经成像物镜成像在像面(光电图像传感器的像面)上,

形成二维空间光强分布的光学图像。光电图像传感器完成将光学图像转换成二维"电气"图像的工作。这里的二维"电气"图像由所采用的光电图像传感器的性质决定,超正析像管为电子图像,摄像管为电阻图像,面阵CCD为电荷图像。"电气"图像在二维空间的分布与光学图像的二维光强分布保持着线性关系。组成一幅图像的最小单元称为像素或像元,像元的大小或一幅图像所包含的像元数决定了图像的分辨率,分辨率越高,图像的细节信息越丰富,图像越清晰,图像质量越高。即将图像分割得越细,图像质量越高。

高质量的图像来源于高质量的摄像系统,其中主要是高质量的光电图像传感器。对于光电图像传感器,像元通常称为传感器的像元。像元的大小直接影响它的灵敏度,通常像元尺寸越大灵敏度越高,动态范围也会提高。因此,有时为提高灵敏度和动态范围不得不以牺牲分辨率或增大像元尺寸为代价。

2. 图像的分割与扫描

将一幅图像分割成若干像元的方法有很多:超正析像管利用电子束扫描光电阴极的方法分割像元;摄像管由电阻海颗粒分割;面阵CCD、CMOS图像传感器用光敏单元分割。被分割后的电气图像经扫描才能输出一维时序信号。扫描的方式也与图像传感器的性质有关。例如,真空摄像管采用电子束扫描方式输出一维时序信号;面阵CCD采用转移脉冲方式将电荷包(像元信号)顺序转移出器件,输出一维时序信号;CMOS图像传感器采用顺序开通行、列开关的方式完成像元信号的一维输出。因此,有时也称面阵CCD、CMOS图像传感器为具有自扫描功能的器件。

传统的扫描方式是,基于电子束摄像管的电子束按从左向右、从上向下的扫描方式进行扫描,并将从左向右的扫描方式称为行扫描,从上向下的扫描方式称为场扫描。为确保图像任意点的信息能够稳定地显示在荧光屏的对应点上,在进行行、场扫描的同时必须设定同步控制信号,即行与场的同步控制脉冲。由于监视器或电视接收机的显像管几乎都是利用电磁场使电子束偏转而实现行与场扫描的,因此,对于行、场扫描的速度、周期等参数有严格的规定,以便显像管显示理想的图像。例如,对于如图8-2(a)所示的亮度按正弦分布的光栅图像,电子束扫描一行将输出如图8-2(b)所示的正弦时序信号,其纵坐标为与亮度L有关的电压u,横坐标为扫描时间t。若图像的宽度为W,图像在x方向的亮度分布为L_x,正弦光栅图像的空间频率为f_x,则电子束从左向右扫描(正程扫描)的时间频率应为

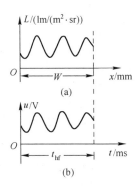

图8-2　正弦光栅与
视频信号

$$f = f_x \frac{W}{t_{hf}} \qquad (8.2\text{-}1)$$

式中,t_{hf}为行扫描周期。W/t_{hf}为电子束的行扫描速度,记为v_{hf}。因此式(8.2-1)可改写为

$$f = f_x v_{hf} \qquad (8.2\text{-}2)$$

式(8.2-1)和式(8.2-2)均可以描述将光学图像转换成一维时序信号的过程,当需要转换的图像f_x确定时,f与v_{hf}成正比。

CCD与CMOS等图像传感器只有遵守上述的扫描方式才能替代电子束摄像管,因此CCD与CMOS图像传感器的设计者均使其自扫描制式与电子束摄像管相同。

8.2.2　电视制式

在电视的图像发送与接收系统中,图像采集(摄像机)与图像显示器必须遵守同样的分割规则才能获得理想的图像传输。这个规则被称为电视制式。电视制式常包含电视画面的宽高比、帧频、

场频、行频和扫描方式等重要参数。电视制式的制定,是根据当时的科技发展状况和技术条件,并考虑到本国或本地区电网对电视系统的干扰情况,以及人眼对图像的视觉感受和人们对电视图像的要求等制定的。

目前,正在应用的电视制式一般有三种:

(1) NTSC 彩色电视制式。这种制式于 20 世纪 50 年代由美国研制成功,主要用于北美、日本及东南亚各国。该电视制式确定的场频为 60 Hz,隔行扫描每帧扫描行数为 525 行,伴音、图像载频带宽为 4.5 MHz。

(2) PAL 彩色电视制式。这种制式于 20 世纪 60 年代由德国研制成功,主要用于我国及西欧各国。该电视制式确定的场频为 50 Hz,隔行扫描每帧扫描行数为 625 行,伴音、图像载频带宽为 6.5 MHz。

PAL 电视制式中规定场周期为 20 ms,其中场正程时间为 18.4 ms,场逆程时间为 1.6 ms;行频为 15625 Hz,行周期为 64 μs,行正程时间为 52 μs,行逆程时间为 12 μs。

(3) SECAM 彩色电视制式。该电视制式于 20 世纪 60 年代由法国研制成功,主要应用于法国和东欧各国。SECAM 制式场频为 50 Hz,隔行扫描每帧扫描行数为 625 行。

本节主要讨论我国现行的 PAL 彩色电视制式。

1. PAL 彩色电视制式

(1) 电视图像的宽高比

若用 W 和 H 分别代表电视屏幕上显示图像的宽度和高度,则将二者之比称为图像的宽高比,即

$$\alpha = W/H \tag{8.2-3}$$

电视选用早期电影屏幕的宽高比(4:3)。电影画面的宽高比是通过影院对银幕图像的观测实验得到的:观察者坐在影院中央位置,与银幕保持一定距离时,4:3 宽高比的银幕效果最佳,多数观众看电影时头不需要摆动,眼球也不需要左、右(或上、下)转动,感觉轻松、舒适。

(2) 帧频与场频

每秒电视屏幕变化的数目称为帧频。由于电视系统出现在电影系统之后,因此,其帧频也受到电影系统的影响。电影放映机受机械运动和胶片耐热性的限制,采用每秒 24 幅画面(即帧频为 24 Hz),并在每幅画面放映期间再遮挡一次,使场频变为 48 Hz,人眼基本分辨不出画面的跳动。因此,电视的场频应该大于等于 48 Hz。此外,为了消除交流电网的干扰,应尽量使电视的场频与本国的电网频率相等。我国电网频率为 50 Hz,因此采用 50 Hz 场频和 25 Hz 帧频隔行扫描的 PAL 彩色电视制式。

(3) 扫描行数与行频

帧频与场频确定后,电视扫描系统中还需要确定的参数是每场扫描的行数,或电子束扫描一行所需要的时间,又称为行周期。行周期的倒数称为行频。

扫描行数越多,图像在垂直方向上的分辨率越高,电子束的行扫描速度 v_{hf} 加快。根据式(8.2-2),在图像空间频率 f_x 确定的情况下,时间频率 f 与 v_{hf} 成正比。由于 f_x 的低频分量可以接近于零,因此,电视扫描系统中用视频信号的上限频率 f_B 来代表视频的带宽。因此,在视频带宽与扫描行数之间必须进行折中。扫描行数的选择应该兼顾图像清晰度指标和电视设备的技术难度、成本,尤其要考虑电视接收机的成本。根据 20 世纪 60 年代的技术现状,PAL 彩色电视制式规定每帧的扫描行数为 625 行,行频为 15 625 Hz,每帧图像的水平分辨率为 466 线,垂直分辨率为 400 线。

综合以上讨论,我国现行电视制式(PAL 制式)的主要参数为:宽高比 $\alpha = 4/3$;场频 $f_v = 50$ Hz;

行频 $f_l = 15\,625\,Hz$；场周期 $T = 20\,ms$，其中场正程扫描时间为 $18.4\,ms$，场逆程扫描时间为 $1.6\,ms$；行周期为 $64\,\mu s$，其中行正程扫描时间为 $52\,\mu s$，行逆程扫描时间为 $12\,\mu s$。

2. 扫描方式

电视图像监视器与电视接收机显示部分的原理相同，都是应用荧光物质的电光转换特性来显示图像的。在监视器中电子束在显像管的电磁偏转线圈产生的洛伦兹力的作用下，产生水平方向和垂直方向的偏转（即行、场两个方向扫描荧光屏）。电子束扫描的同时，由视频信号的幅度控制电子束轰击荧光屏的强度，荧光屏的发光强度是电子束强度的函数，这样就建立了荧光屏的发光强度与视频信号的函数关系

$$L_v = L(U_0) \qquad\qquad (8.2\text{-}4)$$

式中，U_0 为视频电压信号。

电视图像扫描分为逐行扫描与隔行扫描两种方式，通过这两种扫描方式摄像机将景物图像分解成为一维视频信号，图像显示器将一维视频信号合成为电视图像。而且，摄像机与图像显示器必须采用同一种扫描方式。

（1）逐行扫描

显像管的电子枪装有水平与垂直两个方向的偏转线圈，线圈中分别流过如图 8-3 所示的锯齿波电流，电子束在偏转线圈形成的磁场作用下同时进行水平方向和垂直方向的偏转，完成对显像管荧光屏的扫描。

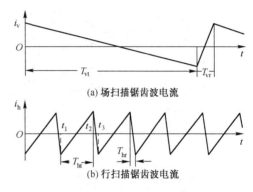

(a) 场扫描锯齿波电流

(b) 行扫描锯齿波电流

图 8-3　逐行扫描电流波形

场扫描电流的周期 T_{vt} 远大于行扫描的周期 T_{ht}，即电子束由上到下的扫描时间远大于水平扫描的时间，在场扫描周期可以有几百个行扫描周期。而且，场扫描周期电子束由上到下的扫描为场正程，场正程时间 T_{vt} 远大于电子束从下面返回到初始位置的场逆程时间 T_{vr}，即 $T_{vt} \gg T_{vr}$。电子束上、下扫一个来回的时间称为场周期，场周期 $T_v = T_{vt} + T_{vr}$。场周期的倒数为场频，用 f_v 表示。

行扫描周期电子束自左向右的扫描为行正程，即图 8-3(b) 中 $t_1 \sim t_2$ 时刻的扫描为行正程时间 T_{ht}。电子束从右边返回到左边初始位置的回扫过程为行逆程，即行逆程时间 T_{hr} 为 $t_2 \sim t_3$ 时刻的时间。显然，$T_{ht} \gg T_{hr}$。电子束左、右扫一个来回的时间称为行周期，即行周期 $T_h = T_{ht} + T_{hr}$。行周期的倒数为行频，用 f_h 表示。

在行、场扫描电流的同时作用下，电子束受水平偏转力和垂直偏转力的合力作用进行扫描。由于电子束在水平方向的运动速度远大于垂直方向的运动速度，所以，在屏幕上电子束的运动轨迹为如图 8-4 所示的稍微倾斜的"水平"直线。当然，电子束具有一定的动能，它打在荧光屏上会发出光来，电子束的轨迹又是一条条的光栅。逐行扫描光栅如图 8-4 所示，一场中只有 8 行"水平"光栅，因此光栅的水平度很差。当一场中有很多行时（例如几百行），行扫描线的水平度将很高。即一场图像由很多行扫描光栅构成。无论是行扫描的扫描逆程，还是场扫描的扫描逆程都不希望电子束使荧光屏发光，即在回扫时不让荧光屏发光，这就需要加入行消隐与场消隐脉冲，使电子束在行逆程与场逆程期间截止。实际上，行消隐脉冲的宽度稍大于行逆程时间，场消隐脉冲的宽度也大于场逆程时间，以确保显示图像的质量。

逐行扫描方式中的每一场都包含着行扫描的整数倍，这样，重复的图像才能被稳定地显示。即

要求 $T_v = NT_h$，或 $f_h = Nf_v$，式中 N 为正整数。逐行扫描的帧频与场频相等。对人眼来说，高于 48 Hz 变化的图像闪动是不能分辨的，因此，要获得稳定的图像，场频与帧频都必须高于 48 Hz。

（2）隔行扫描

根据人眼对图像的分辨能力所确定的扫描的水平行数至少应大于 600 行。因此，对于逐行扫描方式，行扫描频率必须大于 29 000 Hz 才能保证人眼视觉对图像的最低要求。这样高的行扫描频率，无论对摄像系统还是对显示系统都提出了更高的要求。为了降低行扫描频率，又能保证人眼视觉对图像分辨率及闪耀感的要求，早在 20 世纪初，人们就提出了隔行扫描分解图像和显示图像的方法。

隔行扫描采用如图 8-5 所示的扫描方式，由奇、偶两场构成一帧。奇数场由 1、3、5、…奇数行组成，偶数场由 2、4、6、…偶数行组成，奇、偶两场合成一帧图像。人眼看到的变化频率为场频 f_v，人眼分辨的图像是一帧，一帧图像由奇、偶两场扫描形成，帧行数为场行数的两倍。这样，既提高了图像分辨率又降低了行扫描频率，是一种很有实用价值的扫描方式。因此，这种扫描方式一直为电视系统和监控系统所采用。

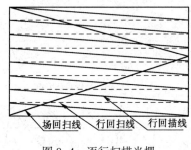

图 8-4　逐行扫描光栅

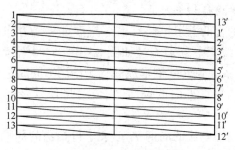

图 8-5　隔行扫描光栅

两场光栅均匀交错叠加是对隔行扫描方式的基本要求，否则图像的质量将大为降低。因此隔行扫描必须满足下面两个要求：

第一，下一帧图像的扫描起始点应与上一帧的起始点相同，确保各帧扫描光栅重叠；

第二，相邻两场光栅必须均匀地镶嵌，确保获得最高的清晰度。

从第一个要求考虑，每帧扫描的行数应为整数；在各场扫描电流都一样的情况下，要满足第二个要求，每帧均应为奇数。因此，每场的扫描行数就要出现半行的情况。我国现行的隔行扫描电视制式采用每帧扫描行数为 625 行，每场扫描行数为 312.5 行。

8.3　电荷耦合器件

8.3.1　线阵 CCD 图像传感器

CCD（Charge Coupled Devices，电荷耦合器件）图像传感器主要有两种基本类型：一种为信号电荷包存储在半导体与绝缘体之间的界面，并沿界面进行转移，称为表面沟道 CCD 器件（简称为 SCCD）；另一种为信号电荷包存储在距离半导体表面一定深度的半导体体内，并在体内沿一定方向转移，称为体沟道或埋沟道器件（简称为 BCCD）。下面以 SCCD 为例讨论 CCD 的基本工作原理。

1. 电荷存储

构成 CCD 的基本单元是 MOS（金属-氧化物-半导体）结构。如图 8-6(a)所示，在栅极 G 施加

电压 U_G 之前 P 型半导体中空穴(多数载流子)的分布是均匀的。当对栅极施加电压 U_G(此时 U_G 小于等于 P 型半导体的阈值电压 U_{th})时,P 型半导体中的空穴将被排斥,并在半导体中产生如图 8-6(b)所示的耗尽区。U_G 继续增大,耗尽区将继续向半导体体内延伸,如图 8-6(c)所示。$U_G > U_{th}$ 后,耗尽区的深度与 U_G 成正比。若将半导体与绝缘体界面上的电势记为表面势,且用 Φ_S 表示,Φ_S 将随 U_G 的增大而增大。图 8-7 所示为在掺杂为 10^{21} cm^{-3},氧化层厚度 d_{OX} 分别为 0.1 μm、0.3 μm、0.4 μm 和 0.6 μm 的情况下,不存在反型层电荷时,Φ_S 与 U_G 的关系曲线。从曲线可以看出,氧化层的厚度越薄曲线的直线性越好;在同样的 U_G 作用下,不同厚度的氧化层有着不同的 Φ_S。Φ_S 表征了耗尽区的深度。

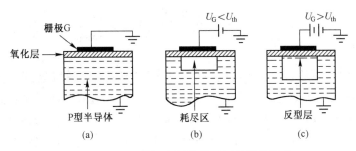

图 8-6 CCD 栅极电压变化对耗尽区的影响

图 8-8 所示为 U_G 分别为 10 V 和 15 V,并保持不变的情况下,Φ_S 与反型层电荷密度 Q_{INV} 的关系曲线。由图可见,Φ_S 随 Q_{INV} 的增大而线性减小。图 8-7 与图 8-8 的关系曲线,很容易用半导体物理中的"势阱"概念来描述。电子所以被加有栅极电压的 MOS 结构吸引到半导体与氧化层的交界面处,是因为那里的势能最低。在没有反型层电荷时,势阱的"深度"与栅极电压 U_G 的关系恰如 Φ_S 与 U_G 的关系,如图 8-9(a)所示空势阱的情况。

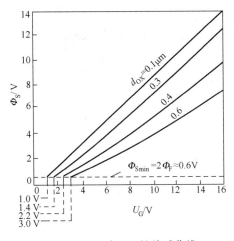

图 8-7 Φ_S 与 U_G 的关系曲线

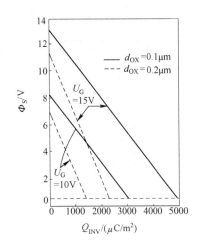

图 8-8 Φ_S 与 Q_{INV} 的关系曲线

图 8-9(b)所示为反型层电荷填充 1/3 势阱时表面势收缩的情况,Φ_S 与 Q_{INV} 的关系如图 8-8 所示。反型层电荷继续增加,Φ_S 将逐渐减小,当反型层电荷足够多时,Φ_S 减小到最低值 $2\Phi_F$,如图 8-9(c)所示。此时,表面势不再束缚多余的电子,电子将产生"溢出"现象。这样,表面势可作为势阱深度的量度,而表面势又与栅极电压、氧化层厚度 d_{OX} 有关,即与 MOS 电容的容量 C_{OX} 和 U_G 的乘积有关。势阱的横截面积取决于栅极电压的面积 A。MOS 电容存储信号电荷的容量为

$$Q = C_{OX} U_G \tag{8.3-1}$$

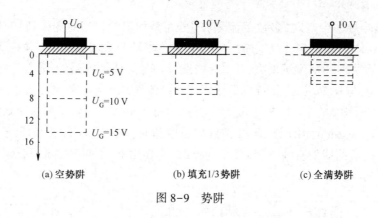

(a) 空势阱   (b) 填充1/3势阱   (c) 全满势阱

图 8-9　势阱

2. 电荷耦合

为了理解 CCD 中势阱及电荷是如何从一个位置转移到另一个位置的,可观察图 8-10 所示的四个彼此靠得很近的电极在加上不同电压的情况下,势阱与电荷的运动规律。假定开始时有一些电荷存储在栅极电压为 10 V 的第 1 个电极下面的深势阱里,其他电极上均加有大于阈值的低电压(例如 2 V)。若图 8-10(a)所示为零时刻(初始时刻),经过时间 t_1 后,各电极上的电压变为如图 8-10(b)所示,第 1 个电极上的电压仍保持为 10 V,第 2 个电极上的电压由 2 V 变为 10 V。因这两个电极靠得很近(间隔不大于 3 μm),它们各自的势阱将合并在一起,原来第 1 个电极下的电荷变为这两个电极下联合势阱所公有,如图 8-10(b)和图 8-10(c)所示。若此后各电极上的电压变为如图 8-10(d)所示,第 1 个电极上的电压由 10 V 变为 2 V,第 2 个电极上的电压仍为 10 V,则公有的电荷将转移到第 2 个电极下面的势阱中,如图 8-10(e)所示。由此可见,深势阱及电荷包向右移动了一个位置。

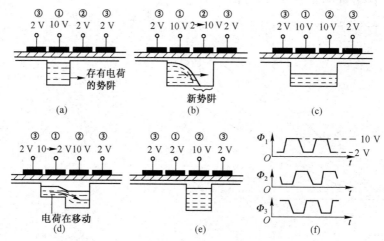

图 8-10　三相 CCD 中电荷的转移过程

将按一定规律变化的电压加到 CCD 各电极上,电极下的电荷包就能沿半导体表面按一定方向移动。通常把 CCD 的电极分为几组,每一组称为一相,并施加同样的时钟驱动脉冲。CCD 正常工作所需要的相数由其内部结构决定。图 8-10 所示的结构需要三相时钟脉冲,其驱动脉冲的波形如图 8-10(f)所示。这样的 CCD 称为三相 CCD。三相 CCD 的电荷必须在三相交叠驱动脉冲的作用下,才能以一定的方向逐单元地转移。另外,必须强调指出,CCD 电极间隙必须很小,电荷才能不受阻碍地从一个电极下转移到相邻电极下。这对于图 8-10 所示的电极结构是一个关键问题。如果电极间隙比较大,两电极间的势阱将被势垒隔开,不能合并,电荷也不能从一个电极向另一个电极完全转移,CCD 便不能在外部驱动脉冲作用下转移电荷。能够产生完全转移的最大间隙一般由具体电极结构、表面态密度等因素决定。理论计算和实验证明,为不使电极间隙下方界面处出现阻碍电荷转移的势垒,间隙的长度应不大于 $3\,\mu m$,这大致是同样条件下半导体表面深耗尽区宽度的尺寸。当然如果氧化层厚度、表面态密度不同,结果也会不同。但对于绝大多数的 CCD,$1\,\mu m$ 的间隙长度是足够小的。

以电子为信号电荷的 CCD 称为 N 型沟道 CCD,简称为 N 型 CCD。而以空穴为信号电荷的 CCD 称为 P 型沟道 CCD,简称为 P 型 CCD。由于电子的迁移率(单位场强下电子的运动速度)远大于空穴的迁移率,因此 N 型 CCD 比 P 型 CCD 的工作频率高很多。

3. CCD 的电极结构

CCD 电极的基本结构包括转移电极结构、转移沟道结构、信号输入单元结构和信号检测单元结构。这里主要讨论转移电极结构。最早的 CCD 转移电极是用金属(一般用铝)制成如图 8-6 所示的靠三相交叠脉冲形成动态势阱驱使电荷转移的结构,限制了转移速率与转移效率,满足不了 CCD 技术的发展。目前所采取的转移电极结构通常为如图 8-11 与图 8-12 所示的二相与四相电极结构,靠不对称性的阶梯势阱驱使电荷定向转移。

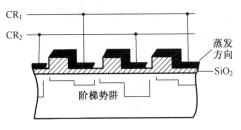

图 8-11　二相电极结构

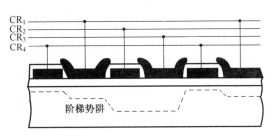

图 8-12　四相电极结构

4. 电荷的注入和检测

在 CCD 中,电荷注入的方式有很多,归纳起来可分为光注入和电注入。

(1) 光注入

当光照射到 CCD 硅片上时,在栅极附近的半导体内产生电子-空穴对,多数载流子被栅极电压排斥,少数载流子则被收集在势阱中形成信号电荷。光注入方式又可分为正面照射式与背面照射式。图 8-13 所示为背面照射式光注入的示意图。CCD 摄像器件的光敏单元采用光注入方式。光注入电荷

$$Q_{in} = \eta q N_{eo} A t_c \qquad (8.3\text{-}2)$$

式中,η 为材料的量子效率,q 为电子电荷量,N_{eo} 为入射光的光子流速率,A 为光敏单元的受光面积,t_c 为光的注入时间。

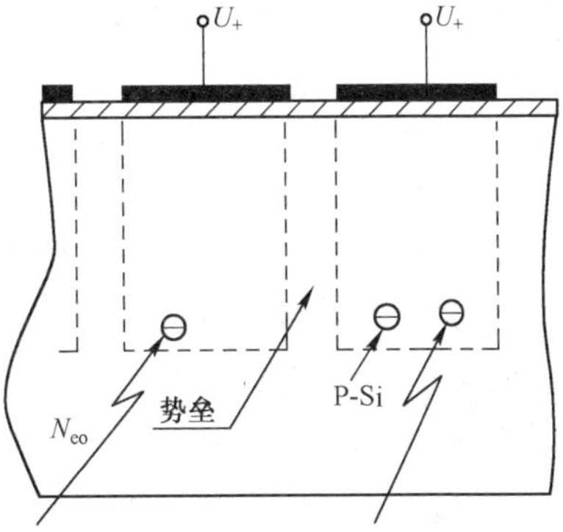

图 8-13　背面照射式光注入示意图

由式(8.3-2)可以看出,当 CCD 确定以后,η、q 及 A 均为常数,注入势阱中的 Q_{in} 与 N_{eo} 及 t_c 成正比。t_c 由 CCD 驱动器转移脉冲的周期 T_{sh} 决定。当所设计的驱动器能够保证其注入时间稳定不变时,注入 CCD 势阱中的信号电荷只与入射辐射的光子流速率 N_{eo} 成正比。因此,在单色入射辐射时,N_{eo} 与入射光谱辐通量 $\Phi_{e,\lambda}$ 的关系为

$$N_{eo} = \frac{\Phi_{e,\lambda}}{h\nu}$$

式中,h,ν 均为常数。在这种情况下,N_{eo} 与 $\Phi_{e,\lambda}$ 呈线性关系。该线性关系是应用 CCD 检测光谱强度和进行多通道光谱分析的理论基础。原子发射光谱的实测分析验证了光注入的线性关系。

（2）电注入

所谓电注入就是 CCD 通过输入结构对信号电压或电流进行采样,并转换为信号电荷注入相应的势阱中。电注入的方法很多,这里仅介绍常用的电流注入法和电压注入法。

图 8-14(a)所示为电流注入法。由 N^+ 扩散区和 P 型衬底构成注入二极管。IG 为 CCD 的栅极,其上加适当的正偏压以保持开启并作为基准电压。模拟输入信号 U_{in} 加在输入二极管 ID 上。当 CR2 为高电平时,可将 N^+ 区(ID 极)看作 MOS 晶体管的源极,IG 为栅极,CR2 为漏极。当它工作在饱和区时,栅极下沟道电流为

$$I_s = \mu \frac{W}{L_g} \frac{C_{ox}}{2} (U_{in} - U_{ig} - U_{th})^2 \tag{8.3-3}$$

式中,W 为信号沟道宽度,L_g 为 IG 的长度,U_{ig} 为栅极偏置电压,U_{th} 为硅材料的阈值电压,μ 为载流子的迁移率,C_{ox} 为 IG 的电容。

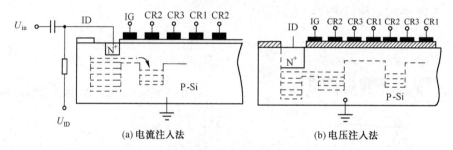

(a) 电流注入法　　　　　　　(b) 电压注入法

图 8-14　电注入方式

经过 T_c 时间注入后,CR2 下势阱的信号电荷量为

$$Q_s = \mu \frac{W}{L_g} \frac{C_{ox}}{2} (U_{in} - U_{ig} - U_{th})^2 \tag{8.3-4}$$

可见这种注入方式的信号电荷 Q_s,不仅依赖于 U_{in} 和 T_c,而且与输入二极管所加偏压的大小有关。因此,Q_s 与 U_{in} 没有线性关系。

图 8-14(b)所示为电压注入法,其注入电荷量也与注入电压不呈线性关系。

（3）电荷的检测（输出方式）

在 CCD 中,有效地收集和检测电荷是一个重要问题。CCD 的重要特性之一是信号电荷在转移过程中与时钟脉冲没有任何电容耦合,而在输出端则不可避免。因此,选择适当的输出电路,尽可能地减小时钟脉冲对输出信号的容性干扰。目前 CCD 输出电荷信号的方式主要是采用了一种称为电流输出方式的电路。

电流输出方式电路如图 8-15 所示。它由检测二极管、二极管的偏置电阻 R、源极输出放大器和复位场效应管 V_R 等构成。信号电荷在转移脉冲 CR1、CR2 的驱动下向右转移到最末一级转移电极（图中 CR2 电极）下的势阱中,当 CR2 电极上的电压由高变低时,由于势阱的提高,信号电荷将通过 OG（加有恒定的电压）下的势阱进入反向偏置的二极管（图中 N^+ 区）中。由电源 U_D、电阻 R、衬

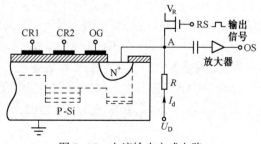

图 8-15　电流输出方式电路

底 P 和 N⁺区构成的输出二极管反向偏置电路，它对于电子来说相当于一个很深的势阱。进入到反向偏置的二极管中的电荷（电子），将产生电流 I_d，且 I_d 的大小与注入二极管中的信号电荷量 Q_s 成正比，而与 R 成反比。电阻 R 是制作在 CCD 器件内部的固定电阻，其阻值为常数。所以，I_d 与 Q_s 呈线性关系，且

$$Q_s = I_d \mathrm{d}t \tag{8.3-5}$$

由于 I_d 的存在，使得 A 点的电位发生变化。Q_s 越大，I_d 也越大，A 点电位下降得越低。所以，可以用 A 点的电位来检测 Q_s。隔直电容用来将 A 点的电位变化取出，使其通过场效应放大器的 OS 端输出。在实际的器件中，常常用绝缘栅场效应管取代隔直电容，并兼有放大器的功能，它由开路的源极输出。

图中的复位场效应管 V_R 用于对检测二极管的深势阱进行复位。它的主要作用是在一个读出周期中，注入输出二极管深势阱中的信号电荷通过偏置电阻 R 放电，偏置电阻太小，信号电荷很容易被放掉，输出信号的持续时间很短，不利于检测。增大偏置电阻，可以使输出信号获得较长的持续时间，在转移脉冲 CR1 的周期内，信号电荷被卸放掉的数量不大，有利于对信号的检测。但是，在下一个信号到来时，没有卸放掉的电荷势必与新转移来的电荷叠加，破坏后面的信号。为此，通过引入 V_R 使没有来得及被卸放掉的信号电荷卸放掉。在复位脉冲 RS 的作用下使复位场效应管导通，其动态电阻远远小于偏置电阻的阻值，以便使输出二极管中的剩余电荷通过复位场效应管流入电源，使 A 点电位恢复到起始的高电平，为接收新信号电荷做准备。

5. CCD 的特性参数

（1）电荷转移效率 η 和电荷转移损失率 ε

η 是表征 CCD 性能好坏的重要参数，其定义为一次转移后到达下一个势阱中的电荷量与原来势阱中的电荷量之比。如果在 $t=0$ 时，注入某电极下的电荷为 $Q(0)$，经时间 t，大多数电荷在电场作用下向下一个电极转移，但总有一小部分电荷由于某种原因留在该电极下。若被留下来的电荷为 $Q(t)$，则

$$\eta = \frac{Q(0)-Q(t)}{Q(0)} = 1 - \frac{Q(t)}{Q(0)} \tag{8.3-6}$$

定义电荷转移损失率为 $\qquad \varepsilon = Q(t)/Q(0) \tag{8.3-7}$

则 η 与 ε 的关系为 $\qquad \eta = 1-\varepsilon \tag{8.3-8}$

在理想情况下，$\eta=1$，但实际上电荷在转移过程中总有损失，所以 η 总是小于 1 的（常为 0.9999 以上）。一个电荷为 $Q(0)$ 的电荷包，经过 n 次转移后，所剩下的电荷为

$$Q(n) = Q(0)\eta^n \tag{8.3-9}$$

这样，n 次转移前、后电荷量之间的关系为

$$\frac{Q(n)}{Q(0)} = \eta^n \approx \mathrm{e}^{-n\varepsilon} \tag{8.3-10}$$

例如，如果 $\eta=0.99$，经过 24 次转移后，$Q(n)/Q(0)=79\%$；而经过 192 次转移后，$Q(n)/Q(0)=15\%$。由此可见，提高 η 是电荷耦合器件实用的关键。

影响 η 的主要因素是表面态对电荷的俘获。为此，常采用"胖零"工作模式，即让"零"信号也有一定的电荷。图 8-16 所示为 P 沟道线阵 CCD 在两种不同驱动频率下的 ε 与"胖零"电荷 $Q(0)$ 的关系。

图 8-16 中，C 为转移电极的有效电容量。$Q(1)$ 代表

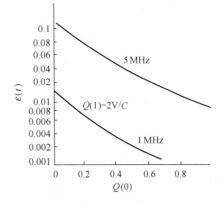

图 8-16 ε 与 $Q(0)$ 的关系

"1"信号电荷,$Q(0)$代表"0"信号电荷。从图8-16中可以看出,增大$Q(0)$,可以减少每次转移过程中信号电荷的损失。在CCD中常采用电注入的方式在转移沟道中注入$Q(0)$,可以降低ε,提高η,但CCD器件的输出信号中多了"胖零"电荷分量,表现为暗电流的增加,而且,该"暗电流"是不能通过降低器件的温度来减小的。

（2）驱动频率

CCD器件必须在驱动脉冲的作用下完成信号电荷的转移,输出信号电荷。驱动频率一般泛指加在转移栅上的脉冲CR1或CR2的频率f。

① 驱动频率的下限

在信号电荷的转移过程中,为了避免由于热激发少数载流子对注入信号电荷的干扰,注入信号电荷从一个电极转移到另一个电极所用的时间t必须小于少数载流子的平均寿命τ_i,即$t<\tau_i$。在正常工作条件下,对于三相CCD而言,$t=\dfrac{T}{3}=\dfrac{1}{3f}$,故

$$f_{\min} \geqslant \frac{1}{3\tau_i} \tag{8.3-11}$$

可见,CCD的驱动频率的下限与τ_i有关,而τ_i与器件的工作温度有关,工作温度越高τ_i越小,驱动频率的下限越高。

② 驱动频率的上限

当驱动频率升高时,驱动脉冲使电荷从一个电极转移到另一个电极的时间t应大于电荷从一个电极转移到另一个电极的固有时间τ_g,才能保证电荷的完全转移,否则,信号电荷跟不上驱动脉冲的变化,会使η大大降低。即要求转移时间$t=T/3 \geqslant \tau_g$,得到

$$f_{\max} \leqslant \frac{1}{3\tau_g} \tag{8.3-12}$$

这就是电荷自身的转移时间对驱动频率的上限。由于电荷转移的快慢与载流子迁移率、电极长度、衬底杂质的浓度和温度等因素有关,因此,对于相同的结构设计,N沟道CCD比P沟道CCD的驱动频率高。P沟道CCD在不同衬底电荷情况下的驱动频率与转移损失率的关系如图8-17所示。

图8-18所示为三相多晶硅N型表面沟道（SCCD）的实测驱动频率与电荷转移损失率的关系。由图可以看出,表面沟道CCD驱动频率上限为10 MHz,高于10 MHz以后,CCD的电荷转移损失率将急剧增大。一般体沟道或埋沟道CCD的驱动频率要高于表面沟道CCD的驱动频率。随着半导体材料科学与制造工艺的发展,更高速率的体沟道线阵CCD的最高驱动频率已经超过了几百兆赫兹。驱动频率上限的提高为CCD在高速成像系统中的应用打下了基础。

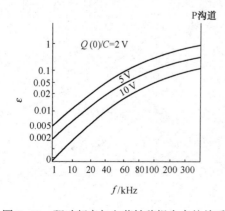

图8-17　驱动频率与电荷转移损失率的关系

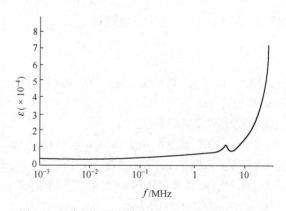

图8-18　实测驱动频率与电荷转移损失率的关系

6. 线阵 CCD 摄像器件的两种基本形式

（1）单沟道线阵 CCD

图 8-19 所示为三相单沟道线阵 CCD 的结构。

由图可见，单沟道线阵 CCD 由光敏阵列、转移栅、CCD 模拟移位寄存器和输出放大器等单元构成。光敏阵列一般由光栅控制的 MOS 光积分电容或 PN 结光电二极管构成，光敏阵列与 CCD 模拟移位寄存器之间通过转移栅相连，转移栅既可以将光敏区与模拟移位寄存器隔离，又可以将光敏区与模拟移位寄存器沟通，使光敏区积累的电荷信号转移到模拟移位寄存器中。通过加在转移栅上的控制脉冲完成光敏区与模拟移位寄存器隔离与沟通的控制。当转移栅上的电位为高电平时，二者沟通；当转移栅上的电位为低电平时，二者隔离。二者隔离时光敏区在进行光电注入，光敏单元不断地积累电荷。有时将光敏单元积累电荷的这段时间称为光积分时间。转移栅电极电压为高电平时，光敏区所积累的信号电荷将通过转移栅转移到 CCD 模拟移位寄存器中。通常转移栅电极为高电平的时间很短，为低电平的时间很长，因而光积分时间要远远超过转移时间。在光积分时间里，CCD 模拟移位寄存器在三相交叠脉冲的作用下一位位地移出器件，经输出放大器形成时序信号（或称视频信号）。

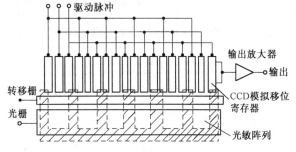

图 8-19　三相单沟道线阵 CCD 的结构

这种结构的线阵 CCD 转移次数多、效率低、调制传递函数 MTF 较差，只适用于像元较少的摄像器件。

（2）双沟道线阵 CCD

图 8-20 所示为双沟道线阵 CCD 的结构。它具有两列 CCD 模拟移位寄存器 A 与 B，分列在光敏阵列的两边。当转移栅 A 与 B 为高电位（对于 N 沟道器件）时，光敏阵列势阱里积存的信号电荷包将同时按箭头指定的方向分别转移到对应的模拟移位寄存器内，然后在驱动脉冲的作用下分别向右转移，最后经输出放大器以视频信号方式输出。显然，同样数量像元的双沟道线阵 CCD 要比单沟道

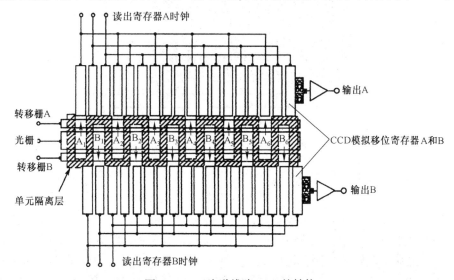

图 8-20　双沟道线阵 CCD 的结构

线阵 CCD 的转移次数少一半,转移时间缩短一半,它的总转移效率大大提高。因此,在要求提高 CCD 的工作速度和转移效率的情况下,常采用双沟道的方式。然而,双沟道器件的奇、偶信号电荷分别通过 A、B 两个模拟移位寄存器和两个输出放大器输出。由于两个模拟移位寄存器和两个输出放大器的参数不可能完全一致,就必然会造成奇、偶输出信号的不均匀性。所以,有时为了确保像元参数的一致性,在较多像元的情况下也采用单沟道的结构。

8.3.2 面阵 CCD 图像传感器

按一定的方式将一维线阵 CCD 的光敏单元及移位寄存器排列成二维阵列,即可构成二维面阵 CCD。由于排列方式不同,面阵 CCD 有以下几种类型。

(1) 帧转移面阵 CCD

图 8-21 所示为帧转移三相面阵 CCD 结构。它由成像区(光敏区)、暂存区和水平读出寄存器三部分构成。光敏区由并行排列的若干个电荷耦合沟道组成(图中的虚线方框),各沟道之间用沟阻隔开,水平电极横贯各沟道。假定光敏区有 M 个转移沟道,每个沟道有 N 个像元,整个光敏区共有 $M \times N$ 个像元。暂存区的结构和单元数都与光敏区相同。暂存区与水平读出寄存器均被金属铝遮蔽(如图中的斜线部分)。

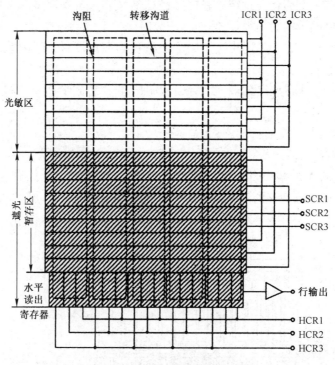

图 8-21　帧转移三相面阵 CCD 结构

其工作过程如下:图像经物镜成像到光敏区,在场正程期间(为光积分时间),光敏区的某一相电极(如 ICR1)加有适当的偏压(高电平),光生电荷将被收集到这些电极下方的势阱里,这样就将被摄光学图像变成了光积分电极下的电荷包图像,存储于成像区。

光积分周期结束,进入场逆程。在场逆程期间,加到光敏区和存储区电极上的时钟脉冲将光敏区所积累的信号电荷迅速转移到暂存区。场逆程结束又进入下一场的场正程时间,在场正程期间,光敏区又进入光积分状态。暂存区与水平读出寄存器在场正程期间按行周期工作。在行逆程期间,暂存区的驱动脉冲使暂存区的信号电荷产生一行的平行移动,图 8-21 最下边一行的信号电荷转移到水平移位寄存器中,第 N 行的信号移到第 $N-1$ 行中。行逆程结束进入行正程。在行正程期间,暂存区的电位不变,水平读出寄存器在水平读出脉冲的作用下输出一行视频信号。这样,在场正程期间,水平移位寄存器输出一场图像信号。当第一场读出的同时,第二场信息通过光积分又收集到光敏区的势阱中。一旦第一场的信号被全部读出,第二场信号马上就传送给寄存器,使之连续地读出。

这种面阵 CCD 的特点是结构简单,像元的尺寸可以很小,调制传递函数 MTF 较好,但成像区面积占总面积的比例小。

(2) 隔列转移面阵 CCD

隔列转移面阵 CCD 结构如图 8-22(a)所示。它的像元(图中虚线方块)呈二维排列,每列像元被遮光的读出寄存器及沟阻隔开,像元与读出寄存器之间又有转移控制栅。由图可见,每一像元对应于两个遮光的读出寄存器单元(图中斜线表示被遮蔽,斜线部位的方块为读出寄存器单元)。读出寄存器与像元的另一侧被沟阻隔开。由于每列像元均被读出寄存器所隔,因此,这种面阵 CCD 称为隔列转移面阵 CCD。图中最下面的部分是二相时钟脉冲 CR1、CR2 驱动的水平读出寄存器和输出放大器。

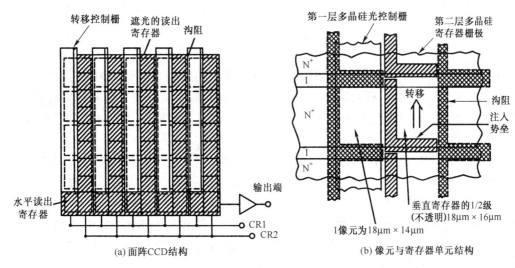

图 8-22 隔列转移面阵 CCD

隔列转移面阵 CCD 工作在 PAL 彩电电视制式下,按电视制式的时序工作。在场正程期间对光敏区的各像元进行光积分,这期间转移栅为低电位,转移栅下的势垒将像元的势阱与读出寄存器的变化势阱隔开。光敏区在进行光积分的同时,移位寄存器在垂直驱动脉冲的驱动下一行行地将每一列的信号电荷向水平移位寄存器转移。场正程结束(光积分时间结束)进入场逆程,场逆程期间转移栅上产生一个正脉冲 SH,在 SH 脉冲的作用下将光敏区的信号电荷并行地转移到垂直寄存器中。转移过程结束后,像元与读出寄存器又被隔开,转移到读出寄存器的光生电荷在读出脉冲的作用下一行行地向水平读出寄存器中转移,水平读出寄存器快速地将其经输出放大器输出。在输出端得到与光学图像对应的一行行视频信号。

图 8-22(b)所示为隔列转移面阵 CCD 的像元与寄存器单元的结构。该结构为两层多晶硅结构,第一层提供像元上的 MOS 电容器电极,又称多晶硅光控制栅;第二层基本上是连续的多晶硅,它经过选择掺杂构成二相转移电极,称为多晶硅寄存器栅极。转移方向用离子注入势垒方法完成,使电荷只能按规定的方向转移,沟阻常用来阻止电荷向外扩散。

（3）线转移面阵 CCD

如图 8-23 所示，与前面两种转移方式相比，线转移面阵 CCD 取消了存储区，多了一个线寻址电路（图中 1 所示）。它的像元一行行地紧密排列，类似于帧转移面阵 CCD 的光敏区，但是它的每一行都有确定的地址；它没有水平读出寄存器，只有一个垂直放置的输出寄存器（图中 3 所示）。当线寻址电路选中某一行像元时，驱动脉冲（图中 2）将使该行的光生电荷包一位位地按箭头方向转移，并移入输出寄存器。输出寄存器在驱动脉冲的作用下使信号电荷包经输出放大器输出。根据不同的使用要求，线寻址电路发出不同的数码，就可以方便地选择扫描方式，实现逐行扫描或隔行扫描。也可以只选择其中的一行输出，使其工作在线阵 CCD 的状态。因此，线转移面阵 CCD 具有有效光敏面积大，转移速度快，转移效率高等特点，但电路比较复杂是它的缺点，使它的应用范围受到限制。

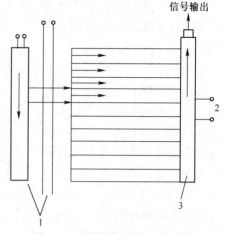

图 8-23　线转移面阵 CCD 结构

8.4　CMOS 图像传感器

CMOS（Complementary Metal Oxide Semiconductor）图像传感器出现于 1969 年，它是一种用传统的芯片工艺方法将光敏元件、放大器、A/D 转换器、存储器、数字信号处理器和计算机接口电路等集成在一块硅片上的图像传感器件，这种器件的结构简单、处理功能多、成品率高和价格低廉，有着广泛的应用前景。

CMOS 图像传感器虽然比 CCD 的出现还早一年，但在相当长的时间内，由于它存在成像质量差、像元尺寸小、填充率（有效像元面积与总面积之比）低（10%～20%）、响应速度慢等缺点，因此只能用于图像质量要求较低、尺寸较小的数码相机中，如机器人视觉应用的场合。早期的 CMOS 器件采用"被动像元"（无源）结构，每个像元主要由一个光敏元件和一个像元寻址开关构成，无信号放大和处理电路，性能较差。1989 年以后，出现了"主动像元"（有源）结构。它不仅有光敏元件和像元寻址开关，而且还有信号放大和处理等电路，提高了光电灵敏度，减小了噪声，扩大了动态范围，使它的一些性能参数与 CCD 图像传感器相接近，而在功能、功耗、尺寸和价格等方面要优于 CCD 图像传感器，所以应用越来越广泛。

8.4.1　CMOS 图像传感器的组成与像元结构

1. CMOS 图像传感器的组成

CMOS 图像传感器的组成原理方框图如图 8-24 所示。它的主要组成部分是像元阵列和 MOS 场效应管集成电路，而且这两部分是集成在同一硅片上的。像元阵列实际上是光电二极管阵列，它没有线阵和面阵之分。

图中所示的像元阵列按 X 和 Y 方向排列成方阵，方阵中的每一个像元都有它在 X,Y 各方向上的地址，并分别由两个方向的地址译码器进行选择；每一列像元都对应于一个列放大器，列放大器的输出信号分别接到由 X 方向地址译码控制器进行选择的模拟多路开关，并输出至 A/D 转换器进行模-数转换变成数字信号，经预处理电路处理后，经接口电路输出。图中的时序脉冲电路为整个 CMOS 图像传感器提供各种工作脉冲，这些脉冲均受控于接口电路发来的同步控制信号。

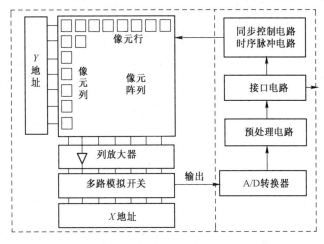

图 8-24　CMOS 图像传感器的组成原理方框图

图像信号的输出过程可由图像传感器阵列原理图更清楚地说明。如图 8-25 所示,在 Y 方向地址译码器(Y 移位寄存器)的控制下,依次序接通每行像元上的模拟开关(图中的 $S_{i,j}$),信号将通过行开关传送到列线上,再通过 X 方向地址译码器(X 移位寄存器)的控制,输送到放大器。当然,由于设置了行与列开关,而它们的选通是由两个方向的地址译码器上所加的数码控制的,因此,可以采用 X,Y 两个方向以移位寄存器的形式工作,实现逐行扫描或隔行扫描输出。也可以只输出某一行或某一列的信号,使其按着与线阵 CCD 相类似的方式工作。还可以选中你所希望观测的某些点的信号,如图 8-25 中所示第 i 行、第 j 列信号。

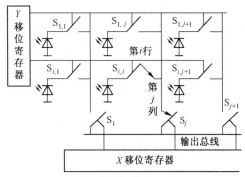

图 8-25　CMOS 图像传感器阵列原理图

在 CMOS 图像传感器的同一芯片中,还可以设置其他数字处理电路。例如,可以进行自动曝光处理、非均匀性补偿、白平衡处理、γ 校正、黑电平控制等。甚至还可以将具有运算和可编程功能的 DSP 制作在一起,形成多种功能的器件。

为了改善 CMOS 图像传感器的性能,在许多实际的器件结构中,像元常与放大器制作成一体,以提高灵敏度和信噪比。后面将介绍的像元就是采用光电二极管与放大器构成一个像元的复合结构。

2. CMOS 图像传感器的像元结构

像元结构实际上是指每个像元的电路结构,它是 CMOS 图像传感器的核心组件。

像元结构有两种类型,即被动像元结构和主动像元结构。前者只包括光电二极管和地址选通开关两部分,如图 8-26 所示。其中像元的图像信号读出时序如图 8-27 所示。首先,复位脉冲启动复位操作,光电二极管的输出电压被置 0;接着光电二极管开始光信号的积分;当积分工作结束时,选址脉冲启动选址开关,光电二极管中的信号便传输到列总线上;然后经过公共放大器放大后输出。

被动像元结构的缺点是固定图案噪声(FPN)大和图像信号的信噪比低。前者是由各像元的选址模拟开关的压降有差异引起的;后者则是由选址模拟开关的暗电流噪声带来的。因此,这种结构已经被淘汰。

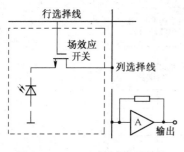

图 8-26 CMOS 被动像元结构

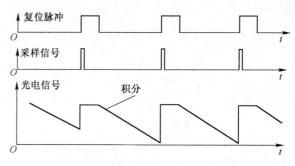

图 8-27 图像信号读出时序

主动像元结构是当前得到实际应用的结构。它与被动像元结构的最主要区别是,每个像元都经过放大,才通过场效应模拟开关传输,所以固定图案噪声降低,图像信号的信噪比显著提高。

主动式像元结构的基本电路如图 8-28 所示。从图中可以看出,场效应管 V_1 构成光电二极管的负载,它的栅极接在复位线上,当复位脉冲出现时,V_1 导通,光电二极管被瞬时复位;而当复位脉冲消失后,V_1 截止,光电二极管开始积分光信号。由场效应管 V_2 构成的源极跟随放大器,将光电二极管的高阻输出信号进行电流放大。场效应管 V_3 用作选址模拟开关,其栅极接行选通线,当选通脉冲引入时,V_3 导通,使得被放大的光电信号输送到列总线上。

图 8-29 所示为上述过程的时序图,其中,复位脉冲首先到来,V_1 导通,光电二极管复位;复位脉冲消失后,光电二极管进行积分;积分结束时,V_3 导通,信号输出。

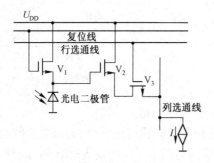

图 8-28 主动式像元结构的基本电路

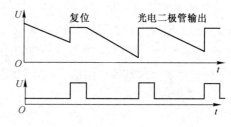

图 8-29 主动像元时序图

8.4.2 典型 CMOS 图像传感器

本节以 FillFactorg 公司的 IBIS4 SXGA 型 CMOS 成像器产品为例,介绍典型的 CMOS 图像传感器。

这是彩色面阵 CMOS 成像器件,但也可以用作黑白成像器件。它的特点是:像元尺寸小,填充因子大,光谱响应范围宽,量子效率高,噪声等效光电流小,无模糊(Smear)现象,有抗晕能力和可做取景控制等。

(1) 成像器件的原理结构

SXGA 型 CMOS 成像器件是 CMOS 图像传感器的主要部分,其原理结构如图 8-30 所示。从结构形式上看,它与图 8-24 所示的 CMOS 图像传感器的结构基本相同,只是在移位寄存器与像元阵列之间,添加了 Y 向复位移位寄存器、复位和读出的行地址指针。Y 向复位移位寄存器用于对各像元进行复位,以清除帧与帧之间信号的影响。此外,还可用于曝光控制,即各像元被复位时即开始积分光信号,而当 Y 向移位寄存器启动时就迅速读出信号。从复位开始至读出开始的时间间隔即为曝光时间。复位和读出的行地址指针用于准确控制行的位置,避免出现错位空行的现象。

SXGA 型 CMOS 图像传感器像敏区的结构如图 8-31 所示。它与图 8-25 所示的结构图是相同的，工作原理也相同。

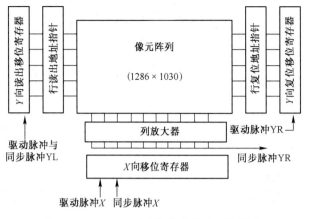

图 8-30 SXGA 型图像传感器原理结构图 　　图 8-31 SXGA 型图像传感器像敏区的结构

该器件的像元总数是 1286×1030 个，其中在每行和每列的起始端及末尾端各有 3 个像元为虚设单元。

该器件采用主动式像元结构，每个像元都带有 3 个场效应管放大器。

在像元阵列的上部贴附 R、G、B 色滤光片，便成为彩色 CMOS 图像传感器件。若无须彩色成像，也可以不要这种滤光片。

SXGA 型 CMOS 图像传感器的光谱响应特性曲线如图 8-32 所示。图中最上部的曲线为黑白器件的光谱响应特性曲线，而左下角的 3 条曲线则是彩色图像传感器 R、G、B 的光谱响应特性曲线。可见加入彩色滤光片后，光谱响应普遍降低。此外，3 条单色光谱响应曲线有一些差异，可以通过白平衡校正电路进行校正。

SXGA 型 CMOS 图像传感器的输出特性曲线如图 8-33 所示。曲线的线性段动态范围仅为 66 dB。若采用对数放大器，动态范围可达到 100 dB。曲线的横坐标为 CMOS 光敏面上的照度，曲线的纵坐标为 CMOS 图像传感器输出的信号电压。

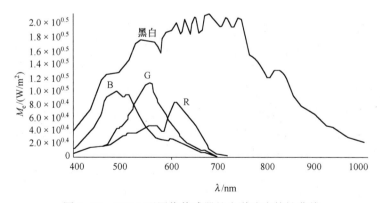

图 8-32 SXGA 型图像传感器的光谱响应特性曲线 　　图 8-33 　输出特性曲线

（2）输出放大器

图 8-34 所示为 SXGA 型 CMOS 图像传感器的输出放大电路原理图。它主要由三部分组成：4 挡增益可调放大器 A_1、钳位器和偏压调整电路。输入信号可以有 3 个，像元信号（X,Y）和外部信号，后者用于调节偏压的大小。A_1 将信号放大，然后进行钳位，以防止输出信号过大。偏压调整电

路用于消除固定图案的噪声,同时也可以使输出信号的幅度满足 A/D 转换器的动态范围要求。末级是增益为 1 的负反馈放大器 A_2,是一个缓冲级,用于改善输出特性,便于与负载匹配。

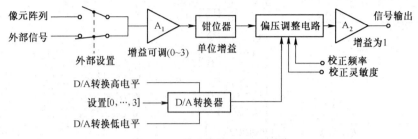

图 8-34　输出放大电路原理图

A_1 可按指数规律控制,如图 8-35 所示。控制增益的信号为 4 位编码信号,即可选择的增益有 16 种,增益在 5.33~17.53 之间可调。增益改变对放大器的带宽有些影响,如图 8-36 所示,低增益段的带宽要宽一些。

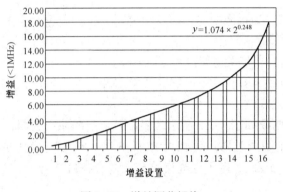

图 8-35　增益调节规律

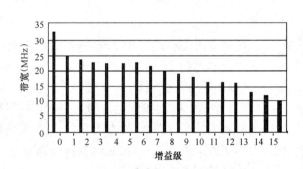

图 8-36　增益对带宽的影响

钳位器的钳位电压也可以调节,调节信号也同样是 4 位的,钳位电压的数值也有 16 种。当信号小于 $(U_C - U_T)$ 时,信号不会受到影响,此处 U_C 为钳位电压,U_T 为阈值电压。若信号超过这一电压,信号便被钳位成 $(U_C - U_T)$。

偏压调整电路也是用 4 位信号控制的,即有 16 种偏压选择。偏压调整是在行信号完全读出而进入消隐期间完成的,此时像元会输出一个暗参考信号,用它作为 0 信号基准,或者用外部信号作为基准。调整时暗信号应当稳定,而放大器的增益应为 1。

偏压调整可以采用快速模式或慢速模式。快速模式的调节过程如图 8-37 所示。一个脉宽最小为 500 ns 的快速调节脉冲 f 控制偏压调整过程,它的前沿启动调整,而后沿则结束调整。另一个与 f 脉冲相似的脉冲则控制放大器的增益为 1。在调整过程中,暗信号变化不大,基本上是稳定的。这种快速调整模式适用于快速读出图像信号过程,每帧调整一次即可。

当需要慢速读出图像信号时,采用慢速调整偏压的方法。为防止偏压漂移,每行都要进行偏压调整,调整过程如图 8-38 所示,它与图 8-37 的主要区别在于调整过程的时间较长。

输出放大器的输出-输入特性曲线如图 8-39 所示。它的工作条件是:偏压 2 V,这是 A/D 转换器的最低限;钳位电路未起作用;输入信号在 0~5 V 之间;暗输入为 1.2 V,它对应的输出是 2 V。图中 3 条曲线对应放大器的不同增益,其中增益 3 的曲线是典型的输出-输入特性曲线。

(3) A/D 转换器

SXGA 型 CMOS 图像传感器的 A/D 转换器除具有一般的线性模-数转换功能外,还具有非线

性 A/D 转换功能。它在做线性 A/D 转换时,其特性参数为:

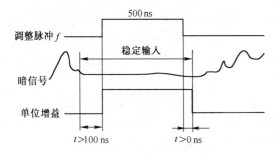

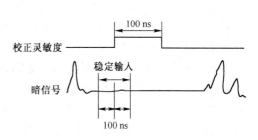

图 8-37　快速模式的调整过程　　　　　　　　图 8-38　慢速模式的调整过程

① 输入电压范围:2～4 V;

② 量化精度:10 b;

③ 数据速率:10～20 MHz;

④ 转换时间:<50 ns。

A/D 转换器的输出特性曲线如图 8-40 所示。

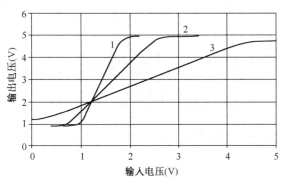

图 8-39　输出-输入特性曲线

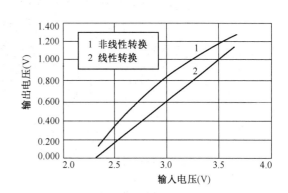

图 8-40　A/D 转换器的输出特性曲线

该 A/D 转换器在非线性 A/D 转换方式工作时,需要外部输入控制信号选定为非线性 A/D 转换。非线性输出 y 与线性输出 x 之间有以下关系

$$y=1024\times\frac{1-\exp(-x/713)}{1-\exp(1024/713)}=1343.5\times\left[1-\exp(-x/713)\right] \tag{8.4-1}$$

或

$$x=-713\ln(1-y/1343.5) \tag{8.4-2}$$

式(8.4-2)为 γ 校正关系式。也就是说,当应用非线性 A/D 转换时,可实现 γ 校正。此时,暗区的对比度得到提高,而亮区的对比度则会下降。

当 x 较小时,式(8.4-1)可近似为

$$y=1343.5\times\frac{x}{713}\approx2x \tag{8.4-3}$$

可见非线性输出比线性输出几乎大一倍,即 A/D 转换器的量化值由 10 b 提高到 11 b。

8.5　红外热成像

利用物体或景物发出的红外热辐射而形成可见图像的方法称为红外热成像技术。实现红外热成像的方法有很多种。例如,红外夜视仪是一种典型的红外热成像仪器,而且应用非常广泛。本节主要讨论辐射波长更长,且对波长响应无选择性的红外热像仪——热释电热像仪。

1. 点扫描式热释电热像仪

点扫描式热释电热像仪为采用点扫描方式成像的图像传感器。它常采用震镜对被测景物进行扫描的方式。在这种热像仪中，为了提高探测灵敏度，可对接收器件进行制冷，使其工作在很低的温度下。例如，WP-95 型红外热像仪的工作温度为液氮制冷温度 77 K，在这样低的温度下，它对温度的响应非常灵敏，可以检测 0.08℃ 的温度变化。

WP-95 型红外热像仪采用碲镉汞（HgCdTe）热释电器件为热电传感器，采用单点扫描方式，扫描一帧图像的时间为 5 s，不能直接用监视器观测，只能将其采集到计算机中，用显示器观测。一幅图像的分辨率为 256×256，图像灰度分辨率为 8 b（256 灰度阶）。热像仪的探测距离为 0.3 m 至无限远。热像仪视角范围大于 12°，空间角分辨率为 1.5 mrad。它常被用于医疗、教育及科研等领域。

2. 热释电摄像管的基本结构

热释电摄像管的结构如图 8-41 所示。将被摄景物的热辐射经锗成像物镜成像到由热释电晶体排列成的热释电靶面上，得到热释电电荷密度图像。该热释电电荷密度图像在扫描电子枪的作用下，按一定的扫描规则（电视制式）扫描靶面，在靶面的输出端（负载电阻 R_L 上）将产生视频信号输出，再经过前置放大器进行阻抗变换与信号放大，产生标准的视频信号。

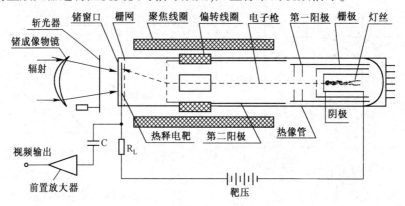

图 8-41　热释电摄像管的结构

成像物镜采用锗玻璃，摄像管的前端面也采用锗玻璃窗。因为锗玻璃的红外透射率高，而可见波段的辐射几乎无法通过锗玻璃窗。这样，既能阻断可见光对红外热辐射图像的影响，又能最大限度地减小热辐射能量的损失。热释电摄像管前端的栅网是为了消除电子束的二次发射所产生的电子云对靶面信号的影响而设置的。

热释电摄像管的阴极在灯丝加热的情况下发射电子束。电子束在聚焦线圈产生的磁场作用下汇聚成很细的电子束，该电子束在水平和垂直两个方向偏转线圈的作用下扫描热释电靶面。每当电子束扫到靶面上的热释电器件时，电子束所带的负电子将热释电器件的面电荷释放掉，并在负载电阻 R_L 上产生电压降，即产生时序电压信号，并形成视频信号。

图 8-41 中的斩光器为由微型电机带动的调制盘，使经过锗成像物镜成像到热释电探测器的图像被调制成交变的辐射图像（确保热释电器件的灵敏度）。调制频率须和电子扫描的频率同步，既保证热释电器件工作在一定的调制频率下，又确保输出图像不受调制光的影响。否则，还原出的图像将夹带着斩光器遮挡图像的信号。

热释电摄像管是对远红外图像成像的，它前端采用透红外的锗透镜成像。锗窗是理想的红外窗口。

目前，红外热像管的分辨率可以达到 300TVL（电视线），虽然不能与可见光图像传感器相比，但对于红外探测已经足够。它的温度分辨率可达 0.06℃,可用于医疗诊断、森林火灾探测、警戒监视、工业热像探测与空间技术领域。

3. 典型热像仪

（1）IR220 红外热像仪

IR220 红外热像仪为采用红外热释电热像管在常温下工作的热像仪。它设计紧凑,极易操作,是理想的在线式测温分析系统。它可与 50 m 外的计算机连接,操作者可得到任意温度点的实时热分布图像。

IR220 红外热像仪外形如图 8-42 所示,它的输出信号由 RS-232 串口输出,也可用 RS-422 接口形式输出,工作制式可选用 PAL 或 NTSC 制式。

IR220 红外热像仪的主要技术参数如下:

光谱响应范围:8~14 μm;

温度分辨率:0.06℃;

测温灵敏度:±1℃,±1%;

温度响应范围:−10℃~400℃;

视场范围:18°×16°;

测量工作距离:50 mm 至无穷远;

空间分辨率:1.2mrad;

图 8-42　IR220 红外热像仪外形

环境温度的补偿:手动/自动方式;

接口方式:RS-422 与 RS-232 接口;

视频输出方式:PAL/NTSC 制式;

工作温度:−10℃~+50℃;

存储温度:−40℃~+60℃;

机身外形尺寸:340 mm×160 mm×128 mm;

机身质量:2 kg(带电池)。

（2）IR210 高清晰度夜间红外热像仪

它采用 320×240 像元非制冷焦平面的热释电红外摄像管,使用者可清楚地探测到处于完全黑暗环境下的物体。除具有特殊的防雨设计外,小巧的 IR210 还能融入使用者的户外 CCTV 安保系统,在毫无可见光的情况下也能探测到黑暗中的入侵者。

其外形如图 8-43 所示。它既有模拟视频输出也有串行数字输出端口(RS-232/RS-485);同时,它还具有电子变倍功能。既具有手动亮度调整功能,也具有自动亮度调整功能;也可以更换其他镜头以便适应不同的探测要求。

其主要技术参数如下。

像元尺寸:45 μm×45 μm;

光谱响应范围:8~14 μm;

灵敏度:0.08℃;

开机预热时间:≤30 s;

视频输出:PAL 制式;

数字控制接口方式:RS-232/RS-485;

图 8-43　IR210 高清晰度
夜间红外热像仪外形

外形尺寸:120 mm×60 mm×60 mm;

工作温度:−20℃~+50℃;

存储温度：-40℃～+60℃；

工作电压：DC 9 V；

功率损耗：3.5 W；

质量：0.22 kg；

电子变倍率：2 倍,4 倍,8 倍；

外壳:全密封防淋雨的铝壳。

（3）XM6A 无人机载热像仪

它是上海巨哥科技股份有限公司与自主研发的科技创新产品,是具有 640×480 像元的非制冷焦平面的热释电红外相机。它具有 PWM、串口、以太网、PPM、TTL 等多种接口方式。并具有体积小、质量轻、实用性广等特点,是现代热像仪的典型代表。具体功能与参数可直接上网查询,或联系公司索取。

8.6 图像的增强与变相

把强度低于视觉阈值的图像增强到可以观察程度的过程称为图像的增强;用于实现该过程的光电成像器件称为像增强器。把各种不可见图像,如红外图像、紫外图像及 X 射线图像,转换成可见图像的过程称为图像的变相;用于实现该过程的器件称为变相器。像增强器与变相器都是图像变换器件,除光电阴极面的光谱响应不同外,二者的工作原理基本相同。

8.6.1 工作原理及其典型结构

像增强器/变相器的典型结构如图 8-44 所示。在抽成真空的玻璃外壳一端的内侧涂以半透明的光电阴极,在另一端的内侧涂以荧光粉,管中安置了如图 8-44 中所示的阳极。

目标物所发出的某波长范围的辐射通过物镜在半透明光电阴极上形成像,并产生光电发射。阴极面上每一点发射的电子数密度正比于该点的辐照度。于是,光电阴极将光学图像转变成电子数密度图像。加有正高压的阳极形成很强的静电场,调整阳极的位置和形状,使它对电子密度图像

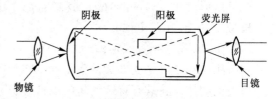

图 8-44 像增强器/变相器典型结构

起到电子透镜的作用,以便阴极发出的光电子聚焦并成像在荧光屏上。荧光屏在一定速度的电子轰击下发出可见的荧光,从而在荧光屏上得到目标物的可见图像。

像增强器与变相器的区别在于涂在光电阴极面上的光电发射材料不同。像增强器所涂材料只对微弱的可见光敏感(如 BiOAgCs 阴极或 CsSb 阴极),而变相器的光电发射材料对红外或紫外光敏感。这两种器件都是通过两次变换才得到可见图像的,属于直视型光电成像器件,并且都具有图像增强的作用。可从两个方面实现图像增强:增强电子图像密度;增强电子的动能。或者同时从两个方面进行。利用二次电子发射来增强电子图像密度,用增强电场或磁场强度的方法来增强电子的动能。由于图像的增强和变相的方法很多,因而产生了各种类型的像增强器和变相器。

8.6.2 性能参数

1. 光电阴极灵敏度

光电阴极性能的好坏直接影响器件的工作特性。光电阴极的量子效率决定器件的灵敏度。它

对波长的依赖关系决定管子的光谱响应。光电阴极暗电流和量子效率决定像的对比度和最大信噪比,而对比度和信噪比又决定照度最低情况下的分辨率。因此在设计和选择特殊应用的变相器时,选择恰当的光电阴极方可获得最佳性能。

2. 放大率与畸变

荧光屏上像点到光轴的距离 H' 与阴极面上对应点到光轴的距离 H 之比,称为变相器点所在环带的放大率 β。由于存在畸变,阴极面上各环带的放大率并不相等。轴上(或近轴)放大率称为理想放大率 β_0。放大率随 H 的增大而增大的畸变称为枕形畸变,相反则称为桶形畸变。设给定环带的畸变为 D,则

$$D = \beta/\beta_0 - 1 \tag{8.6-1}$$

$D > 0$ 为枕形畸变,$D < 0$ 为桶形畸变。

3. 亮度转换增益

设从光电阴极发出的光电子能全部到达荧光屏,光电阴极面接收的辐通量为 Φ,辐照度为 E。在额定阳极电压 U_A 下,变相器荧光屏的光出度为 M_V,则变相器的亮度转换增益为

$$G_L = M_V/E \tag{8.6-2}$$

若已知光电阴极的灵敏度 S_I,荧光屏的发光效率 η_V,便可以计算出它的亮度转换增益。

设光电阴极有效接收面积为 A_K,荧光屏有效发光面积为 A_V,则光电阴极发射出的光电流为

$$I_C = S_I A_K E \tag{8.6-3}$$

光电子在阳极电场作用下,加速轰击荧光屏,荧光屏发出的光出度为

$$M_V = \frac{\eta P}{A_V} = \frac{\eta S_I A_K E_e U_A}{A_V} = \eta S_I E_e U_A \frac{A_K}{A_V} \tag{8.6-4}$$

式中,若 U_A 的单位为 V,E_e 的单位为 W/m^2,η 的单位为 cd/W,S_I 的单位为 $\mu A/W$,则

$$M_V = 10^{-6} \eta S_I U_A \frac{A_K}{A_V} \quad (lx) \tag{8.6-5}$$

亮度转换增益为

$$G_L = \frac{M_V}{E} = 10^{-6} \eta S_I U_A \frac{A_K}{A_V} \tag{8.6-6}$$

由此可见,提高变相器亮度转换增益的方法为:

① 提高光电阳极的灵敏度 S_I;

② 提高荧光屏的发光效率 η;

③ 增大阳极电压 U_A;

④ 减小荧光屏与光电阴极工作面积之比 A_K/A_V;而 $A_K/A_V = \beta^2$,为变相器的横向放大率的平方。这样就应综合考虑 G_L 与 β 之间的关系。

4. 鉴别率

像增强器/变相器的鉴别率是指在足够照度的条件下(以 100 lx 为宜),像增强器/变相器恰好分辨出的黑白条纹数。但是这种方法总会受到主观因素的影响。现在,常用光学传递函数(OTF)或模调制传递函数(MTF)来讨论像增强器/变相器的成像质量。

5. 像增强器/变相器的暗背景亮度

在无光照射下,光电阴极产生的暗电流在阳极电场的作用下轰击荧光屏使之发光,这时荧光屏的亮度称为暗背景亮度。暗电流主要由光电阴极的热电子发射引起,而场致发射、光反馈、离子反馈也可产生暗电流。

6. 观察灵敏阈

在极限观察的情况下,将光电阴极面的极限照度 E 称为观察灵敏阈。它通常用实验的方法来确定。即把星点像投射到变相器光电阴极面上,测量在荧光屏上刚刚能觉察出星点像情况下的阴极面上星点的照度。

一般来说,变相器在典型工作电流为 10^{-9} A、工作电压为 $15\sim20$ kV 的条件下,分辨率可超过 50 线对/毫米,亮度增益约为 $30\sim90$ 倍。

像增强器/变相器的噪声包括光子噪声、光电阴极的热噪声及荧光屏的散粒噪声等。由于设计和制造工艺等诸多原因,很难建立适用于所有器件的信噪比公式,所以在此不再讨论信噪比问题。

*8.6.3　像增强器的级联

单级像增强器的光放大系数和光量子增益较小,直视工作距离较短。为了增长工作距离,提高灵敏度,通常采用串联或级联的方式。

1. 串联方式

(1) 磁聚焦三级串联式像增强器

磁聚焦三级串联式像增强器结构如图 8-45 所示。它由三只单级像管首尾相接,共同封装在一个管壳中构成。每只单级像管的高压电源通过电阻分压器加在金属环上,使管内产生均匀加速电场。管外加长螺线管线圈,用以产生轴向均匀磁场。两级中间连接处为夹心片结构,中间是透明云母片。前面是荧光屏,后面是光电阴极,两者的频谱特性应当正好匹配。

如果每级像管的增益 $G=100$,则三级串联式像管的总增益可达 10^6。事实上,由于荧光屏与光电阴极的频谱有偏差,以及夹心片对光的吸收,光量子增益略低于 10^6。

磁聚焦像增强器的优点在于管内磁场均匀,特别是在光电阴极附近,从而使像差较小,图像聚焦均匀,像质高。其缺点是体积笨重、电源消耗功率大,只适用于地面固定设备。

(2) 电聚焦三级串联式像增强器

电聚焦三级串联式像增强器的结构如图 8-46 所示。由图可见,它省去了长螺线管线圈,加速和聚焦功能全由电子透镜来实现,所以其质量轻、功耗低。但是,由于中间的夹心片只能做成平面形状,这使得轴对称电子透镜的宽电子束聚焦会产生像散和场曲,使图像边缘分辨率降低。

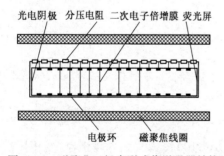

图 8-45　磁聚焦三级串联式像增强器结构

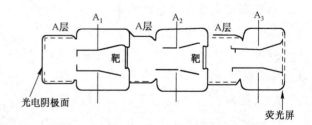

图 8-46　电聚焦三级串联式像增强器结构

串联式像增强器的优点是,能提高管子的灵敏度,增大直视工作距离。缺点是,像差较大,图像边缘分辨率低,夹心片工艺复杂,成品率低。下面介绍一种更有效的方案——级联方式。

2. 级联方式

级联式像增强器是提高灵敏度及成品率的有效方案,其构成如图 8-47 和图 8-48 所示。它是将三个单管像增强器通过光学纤维玻璃板(光纤板)相互连接而成的。

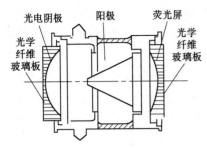

图 8-47　级联式像增强器单管示意图

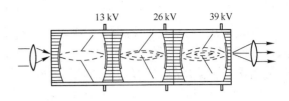

图 8-48　级联式像增强管

光纤板是由很多极细的光学纤维玻璃丝紧密排列并聚熔而成的。其一端切成平面,另一端切成(或研磨成)与阴极面或荧光屏面相匹配的球面,然后用低熔点玻璃(光胶)将光纤板与玻壳黏结而成。

组成光纤板的每根光纤管实际上就是导光管,它将一端入射的光线,经过多次全反射送到另一端。由于导光管很细(微米量级),因此具有较高的分辨率,所组成的光纤板能将光学图像高保真地从一面传送到另一面,形成光耦合。

光纤板用作级间耦合,具有如下优点。

① 各级可以做成相互独立的单管,因此工艺较简单,成品率高。且在使用时,若某一级管子损坏,可单独更换。

② 由于光纤板传光效率高达80%以上,因此用级联像增强器可以获得很高的增益。

③ 光纤板的端面可以加工成各种所需要的形状。例如,外表面是平面而内表面是球面,可以使像增强器的前表面为平面,以满足物镜系统成像面的要求,同时方便级间耦合。另外,电子光学系统多采用同心球型静电聚焦方式,物和像都是球面,而将面板的内表面加工成球面,正好满足电子光学系统的要求。

这种像增强管的缺点是中心区比外边缘的光增益大。原因是曲面面板边缘的光学纤维的端面法线与管轴不平行,从而使边缘接收的光通量较中心区少。

目前,利用光纤耦合的级联式像增强器已在夜视、微光电视等领域得到广泛应用。现在的像增强器的增益可超过三万倍,分辨率超过30线对/毫米。

3. 微通道方式

微通道式像增强器外形结构如图8-49所示。它的外形呈扁圆形,其一端为光电阴极,另一端为荧光屏,中间的微通导板由很多具有二次电子倍增发射性能的微通导管集束而成。

光电阴极在入射光线照射下产生光电子。这些光电子分别沿着各个小的微通导管不断地进行二次电子倍增,倍增后的电子射到荧光屏上,便显示出增强的光学图像。

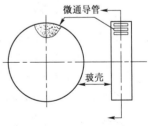

图 8-49　微通道式像增强器外形结构

微通导管,又称电子倍增纤维管,是微通道式像增强器的关键部件。它是一根根极细的玻璃管,其内壁涂有半导体层,该半导体层具有较大的二次发射系数和较大的电阻率,总电阻为 $10^9 \sim 10^{11}$ Ω。在微通导管两端加 $1 \sim 3$ kV 电压后,通道内壁有电流通过,使内壁电位由低到高均匀递增,在管内沿轴方向建立起均匀的加速电场。

微通导管的二次电子倍增原理如图8-50所示。当光电阴极发射出来的光电子进入微通导管后,打到其内壁上,并且每经 $100 \sim 200$ V 电压加速后二次电子倍增一次;倍增后的电子再次加速打到对面内壁,产生二次倍增;如此不断倍增,使电子流急剧增加,最后电子流射出微通导管打到荧光屏上。对于微弱辐射引起的光电阴极发射电流($10^{-9} \sim 10^{-11}$ A)来说,一般微通导管可获得 10^8 的增益。

目前,有两种类型的微通道式像增强器,分别为近聚焦微通道像增强器和静电聚焦微通道像增强器。

静电聚焦微通道像增强器的结构如图 8-51 所示。将光电阴极、微通导板与荧光屏三者尽可能地靠近,以使光电阴极发射出的光电子可直接进入微通导管,而从微通导管输出的电子可直接打到荧光屏上。通常光电阴极与微通导板间的距离不大于 0.1 mm,极间电压不可太大,一般为 300 ~ 400 V。微通导板与荧光屏间电压为 4~5 kV,以保证电子从微通导板出来直接射到荧光屏上,从而保证像质。

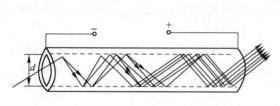

图 8-50　微通导管的二次电子倍增原理

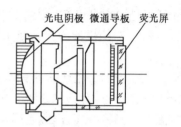

光电阴极　微通导板　荧光屏

图 8-51　静电聚焦微通道像增强器结构

球对称型的像增强器属近聚焦微通道像增强器,其结构与静电聚焦微通道像增强器相似,光电阴极所成的光电子像,经过静电电子透镜聚焦在微通导板上,微通导板再将电子像倍增后在均匀电场作用下打到荧光屏上,以显示出增强后的图像。

该结构的光电阴极与微通导板间的加速电压为 5 kV,微通导板的工作电压在 1.4 kV 左右,微通导板输出面与荧光屏之间的电压为 3~4 kV。此类器件的分辨率主要取决于单位面积的微通导板的通道数目以及微通导板与荧光屏的近聚焦。

总之,微通道像增强器的优点是体积小、质量轻,而且由于微通导板的增益与所加偏置电压有关,因此可以通过调整偏置电压来调整增益。此外,由于当微通导板工作在饱和状态时,输入电流的增加不会再改变输出电流,因此可以保持荧光屏在强光下不被"灼伤",具有自动防强光的优点。这类器件的缺点是噪声较大。一般说来,静电聚焦型微通道像增强器、级联像增强器、近聚焦型微通道像增强器三者的调制函数大小依次递降。

思考题与习题 8

8.1　比较逐行扫描与隔行扫描的优缺点,说明为什么 20 世纪的电视制式要采用隔行扫描方式?我国的 PAL 电视制式是怎样规定的?

8.2　为什么说 N 型沟道 CCD 的工作速率要高于 P 型沟道 CCD 的工作速率?同样材料的埋沟 CCD 的工作速率要高于表面沟道 CCD 的工作速率的原因是什么?

8.3　试说明为什么在栅极电压相同的情况下不同氧化层厚度的 MOS 结构所形成的势阱存储电荷的容量不同?氧化层厚度越薄电荷的存储容量为什么越大?

8.4　为什么二相线阵 CCD 电极结构中的信号电荷能在二相驱动脉冲的作用下进行定向转移而三相线阵 CCD 必须在三相交叠脉冲的作用下才能进行定向转移?

8.5　线阵 CCD 驱动脉冲中设置复位脉冲 RS 有什么意义?如果线阵 CCD 驱动器的 RS 脉冲出现故障而没有加上,线阵 CCD 的输出信号将会怎样?

8.6　为什么要引入胖零电荷?胖零电荷属于暗电流吗?能通过对线阵 CCD 器件制冷来消除

胖零电荷吗？

8.7 试说明为什么线阵 CCD 的驱动频率有上限和下限的限制？对线阵 CCD 器件进行制冷为什么能够降低线阵 CCD 的下限驱动频率？

8.8 为什么线阵 CCD 的光敏阵列与移位寄存器要分别设置并采用转移栅隔离开？存储于光敏阵列中的信号电荷是通过哪个电极的控制分别转移到双沟道器件的移位寄存器的？又是通过哪些电极控制从 CCD 转移出来形成时序信号的？

8.9 若二相线阵 CCD 器件 TCD1206UD 像元数为 2160 个，器件的总转移效率为 0.92，试计算其每个转移单元的最低转移效率应该是多少？

8.10 帧转移面阵 CCD 的图像信号电荷存储在哪个区域？是怎样从光敏区转移到暂存区的？又是如何从暂存区转移出来成为视频信号的？

8.11 帧转移面阵 CCD 输出的信号是如何遵守 PAL 电视制式的？

8.12 隔列转移面阵 CCD 的信号电荷是怎样从光敏区转移到水平移位寄存器的？又如何移出器件形成视频信号的？

8.13 在 CMOS 图像传感器中的像元信号是通过什么方式从光敏区传输出来的？为什么 CMOS 图像传感器要设置地址译码器？地址译码器的作用是什么？

8.14 CMOS 图像传感器能够像线阵 CCD 那样只输出一行的信号吗？试设计出用 CMOS 图像传感器完成线阵 CCD 信号输出的方案。

8.15 何谓被动像元结构与主动像元结构？二者有什么差异？主动像元结构是如何克服被动像元结构缺陷的？

8.16 何谓 CMOS 图像传感器的填充因子？提高填充因子的方法有几种？

8.17 CMOS 图像传感器与 CCD 图像传感器的主要区别是什么？

8.18 为什么 CMOS 图像传感器要采用线性-对数输出方式？在采用了线性-对数输出方式后会得到什么好处？同时会带来什么问题？

8.19 试说明热释电摄像管中斩光器的作用，当斩光器的微电机出现故障时：(1)不转，(2)转速变慢，都会发生什么现象？

8.20 根据 IR220 红外热像仪的技术参数说明能否用 IR220 红外热像仪探测人体的体温？能否将 IR220 红外热像仪安装在机场候机室入口处，用于检测登机旅客的健康状况？

8.21 试利用热释电器件设计出点扫描方式的热像仪，要求画出点扫描热像仪的原理方框图。

第9章　光电信号的数据采集与计算机接口技术

微型计算机(包括单片机、单板机和系统机等)具有运算速度快,可靠性高,信息处理、存储、传输、控制等功能强的优点,被广泛地用于光电测控技术领域,成为必不可少的部件。

光电信号的种类很多,不同的应用领域有着不同的光电信号,但归结起来,可分为缓变信号,调幅、调频脉冲信号,以及视频图像信号等。光电信号所载运的信息有幅度信息、频率信息和相位信息。如何将这些信息送入微型计算机,完成信息的提取、存储、传输和控制,是本章的核心问题。

9.1　光电信号的二值化处理

微型计算机所能识别的数字是"0"或"1",即低或高电平。这里的"0"或"1"可代表很多意义,在光电信号中它既可以代表信号的有与无,又可以代表光电信号的强弱程度,还可以检测运动物体是否运动到某一特定的位置。将光电信号转换成"0"或"1"数字量的过程称为光电信号的二值化处理。光电信号的二值化处理分为单元光电信号的二值化处理与视频信号的二值化处理。

9.1.1　单元光电信号的二值化处理

由一个或几个光电转换器件构成的光电转换电路所产生的独立信号,称为单元光电信号。例如,图9-1所示为对某运动机件在轨道上做反复变速运动的控制。在机件运动的轨道两侧,S_1、S_2和S_3为光源,D_1、D_2和D_3为放置在初始点S、变速点A和折返点B的三个光电传感器,它们的输出信号均为单元光电信号。

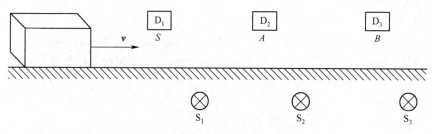

图9-1　机件在导轨上运动的控制

设机件的运动规律可描述为:从初始点S开始以v_1高速运动,到A点后,降低速度,以v_2低速运动到B点后再返回。返回时,先以$-v_1$高速运行;过A点后,以$-v_2$低速运行到S点再返回。如此往返运行。显然,根据控制的要求,只需要给出机件是否到达A、B、S点,即A、B、S点的光电信号的输出是高电平还是低电平即可。计算机(或控制系统)可根据"1"、"0"的变化时间判断出方向,并确定机件的运行速度。这是一个很简单的单元光电信号的二值化处理问题。可以用固定阈值法进行二值化处理。

又如,某钢厂在生产钢板时,为了使钢板卷得整齐,以便包装运输,采用如图9-2所示钢板边缘位置的光电检测系统。当被测钢板的边缘成像到光电器件的光敏面上,刚好有一半的面积被遮挡时(设此时为初始位置点),光电器件的输出为"0";若偏离初始位置,光电器件的输出便不为

"0",为"+1"或"−1"由另外的电路判断。因此可根据光电器件输出的"0"或"1"控制液压系统带动转轮左右运动,使钢板的边缘始终保持在理想的位置,保证卷起来的钢板边缘整齐。该例中,只需要对单元光电信号进行二值化处理,给出"0"、"1"信号。显然光源发光强度的稳定度直接影响测量误差。另外,环境照明光的变化也会影响边缘位置的测量,因此需要采用跟随背景光变化的浮动阈值二值化处理方法。

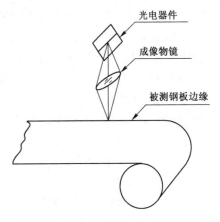

图 9-2　钢板边缘位置光电检测系统

1. 固定阈值法二值化处理电路

图 9-3 所示为典型的固定阈值法二值化处理电路。图中电压比较器的同相输入端接能够调整的电位 U_{th}。由电压比较器的特性可知,当输入光电信号的幅值低于 U_{th} 时,比较器的输出为高电平,即为"1";当光电信号的幅值高于 U_{th} 时,不管其值如何接近于 U_{th},输出都为低电平,即为"0"。这种电路的优点是电路简单、可靠。但受光源的不稳定影响较大,需要对光源进行稳定处理,或应用在控制精度要求较低的场合。一般固定阈值法二值化处理电路常用于具有暗室条件的系统中:具有暗室条件,可以采用稳定光源的方法获得稳定的光电信号。因此,采用这种处理电路足以获得理想的二值化信号。

2. 浮动阈值法二值化处理电路

在要求光电检测系统的精度不受光源稳定性影响的情况下,应采用浮动阈值法二值化处理电路。图 9-4 所示为阈值电压随光源浮动的二值化处理电路。图中的阈值电压为从光源分得的一部分光,加到光电二极管上,光电二极管在反向偏置下输出与光源的发光强度呈线性变化的电压信号。用这个电压信号作为阈值,即可得到随光源发光强度浮动的阈值电压 U_{th}。将 U_{th} 加到电压比较器的同相输入端,将检测信号的输出电压(二值化输入电压 U_i)加到电压比较器的反相输入端,电压比较器的输出信号 U_o 即为随发光强度浮动的二值化信号。

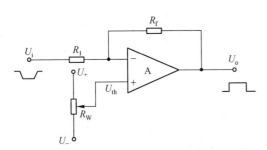

图 9-3　固定阈值法二值化处理电路

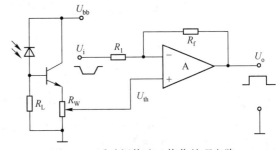

图 9-4　浮动阈值法二值化处理电路

9.1.2　序列光电信号的二值化处理

在不要求图像灰度的系统中,为提高处理速度和降低成本,应尽可能使用二值化图像。实际上许多检测对象在本质上也表现为二值情况,如图纸、文字的输入,尺寸、位置的检测等。在输入这些信息时采用二值化处理是很恰当的。二值化处理是把图像和背景作为分离的二值图像对待。例如,光学系统把被测物体的直径成像在 CCD 像面上,由于被测物体与背景在光强度上强烈变化,反映在 CCD 视频信号中所对应的图像边界处会有急剧的电平变化。通过二值化处理把 CCD 视频信号中被测物体的直径与背景分离成二值电平。实现 CCD 视频信号二值化处理的方法有很多,可以采用电压比较器进行固定阈值或浮动阈值处理的方法,也可以采用对 CCD 输出信号进行微分,突出边界特征的方法来进行二值化处理。

视频信号的硬件二值化处理方法与单元光电信号的固定阈值和浮动阈值二值化处理方法十分相似,但不相同。以线阵 CCD 输出的视频信号为例,讨论序列光电信号的硬件二值化处理方法。

序列光电信号的硬件二值化处理分为固定阈值和浮动阈值二值化处理。虽然,序列光电信号与单元光电信号都是时间 t 的函数,且它们的函数关系都为 $u(t)$,但性质不同。单元光电信号 $u(t)$ 描述的是入射到单元光电器件像面上的光度量随时间的变化,而序列光电信号 $u(t)$ 却为输出序列光电信号的阵列单元位置信息量。因此,序列光电信号的硬件二值化处理的目的是将序列光电信号的位置信息或边界信息检测出来。下面分别讨论序列光电信号的两种硬件二值化处理方法。

(1) 固定阈值法

序列光电信号的固定阈值法是一种最简便的二值化处理方法。将 CCD 输出信号 U_i 送入电压比较器的同相输入端,比较器的反相输入端加可调节电平的电位器,就可构成类似于图 9-3 所示的单元信号固定阈值二值化处理电路(见图 9-5(a)),而图 9-5(a)所示电路又不同于图 9-3 所示电路,它是同相二值化电路。在图 9-5(a)所示序列光电信号的固定阈值二值化处理电路中,U_i 稍稍大于阈值电压 U_{th}(电压比较器反相输入端的电位)时,电压比较器输出信号 U_o 为高电平;U_i 小于等于 U_{th} 时,U_o 为低电平。U_i 经电压比较器后输出如图 9-5(b)所示的二值化方波 U_o。调节 U_{th},方波脉冲的前、后沿将发生移动,脉冲的宽度发生变化。当 U_i 含有被测物体的直径信息时,通过适当调节 U_{th},获得方波脉冲,脉冲的宽度与被测物体直径存在函数关系。因此,测出脉宽便可以计算出被测物体的直径。这种方法常被用来测量物体的外形尺寸、物体的位置及物体的振动等。

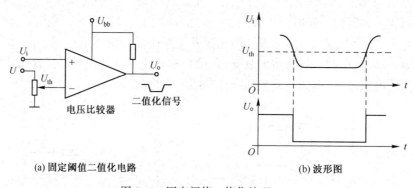

(a) 固定阈值二值化电路　　　　　　　(b) 波形图

图 9-5　固定阈值二值化处理

当采用固定阈值法时,对测量系统有较高的要求。首先要求系统提供给电压比较器的 U_{th} 要稳定;其次 U_i 只能与被测物体的直径有关,而与时间 t 无关,即要求它的时间稳定性要好。这就要求测量系统的光源及 CCD 驱动器的转移脉冲周期 T_{sh} 要稳定。因此,固定阈值法的测量系统要用恒流源作为照明光源,并采用石英晶体振荡器构成 CCD 驱动器,使 T_{sh} 稳定。

在线检测的应用中,背景辐射(或背景光)通常是不稳定的,即在不能保证入射到 CCD 像面上的光稳定的情况下,固定阈值法会受光源变化引起 CCD 的 U_i 幅度变化的影响,导致测量误差。当该测量误差超出允许的范围时,就不能采用固定阈值法而必须采用其他的二值化处理方法,如浮动阈值法。

(2) 浮动阈值法

在序列光电信号(例如 CCD 输出信号)的浮动阈值法中,阈值电压不能像单元光电信号浮动阈值法那样随测量系统照明光源的强弱而浮动,而是随 CCD 输出信号的电压值浮动。因为 CCD 输出信号是前一个周期 CCD 光积分的结果,单元光电信号浮动阈值法所获得的阈值电压是输出信号在一个周期内的平均值,并在时间上存在差异,没有可比性。尤其是当背景光的变化速度较快的情况下更为显著。因此,序列光电信号的浮动阈值法应当用同一周期输出信号的初始值,经采样保持电路后,作为阈值进行二值化。图9-6所示为线阵CCD的浮动阈值二值化原理电路。将CCD输出信号经采样保持电路获得的照明光源与背景光源共同作用下的输出电压,作为二值化的浮动阈值 U_{th},并将其保持到整个周期。

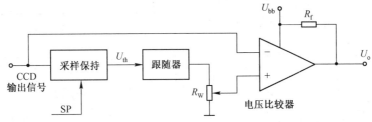

图9-6 浮动阈值二值化原理电路

图9-7所示为序列光电信号浮动阈值二值化电路的工作波形。浮动阈值二值化电路的浮动量需要根据照明光源及背景光源变化的影响程度进行适当调整。但是,理想的、并能完全消除光源不稳定因素所带来的测量误差很困难。想办法找到CCD视频信号中被测物体像的边界特征,再进行二值化,是更为理想的二值化处理方法。

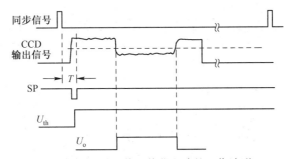

图9-7 浮动阈值二值化电路的工作波形

9.2 光电信号的二值化数据采集与接口

光电信号的二值化数据采集与接口,也分为单元光电信号与序列光电信号的数据采集与接口。但是,单元光电信号的采集方法很简单。掌握了序列光电信号的数据采集方法就能够进行单元光电信号的二值化数据采集。

线阵CCD在对物体外形尺寸、位置、振动等测量应用中常采用二值化处理方法。

以下仍以线阵CCD输出信号为例,讨论序列光电信号的二值化数据采集与计算机接口问题。下面介绍几种序列光电信号的数据采集电路。

1. 硬件二值化数据采集电路

硬件二值化数据采集电路的原理方框图如图9-8所示。线阵CCD的驱动器除产生CCD所需要的各种驱动脉冲以外,还要产生行同步控制脉冲 F_c 和用作二值化计数的输入脉冲(或主时钟脉冲)F_M,并要求 F_c 的上升沿对应于CCD输出信号的第一个有效像元。F_M 脉冲的频率是复位脉冲RS频率的整数倍,或为CCD的采样脉冲。CCD视频信号经二值化处理电路产生的方波脉冲,加到与门电路的输入端,控制输入脉冲 F_M 是否能够送到二进制计数器的计数输入端。用 F_c 的低电平使计数器复位。二进制计数器的输出端与锁存器的输入端直接相连。锁存器的触发输入端 ck 接到二值化输出信号延时电路的输出端,用二值化输出信号的后沿触发锁存器,锁存器输出端可与计算机的数据总线相连接,也可以送至显示器,直接显示二值化脉冲所获得的数据。

硬件二值化数据采集电路的工作波形如图 9-9 所示。图中 F_c 的低电平使计数器清"0";它在变成高电平以后,计数器进行计数工作。

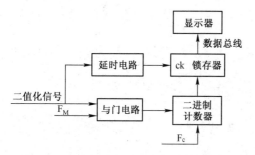

图 9-8　硬件二值化数据采集电路原理方框图

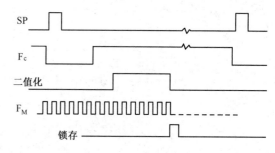

图 9-9　硬件二值化数据采集电路工作波形

主时钟脉冲 F_M 的频率是采样脉冲 SP 或复位脉冲 RS 频率的整数(N)倍,而 SP 或 RS 脉冲周期恰为 CCD 输出 1 个像元的时间,因此,F_M 周期为像元周期的 $1/N$。二值化脉宽中的 F_M 脉冲数为 N 倍像元数。可见,采用高于采样脉冲 SP 频率 N 倍的主时钟脉冲 F_M 为计数脉冲,能够获得细分像元的效果,使测量的精确度更高。

这种硬件二值化数据采集电路适用于物体外形尺寸测量,且只适用于在一个行周期内只有一个二值化脉冲的情况。同时这种方法只能采集二值化脉冲宽度或被测物体的尺寸而无法检测被测物体在视场中的位置。

2. 边沿送数法二值化数据采集电路

图 9-10 所示为边沿送数法二值化数据采集电路的原理方框图。由 Fc 控制的二进制计数器计得每行的标准脉冲 F_M 数。当标准脉冲为 RS 或 SP 时,计数器某时刻的计数值为线阵 CCD 在此刻输出的像元位置序号,若将此刻计数器所计的数值用边沿锁存器锁存,那么边沿锁存器就能够将 CCD 某特征像元的位置数输出,并存储起来。

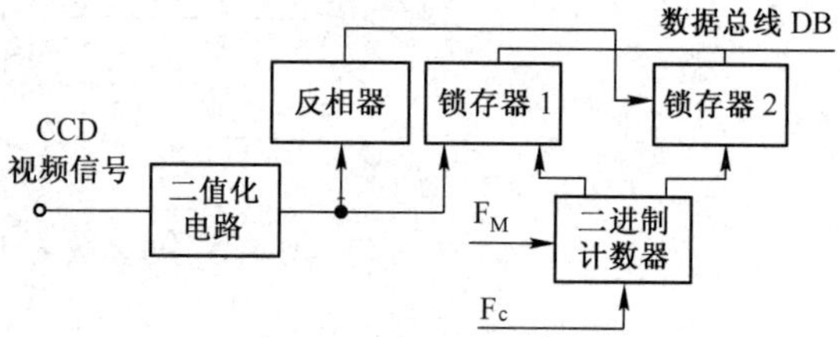

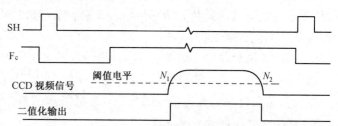

图 9-10　边沿送数法二值化数据采集电路原理方框图

这种方式的工作波形如图 9-11 所示。计数器在 Fc 高电平期间计下 CCD 输出的像元位置序号。另外,CCD 输出的载有被测物体直径像的视频信号经过二值化处理电路产生被测信号的方波脉冲,其前、后边沿分别对应于线阵 CCD 的两个位置。将该方波脉冲分别送给两个边沿信

图 9-11　边沿送数法二值化数据采集电路工作波形

号产生电路,产生两个上升沿,分别对应于方波脉冲的前、后边沿,即线阵 CCD 的两个边界点。用这两个边沿脉冲的上升沿锁存二进制计数器在上升沿时刻所计的数值 N_1 和 N_2,则 N_1 为二值化方波前沿时刻所对应的像元位置数值,N_2 为后沿所对应的像元位置数值。在行周期结束时,计算机软件分别将 N_1 和 N_2 的值通过数据总线 DB 存入计算机内存,便可获得二值化方波脉冲的宽度信息与被测图像在线阵 CCD 像面上的位置信息。

9.3 光电信号的量化处理与A/D数据采集

在测量光的强度信息时,需要把光的强度进行数字化后才能送入计算机进行存储、计算、分析和显示等处理,即需要对光电信号进行量化处理。光电信号的量化处理也分为单元光电信号的量化处理与序列光电信号的量化处理。

9.3.1 单元光电信号的量化处理

单元光电信号的量化处理,也就是对单元光电器件的输出信号进行数字化处理。光电技术常需要对某些场景的光强度(或光照度)进行测量,并且要求以数字方式显示测量值(例如数字照度计),或送入计算机进行实时控制等处理。这种情况必须采用单元光电信号的量化处理。

显然,能够完成单元光电信号量化处理工作的器件是A/D转换器。A/D转换器的种类很多,特性各异,应根据不同的情况采用不同的器件。下面介绍一些常用于单元光电信号量化处理的A/D转换器。

1. 高速A/D转换器

高速A/D转换器的种类很多,其速度及分辨率等参数各异。为了学习和掌握单元光电信号的A/D数据采集技术,下面以HI1175JCB为例进行讨论。HI1175JCB为8 b的高速A/D转换器,其最高工作频率为20 MHz,具有启动简便、转换速度快、线性度高等特点,基本能满足单元光电信号高速A/D数据采集的需要。

(1) HI1175JCB引脚定义

HI1175JCB的引脚排列如图9-12所示,它为24脚DIP封装的器件。表9-1为HI1175JCB的各引脚的定义。

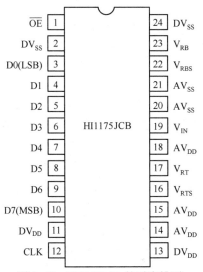

图9-12 HI1175JCB的引脚排列

表9-1 HI1175JCB的各引脚的定义

引脚号	引脚定义	说　明
1	$\overline{OE}$	片选或使能,低电平有效
2	DV_{SS}	数字地
3~10	D0~D7	8位并行数字输出
11、13	DV_{DD}	数字电源(+5 V)
12	CLK	时钟脉冲输入(启动A/D转换器)
14、15、18	AV_{DD}	模拟电源(+5 V)
16	V_{RTS}	参考电压源(2.6 V)
17	V_{RT}	参考电压(TOP)
23	V_{RB}	参考电压(Bottom)
19	V_{IN}	模拟电压输入
20、21	AV_{SS}	模拟电源(地)
22	V_{RBS}	参考电压源(+0.6 V)

其中,16、17、22、23脚为A/D转换器提供参考(基准)电源电压。A/D转换器的数字逻辑部分与模拟部分的供电电源均为+5 V的稳压电源,但是,不能直接将AV_{DD}与DV_{DD}以及AGND与GND相连,要在电路上分开,在电路板外相接,以便消除数字脉冲信号电流通过电源线或地线对模拟信号的干扰,同时有利于降低噪声。

A/D 转换器的启动和数字信号的读出都很简单,只需用一个时钟脉冲 CLK 即可完成。用 CLK 的前沿(上升沿)启动 A/D 转换器,用后沿(下降沿)将转换完的 8 位数字信号送到输出寄存器。

(2) HI1175JCB 的基本原理

图 9-13 所示为 HI1175JCB 的原理方框图。它主要由电压基准、数据比较器、数据存储器、数据锁存器和时钟脉冲发生器组成。电压基准为数据比较器提供参考电压,形成高 4 位数或低 4 位数存入存储器。各路数据比较器在统一的时钟脉冲控制下完成比较并形成数据。存入存储器的数据通过三态锁存器形成 8 位数字,并由 $\overline{OE}$ 控制。显然,这种通过数据比较器与参考电压进行比较形成数据的方式属于高速闪存的 A/D 转换方式,具有极高的转换速度。

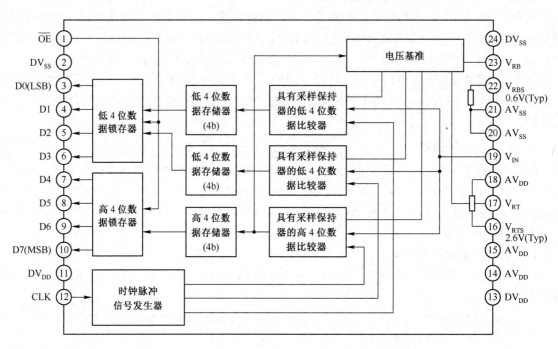

图 9-13　HI1175JCB 的原理方框图

(3) HI1175JCB 的工作时序

HI1175JCB 的工作时序如图 9-14 所示。用时钟脉冲 CLK 的前沿(上升沿)启动 A/D 转换器。下降沿到来时,锁存器已将数据准备好,可以将转换后的数据送入计算机内存,完成单元信号的数据采集工作。

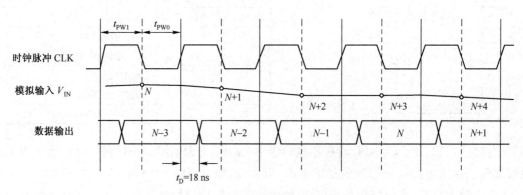

图 9-14　HI1175JCB 的工作时序

图 9-15 所示为按上述时序工作的实际电路。它由基准电源部分、时钟脉冲输入部分和模拟信号输入部分构成。基准电压由稳压二极管 ICL8069 和电位器 R_{12} 分压后,经放大器组成的电位调整电路分别输出高电平参考电压 U_{RT} 和低电平参考电压 U_{RB}。

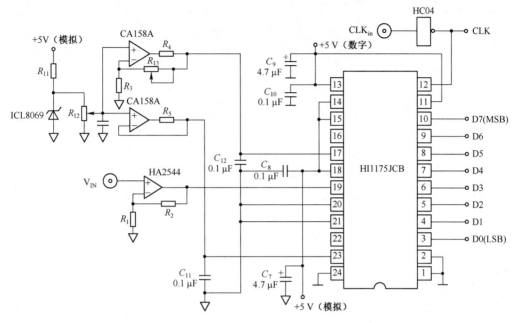

图 9-15　典型 HI1175JCB 高速 A/D 转换电路

时钟脉冲输入部分经反相器 HC04 隔离后,直接送给 A/D 转换器的时钟脉冲输入端,启动 A/D 转换器。

模拟信号输入部分由高速运算放大器 HA2544 构成同相放大器电路,降低输入阻抗后直接送到 A/D 转换器的模拟输入端,转换完成后将 8 位数据并行输出。

图中所示的接地方式有两种,一种是以三角符号表示模拟电源的地,另一种为数字电源的地。同样,与之对应的还有模拟电源(+5 V)和数字电源(+5 V)。模拟地、数字地不能在电路板上直接相连(电源也是如此),否则,噪声会使转换工作失败。

当同一块电路板上有多个转换器时,可以利用片选信号 $\overline{OE}$ 进行选择,该电路中只有一片 A/D 器件,可以将其接地。

2. 高分辨率的 A/D 转换器

8 位 A/D 转换器的分辨率只有 1/256,分辨率和动态范围都太低。在光度测量中,尤其在光谱探测中常要求 A/D 转换器具有更高的转换精度和更大的动态范围。

（1）ADC12081 的引脚定义

ADC12081 引脚分布如图 9-16 所示。它是一种常用的 CMOS 结构的 A/D 转换器,可将输入信号电压转换成 12 b 数字输出,转换速率为 5 Mb/s。

ADC12081 由单电源 5 V 供电,模拟输入电压范围为 0~2 V,工作温度为-40℃~+85℃。

ADC12081 采用 32 脚的 LQFP 表面贴封装,表 9-2 所示为其引脚定义与说明。

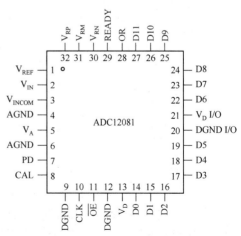

图 9-16　ADC12081 引脚分布

表 9-2 ADC12081 引脚定义与说明

引 脚 号	引脚定义(符号)	说 明
2	V_{IN}	模拟信号输入端,当参考电压为 2.0 V 时,输入信号电压为 0~2.0 V
1	V_{REF}	参考电压输入端,它应当加入 1.8~2.2 V 的稳定电压,并应并联 0.01 μF 电容
32	V_{RP}	参考电压的最高输出端,应并联 0.01 μF 电容(对地)
31	V_{RM}	参考电压的中间值输出端,应并联 0.01 μF 电容(对地)
30	V_{RN}	参考电压的最低输出端,应并联 0.01 μF 电容(对地)
10	CLK	采样时钟输入端,TTL 电平的高电位不得低于 3 V
8	CAL	定标输入端,高电平有效。当 CAL 为逻辑低电平时标定周期开始。掉电时忽略
7	PD	掉电端,高电平有效,标定时被忽略
11	$\overline{OE}$	输出使能控制,当它为高电平时数据输出为高阻态
28	OR	溢出指示,当 $V_{IN}<0$ 或 $V_{IN}>V_{REF}$ 时,该引脚输出高电平
29	READY	器件准备指示,高电平有效,它只在定标和掉电时才为低电平
14~19,22~27	D0~D11	12 位数据输出端
3	$V_{IN\ COM}$	模拟信号输入的公共端
5	V_A	模拟电源输入端(+5 V)
4,6	AGND	模拟电源的地
13	V_D	数字电源输入端(+5 V)
9,12	DGND	数字电源的地
21	V_D I/O	数字输出驱动电源
20	DGND I/O	数字输出驱动电源的地

ADC12081 具有 6 个输入端口和 17 个输出端口。其中,0~+2 V 的模拟信号输入端、基准电压输入端为模拟输入端口;时钟脉冲 CLK 输入端、标定脉冲 CAP 输入端、使能信号 $\overline{OE}$ 输入端和低功耗运行控制 PD 输入端等均为数字端口;V_{RP}、V_{RM}、V_{RN} 为模拟输出端口;D0~D11 为 12 位数字输出端口;另外还有两个端口,即准备好信号 READY 与超范围输入指示信号 OR 端口。

ADC12081 的供电电源包括 V_A 和 V_D,均为 +5 V,但是,必须将它们"隔离",以免相互干扰;AGND 与 GND 也是如此。引脚 21 的工作电压为 2.7~5 V,这使 ADC12081 很容易适应 3 V 或 5 V 的逻辑系统。要注意,引脚 21 绝对不能高于 V_A 或 V_D。具体电路参见图 9-21。

(2) ADC12081 的基本工作原理

图 9-17 所示为 ADC12081 的原理结构图。由图可以看出,它的转换方式为逐级转换。模拟输入信号首先经过器件内置的采样保持器(S/H)保持一定的时间,在这段时间里,模拟输入信号与内部基准信号逐级进行比较、处理。即模拟信号在每级转换单元都进行与内部基准信号的二分处理,其余数为"1"或为"0",形成该级的二进制数。因此,转换后输出 15 位的数字信号,经校准后调整到 12 位数字通过输出单元(三态锁存器)输出。三态锁存器由外部输入的使能信号 $\overline{OE}$ 控制。

由外部电路提供的基准电源为内部电路提供三种高低不同的基准电压 V_{RP}、V_{RM}、V_{RN},为了消除高频干扰,要进行滤波处理,因此,将其引出,分别对地接 0.1 μF 的电容,使三个基准电压更加稳定。

(3) ADC12081 的工作时序

图 9-18 所示为 ADC12081 的工作时序。从图中可以看出,CLK 的上升沿启动 A/D 转换器,而下降沿到来时,A/D 转换器的转换过程已经结束,并且数据已经存放在数据输出寄存器中。时钟脉冲的上升沿采集模拟信号的采样点,在转换的过程中采样保持器始终保持采样开始时模拟信号的输入电位。CLK 的半宽度应该大于 CLK 上升沿至数据转换结束的延迟时间 t_{OD}。

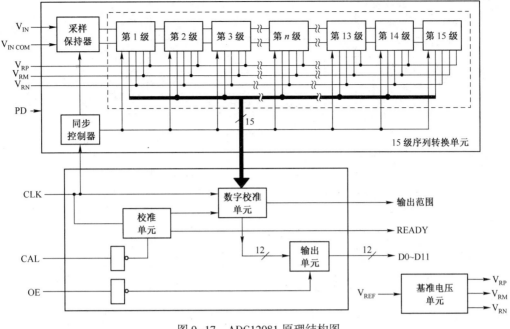

图 9-17　ADC12081 原理结构图

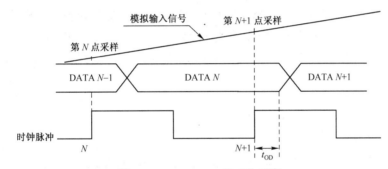

图 9-18　ADC12081 的工作时序

图 9-19 所示为 ADC12081 的使能信号与输出数据之间的时序关系。由图可见,使能信号$\overline{OE}$控制着数据存储器的输出是否有效。当$\overline{OE}$为低电平时,输出信号有效;为高电平时,输出为高阻状态。可以用$\overline{OE}$的这种功能实现多个 A/D 的数据采集工作。

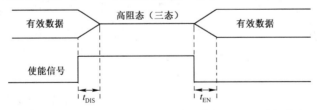

图 9-19　ADC12801 使能信号与输出数据之间的时序关系

图 9-20 所示为 ADC12081 的校准与低功耗运行的时序。由图可以看出,当 READY 为高电平时,校准工作可由 CAL 进行启动,CAL 由低变高;经 t_{RDYC} 时间延迟后,READY 由高变低,CAL 再由高变低,校准工作开始。整个校准的准备时间为 t_{WCAL}。经校准时间 t_{CAL} 后,校准工作完成,READY又回到高电平。

低功耗运行的过程也由 READY 操作。当 READY 为高电平时,低功耗运行操作脉冲 PD 由低变高;经 t_{RDYC} 时间延迟后,READY 由高变低,PD 再由高变低,低功耗运行开始。整个低功耗运行

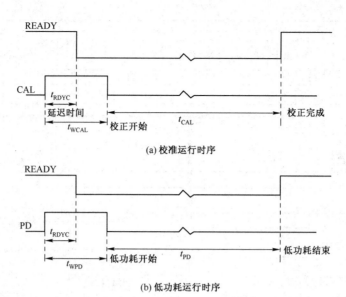

(a) 校准运行时序

(b) 低功耗运行时序

图 9-20　校准与低功耗运行的时序

的准备时间为 t_{WPD}。READY 由低变高,低功耗运行结束,恢复正常运行。低功耗运行的时间 t_{PD} 由 READY 控制,此时的功率损耗近似为 15 mW。

ADC12081 的典型电路如图 9-21 所示。由放大器 A 组成 A/D 转换器的输入电路,保证输入至 ADC12081 的电压满足 A/D 转换对输入信号的要求。单元光电信号由 BNC 接口输入到放大器 A 的同相输入端,使 ADC12081 的输入端与光电信号同相。由基准稳压器 LM336 产生 2.5 V 的稳

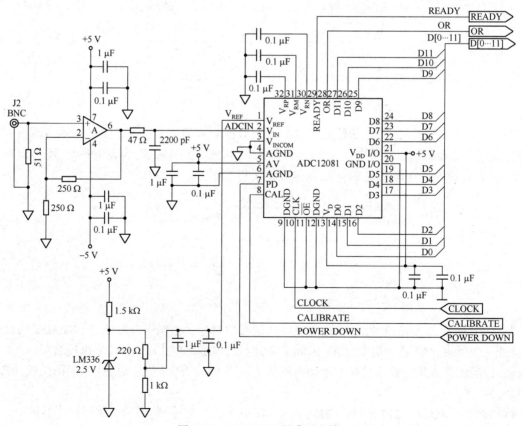

图 9-21　ADC12081 的典型电路

定电压,再经电阻分压器得到所需要的稳定基准电压(参考电压),并用 0.1 μF 和 1 μF 的电容滤掉高次谐波后为 A/D 转换器提供稳定的基准电源。

ADC12081 在 CLK 的控制下完成转换工作,并将数字信号经 D0~D11 端口输出。为了使转换更精确,电路设置了自校准功能,可以按图 9-19 所示的时序进行校准。当器件暂时不进行转换工作时,可将其设置在低功耗状态,以便减小能耗,降低器件的温升。

9.3.2　单元光电信号的 A/D 数据采集

图 9-22 所示为高速检测某点光照度的 A/D 数据采集系统原理方框图。系统采用 HI1175JCB,它为 8 位高速 A/D 转换器。考虑到不同的计算机总线接口方式中数据传输速度的不同,A/D 接口电路设置了内部 SRAM,以便适应连续的 A/D 数据采集的需要。计算机的低 10 位地址总线与读($\overline{\text{RD}}$)/写($\overline{\text{WR}}$)控制线、地址允许信号 AEN 或中断控制线等构成译码信号,经

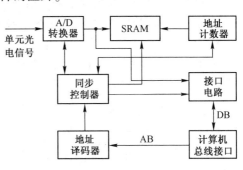

图 9-22　A/D 数据采集系统原理方框图

译码器对同步控制器产生各种操作信号。同步控制器将产生 A/D 启动时钟信号 CLK,A/D 转换器启动并在转换完成后将 8 位数据存入 SRAM,同时使地址计数器加 1。待存够所需要的数据后,计算机软件通过地址总线控制同步控制器将 SRAM 中的数据读取到计算机内存。

单元光电信号的 A/D 数据采集系统流程图如图 9-23 所示。

初始化将程序所用的内存地址空间及数据格式等内容确定下来。用计算机允许的用户地址编写同步控制器的有关指令。例如,用 2F1H 地址设置 A/D 数据采集系统处于初始状态,2F3H 写系统所要采集的数据量,2F5H 判断 N 个数据的转换工作是否已经完成,若没有完成程序会返回继续查询;若已完成,程序将向下执行,用 2F4H 读取 N 个 8 位数。读完后程序结束或返回。

用 C 语言编写的单元光电信号 A/D 数据采集系统的程序如下:

```c
#include <dos. h>
#include <conio. h>
main( )
{
    ⋮
    int ready = 0;
    unsigned char result = 0;
    outportb(0x2F3,20); //设定 N = 20
    inportb(0x2F1);//启动 A/D,完成采集系统的复位
    while(1)
    {
        ready = inportb(0x2F5);
        ready = ready&0x01;
        if ( ready == 1)
            break;
        //查询 A/D 转换是否完成
    }
    result = inportb(0x2F4); //读数据
    printf("\n result:%d",result);
    ⋮
}
```

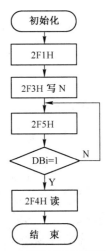

图 9-23　数据采集系统流程图

9.3.3 序列光电信号的量化处理

本节仍以 CCD 输出的典型序列光电信号来讨论其量化处理问题。
CCD 分为线阵与面阵 CCD 两种,尽管它们的输出形式千差万别,但它们都是时间的函数,属于时序信号。对于时序信号的量化处理通常要用到低通滤波器、采样保持器和 A/D 转换器等功能器件,这些功能器件的基本特性可参考相关电子技术教材。本节将通过介绍常用于线阵 CCD 输出信号量化处理的高分辨率 A/D 转换器,讲授序列光电信号的量化处理问题。

1. ADS8322 的原理

ADS8322 为 16 位并行输出的高速高分辨率的 A/D 转换器。图 9-24 所示为它的引脚定义与分布图。图 9-25 所示为它的原理图。从图中可以看出,它具有内部基准电源和采样保持电路。当基准电源为 $1.5\sim2.6\,\text{V}$ 时,其满量程输入电压值为 $3.0\sim5.2\,\text{V}$。

它的转换方式属于逐次逼近式,由容性数-模转换器、电压比较器与逐次逼近存储器完成 A/D 转换工作,并将其 16 位数字送入三态锁存器。三态锁存器的输出由端口 BYTE 控制。

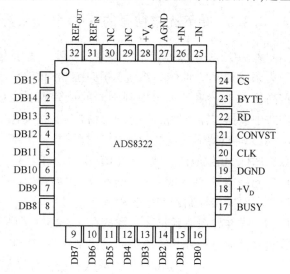

图 9-24 ADS8322 的引脚定义与分布图

ADS8322 的启动及其控制均由时钟脉冲 CLK、片选信号$\overline{\text{CS}}$、读信号$\overline{\text{RD}}$和控制脉冲$\overline{\text{CONVST}}$控制,它的工作状态(是否处于转换过程中)由忙信号 BUSY 端口输出。

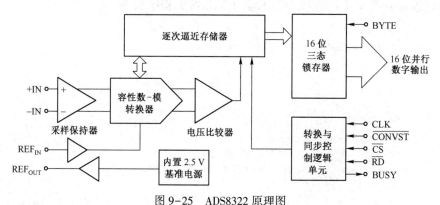

图 9-25 ADS8322 原理图

2. ADS8322 的工作时序

ADS8322 的工作时序如图 9-26 所示。

ADS8322 的典型电路如图 9-27 所示。时序光电信号由模拟输入端接入,转换器的启动与数据的读出分别由 CLK、$\overline{\text{CS}}$、$\overline{\text{RD}}$ 和$\overline{\text{CONVST}}$控制。可以看出,ADS8322 的$\overline{\text{CS}}$有效,经 t_8 时间后,$\overline{\text{CONVST}}$由高变低(有效);再经 t_4 时间延迟,CLK 的上升沿将启动 A/D 转换器,使其进入转换状态。此时,A/D 转换器输出的状态信号 BUSY 将由低变高,表明 A/D 转换器已进入转换"忙"状态。经过 16 个时钟脉冲,转换工作完成,BUSY 将变成低电平,转换器进入采集与输出过程。在采集与输出过程中,$\overline{\text{CONVST}}$应为高电平,$\overline{\text{CS}}$及$\overline{\text{RD}}$有效时(此时 BYTE 为低电平),16 位数字将在 DB0~DB15

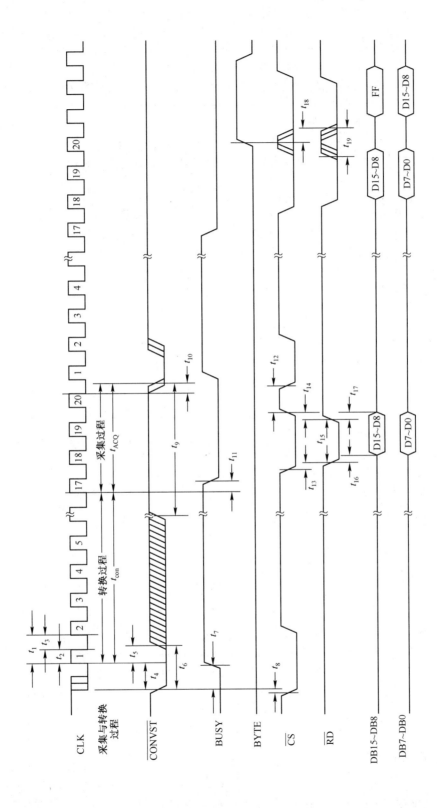

图 9-26 ADS8322 的工作时序

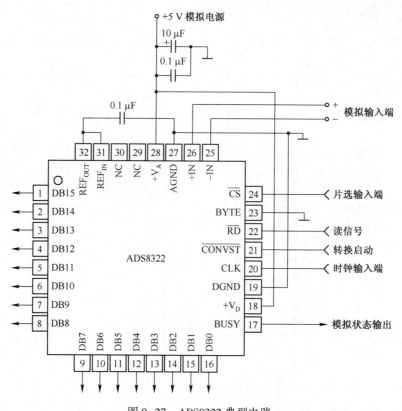

图 9-27　ADS8322 典型电路

数据输出端上,在 t_{15} 期间输出。采集过程需要 4 个 CLK 时钟脉冲,整个转换过程为 20 个 CLK 时钟脉冲。第一次转换的数据读出后间隔 t_{12} 时间即可再次启动 A/D 转换器,经 16 个 CLK 时钟脉冲后,读出数据,如此反复。但是,当输出控制脉冲 BYTE 变为高电平后,数据输出端口被封闭。

9.3.4　序列光电信号的 A/D 数据采集与计算机接口

序列光电信号常分为线阵 CCD 输出信号、面阵 CCD 输出的视频信号及其他摄录像设备发出的具有各种制式的复合同步视频信号。同步方式不同,A/D 数据采集和计算机接口方式也不相同。下面讨论线阵 CCD 输出信号 A/D 数据采集与计算机接口。

1. 线阵 CCD 输出信号 A/D 数据采集系统的基本组成

本节以 TCD1206UD(2160 像元)线阵 CCD 的输出信号为例,讨论线阵 CCD 输

表 9-3　ADS8322 的时间特性参数

参 数 名 称	代号	ADS8322			时间计量单位
		最小值	典型值	最大值	
转换时间	t_{CONV}			1.6	μs
采集时间	t_{ACQ}			0.4	μs
时钟周期	t_1	100			ns
时钟高电平时间	t_2	40			ns
时钟低电平时间	t_3	40			ns
转换低到时钟高电平时间	t_4	10			ns
时钟高到转换高电平时间	t_5	5			ns
转换低电平时间	t_6	20			ns
转换低到 BUSY 高电平时间	t_7			25	ns
片选CS低到转换低电平时间	t_8	0			ns
转换高电平时间	t_9	20			ns
时钟低到转换低电平时间	t_{10}	0			ns
时钟高到 BUSY 低电平时间	t_{11}			25	ns
片选CS高电平时间	t_{12}	0			ns
片选CS低到读出低电平时间	t_{13}	0			ns
读出高到片选CS高电平时间	t_{14}	0			ns
读出低电平时间	t_{15}	50			ns
读出低到数据有效的时间	t_{16}	40			ns
读出高后数据的持续时间	t_{17}	5			ns
BYTE 变高到读出低的时间	t_{18}	0			ns
读出高电平的时间	t_{19}	20			ns

出信号的 A/D 数据采集系统的基本组成。其原理方框图如图 9-28 所示。线阵 CCD 驱动器除提供 CCD 工作所需的驱动脉冲外,还要提供与转移脉冲 SH 同步的行同步控制脉冲 Fc、与 CCD 输出的像元亮度信号同步的脉冲 SP 和时钟脉冲 CLK,并将其直接送到同步控制器,使数据采集系统的工作始终与线阵 CCD 的工作同步。

同步控制器接收到软件通过地址总线与读/写控制线等传送的命令,执行对地址发生器、数据存储器、A/D 转换器、接口电路等的同步控制。

图中,A/D 转换器采用 ADS8322,它具有 16 位二进制数的分辨能力,工作频率高达 500 kHz,且具有内部采样放大器,可对输入信号进行采样保持。数据存储器采用 SRAM6264,它具有 64 KB 的数据存储空间,存取频率高于 10 MHz。地址发生器由同步或异步多位二进制计数器构成。接口电路由

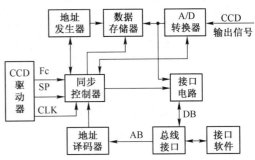

图 9-28　线阵 CCD 的数据采集原理方框图

74LS245 双向 8 位总线收发器构成。地址译码器与同步控制器一起由 CPLD 现场可编程逻辑电路构成。总线接口方式可有多种选择,如 PC 总线接口方式、并行接口(打印口)方式、USB 总线串行接口方式、PCI 总线接口方式等。不同的接口方式具有不同的特性,其中 PCI 总线接口方式的数据传输速度最快。

此外,接口软件是数据采集系统的核心,由它来判断数据采集系统的工作状态,发出 A/D 转换器启动、数据读/写操作等指令,以及实现数据处理、存储、显示、执行和传输等。

2. 线阵 CCD 输出信号 A/D 数据采集系统分析

经放大的线阵 CCD 输出信号接入转换器的模拟输入端,将驱动器输出的 Fc、SP 与 CLK 送到同步控制器,并与软件控制的执行命令一起控制采集系统与 CCD 同步工作。

软件发出采集开始命令,通过总线接口给采集系统一个地址码(如 300H),地址译码器(例如 3-8 译码器)输出执行命令(低电平)。同步控制器得到指令后,将启动采集系统(将采集系统处于初始状态),等待 Fc 的到来。Fc 的上升沿对应着 CCD 输出信号的第 1 个有效像元。Fc 到来后,A/D 转换器将在 SP 与 CLK 的共同作用下启动。转换完成后,将 A/D 转换器输出的状态信号 BUSY 送回同步控制器。同步控制器将发出存数据的命令(A/D 的读脉冲 $\overline{RD}$、存储器的写脉冲 $\overline{WR}$ 同时有效),将 A/D 转换器的输出数据写入存储器,并将地址发生器的地址加 1。上述转换工作循环进行,直到同步控制器所得到的地址发生器的地址数已达到希望值后,通知计算机。计算机软件得到转换工作已完成的信息后,再通过总线接口、地址译码器和同步控制器将数据存储器中的数据通过接口电路送入计算机内存。

TCD1206UD 线阵 CCD 的 16 位 A/D 数据采集系统的脉冲时序如图 9-29 所示。Fc 的上升沿使同步控制器开始自动接收 SP 与 CLK,SP 的上升沿使 CS 与 $\overline{CONVST}$ 有效,CLK 的第 1 个脉冲使 A/D 转换器启动,BUSY 变为高电平,经过 16 个时钟的转换后,转换过程结束,BUSY 由高变低,A/D 转换器进入输出数据阶段,$\overline{RD}$ 有效。同时,在 BUSY 下降沿的作用下,同步控制器发出两个 $\overline{WR}$,$\overline{WR}$ 将 16 位数据分两次写入 SRAM6264,每写一次,同步控制器使地址发生器的地址加 1。如此循环,经 2160 个 SP 后,A/D 转换器进行 2160 次转换(即将 TCD1206UD 的所有有效像元转换完成),地址计数器的地址为 4320。计数器的译码器输出计满信号送给同步控制器,同步控制器将通过接口总线通知计算机,计算机软件将通过接口总线及译码器控制同步控制器读出 4320 个 8 位数据到计算机内存。将数据存入计算机时,按 16 位数据模式存放数据,构成 2160 个 16 位数据。

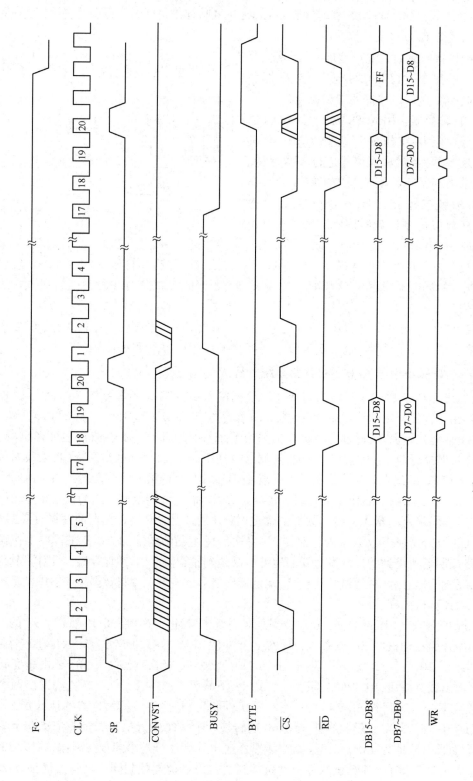

图 9-29 16 位 A/D 数据采集系统的脉冲时序

显然,接口总线的不同将影响数据采集的速度与方式。其中 PCI 总线的数据传输速度最快,它不用设置 SRAM 存储器,转换完成后可以直接将数据存入计算机内存。采用并口(打印接口)等低速接口方式时,由于数据传输速度低,必须设置 SRAM,以便衔接高速 A/D 采集与低速数据传输,完成 A/D 数据采集的工作。

9.4 视频信号的 A/D 数据采集

面阵 CCD 图像传感器输出的信号与线阵 CCD 不同,它输出的信号不但有与像面照度成函数关系的图像信号,而且还有行、场同步信号,因此,称其为视频信号或全电视信号。将图像信号数字化或视频信号数字化的方法通常也称为视频信号的 A/D 数据采集。

视频信号的 A/D 数据采集方法有很多,在图像识别与图像测量等应用领域常将视频信号的 A/D 数据采集方法分为"板卡式"和"嵌入式"两种。所谓"板卡式"是指在计算机系统中插入专用的图像采集卡构成的视频信号 A/D 数据采集系统;而"嵌入式"是指采用具有图像采集与图像处理功能的单片机系统、DSP,或者将计算机系统微型化,构成专用的视频信号 A/D 数据采集系统。"嵌入式"系统通常与图像传感器安装在一起成为具有机器视觉功能的传感器。由于"嵌入式"系统所用微型机的种类繁多,功能各异,因此本节只讨论"板卡式"A/D 数据采集系统。

9.4.1 基于 PC 总线的图像采集卡

图 9-30 所示为基于 PC 总线的图像采集卡原理方框图。CCD 图像传感器输出的全电视视频信号通过 BNC 插头送入图像采集卡,进行数字图像采集工作。送入图像卡的全电视信号被分为两路,一路通过同步分离电路分离出行与场同步脉冲,并将其送入鉴相器,使之与卡内时序脉冲发生器输出的同步信号相比较,并使卡内时序脉冲发生器产生的行、场同步脉冲与图像传感器输出的同步脉冲同相位;另一路信号经预处理电路后送给 A/D 转换器转换成数字量。考虑到 PC 总线数据传输的速度低,必须在卡内设置 8 片 64 KB 的帧存储器,以便适应视频图像频率的要求。为了能够实时观察转换后的数字图像,采用查找表与 D/A 转换器配合,将数字图像转换为模拟图像,经同步合成处理成视频信号输出,供监视器观测。帧存储器存储的数字图像在时序脉冲发生器和控制电路的作用下,通过 PC 总线接口传入计算机内存。

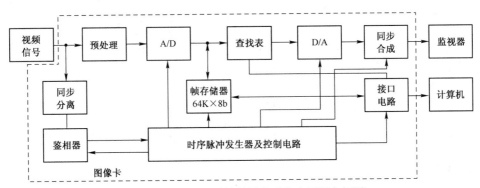

图 9-30 基于 PC 总线的图像采集卡原理方框图

下面将对图像卡的主要组成部分进行讨论。

1. 视频信号的预处理电路

如图 9-31 所示为典型的视频信号的预处理电路,它具有视频信号放大、对比度及亮度调节、同步钳位等多项功能。视频信号经由 VT$_1$ 构成的高输入阻抗前置放大器反相放大后,送到由电位器 R$_{W1}$、R$_{W2}$ 及放大器 A 组成的第二级反相放大器,该级放大器具有直流电平调整功能(白电平的调整)与放大倍率(图像对比度)调整功能。经两级放大后,输出与输入信号相位相同,幅度在 0~5 V 范围内的信号,通过由 VD$_1$ 与 VD$_2$ 构成的钳位电路送给 A/D 转换器。

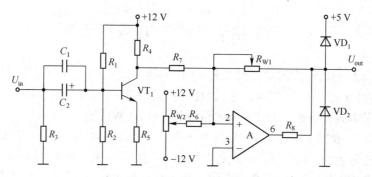

图 9-31　视频信号的预处理电路

显然,图中的可变电阻 R$_{W1}$ 和 R$_{W2}$ 分别用作亮度和对比度调节,二极管 VD$_1$ 与 VD$_2$ 用于抑制场同步脉冲,并对视频信号限幅。

2. 高速视频 A/D 转换电路

PC 总线图像采集卡常采用 CA3318CE 作为高速视频 A/D 转换器,它具有转换速度快(转换时间小于 67 ns),转换控制简单,输入模拟量为 0~5 V 等特点。图 9-32 所示为其转换电路。其中第 1~8 脚为 8 位数据输出端,第 12 脚为数字部分的 +5 V 电源,第 24 脚为模拟部分的 +5 V 电源,第 22 脚为 +5 V 参考电源(由基准电压源提供)。输入 CLK 可以通过 0.1 μF 的电容接到第 18 脚上。经预处理电路的视频信号直接接到 U$_{in}$ 输入端。$\overline{CE_1}$ 与 CE$_2$ 为片选信号,CE$_2$ 已通过 1 kΩ 的电阻接于 +5 V,只要使 $\overline{CE_1}$ 有效,A/D 转换器可在 CLK 作用下完成 A/D 转换工作。CA3318CE 的最高转换速率为 15 MHz,行正程有效时间为 52 μs。若行采样点数为 768,则 A/D 转换器的工作频率应不低于 14.8 MHz,CA3318CE 满足要求。

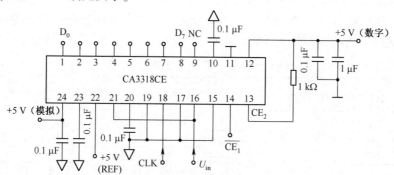

图 9-32　高速视频 A/D 转换电路

3. 帧存储器

为了实现实时采集图像,系统中设置有图像帧存储器。帧存储器由两片高速静态存储器 SRAM62256-10 构成。SRAM62256-10 的存储容量为 32 K×8 b,存取数据时间为 100 ns。存储器的 16 条地址线接四片二选一数据选择器(74LS157)的输出端,选择器的输入端分别接微机的低 16 位地址线和图像系统中时序发生器所产生的地址信号输出端。究竟哪类地址信号有效,由同步控制电路的控制选择输入端的状态决定。当微机的地址信号有效时,可访问帧存储器。当采集系统的地址信号有效时,在软件控制下,可实时地从视频信号采集数据并存入帧存储器,或从帧存储器取出数据写入计算机内存,显示帧存储器所存的图像。

4. 输出查找表及 D/A 转换电路

输出查找表由一片高速静态存储器 SRAM 构成。8 位 A/D 转换器形成的数字图像只有 256 级灰度,只要 SRAM 的地址空间为 256 b 即能够满足数字图像查找表的需要。该系统选用 2 K×8 b 的 SRAM6116-12,其接法如图 9-33 所示。

由图 9-33 可见,输出查找表的地址($A_0 \sim A_7$)直接与帧存储器的数据总线 DB 相连接,且与计算机的地址总线 AB 相连。SRAM 的数据线连接到 D/A 转换器与计算机的数据总线 DB 上。当 $\overline{WE}$ 有效时,将计算机发来的数据写入查找表,以便修改查找表的内容;当 $\overline{WE}$ 无效时,帧存储器传送来的数据(取值范围为 0~255)选中查找表中的一个对应存储单元,该单元预先由微机写入了相应的图像变换所需要的数据。该数据由查找表的数据线输出,经 D/A 转换器送至监视器,显示灰度变换后的模拟图像。

采用 8 位 DAC0800D,由它组成的 D/A 转换电路如图 9-34 所示。它的第 5~12 引脚为 8 位数字输入端口,它与 SRAM6116-12 的数据输出总线相接;第 2 引脚为模拟信号输出端口(视频信号 U_0)。DAC0800D 输出的模拟信号的幅度与 U_{CC} 和 R_1、R_2 的值有关:若 $U_{CC}=5$ V,$R_1=1$ kΩ,$R_2=5$ kΩ,则 $U_0=U_{CC}\dfrac{R_1}{R_2}=1$(V)。适当地调整 R_1 与 R_2 的阻值,可以改变模拟信号的输出幅度。为满足监视器的需要,应使 D/A 转换器输出信号的幅度调整到 1 V 峰-峰值。

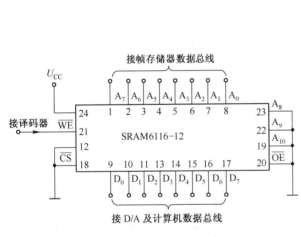

图 9-33　输出查找表电路

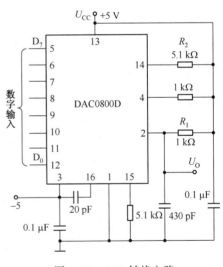

图 9-34　D/A 转换电路

5. 时序发生器及控制电路

时序发生器用于产生图像采集与显示所需要的帧存地址信号,以及行、场同步信号,以便与 D/A 转换器输出的视频信号一起合成为全电视信号。

时序发生器电路可由小规模集成电路构成,但电路较复杂。本系统选用 CRT 控制器 MC6845 作为时序发生器。在时钟信号作用下,MC6845 能产生刷新存储器地址信号、列选信号、视频定时信号及显示使能信号。将刷新地址信号和列选信号适当地组合后,可用作帧存储器的地址及片选信号。

控制电路的核心器件用一片现场可编程逻辑器件 CPLD 生成。它比通常的中小规模集成电路有更高的集成度,引脚功能可由用户定义。它最适合用于实现各种组合逻辑,具有线路简单、性能价格比高、保密性好等优点。

6. 同步锁相电路

同步锁相电路如图 9-35 所示。若视频信号由具有外同步输入特性的面阵 CCD 摄像机提供,则可用图像显示控制器 CRTC(这里用作图像卡分帧电路)产生的同步信号来同步摄像机,完成对视频图像的数据采集。

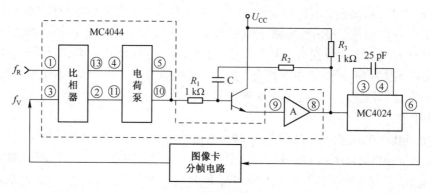

图 9-35   同步锁相电路

对于没有外同步输入的摄像机,需要同步锁相电路,使视频信号经同步分离后产生的行、场同步信号与 CRTC 输出的行、场同步信号锁相,保持两者的同步关系。同时,同步锁相电路还要产生与行同步保持固定相位和比例的主振脉冲,用于 A/D、D/A 转换器的时序脉冲的产生和对各单元的同步控制。图中,由 MC4044 器件组成鉴频/鉴相的同步锁相电路,它由比相器、电荷泵和放大器 A(达林顿三极管)三部分构成;R_1、R_2、R_3 和电容 C 构成低通滤波器。f_R 是视频信号经同步分离电路得到的行同步脉冲,f_V 是 CRTC 产生的行同步脉冲。若 f_R 超前 f_V,则 MC4044 的第 8 引脚输出的控制电压增高,压控晶体振荡器(MC4024)的振荡频率将升高,从而使 f_V 升高,使 f_V 撵上 f_R。反之,若 f_R 滞后于 f_V,则 MC4044 的第 8 引脚输出的控制电压将下降,压控晶体振荡器的振荡频率也降低,使 f_V 降低。这样的调节过程使 f_R 与 f_V 保持相位同步,使主振脉冲和 f_R 相位同步。当行频锁定后,可通过改变 CRTC 中 MC6845 寄存器的参数,实现场扫描的同步。

9.4.2   基于 PCI 总线的图像采集卡

前面讨论的图像采集卡是基于计算机的 PC 或 ISA 总线设计的。随着计算机接口技术的发展,数据传输速率更快的 PCI 总线已经完全满足图像采集卡对数据传输速率的要求,使基于 PCI 接口总线的图像采集卡的结构大大简化。还可以使 A/D 转换以后的数字视频数据只需经过一个简单的缓存,即可直接存到计算机内存,供计算机进行图像显示和处理;甚至还可以将 A/D 输出的数字视频图像经 PCI 总线直接送给计算机显示卡,在计算机终端上实时显示活动的图像。基于 PCI 总线的图像采集卡的原理方框图如图 9-36 所示。

图中的数据缓存器代替了图 9-33 中的查找表及其连接的帧存储器,这个缓存器通常是一片容量小、速度快、控制简单的先进先出(FIFO)存储器,起到图像采集卡向 PCI 总线传送视频数据时的速度匹配作用,使得插在计算机 PCI 插槽内的图像采集卡与计算机内存、CPU、显示卡等设备之间形成高速数据传送。

下面介绍典型的黑白和彩色图像采集卡的性能及应用,它是由北京嘉恒中自图像技术有限公司生产的基于 PCI 总线的 OK 系列图像采集卡。OK 系列图像采集卡的基本性能和特点为:

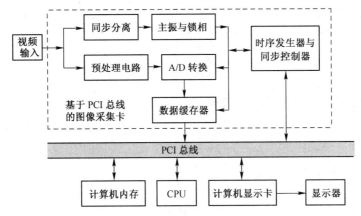

图 9-36 基于 PCI 总线的图像采集卡的原理方框图

① 基于 PCI 总线数据采集卡,可适应各种规格 Pentium 主机系统。

② 由于高速 PCI 总线可以实现直接采集图像到 VGA 显存或主机系统内存,而不必像传统 AT 总线的采集卡那样必须自带帧存储器。这不仅可以使图像直接采集到 VGA,实现单屏工作方式,而且可以利用 PC 内存的可扩展性,实现所需数量的序列图像逐帧连续采集,进行序列图像处理分析。此外,由于图像可直接采集到主机内存,图像处理可直接在内存中进行,因此图像处理的速度随 CPU 速度的不断提高而得到提高,使得对主机内存的图像进行并行实时处理成为可能。

③ 支持即插即用标准,寄存器可以进行任意地址的映射。

④ 驱动软件支持 Windows 95/98、Windows ME、Windows NT4、Windows 2000、Windows XP。

⑤ 所有 OK 系列图像采集卡使用统一的安装盘,适应任一操作系统,同时采用统一的用户开发接口标准,所以用户开发的程序不必做任何改动就可在任一操作系统上的任一 OK 系列图像采集卡上运行,不必过多地顾及图像采集卡和操作系统的兼容性。

⑥ 驱动软件支持一机多卡(同种和不同种均可)同时操作,逐帧并行处理,即使是同型号的多块卡,它们的参数设置,如对比度、亮度等,也是完全独立的。

⑦ 非标准视频信号的图像采集卡具有自动检测视频信号各项参数的能力,如测试行频、场频、帧频、逐行或隔行参数等,并能用软件调节这些参数。

1. OK-C30 彩色与黑白兼容图像采集卡

OK-C30 是基于 PCI 总线的图像采集卡,它既能采集彩色图像又能采集黑白图像,可用于图像处理、工业监控和多媒体压缩、处理等领域。

(1) 主要功能与特点

① 实时采集彩色和黑白图像。

② 视频输入可为标准 PAL、NTSC 或 SECAM 制式信号。

③ 具有六路复合视频输入选择或三路 Y/C 输入选择。

④ 对于亮度、对比度、色度、饱和度等参数可以通过软件进行调整。

⑤ 具有图形位屏蔽功能,可以适当开窗进行采集。

⑥ 由硬件完成输入图像的比例缩小。

⑦ 具有硬件镜像反转功能。

⑧ 支持 RGB32、RGB24、RGB16、RGB15、RGB8、YUV16、YUV12、YUV9、黑白图像 GRAY8 图像格式。

⑨ 具有一路辅助监视的输出信号。

（2）主要技术指标

① 图像采集与显示的最大分辨率为 768×576。

② 视频 A/D 转换位数为 9 b。

③ 能够采集单场、单帧、间隔几帧及连续相邻几帧的图像，精确选择到场。

2. OK-M20H 高分辨率黑白图像采集卡

OK-M20H 是基于 PCI 总线的图像采集卡，可采集标准和非标准逐行与隔行视频信号，以及用于信号与同步分离的信号源（如 VGA 等）的 8 b 高速图像采集，适用于各种标准与非标准逐行、隔行的 CCD 摄像机、X 光机、CT 及核磁等医疗设备。

（1）主要功能与特点

① 高速 8 b A/D 转换，采样主频率在 4~65 MHz 范围自动调节，具有细调功能，保证在不同的行频和帧频下获得方形或任意比例的矩形采样点阵。

② 输入的视频信号电压幅度可适应 0.2~3 V 峰-峰值，零点调整可适应 ±1.5 V 的变化范围。具有足够宽的 A/D 转换前亮度与对比度的可调范围。软件可调。

③ 输入行频为 7.5~64 kHz 的标准与非标准视频信号及信号与同步分离的视频源（如 VGA 等），具有自动检测、自动适应或软件调整行频、场频、帧频、隔行或逐行等视频特性的能力。

④ 具有四路视频输入软件切换选择的功能。

⑤ 能采集单场、单帧、间隔几帧和连续帧图像，精确到每一场。

⑥ 传输速度最高可达 132 Mb/s，在标准视频源时，采集图像总线占用时间与 CPU 和其他资源可使用总线时间之比为 1/8 的分享总线技术，适用于图像实时处理。

⑦ 采集点阵从 480×480 到 2048×1020 可调，具有 4×4 到 2048×1020 和 1280×1020 的开窗（可视窗口）功能。

（2）主要技术指标

① 采集图像的总线传输速度可达 132 Mb/s。

② 可支持 8 位、24 位及 32 位图像采集，在 Windows 菜单下，图像无失真地实时显示。

③ 图像的点阵抖动（pixel jitter）不大于 3ns。

为使读者对各种不同功能与特点的图像采集卡有比较全面的了解，更好地选用不同类型的图像采集卡，将 OK 系列图像采集卡的性能参数列于表 9-4。

表 9-4　OK 系列图像采集卡性能参数

名　　称	主要性能	输入视频 黑/白	输入视频 彩色	型　号	特　　点	用　　途
黑白图像采集卡	采集标准视频 768×576×8	√		OK-M10M OK-M80		通用 *
				OK-M80K	实时递归滤波去噪	医院及需去噪的高清晰度特殊领域
高分辨率、高比特黑白图像采集卡	采集标准/非标准、逐/隔行视频	√		OK-M20H		各种需要非标准摄像的领域，特别是医疗设备，如 X 光机、CT、核磁等
				OK-M40	带回显	
				OK-M60	实时减影（DSA）带回显	
				OK-M70	真正 10 b 采集	
				OK-M30		

名　　称	主要性能	输入视频 黑/白	彩色	型　　号	特　　点	用　　途
彩色/黑白 图像采集卡	采集标准彩 色/黑白视频 信号 768×576×8×3		√	OK-C21		通用*
		√	√	OK-C80		
		√	√	OK-C80M	与 Meteor 兼容	
		√	√	OK-C33	硬件缩小,镜像采集	
		√	√	OK-C30S	奇偶场滤波	用于去除活动图像引起的锯齿失真,如交通车牌识别、医疗设备、运动分析
多路黑白/彩 色图像采集卡	同时采集、同 屏显示四路不 同步输入的视 频信号	√	√	OK-MC20	四幅图像整体分辨率为 768×576	监控领域如银行、高速公路收费、车牌识别、十字路口红灯违章车辆识别等
				OK-MC30	每路最大分辨率为 768×576	
RGB 分量图 像采集卡	采集 RGB 分 量输入视频 信号	RGB 分量		OK-RGB10	768×576×8×3	立体视觉,医疗设备如 B 超
				OK-RGB20	中高分辨率,主频 5~50 MHz	高精度、高分辨率的图像处理,如医疗设备(ECT,标准/非标准彩超)
				OK-RGB30	高分辨率,主频 5~120 MHz	高精度、高分辨率的图像处理,如医疗设备(ECT、高线 CT)、监控、多媒体教学、视频会议等

注:1. 通用 * 是指采集标准视频信号并能在各个领域、各个行业使用的图像采集卡。例如,科研、教学、国防、农业、医疗、文娱、体育,以及工业、金融和交通检测或监控等。

2. √表示图像采集卡所具有的功能。

思考题与习题 9

9.1　为什么要对单元光电信号进行二值化处理?单元光电信号二值化处理方法有几种?各有什么特点?对序列光电信号进行二值化处理的意义有哪些?

9.2　举例说明序列光电信号的特点。

9.3　采用浮动阈值法对单元光电信号进行二值化处理的目的是什么?能否用单元光电信号自身输出的电压作为浮动阈值?若能,该怎样处理?

9.4　能否采用单元光电信号的浮动阈值电路来处理序列光电信号?为什么?

9.5　为什么掌握了序列光电信号的数据采集方法就能够进行单元光电信号的二值化数据采集?试以图 9-1 所示的装置为例,将图中所示的三个单元光电信号进行二值化数据采集并将二值数据输入到计算机。

9.6　试说明线阵 CCD 输出信号的浮动阈值二值化数据采集方法中阈值的产生原理。为什么要采集转移脉冲 SH 下降沿一定时间后的输出信号幅值的一部分作为阈值?

9.7　试说明边沿送数法二值化接口电路的基本原理。如果线阵 CCD 的输出信号中含有 10 个边沿(有 5 个被测尺寸),还能够用边沿送数二值化接口电路采集 10 个边沿的信号吗?如果认为太复杂,应采用哪种二值化接口方式?

9.8　举例说明单元光电信号 A/D 数据采集的意义。怎样对单元光电信号进行 A/D 数据采集?

9.9　在线阵 CCD 的 A/D 数据采集中为什么要用 Fc 和 SP 作同步信号？其中 Fc 的作用是什么？SP 在 A/D 数据采集计算机接口电路中的作用如何？

9.10　已知 AD12-5K 线阵 CCD 的 A/D 数据采集卡采用 12 位的转换器 ADC1674，它的输入电压范围为 0~10 V，今测得三个像元幅值分别为 4093、2121、512，并已知线阵 CCD 的光照灵敏度为 47V/(lx·s)，试计算出这三个点的曝光量分别为多少？

9.11　已知 RL2048DKQ(26×13 μm²) 在 250~350 nm 波段的光照灵敏度为 4.5 V/(μJ/cm⁻²)，用 RL2048DK 作为光电探测器，采用 16 位的 A/D 数据采集卡（ADS8322 转换器，基准电压为 2.5 V，满量程输入电压为 5 V）对被测光谱进行探测，探测到一条谱线的幅度为 12 500，谱线的中心位置在 1042 像元上，设 RL2048DK 的光积分时间为 0.2 s，测谱仪已被两条已知谱线标定，一条谱线为 260 nm，谱线中心位置在 450 像元，另一条谱线为 340 nm，谱线中心位置在 1 550 像元。试计算该光谱的辐出度和光谱辐能量。

9.12　一般面阵 CCD 的 A/D 数据采集卡采用 8 位的 A/D 转换器，当某幅图像中所采集到的数据都为 127 时，说明出现了什么问题（正常的数据应为 0~255）？

9.13　为什么基于 PCI 总线的图像采集卡不必在卡内设置存储器，而采用 PC 总线接口、并行接口（打印接口）等的图像采集卡内必须设置存储器？

9.14　简述用软件实现图像白电平与对比度的调整原理与方法。

9.15　试用 ADC12081 转换器设计 TCD1500C 的 A/D 数据采集计算机接口卡，要求画出接口卡原理方框图，写出设计说明。

第 10 章　光电技术的典型应用

10.1　用于长度量的测量与控制

前面讨论了各种光电传感器与光电信息变换的基本分类,目的是当我们遇到实际光电技术问题时能够分析它属于哪种变换类型,应采用哪些光电传感器及变换电路来实现系统的构建,然后再考虑完成设计任务的各个细节。本章将剖析一些典型课题,找到解决光电技术应用的具体思路。

10.1.1　板材定长裁剪系统

在板材(钢带、铝带、玻璃板、塑料板等)的生产、加工过程中,经常遇到定长度的裁剪工作。采用光电非接触测量系统可以实现板材定长加工的自动化,并获得高精度、高速度、高质量的效果。

1. 板材定长裁剪系统的结构

板材定长裁剪系统如图 10-1 所示。被裁剪的板材经传动轮和从动轮展开,并经裁剪装置(剪刀)输送到光电探测系统。光电探测系统由光源、光学聚焦(或成像)系统(图中未画)和光电器件构成。光电探测系统输出的信号经信号处理系统(图中未画)后,发出执行命令。裁剪控制系统接受执行命令,控制剪刀执行裁剪动作。

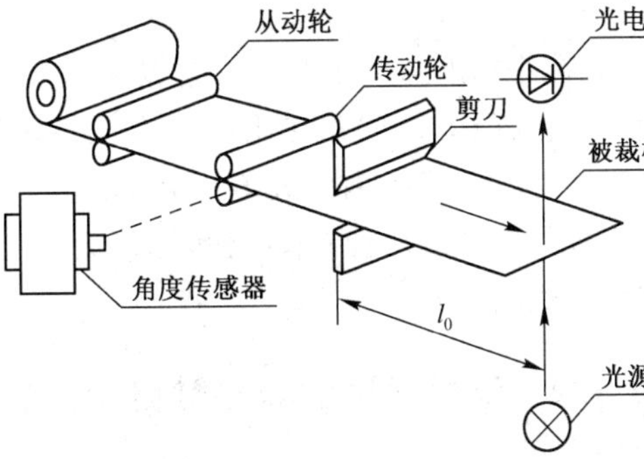

图 10-1　板材定长裁剪系统

2. 定长裁剪原理

在图 10-1 所示的结构中,将光电探测系统的中心安装在距剪刀 l_0 远处。当板材沿箭头所示方向传到光电探测系统的视场内时,被裁板材边缘的像成在光电器件的像面上,使光电器件输出的光电流减小。而且,随着板材的传动,光电流将越来越小。当减小到一定程度时,光电变换电路输出电压产生跳变,跳变的信号使板材传动系统停止,裁剪系统启动,剪刀下落将板材剪掉。板材被剪掉后,光电器件又被光完全照亮,光电流又恢复到最大值,又可以抬起剪刀,启动传动系统使板材再沿箭头方向传动,实现传动与裁剪的自动控制。图 10-1 中的角度传感器可用来计量板材的总传输量。

3. 定长裁剪系统精度分析

若裁剪系统的光电传感器采用面积为 A 的硅光电池(或硅光电二极管),它的变换电路如图 10-2 所示。在像面全被入射光照射时,光电流 I_L 很大,变换电路的输出 U 为低电位,用作整形的非门电路输出 U_o 为高电平。当像面部分被遮挡时,I_L 减小,U 增高,当 $U \geqslant U_{th}$ 时,U_o 由高变低,发出控制传输系统和剪刀动作的命令。

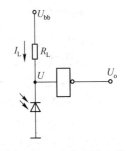

图 10-2　光电变换电路

设光源所发出的光经光学系统后均匀地投射到光电器件上,其照度为 E。当光电器件为矩形硅光电池时,I_L 与入射光照度 E 的关系为

$$I_L = S_\phi EA \tag{10.1-1}$$

输出电压为

$$U = U_{bb} - R_L S_\phi EA \tag{10.1-2}$$

式中,S_ϕ 为矩形硅光电池的灵敏度,A 为光电器件的受光面积。显然,在被裁板材没进入视场时,A 为整个光电器件的面积。

当被裁板材进入视场后,A 减小,必将引起 I_L 下降。因 S_ϕ 为常数,光源所发出的光是稳定的,故 E 也是常数。则 I_L 的变化只与 A 有关。矩形硅光电池的面积 A 为其宽度 b 与长度 L 的乘积,因此有

$$I_L = S_\phi EbL \tag{10.1-3}$$

板材进入视场后,设硅光电池被遮挡的长度为 l,光电流变为

$$I_L = S_\phi Eb(L-l) \tag{10.1-4}$$

显然,光电流的变化与 l 有关。对式(10.1-4)取微分得

$$\Delta I_L = -S_\phi Eb\Delta l \tag{10.1-5}$$

式中,负号表明光电流随遮挡量的增加而减小。

可以推出图 10-2 中 U 随遮挡量的变化关系为

$$\Delta U = S_\phi EbR_L\Delta l \tag{10.1-6}$$

上式表明,控制精度与反相电路的电压鉴别量有关。采用电压比较器模块可以获得微伏级的电压鉴别精度,由式(10.1-6)推导出的理论控制精度可以达到微米量级。但是,由于光源的稳定度和生产环境(灰尘)、震动、背景光等因素的影响,实际误差可能远远超过计算误差。选用 PSD、线阵列光电二极管器件或线阵 CCD 等传感器为光电探测器,可以克服上述因素带来的误差,使实际控制精度得到提高。

10.1.2 钢板宽度的非接触自动测量

1. 题目要求

自动生产线上常遇到非接触测量板材宽度的课题,如某企业要求在生产线上测量 1.5 m 宽的钢板,要求测量精度达到 0.1 mm,每秒至少测量 100 次。

2. 测量方案

针对上述课题,可以选择用线阵 CCD 构成光电非接触测量系统,根据测量范围与测量精度的要求,可以选用如图 10-3 所示的测量方案。采用两只线阵 CCD 分别对钢板的两个边的位置进行检测,然后根据两只器件的安装方式和所测量出的边界位置计算出钢板的宽度。

测量系统应该由远心照明光源(突显钢板的边界)、成像物镜(确保钢板边界清晰地成像

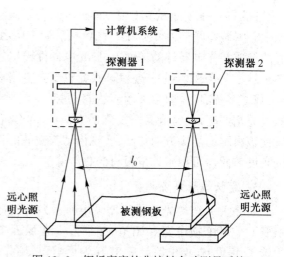

图 10-3 钢板宽度的非接触自动测量系统

在线阵 CCD 像面并合理设置放大倍数)、线阵 CCD(边界测量器件)、A/D 数据采集卡、计算机系统

和计算软件等部分构成。

探测器1(含成像物镜与线阵CCD1)与探测器2(含成像物镜与线阵CCD2)分别安装在同一个支撑架的两端,确保它们的中心距为l_0(见图10-3),并使其牢靠地固定在支撑架上。为保证测量的可靠性,要根据测量精度要求与现场环境采用温度系数好的支撑架。要求被测钢板两边缘能够分别成像在两个探测器像面上,照明光源采用"背投式远心照明光源",可以确保成像物镜使钢板的边缘清晰地成像在CCD的像面上。CCD输出的钢板边界信号经A/D(或二值化)数据采集卡送到计算机系统,计算机软件将完成钢板边界的判断和钢板宽度的测量。

3. 宽度测量原理

如图10-4所示为双线阵CCD测量钢板宽度的原理方框图。远心照明光源1与2发出的近似平行光能够使被测钢板的边沿被成像物镜清晰地成像在各自线阵CCD的像面上,CCD1与CCD2在同步驱动脉冲作用下输出如图10-5所示U_1与U_2信号。它们都含有钢板边界的信息。测量电路将在SH脉冲期间获得钢板的宽度。

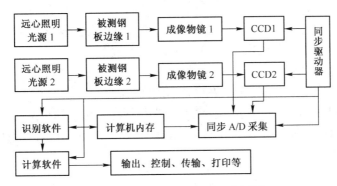

图10-4　钢板宽度测量原理方框图

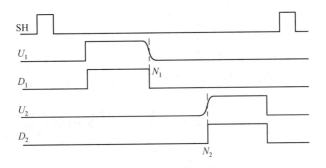

图10-5　CCD的输出波形

判断钢板边界的方法有2种,一种方法是通过A/D数据采集将U_1与U_2模拟脉冲信号转换为数字信号送入计算机,在判断软件的作用下给出两个边界值N_1与N_2。

另一种方法是采用硬件电路提取边界,也称为二值化处理方法(可以参考《图像传感器应用技术》9.1节介绍的方法)。

线阵CCD输出信号经二值化处理后,得到图10-5中所示的D_1与D_2信号波形。显然,D_1的下降沿对应于CCD_1的第N_1个像元,D_2的上升沿对应于CCD2的第N_2个像元,它们又分别表示钢板边缘的像在CCD_1与CCD_2像面上的位置。因此,可以推导出钢板宽度的计算公式,即

$$L = l_0 + \left(\pm \frac{N_1 S_0}{\beta_1} \pm \frac{N_2 S_0}{\beta_2} \right) \tag{10.1-7}$$

式中，β_1 与 β_2 分别为两个探测器所装光学成像物镜的横向放大倍数，S_0 为 CCD 像元长度（选择 2 只线阵 CCD 应为同型号，像元长度相等），式中的正负号要根据 CCD 的安装方向确定。

4. 测量范围与测量精度

（1）测量范围

钢板宽度测量系统的测量范围与两探测器的中心距 l_0 有关，即与探测器支撑架的调整与锁定方式有关。由式（10.1-7）可见，钢板的宽度 L 直接与 l_0 有关，若 l_0 可以大范围调整与锁定，系统的测量范围将会很大。另外，宽度测量的动态范围还与两只线阵 CCD 像元长度、像元数 N 及 β_1、β_2 有关。

这种测量方式适用于钢板、铝板及玻璃板等板材的非接触自动测量。

（2）测量精度

对式（10.1-7）取微分，由于系统确定后除边界位置像元数 N_1 与 N_2 外的其他参数均为常数，因此

$$\Delta L = \pm \frac{S_0}{\beta_1}\Delta N_1 \pm \frac{S_0}{\beta_2}\Delta N_2 \tag{10.1-8}$$

即系统测量精度取决于 CCD 的像元长度 S_0 和 β_1、β_2 等参数。当 β_1 与 β_2 均为 1 时，S_0 常为几 μm 到十几 μm，因此，宽度测量很容易做到高于 $\pm 0.1\ mm$ 的测量精度。

影响测量系统精度的另一个因素是两只线阵 CCD 像元的排列能否在一条直线上，如果二者产生夹角 α，在计算尺寸时要针对具体情况做出合理的修正。

实际测量系统安装调试好后，需要对测量系统进行标定。用已知标准尺寸的板材或相应的标准图形尺寸进行现场标定，通过标定给出 β_1 与 β_2，找出两只线阵 CCD 之间的夹角 α，确保系统满足测量精度要求。

5. 测量速度

线阵 CCD 的测量周期为其转移脉冲 SH 的周期 T，它由所选线阵 CCD 的像元数 N 及驱动频率 f 决定，通常有

$$T = (N + N_d)/f \tag{10.1-9}$$

式中，N_d 为大于线阵 CCD 有效像元与虚设单元之和的任意数（由驱动器设计者决定）。显然，N 与 N_d 值越大，T 越长。在高速测量情况下要尽可能选用 f 高的器件，同时减少不必要的 N_d，缩短 T，提高测量速度。

一般 f 为数 MHz，N 与 N_d 之和为几千像元，为此，T 很容易实现 ms 量级，能够满足每秒几百次测量的需要。

10.2　物体直线度与同轴度的测量技术

10.2.1　激光准直测量原理

自 20 世纪 60 年代激光出现后，由于其具有能量集中、方向性和相干性好等优点，给准直测量开辟了新的途径。激光准直仪具有拉钢丝法的直观性、简单性和普通光学准直的精度，并可实现自动控制。激光准直仪主要由激光器、光束准直系统和光电接收及处理电路三部分组成。激光准直仪按工作原理可分为振幅测量法、干涉测量法和偏振测量法等。

下面仅介绍振幅（光强）测量法。

振幅测量型准直仪的特征是，以激光束的强度中心作为直线基准，在需要准直的点上用光

电探测器接收。光电探测器一般采用光电池或PSD。将四象限光电池固定在靶标上,靶标放在被准直的工件上,当激光束照射在光电池上时,产生电压 U_1、U_2、U_3 和 U_4。如图 10-6 所示,用两对象限(1和3、2和4)输出电压的差值就能决定光束中心的位置。当激光束中心与探测器中心重合时,由于四块光电池接收相同的光能量,这时电表指示为零;当激光束中心与探测器中心有偏离时,产生偏差信号 U_x 和 U_y。$U_x = U_2 - U_4$,$U_y = U_1 - U_3$,其大小和方向由

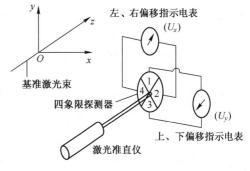

图 10-6　激光准直原理图

电表直接指示。这种方法比用人眼通过望远镜瞄准更方便,精度上也有一定的提高,但其准直度会受到激光束漂移、光束截面上强度分布不对称、探测器灵敏度不对称,以及空气扰动造成的光斑跳动的影响。为克服这些问题,常采用以下几种方法来提高激光准直仪的对准精度。

(1)菲涅耳波带片法

利用激光的相干性,采用方形菲涅耳波带片来获得准直基线。当激光束通过望远镜后,均匀地照射在波带片上,并使其充满整个波带片。于是在光轴上的某一位置出现一个很细的十字亮线。当将一个屏幕放在该位置上时,可以清晰地看到如图 10-7 所示的十字亮线。调节望远镜的焦距,十字亮线就会出现在光轴的不同位置上,这些十字亮线中心点的连线为一直线,这条直线可作为基准进行准直测量。由于十字亮线为干涉的效果,所以具有良好的抗干扰性。同时,还可以克服光强分布不对称的影响。

(2)相位板法

在激光束中放一块二维对称相位板,它由四块扇形涂层组成,相邻涂层光程差为 $\lambda/2$(相位差为 π)。在相位板后面光束的任何截面上都出现暗十字线。暗十字线中心的连线是一条直线,利用这条直线作为基准可直接进行准直测量。若在暗十字中心处插一方孔 P_A,在方孔后的屏幕 P_B 上可观察到一定的衍射分布,如图 10-8 所示。若方孔中心精确与光轴重合,在 P_B 上的第二衍射图像将出现四个对称的亮点,并被两条暗线(十字线)分开。若方孔中心与光轴有偏移,那么在 P_B 上的衍射图像就不对称。这些亮点强度的不对称随着孔的偏移而增加。因此,这个偏移的大小和方向可以通过测量 P_B 上的四个亮点的强度获得。在 P_B 处放置一块四象限光电池来探测,若 I_1、I_2、I_3、I_4 分别表示四个象限上四块光电池探测到的信号,则靶标的位移为

$$\Delta x = A + B; \qquad \Delta y = A - B \qquad (10.2\text{-}1)$$

式中,$A = I_1 - I_3$;$B = I_2 - I_4$。

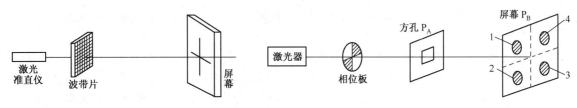

图 10-7　菲涅耳波带片法准直原理图　　　图 10-8　相位板法准直原理图

菲涅耳波带片和相位板准直系统都采用三点准直方法,即连接光源、菲涅耳波带片的焦点(或方孔中心)和像点,从而降低了对激光束方向稳定性的要求。任何中间光学元件(如波带片或方孔)的偏移都将引起像的位移。为消除像移的影响,可以将中间光学元件装在被准直的工件上,而把靶标装在固定不动的位置上。

（3）双光束准直法

该方法使用一个复合棱镜将光束分为两束,当激光器的出射光束漂移时,经过棱镜后的两光束的漂移方向相反,采用两光束的平分线作为准直基准,可以克服激光器的漂移和部分空气扰动的影响。

激光准直仪可用在各种工业生产中,其中以大型机床、飞机及轮船等制造工业的应用最为典型。在重型机床制造中,激光准直仪的用途很多,如机床导轨的不直度和不同轴度的检测,采用激光准直仪不但提高了效率,还能直接测出各点沿垂直和水平方向的偏差,提高测量精度。另外,对机床工作台的运动误差也可进行测量。将光电探测器的输出信号输入记录仪或计算机,将其偏差量和工作台运动误差的连续变化用曲线表示。

10.2.2 不直度的测量

如图 10-9 所示为机床导轨不直度的测量原理。将激光准直仪固定在机床床身上或放在机床体外,在滑板上固定光电靶标,光电探测器件可选用四象限光电池或 PSD。测量时首先将激光准直仪发出的光束调到与被测机床导轨大体平行,再将光电靶标对准光束。滑板沿机床导轨运动,光电探测器输出的信号经放大、运算处理后,输入到记录器或计算机,记录不直度曲线。也可以对机床导轨进行分段测量,读出每个点相对于激光束的偏差值。

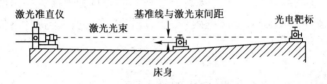

图 10-9　机床导轨不直度的测量原理

10.2.3 不同轴度的测量

大型柴油机轴承孔的不同轴度,以及轮船轴系的不同轴度等的测量,均可采用激光准直仪和定心靶来进行。其测量原理如图 10-10 所示。在轴承座两端的轴承孔中各置一定心靶,并调整激光准直仪使其光束通过两定心靶的中心,即建立了直线度基准。再将测量靶(与定心靶同)依次放入各轴承孔,测量靶中心相对于激光束基准的偏移值。但要将激光束精确地调到两定心靶的中心位置比较费事。如图 10-11(a)所示,

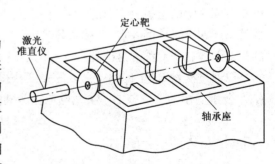

图 10-10　不同轴度的测量原理

要调整激光束通过 A、B 两点,仪器需要完成升降、左右平移、左右偏摆、上下俯仰等动作,因此相应的仪器结构也比较复杂。为了减少这些困难,可设计使激光光轴通过支撑球体中心。这样,在测量不同轴度时,调整就比较简单,仪器结构也大为简化。测量时仪器的支撑球体安装在 A 点上,如图 10-11(b)所示,仪器仅需调整偏摆、俯仰就可很快对准 B 点。这种激光准直仪还有一个优点,就是可以随时在球心处设置定心靶,如图 10-12 所示,来检查光束漂移的情况。光束漂移后还可通过非共轴的倒置伽利略望远镜系统,调整目镜或物镜的径向位置使光轴重新通过球心,从而在测量过程中消除仪器因激光束漂移所带来的误差。

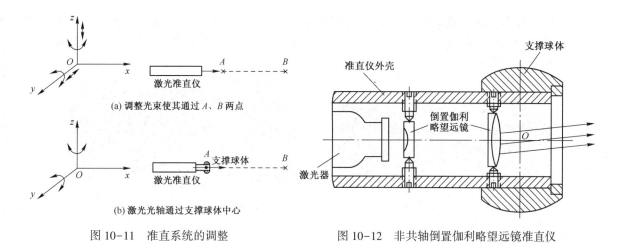

激光准直仪
(a) 调整光束使其通过 A、B 两点
支撑球体
激光准直仪
(b) 激光光轴通过支撑球体中心

图 10-11　准直系统的调整

支撑球体
准直仪外壳
倒置伽利
略望远镜
激光器

图 10-12　非共轴倒置伽利略望远镜准直仪

10.3　阶梯面高度差的非接触测量技术

10.3.1　阶梯面高度差的定义

凡是由两个以上不同高度平面构成的物体统称为阶梯面，将两个以上阶梯面之间的垂直高度之差定义为阶梯面高度差。很多工件的高度差可以用千分尺等接触测量的方法进行测量，如图 10-13 所示的两个部件中的大多数高度差都可以用接触法进行测量。但是图 10-13(b) 中的很窄的高度差会因为无法用千分尺接触而无法直接测量；另外，随着智能制造技术的发展，需要找到能够取代人工的非接触式自动测量技术。即非接触自动测量技术是科技发展的必然趋势。利用激光三角法与面阵 CCD 图像传感器能构成对多个阶梯面高度差进行自动测量的系统。

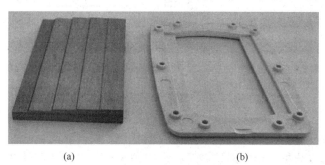

(a)　　(b)

图 10-13　具有阶梯面的物体

10.3.2　利用一字线激光突显阶梯面高度差

1. 一字线激光器

调焦环
菲涅耳透镜

图 10-14　“菲涅耳”衍射装置

在半导体激光器的前端安装柱面镜或如图 10-14 所示的“菲涅耳”衍射装置，可以使激光器发出一字线光形的激光。一字线激光器的调焦环可以调整它发出的线激光在不同工作距离上的粗细（焦距），使其适应不同的工作距离。激光器发出的激光线始终能够保持如图 10-15 所示的一字形亮线。当我们将一字线激光以小于 90°的入射

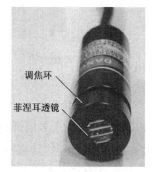

角入射到具有不同高度的阶梯面上时,会看到如图10-16所示的图样。该图样入射到两个不同高度阶梯面处亮线因高度差产生间距,其间距与高度差具有一定的三角函数关系,即间距将阶梯面高度差信息量突显出来。

图 10-15　激光器发出的一字线激光

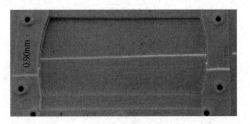

图 10-16　高度差信息量被线激光突显

2. 构建非接触测量系统

获得高度差信息后不难想到用视觉测量技术对其进行非接触测量,并设计出测量方案。如图10-17所示为阶梯面高度差非接触测量系统。光可以将阶梯面高度差转换成两条平行线的间距,再用面阵CCD相机测量两线的间距。

考察如图10-17所示的非接触测量系统结构,它由能够调整入射角的一字线型激光器、面阵CCD相机、图像采集卡和装有尺寸测量软件的计算机系统构成。一字线激光器发出如图10-17中所示的线激光束,以一定的角度α入射到被测阶梯面上形成上下两条激光亮线,二者的间距为w,安装在正上方的面阵CCD相机采集到两条亮线。根据高度差h与线间距w二者之间的三角关系可以测量高度差h。

$$h = w\cot\alpha \qquad (10.3-1)$$

式中,α为入射光线与被测阶梯面法线的夹角。α角可以通过精密调整系统设定,还需要对整个测量系统进行标定,即对$\cot\alpha$以及光学成像系统的放大倍数β进行标定。

图 10-17　阶梯面高度差非接触测量系统

10.3.3　阶梯面高度差测量精度、稳定性与测量范围

1. 测量系统的稳定性

从式(10.3-1)可以分析出影响测量系统稳定度的主要因素是一字线激光器的入射角α,即激光器调试完成后的锁定对测量系统非常重要。另一个影响因素是面阵CCD成像系统的安装,确保光学成像系统(光轴)垂直于被测阶梯面,光学成像物镜与调焦环的锁定,也会影响测量系统,要求调整合适后能够牢靠锁紧,尤其在遇到冲击与震动情况下能够保持调整好的状态不变。

2. 测量系统的精度分析

由图10-17可以看出,影响测量精度的因素由两部分组成,一部分是式(10.3-1)中线激光的入射角α,为此,入射角调整装置在调试完成后一定要锁定,确保测量过程中不发生变动。另一部分是光学成像系统,图像传感器是对两条亮线的间距w的像w'进行测量,它们之间存在如下关系:

$$w = \frac{w'}{\beta} = -w'\frac{l}{l'} \qquad (10.3-2)$$

式中,l和l'分别为成像系统的物距和像距,w'由图像采集系统经计算软件测量出来,l、l'是光学系

统参数,系统调整好后,再通过标定确定。

从测量精度和稳定度上考虑都要求系统在测量过程中应保持稳定,因此要加锁紧装置。

10.4 表面粗糙度的测量方法

用光纤测量表面粗糙度是近年来发展起来的一项新技术。以光在粗糙表面的散射理论为基础,根据散射场的统计特性与表面粗糙度的特性之间的关系,通过对散射场的测定来计算或评定表面粗糙度。由于光纤测量表面粗糙度具有结构简单、测量省时、精度高,以及能实现快速自动测量等优点,因此这种检测方法发展很快。

10.4.1 测量原理

根据 P.Beakmann 等人的理论,当一束光入射至金属表面时,由于表面的微观不平,反射光将发生漫反射现象。漫反射光强的表达式为

$$I = I_0 F^2 e^{-U_x R_q^2 \sin CU_x L} + I_0 e^{-U_x R_q} \frac{\sqrt{\pi} F^2 T}{2L} \sum_{m=1}^{\infty} \frac{(U_z R_q)^m}{m!} \frac{1}{\sqrt{m}} \exp\left(-\frac{U_x^2 T^2}{4m}\right) \quad (10.4-1)$$

式中

$$F = \frac{1}{\cos\theta_1}\left(b + \frac{aU_x}{U_z}\right), \quad U_z = \frac{2\pi}{\lambda}(\cos\theta_1 + \cos\theta_2), \quad U_x = \frac{2\pi}{\lambda}(\sin\theta_1 - \sin\theta_2)$$

I_0 为入射光强,T 为表面相关长度,θ_1 为光束入射角,θ_2 为光束散射角(见图10-18(a)),λ 为光束波长,C 为常数,L 为被照亮面的长度。R_q 为高低不平表面反射率的均方根值,为与表面粗糙度相关的函数,可以作为表面粗糙度的表征值。F 为粗糙表面的反射函数,它与表面反射率 R 及入射光的入射角 θ_1 有关。并且,漫反射光强为镜面反射光强与散射光强之和。其中,镜面反射光强为

$$I_s = I_0 F^2 e^{-U_x R_q^2 \sin CU_x L} \quad (10.4-2)$$

散射光强为

$$I_d = I_0 e^{-U_x R_q} \frac{\sqrt{\pi} F^2 T}{2L} \sum_{m=1}^{\infty} \frac{(UR_q)^m}{m!} \frac{1}{\sqrt{m}} \exp\left(\frac{U_x^2 T^2}{4m}\right) \quad (10.4-3)$$

上两式中都含有 R_q,可见,通过测量 I_s 可以计算或评定表面粗糙度,这就是镜面反射法。如果能测得 I_s 和 I_d,求其比值,同样可以计算或评定表面粗糙度,这是求比值法。以上这两种方法中含有 F 项或 T 项,从而对 R 和 T 造成影响,带来测量难度。

从式(10.4-2)中可以看出,镜面反射光强项中不含 T。这样,如果单测镜面反射光强,即可消除 T 的影响。镜面反射光强项中还含有 F 项,其表达式为

$$F = \frac{1}{\cos\theta_1}\left(b + \frac{aU_x}{U_z}\right)$$

$$= \frac{R[(\cos\theta_1 + \cos\theta_2)^2 + (\sin\theta_1 - \sin\theta_2)^2] + (\cos^2\theta_1 - \cos^2\theta_2) + (\sin^2\theta_1 - \sin^2\theta_2)}{2(\cos\theta_1 + \cos\theta_2)} \quad (10.4-4)$$

因此,F 可以看作表面反射率 R 随 θ_1、θ_2 变化的函数。只有在 $\theta_1 = \theta_2 = 0°$ 的情况下,$F = R$。此时镜面反射光强为

$$I_s = I_0 R^2 \exp\left[-\frac{16\pi^2 R_q^2}{\lambda^2}\right] \quad (10.4-5)$$

根据这一条件,表面粗糙度测量装置如图10-18(b)所示。光纤1和光纤2同时以0°角测量表面已知粗糙度的标准样块和表面粗糙度未知的被测样块的表面反射光强。由于标准样块和被测样块是采用同种材料经相同的加工方法而得到的,因此,其表面反射率相同。得到两表面的反射光强分别为

$$I_{s1} = I_0 R^2 \exp\left[-\frac{16\pi R_{q1}^2}{\lambda^2}\right] \tag{10.4-6}$$

$$I_{s2} = I_0 R^2 \exp\left[-\frac{16\pi R_{q2}^2}{\lambda^2}\right] \tag{10.4-7}$$

因此
$$S = \frac{I_{s1}}{I_{s2}} = \exp\left[-\frac{16\pi (R_{q1}^2 - R_{q2}^2)}{\lambda^2}\right] \tag{10.4-8}$$

式中，R_{q1} 为已知，则 S 为只与 R_{q2} 有关的函数，求得 S，即可计算或评定出 R_{q2} 的值。

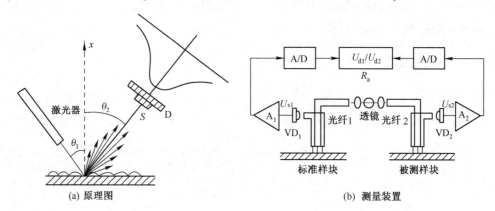

(a) 原理图　　　　　　　　　　　(b) 测量装置

图 10-18　表面粗糙度测量

10.4.2　测量装置

　　如图 10-18(b) 所示，采用单色 LED 光源，光纤传感器用 Y 型同轴光纤进行传光。光源发出的光经过聚光镜，投射到光纤的入射端，再由光纤内芯投射到试件(被测样块)表面，光纤外环接收试件的反射光。采用二只性能相同的 PIN 光电二极管 VD_1 及 VD_2 将反射光转换成电压信号 U_{s1} 和 U_{s2}。为消除杂散光的干扰，光纤外环出射端与光电二极管封装在一起。两个表面反射光所产生的电压经放大和 A/D 转换后送至单片机，运算得到比值 S。最后，按式(10.4-8)求出试件表面的粗糙度值，并用数码显示。

10.4.3　测量方法分析

　　由于测量实验与理论推导所假定的条件有一定的差异，所以，理论上推导的公式并不完全适用，必须对仪器进行在线定标，然后求出相应的拟合公式，得到最终结果。

　　现实所使用的粗糙度的标准是根据绝对测量法制定的。常采用触针测量法和光切测量法得到粗糙度的值。国际规定，优先选用 R_a 值的原则，采用 R_a 值进行定标。定标所用的标准样块在我国是由长春市计量局用触针法检定的一组标准粗糙度样块，并选用其中 $R_a = 0.2\,\mu m$ 的样块作为标准样块(即测量样块中比较标准)。通过对这组样块的测量，得到比值 S 同表面粗糙度 R_a 的关系曲线，再应用最小二乘法进行曲线拟合，得到 R_a 同 S 的数学公式。实际测量中应用这个公式，再由 S 推导出表面粗糙度的计算公式。

　　实际的粗糙表面是很不均匀的，即使对于标准样块，也存在着表面粗糙度很离散的问题，即 R_a 值波动很大。对于镜面反射光强，这是导致测量值离散度大的主要原因。因此，定标样块的测量精度直接影响定标曲线的精度。为了消除这种随机误差，常采用多点测量取平均值的方法。实验中，对 $R_a = 0.2\,\mu m$ 的标准样块，在 20 mm 长的范围内，每隔 0.5 mm 测量一点，若光纤的光斑直径为

3 mm，这样测得的镜面反射光强值，基本上能真实地反映表面粗糙度为0.2 μm的表面反射光强值。此值即比较标准 I_{s1}。用同样的方法，对其他样块进行测量，得到一组不同粗糙度样块的镜面反射光强 I_{si}，求比值 $S_i=I_{si}/I_{s1}$，S_i 与 R_a 的关系曲线如图10-19(a)所示，此曲线即定标曲线。经计算机作曲线拟合得到拟合公式

(a) 标定曲线 (b) 涂油前的实测曲线 (c) 涂油后的实测曲线

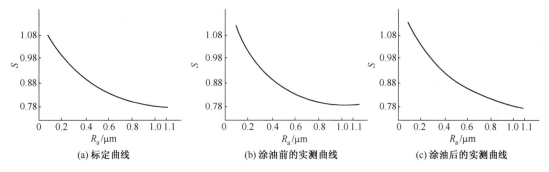

图10-19 标定曲线与涂油前、后的实测曲线

$$S=1.065e^{-0.325R_a} \tag{10.4-9}$$

此公式与理论推导结果一致。图10-19(b)、图10-19(c)分别为用比较法测量试件涂油前、后的结果。由图中可见，涂油前后的测量结果几乎没有什么变化。可见，标准样块比较法可以消除切削液对测量值的影响。

10.5 激光多普勒测速技术

1842年奥地利科学家Doppler等人首次发现，以任何形式传播的波，由于波源、接收器、传播介质或散射体的运动会使波的频率发生变化，即所谓的多普勒频率移动。1964年，Yeh和Cummins首次观察到水流中粒子的散射光有频率移动，证实可以用激光多普勒频移技术确定粒子的流动速度。随后又有人用该技术测量气体的流速。目前，激光多普勒频移技术已被广泛地应用到流体力学、空气动力学、燃烧学、生物医学，以及工业生产中的速度测量。

10.5.1 激光多普勒测速原理

激光多普勒测速技术(LDV)的工作原理是基于运动物体散射光线的多普勒效应。

(1) *多普勒效应*

多普勒效应可以由波源和接收器的相对运动产生，也可以由波传输通道中的物体运动产生。LDV通常采用后一种。

图10-20 观察者相对波源移动的多普勒频移

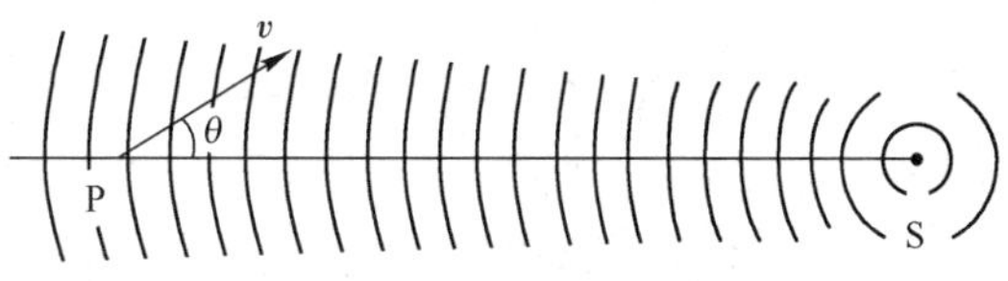

多普勒效应可以通过如图10-20所示的观察者P相对波源S运动来解释。假设波源S静止，观察者以速率 v 移动，波速为 c，波长为 λ。与 λ 相比，如果P离开S足够远，则可把P处的波看成平面波。

设单位时间P朝S方向移动的距离为 $v\cos\theta$，θ 是速度矢量和波运动方向的夹角。比单位时间P点静止时多接收 $v\cos\theta/\lambda$ 个波，移动的观察者所感受到的频率将增加

$$\Delta f=\frac{v\cos\theta}{\lambda} \tag{10.5-1}$$

由于 $c=f\lambda$，f 是波源 S 发射的频率（观察者静止时感受到的频率），则频率的相对变化为

$$\frac{\Delta f}{f}=\frac{v\cos\theta}{c} \tag{10.5-2}$$

式（10.5-2）为基本的多普勒频移方程。

（2）激光多普勒测速公式

分析式（10.5-1）可知，已知 θ、c 和 λ，若测得 Δf，便可求出 v。下面根据多普勒效应来研究微粒运动速度的测量技术。其测速原理如图 10-21 所示。假定 L 为固定的激光光源，其频率为 f，波长为 λ，D 为接收器。L 发出的光束照射在运动速度为 v 的微粒 P 上，U 和 K 分别代表接收方向和入射方向的单位矢量。当微粒 P 静止时，单位时间内通过微粒的波前数即为光波的频率 f。

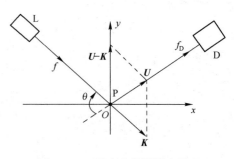

图 10-21　激光多普勒测速原理

设微粒 P 以速度 v 运动，则单位时间内通过微粒的波前数

$$f_{P}=\frac{c-v\cdot K}{\lambda} \tag{10.5-3}$$

同理，一个固定观察者沿接收方向 U 观察时，每单位时间达到 D 的波前数

$$f_{D}=\frac{c+v\cdot U}{\lambda_{P}} \tag{10.5-4}$$

$f_{P}=c/\lambda_{P}$，所以有

$$f_{D}=f\left[1+\frac{v\cdot(U-K)}{c}-\frac{(v\cdot K)(v\cdot U)}{c^{2}}\right] \tag{10.5-5}$$

由于 $v\ll c$，式（10.5-5）中的最后一项可以略去，则式（10.5-5）变为

$$f_{D}=f\left[1+\frac{v\cdot(U-K)}{c}\right] \tag{10.5-6}$$

则多普勒频移

$$\Delta f=f_{D}-f=\frac{1}{\lambda}v(U-K) \tag{10.5-7}$$

式（10.5-7）表明，Δf 在数值上等于散射微粒的速度在 $(U-K)$ 方向的投影与入射光波长之比。如果接收散射光和光源入射光之间的夹角为 θ，则式（10.5-7）可以写为

$$\Delta f=\frac{2v}{\lambda}\sin\frac{\theta}{2}$$

或

$$v=\frac{\lambda}{2\sin\dfrac{\theta}{2}}\Delta f \tag{10.5-8}$$

式中，v 是 v 在 y 轴上的分量。因为 θ 和 λ 都是已知的，故 Δf 和 v 呈严格的线性关系，只要测出 Δf，便可知道 v。式（10.5-8）为多普勒测速公式。

在实际测量中，多采用光外差多普勒测速技术，即把入射光和散射光同时送到光接收器上，由光电器件的平方律检波特性，在它们的输出电流中只包含两束光的差频部分，这样就能接收到由于粒子的运动速度所引起的光频微小变化。

10.5.2　激光多普勒测速仪的组成

图 10-22 所示为典型的激光多普勒测速仪的原理图。

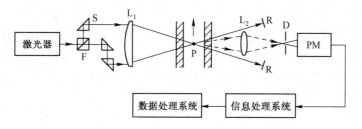

图 10-22 激光多普勒测速仪原理图

（1）激光器

多普勒频移相对光源波动频率来说变化很小，因此，必须用频带窄且能量集中的激光作为光源。为便于连续工作，通常使用气体激光器，如 He-Ne 激光器或氩离子激光器。He-Ne 激光器功率较小，适用于流速较低或被测粒子较大的情况；氩离子激光器功率较大，信号较强，用得最广。

（2）光学系统

按光学系统的结构，LDV 可分为双散射型、参考光速型和单光束型三种光路。参考光束型和单光束型光路在使用和调整等方面条件要求苛刻，现已很少使用。下面主要介绍广泛使用的双散射型光路。

如图 10-22 所示，光学系统由发射和接收两部分组成。发射部分由分束器 F 及反射器 S 把光线分成强度相等的两束平行光，然后通过会聚透镜 L_1 聚焦到待测粒子 P 上。接收部分由接收透镜 L_2 将散射光束收集到光电接收器 PM 上。为避免直接入射光及外界杂散光也进入接收器，在相应位置上设置挡光器 R 及小孔光阑 D。

双散射型光路的多普勒频移中不出现散射光的方向角，表明散射光的频差与 PM 的方向无关。因此，使用时不受现场条件的限制，可在任意方向测量，且可以使用大口径的接收透镜，粒子散射的光能量极大地得到利用，信噪比高。进入 PM 的散射光来自两束具有同样强度光线的交点，它对所有尺寸的散射微粒都发生高效率的拍频作用，避免了信号的"脱落"现象。只需根据两束光交点处干涉条纹的清晰度进行调整，使用很方便。

在仪器设计时，为使结构紧凑，常使光源和接收器放置在同一侧，并将这种光路称为后向散射光路，如图 10-23 所示。图中激光光源 LS、PM 和光学系统均在被测件的同一侧。LS 发出的激光经分光镜 M_1 分成两束光，一路经透镜 L_1 入射到被测粒子上，另一路经 M_2 反射后入射到被测粒子上。再经透镜 L_1，反射镜 M_3、M_4，聚光镜 L_2 会聚到 PM 上，测试管内粒子运动产生的激光多普勒频移信号。

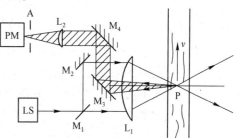

图 10-23 后向散射光路

（3）信号处理系统

激光多普勒信号是非常复杂的。由于流速起伏，所以频率在一定范围内起伏变化，是一个变频信号。因为粒子的尺寸及浓度不同，使散射光强发生变化，频移的幅值也按一定规律变化。粒子是离散的，每个粒子通过测量区也是随机的，故波形有断续且随机变化。同时，光学系统、PM 及电路都存在噪声，加上外界环境因素的干扰，使信号中伴随着许多噪声。信号处理系统的任务是从复杂的信号中提取出反映流速的真实信息。传统的测频仪很难满足要求。现在已有多种多普勒信号处理方法，如频谱分析法、频率跟踪法、频率计数法、滤波器组分析法、光子计数相关法及扫描干涉法等。下面介绍最广泛使用的频率跟踪法及近几年发展较快的频率计数法。

① 频率跟踪法

频率跟踪法能使信号在很宽的频带范围($2.25\,\text{kHz} \sim 15\,\text{MHz}$)内得到均匀放大,并能实现窄带滤波,从而提高信噪比。它输出的频率可直接用频率计显示平均流速。输出的模拟电压与流速成正比,能够给出瞬时流速及流速随时间变化的过程,配合均方根电压表可测量湍流的速度。

如图 10-24 所示为频率跟踪电路方框图。

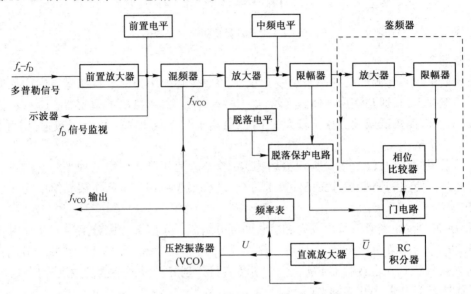

图 10-24　频率跟踪电路方框图

初始多普勒信号经滤波去掉低频分量和高频噪声,成为频移信号 f_D,它和来自压控振荡器的信号 f_{VCO} 同时输入到混频器,混频后得出中频信号 $f = f_{VCO} - f_D$,混频器起频率相减的作用。将中频信号(频率为 f)送入中心频率为 f_0 的调谐中频放大器中进行放大,f 和 f_0 大致相同。将放大后的幅度变化的中频信号送入限幅器,经整形变成幅度相同的方波。限幅器本身具有一定的门限值,能去掉低于门限电平的信号和噪声。然后将方波送入鉴频器。鉴频器给出直流分量大小正比于中频频偏($f - f_0$)的电压值,经时间常数为 T_0 的 RC 积分器平滑作用后,再经直流放大器适当放大,作为控制电压反馈到压控振荡器上。只要选择合适的电路增益,反馈结果使压控振荡器的频率紧紧地跟踪输入的多普勒信号频率。压控振荡频率反映平均流速的大小,压控振荡器的控制电压 U 反映流体的瞬时速度。

频率跟踪测频仪中特别设计了脱落保护电路,避免了由于多普勒信号间断而引起的信号脱落。

② 频率计数法

频率计数法信号处理原理如图 10-25 所示。

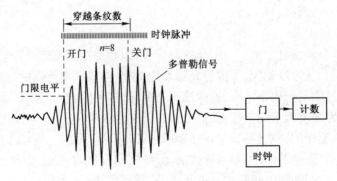

图 10-25　频率计数法信号处理原理

频率计数测频仪是计时装置,通过测量已知条纹数所对应的时间来测量频率。流体速度 v 由下式计算:

$$v = nd/\Delta t \qquad (10.5-9)$$

式中,d 为条纹间隔,n 为人为设定的穿越条纹数,Δt 为穿越 n 条条纹所用的时间。

频率计数法信号处理系统的主体部分相当于一个高频数字频率计。它以被测信号来开启或关闭电路,以频率高于被测信号若干倍的振荡器的信号作为时钟脉冲(常用 200~500 MHz),用计数电路记录门开启和关闭期间通过的脉冲数,亦即粒子穿过两束光在空间形成的 n 条干涉条纹所需的时间 Δt,从而换算出被测信号的多普勒频移。

频率计数测频仪测量精度高,且可送入计算机处理,得出平均速度、湍流速度、相关系数等气流参数。由于它是采样和保持型的仪器,没有信号脱落,特别适用于低浓度粒子或高速流体的测试。频率计数法几乎包括了所有其他方法所能适用的范围,从极低速到高超音速流体的测量,且不必人工添加散射粒子,是一种极具发展前途的测频方法。丹麦 DISA 公司生产的 55L90 型信号处理器,测频范围为 1 kHz~100 MHz,测速范围为 2.0 mm/s~2 000 m/s,测量精度在 40 MHz 时为 1%,在 100 MHz 时为 2.5%。

10.5.3 激光多普勒测速技术的应用

激光多普勒测速仪(LDV)具有非接触测量、不干扰测量对象、测量装置可远离被测物体等优点,在生物医学、流体力学、空气动力学、燃烧学等领域得到了广泛应用。

(1) 血液流速的测量

LDV 本身具有极高的空间分辨力,再配置一台显微镜就可以观察毛细血管内血液的流动。图 10-26 所示为激光多普勒显微镜光路图。将多普勒测速仪与显微镜组合起来,显微镜用视场照明光源照明观察对象,用以捕捉目标。光纤测速仪经分光棱镜将双散射信号投向光电接收器,被测点可以是直径为 60 μm 的粒子。

由于被测对象为生物体,光束不易直接进入生物体内部,且要求测量探头尺寸小。光纤测速仪探头体积小,便于调整测量位置,可以深入到难以测量的角落;并且抗干扰能力强。密封型的光纤探头可直接放入液体中使用。光纤测速仪的这些优点正适合于血液的测量。图 10-27 所示为光纤多普勒测速仪原理图。它采用后向散射参考光束型光路,参考光路由光纤端面反射产生。为消除透镜反光的影响,利用与入射激光偏振方向正交的检偏器接收血液质点 P 的射散光和参考光。

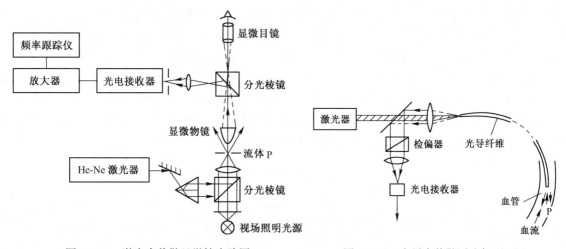

图 10-26 激光多普勒显微镜光路图 　　　　　　图 10-27 光纤多普勒测速仪原理图

（2）管道内水流的测量

图 10-28 所示为圆管或矩形管道内水流分布测量系统原理图。它采用最典型的双散射型测量光路。激光器发出的光经分束器分为两束，分别经聚光物镜会聚到被测管道 P 内的水流上，产生多普勒频移，经接收透镜会聚到光电接收器上。光电接收器输出的信号经滤波放大后，可通过示波器观测，也可送频谱分析仪进行分析。

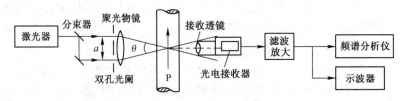

图 10-28　管道内水流分布测量系统原理图

10.5.4　多普勒全场测速技术

LDV 是对流场中的某一固定点进行测量的方法。如做全场测量，还需逐点扫描，故只限于变化较小的流动，不能用于非稳定流量的全场测量。近年来在此基础上新发展了一种多普勒全场测速技术（DGV），可对流体做全场测量，对粒子的选择、传播方式没有严格要求，特别适合于气流的测量。

（1）测量原理

DGV 的基本原理是，利用了某些物质的选择吸收特性，把多普勒频移转换成光的强度，通过视频相机拍摄后进行处理，获得全场的速度信息，从而实现全场、实时及三维测量。

图 10-29 所示为某些原子或分子蒸气的吸收曲线。f_0 为吸收频率，在该处吸收最大，两边吸收逐渐减小，即吸收大小随入射光频率变化而变化。若频率为 f_i 的激光对该物质透过率为 T_0，穿过流体后的多普勒频率为 f_D，则透过率发生 ΔT 的变化。于是把频移转换成光强度的改变。使用时常把激光的谱线处于吸收曲线的线性区的中部，透过率为 50%，使频率变化与光强成正比。线性部分工作频率的带宽约为 600 MHz。

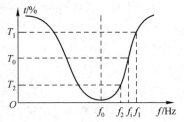

图 10-29　蒸气的吸收曲线

分子碘、溴蒸气或碱蒸气是最合适的吸收物质，它们的原子和分子有很多吸收线能匹配现有的激光频率。氩粒子激光的 514.5 nm 谱线在碘吸收线的近旁，YAG 激光倍频后的 532.0 nm 谱线与碘及溴相匹配。将分子蒸气灌注到密封容器中，并保持恒温，当把缓冲气体加到分子蒸气室，可以增加吸收区以便扩宽频率范围。由于从不同方向入射到分子蒸气中的光线互不干扰，故可对整个视场中的各点同时进行测量。此分子室成为一个分析器，或称为鉴频器，它是本技术的一个关键部件。用一台视频相机（如 CCD 摄像机）对被光屏照明的物面进行拍摄，记录由该物面散射并透过鉴频器后的光线。视频信号被采集后送入计算机进行分析处理，得到实时的全场定量速度值。

DGV 可用于三维速度测量，使用三台放于不同位置的记录装置进行记录。对于光屏面上任意一点 P，处在不同方向的记录装置各自接收到与该点所对应的多普勒频移 f_{D1}、f_{D2} 和 f_{D3}，由式（10.5-4）可知

$$\left.\begin{aligned} f_{D1} &= \frac{1}{\lambda}\boldsymbol{v}\cdot(\boldsymbol{U_1}-\boldsymbol{K}) \\ f_{D2} &= \frac{1}{\lambda}\boldsymbol{v}\cdot(\boldsymbol{U_2}-\boldsymbol{K}) \\ f_{D3} &= \frac{1}{\lambda}\boldsymbol{v}\cdot(\boldsymbol{U_3}-\boldsymbol{K}) \end{aligned}\right\} \tag{10.5-10}$$

式中，U_1、U_2、U_3分别表示三个不同接收方向的单位矢量。联立上述三个方程可解出P点处的速度矢量。因此，DGV可以测量空间任意点的三维速度信息。

（2）测量装置

激光通过光学系统形成光屏，照明流场中一个待测截面。流场按通常激光多普勒技术方式施以微小的示踪粒子，散射的多普勒频移光线被置于前方的记录装置中，以便接收和转换。DGV记录装置示意图如图10-30所示。它主要包括变焦镜头、CCD1摄像机摄像机及位于其前端的一个充以碘蒸气的鉴频器。CCD1摄像机摄像机

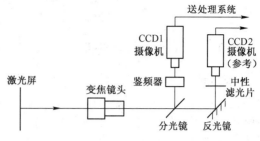

图10-30　DGV记录装置示意图

的每一个像元与光屏中的一个测量点对应，这些点是被光屏厚度及摄像机成像分辨力决定的微小体积元。DGV用以测量这些微小体积元中粒子的平均速度。用变焦望远镜头可改变观察范围及空间分辨力。为消除光源波长漂移对测量结果的影响，要求光源为谱线宽度窄的单模稳频激光。鉴频器要放在恒温室内。

在装置中附加一个CCD2摄像机，把未经过鉴频器的"背景光"记录下来作为参考像。将测得的信号光强和参考光强进行比较，以消除光屏照明及各区域粒子散射强度不均匀造成的影响。

设变焦镜头像平面上某点P'的光强为I'，光线频率为f，经分光镜分为两路，光强分别为I'_s及I'_R。其中I_s'经鉴频器后的光强变为$I'_s T(f)$，为信号光强。I'_R经一块中性滤光片滤波后光强变为$I'_R T(F)$，作为参考光强。$T(f)$及$T(F)$分别为鉴频器及滤光片的透过率。中性滤光片用来平衡两路光的光强。CCD摄像机输出信号电压为

$$U_s = \alpha I'_s T(f) \tag{10.5-11}$$
$$U_R = \alpha I'_R T(F)$$

式中，α是CCD摄像机的光强-电压转换系数。则

$$\frac{U_s}{U_R} = \frac{I'_s}{I'_R T(F)} T(f) = \beta T(f) \tag{10.5-12}$$

式中，$\beta = \dfrac{I'_s}{I'_R T(F)}$，为与测量系统参数有关的常数。

由上式可知，参考信号和测量信号相除后的信号与散射光的强弱无关，仅与其频率有关。

若鉴频器吸收特性曲线的线性区斜率为K，激光输出频率为f_s，f_D为多普勒频移，则鉴频器的透过率可表示为

$$T(f) = T(f_s + \Delta f) = T(f_s) + Kf_D \tag{10.5-13}$$

于是有

$$\frac{U_s(f)}{U_R(f)} - \frac{U_s(f_s)}{U_R(f_s)} = \beta T(f_s + f_d) - \beta T(f_s) = \beta Kf_D \tag{10.5-14}$$

即

$$f_D = \frac{1}{\beta K}\left[\frac{U_s(f)}{U_R(f)} - \frac{U_s(f_s)}{U_R(f_s)}\right] \tag{10.5-15}$$

式中，$U_s(f_s)/U_R(f_s)$是激光束无频移时两台CCD摄像机输出信号的比值，它由鉴频器的特性确定。

在测量过程中，只要实时记录两台CCD摄像机输出信号的比值，便可求得任意时刻的多普勒频移f_D。

在测量过程中，要保证两台CCD摄像机精确定位，以保证物面的像在两台摄像机上完全对应。同时，两台CCD摄像机要实时同步，即两台摄像机拍摄一帧图像的时间也要一致。

10.6 光电搜索、跟踪与制导应用

10.6.1 搜索仪与跟踪仪

根据各种辐射目标的辐射光能特性,利用光学系统、调制器和光电探测器可以构成各种光电搜索与跟踪仪器。搜索与跟踪仪器的任务通常是发现能量辐射目标,确定它的空间位置并对它的运动进行跟踪。也就是说,首先确定在视场中的目标,确定目标的坐标,并使目标与仪器跟踪线(仪器的光轴)重合。跟踪线的偏移产生偏差信号,用该信号驱动伺服系统,使跟踪线与目标重新重合。

这种仪器主要用于发现、跟踪及控制火箭;跟踪控制卫星,保持卫星的水平稳定性;跟踪太阳;跟踪行星等。

由单元探测器组成并仅受探测器噪声限制的系统,信噪比与仪器的分辨率无关。离目标越近、探测器越灵敏、孔径越大、视场越小、系统的电子频带越窄的系统,其信噪比越高。

搜索与跟踪仪可以分为非调制目标辐射的跟踪仪与调制目标辐射的跟踪仪两类。

不用调制器的跟踪仪的优点是,能够直接确定目标的位置。但是,这种仪器必须具有很高的扫描频率,它受探测器和电子系统时间常数以及目标运动速度的限制。

用单元探测器时,需采用正弦形、螺旋形或正方形调制器实现视场扫描。这三种形式的扫描有很高的扫描速度。但是会带来非线性(如正弦形扫描),或扫描光栅距离不等(上述三种形式均如此)。

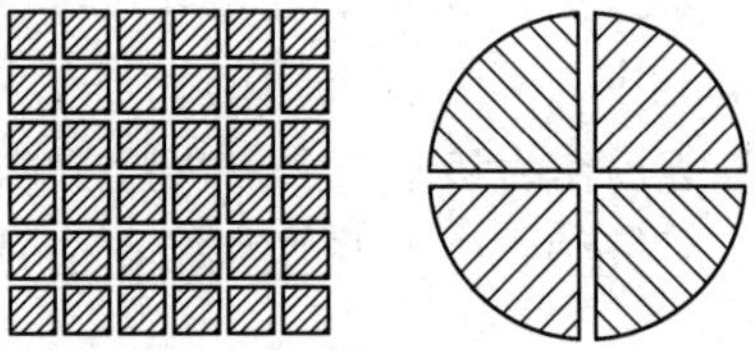

(a)组合探测器　　　　(b)四象限探测器

图 10-31　非调制目标辐射的探测器

对于组合探测器,如图 10-31(a)所示。它能避免上述缺陷,并能立即提供精确的目标位置坐标。然而,这种探测器阵列难于制造,价格昂贵。如用图 10-31(b)所示的四象限探测器,可获得与组合探测器接近的效果。四象限探测器中每两对相对位置的探测器放在同一桥式电路中工作,若目标位于四个象限的正中部位,则输出信号为零。

非调制目标辐射的跟踪仪,在背景辐射较弱(如太阳跟踪系统中)情况下,能够很好地工作。但是,在背景辐射较强且不均匀的情况下,这种仪器则不能使用。

利用调制器(调制盘)对目标辐射进行斩波(调制)跟踪的仪器,可以在很高的扫描频率下产生大的跟踪偏差信号,因而能精确地提供系统轴心与目标的偏差信息。它可用于 F 值(光圈数)较小的光学系统,并且通过适当的调制方法可以降低背景的干扰信号,实现用机械调制器完成所有经典无线电技术的各种调制,而它们的电学处理系统均可采用现代技术手段。

用调制盘可产生与预选的瞄准线有关的偏差信号。典型调制系统的光学结构如图 10-32 所示。在大多数情况下,调制盘直接放在探测器前光学透镜(场镜)的焦平面上。转动调制盘,则入射辐射在到达探测器之前就被调制盘调制。因此,探测器可以产生与目标辐射的调制频率成比例的交变电压信号。

通常,选择调制盘图案的原则是目标辐射的调制能够准确确定目标的位置。这样,调制盘的图案形式应能把空间信息转变为电信号的幅度、频率和时间等信息,即探测器输出的已调制信号的幅度、相位和频率能给出视场目标的位置。

图 10-33 所示为用于各种调制方法的调制盘的图案,以及它们的偏差信号随时间变化的波形。

上述各种调制盘的图案太简单,不能分开视场内多个目标的偏差信号,并且在目标很近,即当目标几乎或完全充满视场时,这些调制盘就要失效。

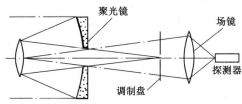

图 10-32　典型调制系统的光学结构

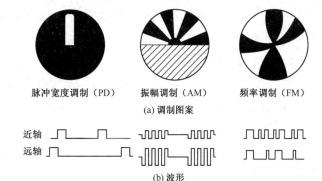

图 10-33　调制盘图案与波形

不转动调制盘,使目标的像做相对于调制盘的转动,也可以产生调制。但是,这种方法在工艺上会有较大的困难,且调制度与目标的像离开系统轴心的径向位移有关。该位移将产生相位差,它与基准信号相关的调制相位可确定目标的方位。

此外,为了跟踪目标,搜索系统安装在万向支架上,在万向轴旁设置力矩电机,用它使搜索系统偏转。偏转控制指令来自偏差信号,而偏差信号由搜索系统的轴线与目标像的偏离而产生。为此,需要一个基准信号,它不断地将调制盘的角度位置提供给两个万向轴。调制盘支点给出关于目标位于上面、下面、左面或右面的信息,后续电路将这些信息分开,然后与基准信号一起控制搜索系统,使目标的像重新与光学系统的轴线重合。

背景辐射产生干扰信号,其干扰强度随调制频率的提高而减小。因此,用一个小的精密扫描光阑扫描背景是有益的。这种方法有以下三个优点。

① 准确地确定目标的位置;

② 能够削弱来自大面积背景的干扰信号;

③ 在许多情况下,较高的调制频率带来较低的探测器噪声和电子噪声。

为了进一步降低背景噪声,可以在系统的光路中采用滤光片滤除不在目标发射光谱范围内的干扰辐射。

10.6.2　激光制导

激光制导分为激光驾束制导与激光寻的制导两种制导方式。

激光驾束制导导弹的种类很多,其中瑞典的 RBS70 导弹系统具有典型性。它具有简单、精度高、抗干扰性能好等特点,主要用于超低空防空,也可用于反坦克,可以车载也可以单兵肩射。其工作原理为,以瞄准线作为坐标基线,将激光束在垂直平面内进行空间位置编码发射,弹上的寻的器接收激光信息并译码,测出导弹偏离瞄准线的方向及大小,形成控制信号,控制导弹沿瞄准线飞行,直至击中目标。

激光寻的制导由弹外或弹上的激光束照射在目标上,弹上的激光寻的器利用目标漫反射的激光,实现对目标的跟踪和对导弹的控制,使导弹飞向目标。按照激光光源所在位置,激光寻的制导有主动和半主动之分。迄今为止,只有照射光束在弹外的激光半主动寻的制导系统得到了应用。多年来,在若干次战争中大量使用了这类武器,取得了很好的效果。这类武器的命中率常在90%以上,比常规武器的命中率(25%)高得多。在激光半主动寻的制导情况下,系统由弹上的激光寻的器和弹外的激光目标指示器两部分组成。激光半主动寻的制导的特点是制导精度高、抗干扰能力强、结构较简单、成本较低、可与其他寻的系统兼容。由于在摧毁目标之前有人用指示器向目标发射激光,增加了击中目标的可靠性,但也有被敌方发现的可能性。

自 20 世纪 60 年代以来,发展的激光半主动制导武器主要有三类,即激光半主动制导航空炸弹、导弹和炮弹等。

1. 激光目标指示器

激光目标指示器是半主动激光制导中的关键技术。其作用就如同给篮球运动员设置篮筐一样,目标指示器就是在形态复杂的地物中画出一个"篮筐",以便使导弹或炸弹有一个落点。由于这个"篮筐"是用激光造出来的,所以被通俗地称为"光篮"。激光目标指示器可以分别装在不同的地方,包括单座机、双座机、直升机、遥控飞行器、车辆等,也有便携式的,可以对目标形成立体包围圈,视战场条件选用合适的方式。不管用于何种激光半主动制导武器,这些系列化的指示器都是通用的。激光脉冲在激光指示器内编码,在寻的器内解码,为激光半主动制导中的一个特殊问题,目的是在作战时不致引起混乱,在有多目标的情况下,按照各自的编码,导弹只攻击与其对应编码的指示器所指示的目标。

2. 激光寻的器

激光半主动制导航空炸弹、导弹和炮弹的激光寻的器各不相同。早期的航空炸弹都采用网标式激光寻的器,但后来都趋向于采用导弹用的陀螺稳定式寻的器。炮弹用的激光寻的器最重要的一个难题是解决耐高过载的问题。炸弹与导弹的最大区别在于炸弹本身没有发动机,不能持续水平飞行或爬高,全凭下滑行阶段的空气动力特性保证导向,因而只适用于从空中攻击地面固定目标或运动缓慢的目标。而导弹则自己有发动机,像一座无人驾驶的小型飞机一样,能做各种飞行动作,以保证准确地跟踪目标,直至击毁。通俗地讲,炸弹是被"投"进"光篮"的,而导弹则是自己"奔"向"光篮"的。所以导弹多用于攻击运动目标。

10.6.3 红外跟踪制导

红外线自动寻的制导系统的导引头使用的红外线来自目标的发热部分,如飞机的发动机、机头和机翼前沿等,是一种被动式自动寻的制导系统。红外导引头主要由红外探测系统和电路两部分组成。红外探测系统是一个使光学系统跟踪目标的机电装置,它的作用是接收目标辐射的红外线,探测目标和导弹的相对位置,并将红外信号转变为电信号。电路主要由误差信号放大和一些辅助电路组成,它的作用是将红外探测系统输出的电信号(误差)进行放大和变换,形成控制指令。红外导引头可分为点源式和成像式两种。点源式是把目标作为一个点来取得信号,成像式则把目标作为一个面源。

1. 红外点源制导系统

(1) 红外探测系统

红外探测系统一般称为红外目标位标器,它由光学系统、调制盘、光电器件和陀螺系统等组成。探测系统上一般装有制冷器,以提高探测系统的灵敏度和探测范围。

1) 光学系统

光学系统的作用是接收和汇集目标辐射的红外线能量,并把它聚焦在调制盘上。为了缩短导引头的长度,一般都采用反射式光学系统,如图 10-34 所示。光学系统由整流罩、主反射镜、次反射镜、校正透镜和扇形光阑等组成。来自目标辐射的红外线,透过整流罩射到主反射镜上;经主反射镜反射到次反射镜上;通过校正透镜在调制盘上聚焦成像;像点红外线最后照射到光电器件上,光电器件将红外信号转变为电信号。扇形光阑用来遮盖校正透镜,防止目标以外的光线直接照射到调制盘上形成干扰信号。

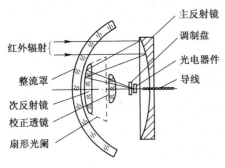

图 10-34　反射式光学系统

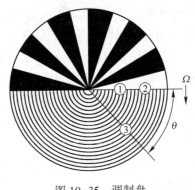

图 10-35　调制盘

红外辐射

整流罩
次反射镜
校正透镜
扇形光阑

主反射镜
调制盘
光电器件
导线

2）调制盘

调制盘的作用是确定目标相对于导弹的位置和抑制背景的干扰。它用透红外材料（如熔石英玻璃）作为底板,表面上安装某种图案镀银的圆片。它被安置在陀螺转子上,随着转子一起转动,把目标连续辐射来的红外线切割成按一定规律变化的脉冲能流。脉冲能流频率的变化取决于调制盘图案和调制盘的旋转速度。这样,选择调制盘的图案和旋转速度,便可得到所需要的调频信号。

以图 10-35 所示的调制盘为例说明调制盘的工作原理。图上的黑色线为均匀镀银层,红外线能量透不过去,调制盘的上半区（称为感应区）分成 12 个等角扇形区,黑白格互相交替,下半区为半透光区（称之为调制区）,因为黑线的宽度与其间距相等,所以有一半红外能量透过。从目标辐射来的红外线以平行光束进入光学系统并聚焦在调制盘上,形成一个很小的像点。

当目标像点在调制盘中心位置时,像点能量始终有一半透过（不随调制盘旋转而变化）,光电器件输出的信号是一个不变的直流信号,其波形如图 10-36（a）所示,这种波形说明光轴对准目标。当目标像点在调制盘上的位置①时,像点由于调制盘旋转而不断地经过黑白相间的格,发生红外能量交替透过的现象,因而光电器件输出 6 个大幅值（透过的红外能量多）的短脉冲信号,当调制盘转过半周后,像点进入半透光区,由于该区透过的红外能量始终是一半,因而光电器件输出两个小幅值（只透过一半红外能量）的直流信号。当调制盘转动一周后,像点又开始进入黑白格相间区,光电器件又重复输出与前一周相同的信号,其波形如图 10-36（b）所示。

当目标像点在调制盘上位置②时,像点仍不断地经过黑白相间的格,但此时透过的红外能量较位置①时的多,故光电器件输出的脉冲信号的幅值增大。此外目标像点透过和不透过的时间变长,即脉冲信号在最大值和最小值的时间间隔长了。故脉冲的前后沿变得陡了,并在最大值和最小值处有一段持续时间,其波形如图 10-36（c）所示。

图 10-36（b）和（c）所示波形的相位相同,但图（c）波形的幅值却比图（b）的大,这种现象说明像点位置①和②两者的方位角相同,而失调角（光轴偏离目标视线的角度）不同,后者的失调角大,像点②反映目标偏离光轴较像点①远。

当目标像点在调制盘的位置③时,光电器件输出信号的波形如图 10-36（d）所示。波形的相位较像点②滞后 θ 角,幅值与像点②相同,这种现象说明两者方位角相差 θ 角,而失调角相同。

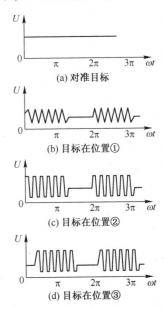

图 10-36　调制盘输出信号波形

上述分析表明,信号波形的相位反映了方位角的大小,幅值则反映了失调角的大小,所以,调制盘的输出信号把目标相对于导弹的位置完全确定了。

调制盘抑制目标背景的干扰是利用了它的空间滤波特性。背景在红外导引头的探测器工作波段内往往有相当强的辐射,例如云彩所反射的太阳光线对探测器的照度值比远距离的涡轮喷气发动机对探测器的照度值大很多倍,导弹在低空飞行时还会受到地面辐射的红外线的干扰。如果背景是大面积的均匀辐射,则背景辐射经光学系统入射后成像于整个调制盘上,在这种情况下,调制盘后面的光电器件接收的红外线是一恒定值,它的输出信号为不产生调制的直流信号,这种信号经过交流放大后即被滤除。这样,调制盘就抑制了背景的干扰。

3) 光电器件

目前主要的光电器件是锑化铟探测器。

4) 陀螺系统

它是一个三自由度随动陀螺,其作用是为对准目标的光学系统、调制盘、光电器件等提供稳定平台,不受导弹在飞行过程中摆动的影响而偏离目标,实现对目标的跟踪。

(2) 电路

光电器件输出的误差信号经前置放大器放大和变换后,分成两路输出:一路经推挽放大器放大,使其成为陀螺的进动信号,输入给进动线圈;另一路经磁放大器放大,使极坐标信号通过坐标变换器变换成为控制舵机的动作,以及操纵舵面偏转的直流坐标信号。这样,便能控制导弹跟踪,飞向目标。

2. 红外成像制导系统

(1) 红外成像制导系统的特点

① 灵敏度高。噪声等效温差为 NETD≤0.1℃,很适合探测远程小目标的需求。

② 抗干扰能力强。具有目标识别能力,可在复杂干扰背景下探测、识别目标。

③ 具有"智能"可实现"发射后不用管"。具有在各种复杂战术环境下自主搜索、捕获、识别和跟踪目标的能力,并且能按威胁程度自动选择目标以及对目标薄弱部位进行命中点的选择,可以实现"发射后不用管"。

④ 具有准全天候功能。工作在 8~14 μm 远红外波段,该波段具有穿透烟雾能力,并可昼夜工作,是一种能在恶劣气候条件下工作的准全天候的探测系统。

⑤ 具有很强的适应性。红外成像制导系统可以装在各种型号的导弹上使用,只是识别、跟踪的软件不同。

(2) 红外成像制导系统的组成及工作原理

如图 10-37 所示为红外成像制导系统的原理方框图。它主要由实时红外成像器和视频信号处理器两部分组成。实时红外成像器用来获取和输出目标与背景的红外图像信息,视频信号处理器用来对视频信号进行处理,对背景中可能存在的目标,完成探测、识别和定位,并将目标位置信息输送到目标位置处理器,求解出弹体的导航和寻的矢量。视频信号处理器还向实时红外成像器反馈信息,以控制它的增益(动态范围)和提供偏置。还可以与放置在红外成像器中的光纤陀螺组合,完成对红外图像传感系统的稳定,达到稳定图像的目的。

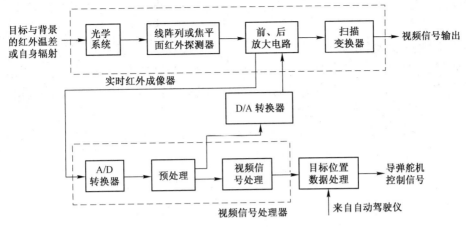

图 10-37　红外成像制导系统的原理方框图

10.7　光学传递函数检测技术

随着近代科学技术的相互渗透,以及人们对光学成像过程和机理的认识不断深入,逐渐发展起一种新型像质评价的光电检测方法,这就是光学传递函数(简称 OTF)检测技术。

OTF 的检测以傅里叶光学为理论基础,是信号的频谱分析方法在光学技术中的成功应用。由于它在时域和空域两个方面综合运用了扫描、调制和解调等技术,实现时–空的混合变换,所以它在光电信号变换与检测技术中具有典型意义。

10.7.1　OTF 的基本概念

信号和系统的频谱分析法在时间线性不变的电信号系统中的应用由来已久,被认为是一种经典的、行之有效的分析方法。傅里叶光学指出,满足等晕条件的非相干光学成像系统也是一种线性不变系统,可以利用传统的频域分析方法进行分析和处理,与电信号系统的不同之处在于光学信号是二维空间的光强分布。

为了分析线性不变系统,通常需要解决的问题是用什么特征函数表示系统的品质特性和对复杂的输入激励怎样分析系统的响应。工程上常用的方法是利用线性系统的叠加原理,其分析过程遵循下列原则。

① 作用于系统的复杂激励可看成若干典型激励的组合。

② 系统对典型激励的响应单值地由系统的结构参数决定,可以作为系统的特征函数。

③ 系统对复杂激励的综合响应是典型激励响应的组合。

光学成像系统的分析可以在空间域中进行,也可以在空间频域中进行。

(1) 空间域

若在空间域,前述的原则可描述如下。

① 光学成像系统的输入图像可以表示为任意二维输入函数 $O(x,y)$ 的 δ 函数的二维卷积积分,即

$$O(x,y) = \int_{-\infty}^{\infty} \int_{-\infty}^{\infty} O(\xi,\eta)\delta(x-\xi,y-\eta)\mathrm{d}\xi\mathrm{d}\eta \qquad (10.7\text{-}1)$$

对于一维的输入图像,上式可简化为

$$O(x) = \int_{-\infty}^{\infty} O(\xi)\delta(x-\xi)\mathrm{d}\xi \tag{10.7-2}$$

式中，$\delta(x,y)$ 称为单位脉冲函数。

② 将光学成像系统对单位脉冲函数的响应称为点扩散函数，用 $P(x,y)$ 表示。它由系统的结果参数决定，表征系统对输入激励的响应能力。在一维输入情况下，$P(x,y)=h(x)$，称为线扩散函数，可以通过系统的动力学计算和实验测得。

③ 光学成像系统对任意输入物函数的响应 $O(x,y)$，表现为像面上的光照度分布，称为像函数 $I(x',y')$，它是物函数和系统点扩散函数的卷积，即

$$I(x',y') = \int_{-\infty}^{\infty}\int_{-\infty}^{\infty} P(x,y)O(x'-x,y'-y)\mathrm{d}x\mathrm{d}y \tag{10.7-3}$$

在一维传输情况下，上式可简化为

$$I(x') = \int_{-\infty}^{\infty} h(x)O(x'-x)\mathrm{d}x \tag{10.7-4}$$

式（10.7-3）和式（10.7-4）表明，像面上一点 x' 的光强度值是物面上各点处产生的扩散函数在该处光强度贡献的总和。

（2）空间频域

在空间频域中，前述的原则可归纳如下。

① 任意物函数可以看成是强度不同的各种不同空间频率光强分布的叠加，满足傅里叶变换关系，即

$$O(F_x,F_y) = \int_{-\infty}^{\infty}\int_{-\infty}^{\infty} O(x,y)\mathrm{e}^{-\mathrm{j}2\pi(F_x x, F_y y)}\mathrm{d}x\mathrm{d}y \equiv \tilde{f}\left[O(x,y)\right] \tag{10.7-5}$$

式中，F_x 和 F_y 为二维的空间频率，单位为线对/毫米。在一维情况下有

$$O(F_x) = \int_{-\infty}^{\infty} O(x)\mathrm{e}^{-\mathrm{j}2\pi(F_x x)}\mathrm{d}x \tag{10.7-6}$$

② 光学成像系统对不同频率正弦分布物函数的响应仍然是同频率的正弦分布，只是幅度和相位发生变化。物、像函数的变换关系用系统的光学传递函数 $W(F)$ 表示。$W(F)$ 和系统的扩散函数组成傅里叶变换对，即

$$W(F_x,F_y) \Leftrightarrow \tilde{f}\left[P(x,y)\right] \tag{10.7-7}$$

光学传递函数是空间频率 F_x、F_y 的复变函数，在一维情况下可简化为

$$W(F) = A(F)\mathrm{e}^{-\mathrm{j}\theta(F)} \tag{10.7-8}$$

式中，$A(F)$ 表示系统对不同空间频率光分布的传输系数，称为调制传递函数，用 MTF 表示。

$\theta(F)$ 表示系统对不同空间频率光分布的相位推移，称为相位传递函数，用 PTF 表示。光学传递函数由光学系统的组成结构参数决定，可通过计算和实验测得。

光学成像系统的像面频谱函数 $I(F)$ 等于物面的频谱函数 $O(F)$ 与光学传递函数 $W(F)$ 的乘积，即

$$I(F) = O(F)W(F) \tag{10.7-9}$$

式（10.7-9）表明，成像系统物、像面上的二维光强分布可看成不同空间频率正弦波光强的叠加。光学系统是空间频率的滤波器，滤波器的特性用 OTF 表示，它表征了对通过其中的光学信息进行滤波变换的能力。因此，为了客观地评价光学系统的品质，需要测量它们的 OTF。

10.7.2　测定 OTF 的扫描调制法

根据前述 OTF 的基本定义，测量光学系统 OTF 的装置，由下列主要部件构成。

（1）光学目标发生器。以典型激励图形为单元组成空间变化的物面标准图形，通过合适的光路投射到被测系统上，作为理想的物函数。

（2）目标像检测器。利用光检测器测量被待测系统空间调制了的目标物函数，得到反映像面光强分布的时序信号。

（3）目标像频谱分析器。对表示像面光强分布的时序电信号进行频谱分析，解调出待测的 OTF。

根据目标像检测器和目标像频谱分析方式的不同，OTF 测试方法可分为三种，即光学傅里叶分析法、光电傅里叶分析法和电学傅里叶分析法。

如图 10-38 所示为傅里叶光学分析法测定 OTF 的原理图。目标物为正弦光栅板，其透过率按正弦分布，空间频率为连续变化的。当非相干光照射正弦光栅时将输出正弦的光强分布 $O(x)$，表达式为

$$O(x) = a(1+\cos 2\pi Fx) \tag{10.7-10}$$

式中，a 为强度因子，F 为空间频率，x 为物面坐标。当目标经被测物镜后，在像方形成像面光强分布 $I(x)$，为物函数被待测透镜的 OTF 调制，由于 $W(F)$ 的影响，像函数可写为

$$I(x') = a\{1+A(F)\cos[2\pi Fx'-\theta(F)]\} \tag{10.7-11}$$

式中，x' 为像面的坐标，$A(F)$ 和 $\theta(F)$ 为幅度和相位的调制函数。

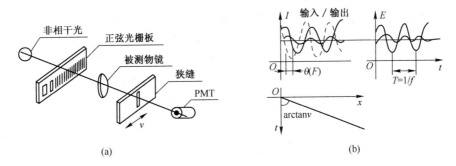

图 10-38　光学傅里叶分析法测定 OTF 的原理图

带有狭缝的光电探测器 PMT 沿像面做相对位移，相当于用 $\delta(x')$ 函数对 $I(x')$ 取样。此时，通过狭缝的光通量被变换为光电信号 $E_0(x')$，并表示为

$$E_0(x') = Ka\{1+A(F)\cos[2\pi Fx'-\theta(F)]\} \tag{10.7-12}$$

式中，K 为 PMT 的变换系数。

设狭缝相对于像面光强做恒定速度的扫描，且扫描速度为 v，则

$$x' = vt \tag{10.7-13}$$

将式（10.7-13）代入式（10.7-12）得到

$$\begin{aligned}E_0(x') &= Ka\{1+A(F)\cos[2\pi Fvt-\theta(F)]\} \\ &= Ka\{1+A(F)\cos[2\pi ft-\theta(F)]\}\end{aligned} \tag{10.7-14}$$

式中，$f=vF$，为透过扫描狭缝光强的时间变化的频率。

式（10.7-14）表明，由于狭缝相对于目标像的扫描运动，像面正弦规律的光强分布变换成随时间按正弦规律变化的电信号。在扫描速度 v 为常数的情况下，时间频率 f 和空间频率 F 成正比。这样，只要检测到光电信号的时间频率变化，便可以得到光信号的空间频率变化。

如果将物函数改为频率连续变化的正弦光强分布，则扫描后的光电信号变为频率连续变化的

时序信号,只是幅度受 $A(F)$ 的影响将随频率增高而衰减,相位受 $\theta(F)$ 影响使输出波形逐渐推迟,如图 10-38(b) 所示。由图中可以看出,$A(F)$ 和 $f=1/T$ 及 $\theta(F)$ 和 $f=1/T$ 的关系。利用式(10.7-14)可以得到 $A(F)$ 和 $\theta(F)$ 的变化曲线,这便是待测透镜的 MTF 和 PTF 值。

由上所述可以看到,OTF 的光学傅里叶分析法综合利用了空间、时间的调制技术。首先它把物面上的光栅经过待测系统进行空间调制,使被测 $A(F)$ 和 $\theta(F)$ 信息载荷到出射光的像面上。然后又在像面上进行扫描,完成时间调制。这些经过时空变换的复合信号在时间频率和空间频率上有确定的关系,能够借以通过测量电信号的时域频率特性,得到光信号的空域传递函数。以上就是这种测试方法的特点。

在光学傅里叶分析法中,目标物采用不同周期的矩形光栅代替前述的正弦光栅,这样可以得到光栅制作工艺上的好处。但是,所得到的信号为方波,需要利用电子学方法进行谐波分析,这将在下面的例子中进一步说明。此外,电学傅里叶分析法采用狭缝作为目标物,通过扫描狭缝扩散函数的光强分布,用电子学或计算机技术计算傅里叶变换来测定 OTF 值。

10.7.3 光电傅里叶分析 OTF 测定仪

(1) 测定仪的结构组成

如图 10-39 所示为 OTF 测定仪的原理图。被非相干光均匀照明的无穷远处的狭缝形成扩散像。通过被测物镜在扫描光栅上扫描,由于光栅是亮、暗不等宽的矩形格子板,它在恒速电机带动下连续扫描狭缝像,实现光强分布的调制。被调制的光强由 PMT 进行光电变换,然后输送给信号处理电路进行窄带滤波,显示出相应空间频率的 MTF 值。由于狭缝的扩散像的弥散程度反映了被测物镜的像差和衍射情况,这样,被测物镜的光学特征被调制在扩散像上而经过空间-时间变换和光电变换,再通过电信号的处理而被检测出来。系统的结构如图 10-40 所示。图中的频率扩展器用作目标狭缝扩散像的放大,转像道威棱镜用作狭缝像与光栅的平行调节。

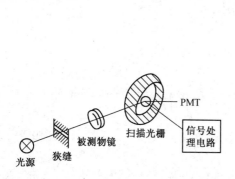

图 10-39　OTF 测定仪原理图

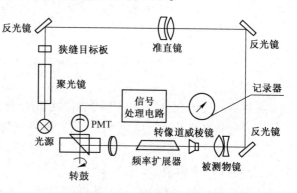

图 10-40　OTF 测定仪结构图

(2) 测定仪的测量原理

测定仪的核心单元为扫描光栅,是由不等间距的矩形光栅重复若干个周期而构成的圆环,安装在圆柱形的扫描转鼓上。扫描光栅为三个等间隔重复若干次的透明条,设其透过率分别为 $g_0(x)$、$g_1(x)$ 和 $g_2(x)$,则扫描光栅的透过率为

$$g(x) = g_0(x)g_1(x) + [1-g_0(x)]g_2(x)$$
$$= g_0(x)g_1(x) + g_2(x) - g_0(x)g_2(x) \qquad (10.7\text{-}15)$$

扫描光栅的透过率曲线如图 10-41 所示。将 $g(x)$ 的全周期分为 72 个等间隔 l,在一定的长度比例下,$g_0(x)$、$g_1(x)$ 和 $g_2(x)$ 的空间频率的基频分量分别为

$$F_0 = \frac{1}{72l}, F_1 = \frac{1}{6l}, F_3 = \frac{1}{3l} \quad \text{(线对/毫米)}$$

用傅里叶级数展开 $g(x)$，保留前四项，简化后有

$$g(x) = \frac{1}{2} - \frac{2}{3\pi}\cos 2\pi F_0 x + \frac{\sqrt{3}}{2\pi}\cos 2\pi F_1 x +$$

$$\frac{3\sqrt{3}}{4\pi}\cos 2\pi F_2 x + \frac{3\sqrt{3}}{8\pi}\cos 2\pi F_3 x \quad (10.7\text{-}16)$$

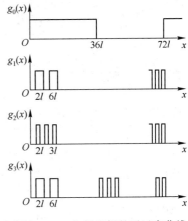

图 10-41 扫描光栅的透过率曲线

式中，$F_3 = 2F_2$。式（10.7-16）表明，$g(x)$ 中包含有 F_0、F_1、F_2、F_3 等四种空间频率分量。考虑到测定仪中光路扩展器的光学放大作用和扫描盘的尺寸大小，这些空间频率对应着确定的数值。例如，$F_0 = 1.25$，$F_1 = 10$，$F_2 = 20$，$F_3 = 40$（线对/毫米）。信号处理电路如图 10-42（a）所示，其频谱如图 10-42（b）所示。

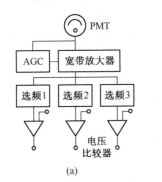

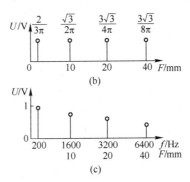

图 10-42 信号处理电路与频谱

这样，为了得到物面的标准输入图形，扫描光栅只用了较简单的矩形光栅进行组合，便得到了四种空间频率。可以看到，除基波频率的频率间隔相差较远，幅度较低外，其他高频分量的频率间隔均匀，幅度也比较均衡。此外，更高阶的谐波分量的幅度很快收敛，对测量过程不造成影响。这些特点表明这种设计方法是很巧妙的。

转鼓的线性扫描完成了信号的空间-时间变换。设转鼓的转速为 n，半径为 r，则鼓面上光栅的线速度为

$$v = 2\pi rn \quad (10.7\text{-}17)$$

由 $f = vF$，可以得到时间频率 f 和空间频率 F 的关系为

$$f_i = vF_i = 2\pi rnF_i \quad (i = 0, 1, 2, 3, \cdots) \quad (10.7\text{-}18)$$

四种空间频率经转鼓扫描后形成四种时间频率光电信号的变化，经窄带选频放大后分别提取出四种频率的幅值比，即可得被测物镜的 OTF 值。图 10-42（a）中，基频信号用作 PMT 的自动增益控制和零频的定标，F_1、F_2、F_3 是测量频率。电压比较器为 OTF 提供比较电平，用作被测镜头的质量分选。图 10-42（c）所示为被测物镜的 OTF 值。

（3）OTF 测试技术的新发展

OTF 测试技术随着自扫描光电探测器的发展而变得更简单、更实用。尤其是线阵 CCD 技术的发展，使 OTF 的测量技术从繁杂的机械扫描方式发展到静态测量的方式，使 OTF 测试技术成为光学仪器制造厂产品出厂前必需测试的手段。OTF 测试仪的种类很多，不同的光学仪器采用不同的 OTF 测试方法，不同测试方法的区别在于目标物空间频率的给定方式。

10.8　光学系统透过率测试技术

10.8.1　透过率

光学系统的透过率反映了经过该系统之后光能量的损失程度。对于目视仪器来说,如果透过率比较低,则使用这种仪器观察时会降低主观亮度。如果某些波长光的透过率特别低,则视场里就会看到不应有的带色现象,例如所谓的"泛黄"现象。对于照相系统来说,透过率低会直接影响像面上的照度,使用时要增加曝光时间。如果某些波长光的透过率相对值过小,则会影响到摄影时的彩色还原效果。所以光学系统的透过率是成像质量的重要指标之一。

光学系统的透过率 τ 是指经过系统出射的光通量 Φ' 与入射的光通量 Φ 的百分比,即

$$\tau = \frac{\Phi'}{\Phi} \times 100\% \tag{10.8-1}$$

由于光学零件表面镀膜层的选择性吸收和玻璃材料的选择性吸收,透过率实际上是入射光波长的函数。对于像质要求不高的系统,特别是对彩色还原要求不高的系统,透过率随波长而变的问题可以不予考虑。随着科学技术的发展,以及彩色摄影、彩色电视和多波段照相等仪器设备应用的日益广泛,对光学图像的颜色正确还原的要求也日益提高。因此,目前除一般目视仪器只需要检测白光的透过率外,许多光学系统,特别是照相物镜,都需要测量光谱透过率。

在可见光区域($\lambda_1 \sim \lambda_2$)内,以 CIE 标准光源照明时,整个波段总的透过率称为白光透过率,即

$$\tau_\Sigma = \frac{\int_{\lambda_1}^{\lambda_2} \phi'(\lambda)\,\mathrm{d}\lambda}{\int_{\lambda_1}^{\lambda_2} \phi(\lambda)\,\mathrm{d}\lambda} \times 100\% \tag{10.8-2}$$

式中,$\phi'(\lambda)$ 是透射辐通量的光谱功率分布函数;$\phi(\lambda)$ 是 CIE 标准光源的光谱功率分布函数。

τ_Σ 只说明光学系统透射光的情况,不能说明光学仪器的实际光度性能。决定实际光度性能的因素有三个,即照明光源、光学系统、接收器(如人眼、彩色胶片及像元等)。考虑到上述三个因素,透过率的表达式为

$$\tau = \frac{\int_{\lambda_1}^{\lambda_2} s(\lambda)\tau(\lambda)v(\lambda)\,\mathrm{d}\lambda}{\int_{\lambda_1}^{\lambda_2} s(\lambda)v(\lambda)\,\mathrm{d}\lambda} \times 100\% \tag{10.8-3}$$

式中,$s(\lambda)$ 为光源的相对光谱功率分布函数;$\tau(\lambda)$ 为光学系统的光谱透过率函数;$\lambda_1 \sim \lambda_2$ 为探测器的感光波长范围;$v(\lambda)$ 为探测器的相对光谱灵敏度函数。

按式(10.8-3)的定义,将望远镜的透过率称为白光目视透过率,一般情况下指轴上点的透过率。在式(10.8-3)中应以人眼的光谱光视效率 $V(\lambda)$ 代替 $s(\lambda)$。望远系统透过率的大小随光学系统的复杂程度和表面镀膜质量的不同会有较大的变化,复杂系统的白光目视透过率常低于40%,一般系统则在 50%~80% 之间。

按式(10.8-3)定义的照相系统透过率称为摄影透过率。该系统的透过率分轴上和轴外两种。目前照相物镜轴上摄影透过率已高达90%以上。

10.8.2　望远系统透过率的测量

可以用普通的积分球作为接收器的透过率测量仪对望远系统的透过率进行测量。图 10-43 所

示为测量装置示意图。该装置由带有点光源的平行光管和接收器两部分组成。平行光管物镜焦平面处设置一块小孔光阑,由光源经过聚光镜照亮小孔。接收器由积分球、硒光电池(图中未画出)和检流计组成。

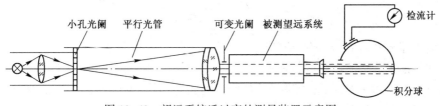

图 10-43　望远系统透过率的测量装置示意图

白光光源经过聚光镜照亮平行光管物镜焦平面上的小孔光阑(测量时先不放被测系统)。调节光阑孔径的大小,使射出的平行光束全部进入积分球,如图中虚线所示。此时,从检流计测出的光通量 Φ_0 为空测读数 m_0。然后,将被测的望远系统放入光路中,测量前应先将望远系统的视度归零,调整它的光轴与平行光管轴一致,使射出的光束全部进入积分球,从检流计上测出与通过被测系统的光通量 Φ' 对应的实测读数 m_1。望远系统的白光透过率应为

$$\tau = \frac{\Phi'}{\Phi} = \frac{m_1}{m_2} \times 100\% \qquad (10.8\text{-}4)$$

由于测量的是白光的目视透过率,因此,要求照明光源的色温必须满足要求。在整个测量过程中还要保持光源的时间稳定性,应采用高稳定度的稳压稳流电源。探测器的光谱灵敏度分布应校正到与人眼的光谱光视效率 $V(\lambda)$ 相一致。

若需要测量望远系统的光谱透过率,将照明光源换成单色光即可。在规定波长范围内按一定波长间隔逐点进行透过率 $\tau(\lambda)$ 测量,将逐点的透过率连成曲线,即得到该系统的光谱透过率曲线。

10.8.3　照相物镜透过率的测量

照相物镜透过率测量和望远系统透过率测量方法基本相同,测量时也分为空测和实测两步。空测时,光阑的孔径应小到保证使全部光束进入积分球,积分球应靠近光阑。实测时,积分球放置在被测照相物镜之后的会聚光束中,注意调节积分球的位置,使投射到内壁上的光斑直径和位置与空测时接近。这样可以减小由于内壁涂层不均匀对测量准确度的影响。实测时在光束的会聚点附近外加一个限制光阑,避免由被测物镜产生的杂散光进入积分球。空测和实测时分别在检流计上得到读数 m_0 和 m_1,则被测照相物镜的透过率 $\tau = (m_1/m_0) \times 100\%$。

积分球的进光孔径一般都比较小,上述方法只能对入射光瞳直径较小的照相物镜进行测量。对于入瞳直径较大的照相物镜可以利用附加透镜的方法来测量。测量时将光阑孔径开到小于被测照相物镜的入射光瞳直径,或者按规定要求调节。

照相物镜的透过率一般指轴上透过率。也有一些广角照相物镜需要研究透过率随视场变化的情况。测量轴外透过率时,要使被测照相物镜大致绕其入射光瞳中心旋转相应的视场角。要注意,在测量时应使光束的中心与入射光瞳的中心尽量重合,并且要保证光束在不被切割的情况下通过被测物镜,积分球要正对来自被测物镜的出射光束。

(1) 照相物镜轴上点透过率的测量

图 10-44 所示为照相物镜轴上点透过率测量的光路图。图中 S 为小孔光阑或狭缝。直接测量透过率时,它由白炽灯通过窄带滤光片 F 照明小孔光阑 S,或者由单色仪产生的单色光照明小孔光阑 S。L 为准直物镜,O 为被测物镜,A 为可变光阑,用以确定被测物镜的测量孔径,I 为积分球,

D 为光电探测器。

通过检流计分别测出与入射光通量 Φ 对应的光电流 m_0（即"空测"，如图 10-44（b）所示）和 m_1（即"实测"，如图 10-44（a）所示），则照相物镜轴上点的透过率为

$$\tau = \frac{\Phi'}{\Phi} = \frac{m_1}{m_0} \times 100\% \qquad (10.8\text{-}5)$$

要使测得的值为照相系统的透过率，应使被测物镜与实际使用光源的频谱相一致。探测器的光谱灵敏度曲线通过加入修正滤光片的方法使其校正到与被测物镜的感光胶片的光谱灵敏度曲线相一致。如果测量光谱的透过率，要逐点进行单色光谱的相对测量，可以不必用修正滤光片；有时加修正滤光片，使探测器的光谱灵敏度随单色光波长的变化不大，这有利于测量仪器的设计与制造。每单色波长辐射的透过率由下式计算

$$\tau(\lambda) = \frac{\Phi'(\lambda)}{\Phi(\lambda)} \times 100\% \qquad (10.8\text{-}6)$$

在规定波长范围内按一定波长间隔逐点测量，得到光谱透过率曲线。

对于近距离工作的物镜，如投影物镜、制版物镜等，其测量光路如图 10-45 所示。

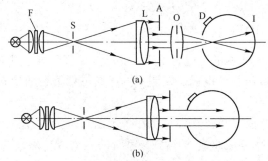

图 10-44　照相物镜轴上点透过率测量的光路图

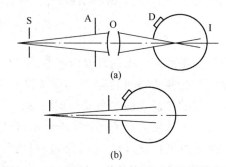

图 10-45　近距离工作物镜透过率的测量光路

（2）照相物镜轴外透过率的测量

对于某些广角物镜，由于透过率随视场角有较大的变化，因此除测量轴上点的透过率外，还要测量特定视场角的透过率。其测量光路如图 10-46 所示。测量时，应注意使入射光束的中心通过物镜入瞳中心。

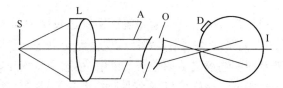

图 10-46　照相物镜轴外透过率的测量光路

10.9　印刷出版工业中的光电技术

10.9.1　激光照排系统

随着计算机技术的发展，特别是图形操作系统平台的推广和普及，使计算机处理图形、图像的能力大大增强，计算机技术使彩色印刷制版系统获得了突飞猛进的发展。传统的电子分色机是将扫描技术、图像调整与处理技术、网点曝光技术融为一体。激光照排系统是由扫描、计算机图像、文字处理、激光照排组合在一起的复杂系统。与传统的电子分色机相比，由于计算机处理技术的发展使得复杂版面的处理和整页拼版成为现实，大大地提高了彩色印刷制版的质量。

激光照排系统中最主要的设备之一为激光照排机。激光照排机生产厂家大部分为原先生产电子分色机的厂家，因而其控制原理、光学系统等制造技术继承了电子分色机的技术。由于省去了网

点发生器和图像调整部分,因此,结构更为简单,生产成本也更低。

目前,常用的激光照排机可分为绞盘式、内鼓式和外鼓式三种类型。

1. 绞盘式激光照排机

绞盘式激光照排机通过滚轴的对滚将感光胶片装入并固定于照排机内,胶片在照排机内处于平展状态。图 10-47 所示为这类照排机的结构及光路。

这种照排机结构简单,维护方便,价格便宜,深受使用者欢迎。但是,其胶片的定位依靠机械齿轮传动,带动滚轴定位,定位精度不高。而且,感光胶片在机内滚轴牵引力的作用下有一定程度的变形,机器本身固有的系统误差会造成印版重复定位误差,因此,这类机器的定位精度不可能太高,一般为 0.05 mm。

为了减小滚轴牵引力造成感光胶片的变形,有些绞盘式激光照排机采用感光胶片双缓冲的结构(如 Screen 3050)。双缓冲激光照排机的结构及光路如图 10-48 所示。

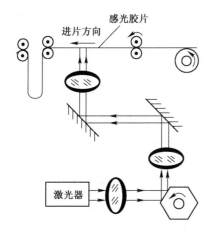

图 10-47　绞盘式激光照排机结构及光路

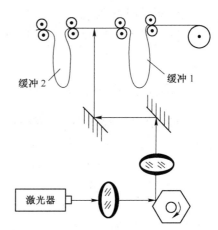

图 10-48　双缓冲激光照排机结构及光路

绞盘式激光照排机除重复定位精度低外,在感光胶片宽度方向的不同位置也存在一定的光学误差,而对网点产生一定的影响。

2. 内鼓式激光照排机

在激光照排机中,重复定位精度最高的是内鼓式激光照排机,其原理示意图如图 10-49 所示。目前,内鼓式激光照排机是最高档的激光照排机,感光胶片装在鼓的内部,鼓内刻有均匀分布的抽真空槽,进入鼓中的感光胶片在抽真空后被紧吸在鼓的内壁上。内鼓式激光照排机结构如图 10-50 所示。激光器装在鼓的中心,由沿鼓的轴线方向驱动的马达带动,使它沿鼓的轴线方向移动。绕轴线旋转的反射镜将光束从轴中传送到内壁的感光胶片上。这种组合的螺旋线运动轨迹,完成鼓内感光胶片的曝光。

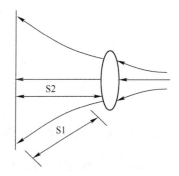

图 10-49　内鼓式激光照排机
原理示意图

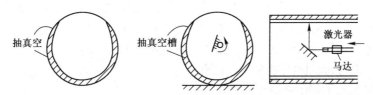

图 10-50　内鼓式激光照排机结构

由于内鼓制造精度非常高,其重复定位精度完全由精确驱动马达来决定。并且,感光胶片无拉力地紧贴在鼓的内壁上,不存在绞盘式激光照排机的拉力变形,因此其重复定位精度可达 0.005 mm,比绞盘式激光照排机高。

3. 外鼓式激光照排机

外鼓式激光照排机是介于绞盘式激光照排机与内鼓式激光照排机之间的一种较高档次的激光照排机,其结构如图 10-51 所示。感光胶片被吸附在滚筒的外面,激光束经过反光镜、光栅、声光调制器、光强检测器、聚光镜聚焦后在感光胶片上曝光成像,随着滚筒的高速旋转和激光头的横向平移,将整个感光胶片曝光完毕。

外鼓式激光照排机的重复定位精度较内鼓式的略低,而生产成本较高,故较新的激光照排机较少采用此种结构。

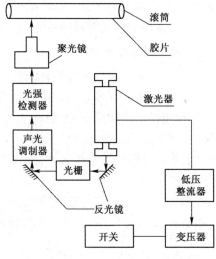

图 10-51　外鼓式激光照排机结构

10.9.2　激光雕刻凸版和凹版机

所谓激光雕刻印版,就是把聚焦的激光束射向印版,把印版的指定范围熔化或者气化,除去不需要的部分,制出凸、凹图像。图像的深度、尺寸和形状由调制的激光光束控制。

一般说来,当激光功率密度为 $10^5 \sim 10^6$ W/cm^2 时,各种材料(包括陶瓷)都要被熔化或者气化。而中等强度的激光束,经过透镜聚焦后,在焦面处得到的功率密度值远远大于上述数值,所以激光是雕刻印版强有力的工具。

焦面处激光的功率密度 F 等于激光输出功率 P 除以光点的面积,即

$$F = \frac{4P}{\pi d^2} \qquad (10.9-1)$$

式中 d 为焦面处光点的直径。激光的方向性很好,也有一定的发射角。假设激光光束的发射角为 θ,聚焦透镜的焦距为 f,则焦面上光点的直径为

$$d = f\theta \qquad (10.9-2)$$

中等强度的激光束经过透镜聚焦后,在焦面的激光功率密度远大于 $10^5 \sim 10^6$ W/cm^2,因此,可以对各种材料(包括陶瓷)进行熔化或者气化,达到雕刻印版的目的。如果采用矩形脉冲或超短脉冲的固体激光器来雕刻印版,效果更好。

10.9.3　激光打印机和复印机

1. 激光打印机的特点

激光打印机是光电技术和电子照相技术相结合的一种印字机器,它综合利用了激光器、光束调制、偏转、精密光学机械和计算机处理技术,是非常有代表性的光电子仪器。目前激光打印机已和计算机一起成为人们生活中必不可少的产品。它有以下特点。

(1) 像元密度高,印字清晰,分辨率比机械点阵式高近百倍。

(2) 打印速度快,比普通打印机快 6~30 倍。

(3) 工作无撞击,打印噪声小。

另外,打印机价格也已大幅度下降,在计算机数据输出、办公自动化及文件管理、计算机辅助设

计、图像传真和处理等领域得到广泛应用。

2. 激光打印机原理

激光打印机的原理如图10-52(a)所示,其结构如图10-52(b)所示。图中,激光器发出的光束经声光调制器调制后照射在旋转多面镜上,旋转多面镜将光束反射到感光转鼓上,实现对感光转鼓的扫描。被打印的内容分成若干行,每行的信息通过声光调制器调制到激光束上,再扫描到感光鼓对应的位置上。感光鼓旋转一周,就可完成一页纸的打印。

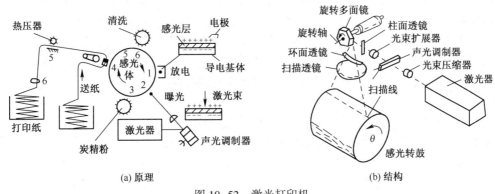

图 10-52 激光打印机

(1) 硒鼓带电

对应图10-52(a)中所示的位置1,用电极对感光体表面进行高压电晕放电,使感光层表面带电。感光转鼓在导电基体表面上涂有硒或其他光电导材料,光电导层在光照时的电阻率下降。

(2) 扫描曝光

对应图10-52(a)中所示的位置2,被打印内容调制的光束对感光层扫描曝光,受光照区域的电阻率下降,表面电荷被中和而消失,在感光层上形成由静电荷分布构成的潜像(电荷图像)。

激光扫描写入系统主要包括激光光源、声光调制器、光偏转器、扫描透镜等光路元件及相应的控制电路。图10-52(b)中,激光由光束压缩器将光束直径缩小后,射入声光调制器,在这里光束的强度随打印信号而变化。随后按照感光体表面要求的光束直径,将激光束扩束,形成平行的均匀细光束。采用旋转多面镜作为光偏转器,控制激光束使它在感光转鼓的母线方向扫描。为减少旋转多面镜面形误差引起的扫描不均匀现象,可采用柱面透镜和环面透镜的光学校正系统。偏转后的光束一般用特制的扫描透镜在感光体上聚焦成像,确保光束在随旋转多面镜旋转时,光束做等速直线扫描运动。

(3) 静电成像

对应图10-52(a)中所示的位置3,用含有炭精粉粒的显像剂与感光层接触,在静电场的作用下,炭精粉粒附着在感光层的曝光区域上,形成可见的炭精粉图像。这个过程也称为显像过程。

(4) 着色转印

对应图10-52(a)中所示的位置4,打印纸与已经显像的感光体接触,同时采用电晕带电体,从纸的反面加电场,这时感光体表面的显像剂转移到打印纸上完成转印。

(5) 热压定影

对应图10-52(a)中所示的位置5,用热压器加热、加压,使着色剂牢固黏结在打印纸上,完成静电打印。

(6) 清洗硒鼓

对应图10-52(a)中所示的位置6,用清洗器清除感光体上残留的色粉,准备对下一张纸进行打印。

3. 激光打印机中的关键技术

（1）激光器和调制器

实用的激光打印机一般采用 He-Ne 激光器或半导体激光器作为光源。除了考虑小型化、可靠工作和长寿命外，主要考虑使激光的灵敏波长和感光体感光波段相适应，一般在 $440\sim800$ nm 波长范围内。He-Ne 激光器早期得到应用的原因是它有良好的使用性能：它的寿命在 1 万小时以上；可靠性高，输出不稳定度在 5% 以下；噪声低（均方根值在 1% 左右）。半导体激光器（LD）具有体积小、成本低、可直接进行内调制，因而可不用光调制器，是一种有发展前途的打印机光源。LD 的缺点是输出功率低、动态响应速度慢、波长需要短化处理等，适用于低速打印机。

激光打印机中使用的光调制器早期多为声光调制器，它的结构稳定、光损耗小、调制信号功率较小，但结构复杂、成本高。随着 LD 的发展，直接电流调制方式已逐步代替声光调制方式。电流直接调制的 LD 光源已在激光打印机中应用，有望发展成为 LD 打印机。

（2）光偏转器

用光偏转器能够实现激光束的扫描，常采用旋转多面镜的方式。它由正多角柱体的侧面作为镜面的多面反射镜和使其高速旋转的电动机组合而成。多面镜的面形精度直接影响到像元的排列精度，后者一般要求为像元大小的 $1/4\sim1/10$。例如，当像元大小为 100 μm 时，位置精度为 $10\sim25$ μm。产生扫描误差的主要原因为旋转多面镜分割角度误差、镜面平面度误差和旋转摆动误差等。为满足前述的精度要求，需要有秒级的角度误差和 10^{-1} μm 级的偏斜误差。因此，光偏转器为超精度的组合体。扫描范围由起止光电开关定位，以便确保行扫描的宽度。

（3）激光打印机的主要技术指标

激光打印机的主要技术指标为打印宽度、打印速度和清晰度。打印宽度一般为 160 mm~400 mm，它由光路系统的放大倍数、旋转反射镜的倾角和成像透镜与感光层间的距离决定。打印速度为 $2000\sim11000$ 行/分钟，与感光转鼓的转速和扫描速度有关。后者取决于反射镜面数和转速。由于感光体的感光量取决于所吸收的激光能量，所以要提高打印速度需要提高激光器的能量。打印清晰度与单位面积上的扫描光斑数有关，称作空间分辨率，一般在 $60\sim200$ 点/毫米² 范围内。

4. 静电复印机

同激光打印机相同，复印机也是将光电技术和电子照相技术相结合的一种印字方式。复印机与激光打印机的主要区别为图像信息产生的方式不同。复印机是实物文件被反射照明后由成像镜头成像曝光在感光体上；而激光打印机则由主计算机产生的图像数据及控制信号控制激光束的偏转、扫描和曝光，完成打印。

10.9.4 光盘存储

信息存储技术是将字符、文献、声音、图像等有用数据通过写入装置暂时或永久地记录在某种存储介质中，并可利用读出装置将信息从存储介质中重新再现的技术总称。随着科学技术的发展，存储技术经历了由纸张书写、微缩照片、机械唱盘、磁带磁盘的演变过程，发展到当今采用光学存储技术的新阶段。近年来，光学存储技术不论是在纯光学的全息扫描记录，还是在采用光热形变的光盘或光热磁效应的光磁盘技术等方面都取得了很大进展，它们的发展前景十分光明。光学存储技术集现代光电子技术的精华和技术诀窍，有关检测、调制、跟踪、控制等各种光电方法得到了充分的利用。下面着重介绍采用光热变形的光盘存储系统。

1. 光盘存储的类型

（1）记录用光盘

记录用光盘也称"写后直读型（draw）"光盘，它兼有写入和读出两种功能，并且写入后不需处理即可直接读出所记录的信息,因此,可用作信息的追加记录。这类系统根据记录介质和记录方式的不同又可分为一次写入和可擦重写两类。一次写入主要用于文件档案、图书资料、图纸图像的存储;可擦重写特别适用于计算机的外部存储设备。

（2）专用再现光盘

专用再现光盘也称"只读(read only)"型光盘。它只能用来再现由专业工厂事先复制的光盘信息,不能由用户自行追加记录。例如激光电视唱片(CD-ROM)、计算机软件光盘等都属于这一类。这类光盘批量大,成本低,已占领了大部分音响和视频市场。

2. 光盘存储的特点

光盘存储的特点如下。

（1）存储密度高、容量大,在直径为 300 mm 的数字光盘中的数据总容量为 8×10^{10} b;光盘纹迹间距为 1.6 μm、直径为 300 mm 的光盘每面有 54 000 道纹迹。如每圈纹迹对应一幅图像,则可容纳 50 000 多幅静止的图像。

（2）读写率高,数字光盘单通道可达 25×10^6 b/s。

（3）存储寿命长,库存时间大于 10 年以上,而商用磁盘仅为 3~5 年。

（4）每信息位的价格最低,易复制、寿命长。

（5）有随机寻址能力,随机存取时间小于 60 ms。

（6）光盘存储是非接触读/写,防尘耐污染,操作方便,易与计算机联机使用。

3. 光盘存储的工作原理

光盘是一种圆盘状的信息存储器件。它利用受调制的细束激光改变盘面介质不同位置处的光学性质,记录待存储的数据。当用激光束照射介质表面时,依靠各信息点处光学特性的不同提取被存储的信息。在光盘上写入信息的装置称作光盘记录系统,如光盘文件记录器;能从光盘上读出数据的装置为光盘重放系统,如视频光盘放像机。大多数光盘装置具有记录和重放的双重功能。

（1）只读型

如图 10-53 所示为光盘读/写的原理图。图 10-54 所示为光盘的截面形状。将载有音频、视频或文件信息的调制激光束用聚焦透镜缩小成直径约为 1 μm 的光点。用高能量密度的细束激光加热光盘记录介质的表面,使局部位置发生永久性变形,造成介质表面光学特性的二值化改变。由于光盘是旋转的,而写入头是平移的,在光盘盘面上会形成轨迹为螺旋状的一系列微小凹坑,或者其他形式的信息记录点。这些信息点的不同编码方式就代表了被存储的信息数据。一般光盘凹坑宽度为 0.4 μm,深度为读出光束波长的 1/4,约为 0.11 μm,螺旋线型的纹迹间距为 1.67 μm。

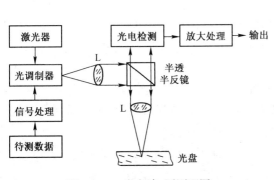

图 10-53　光盘读/写原理图

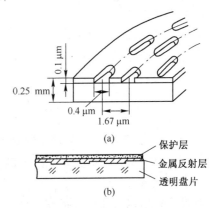

图 10-54　光盘的截面形状

在读出状态时,将照射激光束聚焦在光盘信息层上。当激光束落在光盘信息层的平坦区域时,大部分光束被反射回物镜,落在凹坑边缘的反射光因衍射作用而向两侧扩散,只有少量反射光能折回物镜。落入凹坑底部的光束由于坑深为 $\lambda/4$,故反射光相位与坑上反射光相位差为 $\lambda/2$。由干涉理论可知,当两束光相位差为 $\lambda/2$ 时,形成暗条纹。由此可见,当激光束全部照在光盘信息层的平坦区域时,反射光为亮纹;而当部分激光束落到凹坑底部时,反射光为暗纹。这样,当光盘按一定的速度旋转时,来自光盘的反射激光束的亮度将随光盘上凹坑的变化而变化。只要用光电检测器接收反射回来的被信息点调制的光强,就可得到"0"或"1"的信号。

读出数据时,与写入相同,光盘转动,读数头做平移运动,即合成螺旋运动。

（2）可擦型

它与只读型类似,只是在激光束照射光盘时,需要使光盘表面的磁性膜磁化或使介质表面结晶状态发生变化。

光存储方法为采用光热磁效应的光磁盘装置。它的基本设备也和光盘装置类似,主要的区别在于它采用磁性的记录介质。在细束激光的调制作用下,通过改变磁介质的磁化方向完成信息的存储。在信息读出时无须检测光的反射率,而是检测反射光的偏振状态和检测信息点处的磁化方向。

4. 光盘存储系统的关键技术

光盘存储系统的核心装置是光盘驱动器。它是一种超精密光电子装置,主要包括:光学系统、机械系统、控制系统和信号处理系统。光盘驱动器的组成方框图如图 10-55 所示。

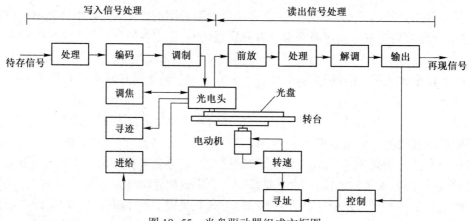

图 10-55　光盘驱动器组成方框图

（1）光学系统

光学系统由以下几部分组成。

① 激光聚束光路。它产生用于写入和读出的两种激光细束,它们共用一个聚焦透镜。为区别写入和读出激光束,一般采用偏振分束镜使偏振角分开,并用半波片调制相对光强度。

② 写入光调制器。现多用 LD 电流调制,即在编码后的信号控制下使激光束光强发生变化。

③ 寻迹跟踪反射镜。在读出时由寻迹跟踪系统控制,使扫描光点准确跟踪纹迹。

④ 光电检测系统。它接收光盘的反射光束,将其分束并由光电器件检测,从而得到待还原的数据信号和有关调焦及寻迹跟踪的控制信号。

（2）机械系统

机械系统由以下几部分组成。

① 转台机构。它用于承载光盘并以 1200~1800 r/min 的恒定线速度转动,采用空气轴承,径向

定位稳定度优于 0.1 μm,轴向跳动小于 1 μm。

② 滑板机构。它使光学系统做径向进给运动,使激光光点在光盘上形成螺旋线轨迹,采用空气轴承支撑,线性电机驱动位移速度为 40 mm/s。

③ 光电头机构。它是承装光学系统、光电检测系统和部分电路的机构。

(3) 控制系统

控制系统由以下几个部分组成。

① 转台恒速控制系统。它采用锁相控制电机和轴角编码传感器组成闭环电路。

② 滑板位移控制系统。它用线性电机驱动,由光栅或直线编码器等测速装置产生速度反馈信号。

③ 调焦控制系统。它控制聚光镜头到实际光盘平面的偏差,为实时控制系统,通过离焦检测,用线性驱动器控制镜头轴向跟踪光盘,离焦量小于 ±0.1 μm。

④ 寻迹跟踪系统。它保证激光束照射在纹迹的中央,采用径向误差检测器测出光点的偏移量,经校正放大后驱动寻迹反射镜,使光点能以 ±0.1 μm 的位置精度进行纹迹跟踪。

(4) 信号处理系统

它由以下几个部分组成。

① 写入信号处理器。它对输入信息进行数字化处理、编码、校正,形成光束的调制信号。

② 读出信号处理器。它用于检测、恢复已存储的信息,包括光信号检测放大、编码/解调、误差补偿、D/A 转换和数据信号输出。

③ 控制器。实现光盘系统的程序运行和操作、信号接口联络、数据缓冲和指令控制等。

10.10 医用图像传感器检测技术

10.10.1 X射线图像增强器

X 射线的图像显示一般采用胶片拍摄和荧光透视两种方法。为避免 X 射线辐射的危害,研制出了 X 射线图像增强器,其目的是将不可见的 X 射线图像转换成可见光图像,并使图像亮度增强。用 X 射线图像增强器进行摄像所用的 X 射线剂量仅是直接摄影的 1/10,是荧光板透视的 1/50,大大降低了病人在诊断时受 X 射线辐射的剂量。同时医生还可以在远离 X 射线源的地方进行遥测诊断,也可以通过电视及计算机网络供更多的医务人员同时观察,便于研究。在工业探伤方面,除上述优点外,还因免去了处理底片的时间,使探伤速度加快;而且输出亮度增强,便于发现细节缺陷,提高探伤质量。

随着 X 射线图像增强器的不断开发,结构上的不断改进,使图像的对比度和分辨率有了大幅度提高。

1. 结构和工作原理

X 射线图像增强器由以下几个部分组成:输入荧光屏、光电阴极、电子光学系统和输出荧光屏。其结构如图 10-56 所示。

X 射线通过被检测体,在输入荧光屏上形成 X 射线图像。因为一般荧光材料对 X 射线的量子效率很低,所以在一般的 X 射线剂量下,所产生的可见光图像亮度很低。低亮度的可见光图像激发紧贴输入荧光屏的光电阴极,产生相应密度的光电子,由光电阴极、聚焦极和阳极完成静电透镜聚焦和加速。高能量的电子激发荧光屏,使电子图像转换成尺寸缩小而亮度增强的可见光图像。

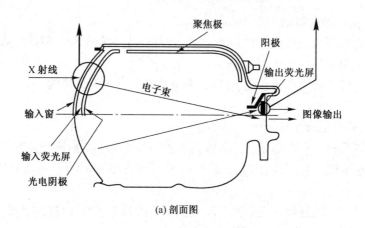

(a) 剖面图

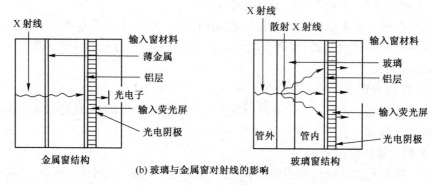

(b) 玻璃与金属窗对射线的影响

图 10-56　X 射线图像增强器结构

2. 参数及其测试

（1）转换系数（C.C.）

转换系数为一定 X 射线剂量辐照下，输出屏的亮度 $L_0（cd/m^2）$ 与照到输入荧光屏上的 X 射线剂量率 $C_1（mR/s）$ 之比（mR 为毫伦琴），即

$$C.C. = \frac{L_0}{C_1} \left[\frac{cd/m^2}{mR/s} \right] \qquad （10.10\text{-}1）$$

另外，可以用亮度增益 G_L 表征图像增强器的增益能力。它是在一定的 X 射线剂量率辐照下，用输出荧光屏的输出亮度 L_0 与标准输入荧光屏的亮度 L_i 之比来表示。实际上所谓标准荧光屏很难做得一致，所以 G_L 只能作为相对评价，它和转换系数的关系如图 10-57 所示。

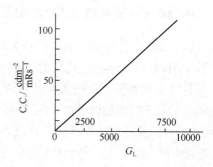

图 10-57　亮度增益与转换系数的关系

转换系数的测量装置如图 10-58 所示。X 射线源与图像增强器输入荧光屏或射线剂量计的距离为 100±1 cm。X 射线通过设置在 30 cm 处的铝滤光板（厚度为 22±0.5 mm，纯度为 99.8%）和 100±1 cm 铅板光阑（铅板厚为 2 mm）照射到图像增强器的输入荧光屏，调节 X 射线管的电流，使剂量率为 0.1~1 mR/s。用亮度计读出输入图像最好时的亮度就是该管的转换系数值。

（2）分辨率

分辨率定义为在 1 mm 间距内所能区分出的线对数（Lp/mm）。分辨率测试装置如图 10-59 所示。分辨率测试卡为用对 X 射线不透明的金属丝做成的等间隔条形板，作为目标物，被 X 射线管

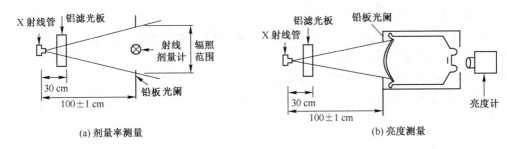

|(a) 剂量率测量|(b) 亮度测量|

图 10-58　转换系数测量装置

照明后,经图像增强器、显微目镜到观察者对其进行观察。

分辨率测试卡的线宽(mm)共分 10 挡,即:0.25,0.30,0.35,0.40,0.45,0.50,0.55,0.60,0.65,0.70。

相应的分辨率(Lp/mm)为:19.2,16.7,14.3,12.5,11.1,10.0,9.1,8.3,7.7,7.1。

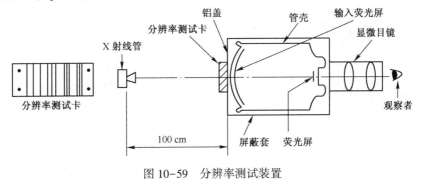

图 10-59　分辨率测试装置

（3）对比度

对比度测试装置如图 10-60 所示。把面积相当于输入荧光屏 10%、厚度为 2 mm 的圆形铅盘置于输入窗的中心位置,测得输出荧光屏中心位置的亮度值 L,移去铅盘后测得输出荧光屏中心位置的亮度值 A,则对比度

$$CR = A/L \qquad (10.10-2)$$

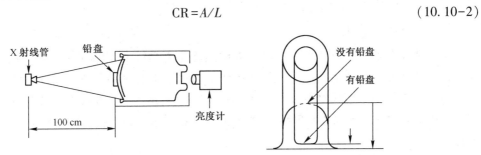

图 10-60　对比度测试装置

（4）有效视场

X 射线图像增强器能够在输出荧光屏上得到实际成像的输入面尺寸,称为该管的有效视场,一般以直径的尺寸来标度。目前有 4.5,6,7,9 和 11 英寸等管型。测试方法:用如图 10-61 所示的已知尺寸的分格板(视场测试板)紧贴在输入面上,然后在输出屏上观察其实际成像的格数,即可求出有效视场的大小。

（5）像缩小率

像缩小率指输入荧光屏图像的直径与输出荧光屏图像的直径之比。它与电子光学系统的放大率为同一个概念,二者互为倒数关系。

测试时仍采用如图 10-61 所示的分格板紧贴在屏前,在屏后也紧贴一块缩小 10 倍的透明分格板,则屏前分格板在屏后成像的格数与屏后成像区域内透明分格板的格数之比,再乘 10,便为所求的像缩小率。

（6）调制传递函数

如图 10-62 所示为 X 射线图像增强器的调制传递函数曲线。由图可见,X 射线图像增强器的输出亮度对其调制传递函数有一定的影响,在不同亮度情况下图像增强器的调制传递函数曲线不同。输出荧光屏都有一个最佳亮度值(如图中 L_3),此时它的分辨率最高,太暗或太亮,分辨率都将下降。

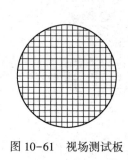

图 10-61　视场测试板

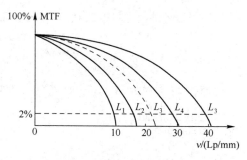

图 10-62　X 射线图像
增强器的调制传递函数曲线

10.10.2　医用图像传感器的应用

由于 CCD 技术和计算机技术的发展和水平的提高,图像传感技术和图像信息处理技术日益完善,人们逐步认识到 X 射线对人体的伤害需要改善,追求更方便、更安全地使用 X 射线设备,促使 X 射线光电图像传感器在医疗领域的应用更为广泛。

1. X 射线电视摄像机

早期的 X 射线电视摄像机是利用 X 射线能够穿透被测体(电离作用)产生荧光使胶片感光来观测被 X 射线照射的物体,它在医用领域内可用于诊断与分析各种深藏于体内的病灶。

目前实用化的 X 射线电视摄像机有三种:利用高灵敏度的电视摄像机拍摄 X 射线荧光屏上的图像,利用电视摄像机摄取 X 射线图像增强器上的图像,以及利用 X 射线摄像管直接摄取 X 光图像。

利用上述方式摄像,对摄像器的性能要求,除分辨率、灵敏度、斑点、动态范围、抗烧伤、余像外,还包括稳定性、小型化和质量轻等。

（1）荧光屏摄像方式用的摄像管

这种摄像管用于拍摄荧光屏上的图像。当 X 射线发生装置以 70 kV、3 mA 的工作条件辐射 X 射线透视人体时,通常透视所使用荧光屏的亮度为 $0.01 \sim 0.11$ mW/(sr · m^2)。由于被摄人体很暗,摄像器必须在低照度下工作,还必须具有较高的信噪比与分辨率。因此,应使用高灵敏度的超正析像管和硅靶电子倍增摄像管(SEM 摄像管)。超正析像管灵敏度高,即使在 0.1 lx 照度下,也能获得良好的图像。另外,它的 γ 值为 1,使接近饱和照度时的输出图像也具有较好的对比度,分

260

辨率可达 600~800TVL。由于黑斑效应与边缘效应突出了黑白交界线,因此可以获得鲜明的图像,但背景噪声严重。另外,由于调整和操作困难,该设备难以小型化和轻型化,使其应用范围很窄。硅电子倍增摄像管虽然具有体积小、质量轻和性能好等特点,但是,它抗 X 射线烧伤的能力很差,制约了它的应用。

如图 10-63 所示为利用 SEM 摄像管摄取放射性钴 60 所产生的射线,并在直线加速器作用下发出 10 MeV 左右的高能量 X 射线产生透视荧光图像的 TV 设备。

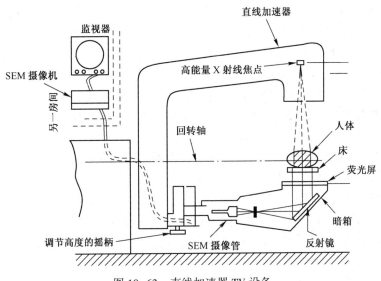

图 10-63　直线加速器 TV 设备

(2) 图像增强器与摄像管连接形式

如图 10-64 所示为图像增强器与摄像管相结合的摄像方式。图像增强器为超正析像管,而摄像管可为面阵 CCD 等。近期发展成如图 10-65 所示的图像增强器的输出光纤面板与光导摄像管光纤板窗口相结合的方式,可以去掉串联透镜系统。

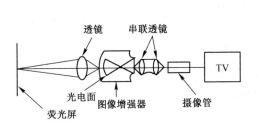

图 10-64　图像增强器与摄像管
相结合摄像方式

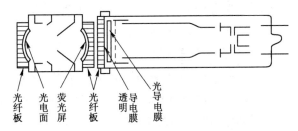

图 10-65　图像增强器输出光纤面板与光导摄像
管光纤板窗口相结合方式

这种方式与只用光导摄像管方式相比,灵敏度将提高 10 倍。在需要进一步提高灵敏度的场合,可采用级联图像增强器,但是,必须从实用的角度来考虑对比度、噪声及分辨率等参数的影响。具有光纤板的典型光导摄像管是硒化镉摄像管 E5250 及碲化锌镉摄像管 S4093。摄像管的灵敏度受光纤板厚度和透过率的影响,它仅能达到通常灵敏度的 70%~80%。图像增强器的光纤板与摄像管的光纤板结合时,必须注意光纤板之间不能产生缝隙。

(3) X 射线图像增强器摄像方式用的摄像管

X 射线图像增强器把输出图像缩小到约 1/10,同时,由于以 20~30 kV 电压加速电子,所以获得的亮度为普通荧光屏亮度的数千倍。X 射线图像增强器可以和各种摄像管配合使用。其摄像方式如图 10-66 所示。对摄像管的要求为灵敏度高，余像适中，调制特性好。Sb_2S_3 摄像管为最早应用的一种管型，它的动态范围宽，在透视诊断时能够分析图像最亮的部分，光谱响应特性也接近人眼视觉灵敏度曲线，且与 X 射线图像增强器的输出荧光屏比较吻合。由于余像适中，所以 X 射线量子噪声不显著。其缺点是被照体最亮部分会引起烧伤，以及温度变化会引起

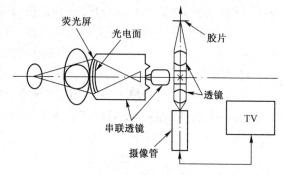

图 10-66　X 射线图像增强器摄像方式

暗电流的变化。1 英寸的 Sb_2S_3 摄像管在诊断消化器官等的 X 射线电视摄像机中应用广泛。

氧化铅摄像管的余像极小，在 X 射线电视摄像机中，用来诊断变化迅速的循环器官系统，但 X 射线量子噪声也很突出，监视器显示的图像会产生畸变。

在 X 射线图像增强器的摄像方式中，为兼顾 X 射线量子噪声和被摄物体速度变化的要求，X 射线电视摄像采用的摄像管的余像特性小于等于 15% 为宜。

硅靶摄像管曾一度用在 X 射线电视摄像机中。由于硒化镉摄像管的灵敏度约为硅靶摄像管的 3.5 倍，γ 值约等于 1，可以获取对比度好的图像，所以取代了硅靶摄像管。

碲化锌镉摄像管，由于其灵敏度高，量子效率高，抗烧伤特性良好，余像适中，暗电流较小，综合响应特性好，故被广泛用于 X 射线图像增强电视系统中。

（4）直接摄像方式用的摄像管

在 X 射线电视摄像机中，直接摄像方式的设备最简单，它没有 X 射线用的光学系统，而是把透视的被摄体直接置于 X 射线摄像管的面板上，原理如图 10-67 所示。

此方法可用于软 X 射线观察生物、植物等的软组织，但多数场合下，用作工业上小型零件的非破坏性检查等。

X 射线用摄像管一般采用 Be 窗口，它具有对 X 射线吸收系数小、暗电流低的特点。

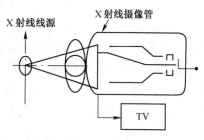

图 10-67　直接摄像方式原理

2. 其他医用摄像机

在医疗领域，除 X 射线电视摄像机外，还有 A、B 等超声波诊断图像采集仪器，CT（计算机层析）的摄像机等多种用途的黑白、彩色摄像机和计算机图像采集系统。

下面介绍两个典型实例。

（1）细胞分析装置

过去用显微镜进行血液形态检查。随着检查数量的增加，正在谋求实现检查自动化，即利用粒子计数器及血液细胞分析装置等进行检查。在这些装置中，计测用黑白电视摄像机及彩色摄像机的图像信号输出，采用 A/D 技术，形成数字图像信号输出，通过运算和比较等处理，进行细胞的识别和分类等。典型的细胞分析装置如图 10-68 所示。

（2）数字荧光成像术（DF）装置

DF 装置的方框图如图 10-69 所示。该装置是用 X 射线图像增强摄像方式，将获得的电视图像转换成数字信号，再将这些信号存储到图像存储器中；经过减法等图像处理，做成血管图像；再经过 D/A 变换，在电视监视器上显示出来。

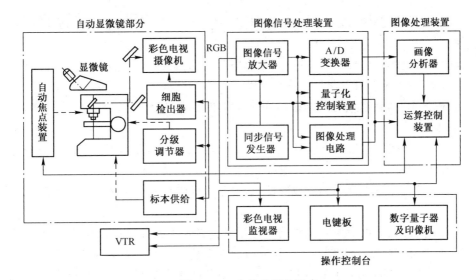

图 10-68 细胞分析装置

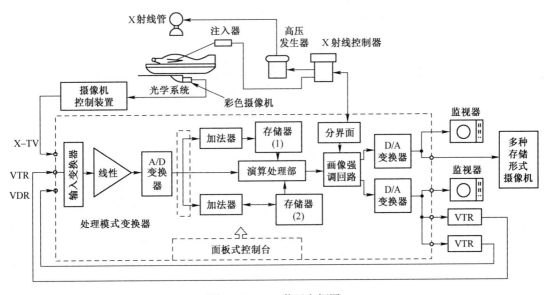

图 10-69 DF 装置方框图

思考题与习题 10

10.1 如何应用光电测量方法获得小位移量与小角度量信息?

10.2 试用线阵 CCD 图像传感器设计测量火炮炮管在发射炮弹过程中震动状况的原理方框图。

10.3 试设计出测量长 2 m、直径 82 mm 钢管直线度的测量方案,画出测量系统原理方框图,并用文字说明。

10.4 今有一块面积为 $10×10$ mm^2 的硅光电池,如何利用它作为定长控制的传感器?试画出测量系统的原理方框图及检测电路。

10.5 用什么样的光电变换技术能够测量望远镜的透过率?(要求画出原理方框图,并加文字解释)

10.6　试举例说明搜索与跟踪系统的差异有哪些？怎样用四象限光电池构成目标跟踪系统的光电探测器？

10.7　试举例说明激光寻的制导系统的工作原理，寻的制导应该由哪几部分构成？

10.8　红外制导系统有哪几类？各有什么特点？

10.9　分析图 10-48，在激光照排机结构中为什么要添加两个缓冲机构？如果不引入缓冲机构会发生什么故障？

10.10　激光打印机是通过哪个部件完成将文字转换成图像信息的？又是通过哪个部件将图像信息转印并打印出来的？

10.11　在激光打印机中常用到硒鼓部件，它在打印机中起什么作用？为什么说它是激光打印机的关键部件？

10.12　测量工件表面粗糙度的关键技术是什么？如何理解图 10-18(b)中为什么要利用两个导光纤维同时照明标准样块与被测样块？该光电变换系统属于哪种光电变换方式？

10.13　试说明多普勒效应在医学中的应用，如何利用激光多普勒效应测量液体流动的流速？

10.14　利用光电信息技术测量速度的方法有几种？为什么说激光多普勒测速技术的精度高，可信度也高？

第 11 章　光电技术的新发展

本章主要介绍光电技术的新发展,包括泵浦探测技术、频率上转换光电探测技术及光电探测技术的发展趋势。

11.1　泵浦探测技术

随着飞秒(fs)激光技术的快速发展,使得泵浦探测技术成为在飞秒尺度上进行时间分辨测量的最有力的方法。光路中有两个具有时间关系的脉冲链(可以是同一束飞秒激光分成的两束光,也可以是同步的两束不同波长的飞秒激光脉冲,甚至是所产生的同步超连续白光),让其中一束光相对于另一束光具有一定的时间延迟。一束光用于泵浦所探测的样品,另一束光用于探测泵浦所激发出的信号。通过改变该时间延迟,可获得该系统对泵浦脉冲的时间响应信息。

对太赫兹($1\,\text{THz} = 10^{12}\,\text{Hz}$)信号的探测是一个非常活跃的研究领域。太赫兹辐射是波长为$30\,\mu\text{m} \sim 3\,\text{mm}$,频率为$0.1 \sim 10\,\text{THz}$的电磁辐射。如图 11-1 所示,太赫兹波段的位置处于红外和微波之间。近十几年,伴随着一系列的新技术、新材料的发展和应用,尤其是超快激光技术的发展,极大地促进了对太赫兹辐射的机理、检测技术和应用技术的研究与发展。在科学上曾经被称为"太赫兹空白"的这一波段已经迅速成为一个新的极具活力的前沿领域。本节以太赫兹探测为例说明泵浦探测技术。

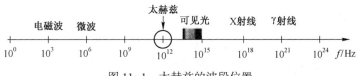

图 11-1　太赫兹的波段位置

由于太赫兹源于低的发射功率与相对较高热背景噪声的耦合,需要高灵敏度的探测手段探测太赫兹信号。在对宽波段的探测中,基于热吸收的直接探测是最常用的手段。这些都需要用冷却的方法降低热背景。最常用的装置是用液体 He 冷却的 Si、Ge 和 InSb 等热辐射的测量仪器。热电红外测量仪器在太赫兹波段也是可以使用的。利用 Ni 在超导态和正常态之间的转变,应用超导技术已经研制成功非常灵敏的热辐射测量仪。干涉技术也可以用来直接得到光谱信息。最近的研究还实现了太赫兹单光子探测。这种探测利用一个工作在强磁场中的量子点的单光子晶体管,可得到其他方法所不能达到的灵敏度。尽管测量所需的时间现在仍被限制在 1 ms 左右,但是已经有人提出了高速探测的设想,并将在太赫兹探测领域引发革命。

对于在太赫兹时域光谱(THz-TDS)系统中的太赫兹脉冲测量,需要使用相干探测。常用的两种方法是光电导采样和自由空间的电光采样。两种方法都需要使用超快激光源,并都要利用泵浦探测技术。光电导采样测量原理是,探测飞秒激光脉冲在光导层中产生自由载流子,用泵浦得到的太赫兹辐射电场驱动载流子产生光电流,通过探测光电流来探测太赫兹辐射。电光采样测量原理是,用太赫兹电场调制探测晶体的双折射,进而调制通过该晶体的探测光束的偏振方向,通过测量探测光束的偏振变化,获得施加电场(太赫兹场)的振幅和相位信息。

1. 光电导采样

光电导采样过程可简单描述为：一个与太赫兹脉冲有确定时间关系的采样脉冲，在光导层中产生自由载流子，当它与自由空间中传播的太赫兹辐射场同时到达时，即可驱动这些载流子产生正比于太赫兹瞬间电场的光电流。记录采样脉冲和太赫兹脉冲在不同时间延迟下产生的光电流，即可获得太赫兹脉冲电场的时间波形。光探测脉冲的持续时间远远短于太赫兹脉冲，所以通过改变两光脉冲的时间延迟采样出时间轴上太赫兹的波形。探测的太赫兹信号是入射太赫兹波形与光电导天线(PCA)响应的卷积。在光谱实验中，探测器和发射器的响应通过反卷积来求解。

早期将 PCA 门控探测器制作在低温生长的砷化镓(LT-GaAs)上，其探测的最大带宽可达到 2 THz。近来利用持续时间为 15fs 的超快门控脉冲的实验，使得探测的带宽达到了 40 THz。LT-GaAs PCAs 可以通过双光子吸收过程，用 1.55 μm 波长的光进行门控。

太赫兹脉冲的光激发和相关探测系统包括锁模 Ti 蓝宝石激光器(为泵浦光束和探测光束的飞秒激光脉冲的光源)、大孔径光电导发射器和电磁波接收器的光电导偶极子天线，并装有硅透镜来提高收集效率。如图 11-2 所示为实验装置，光束由分光镜一分为二：未聚焦的较强光束照射光导发射器的表面，并被一机械斩波器调制；较弱的光束用作探测器的时间开启控制，通过时间延迟装置，聚焦在偶极子天线的两电极间隙间的光导体上。光导偶极子天线既可作为发射机，产生相干太赫兹脉冲，又可作为探测器，对太赫兹脉冲进行探测。

由 Grischkowsky 发明的光电导探测(偶极子)天线(PCA 门控探测器)的几何结构如图 11-3 所示。可选用 LT-GaAs 晶片作为基底材料。每一种材料都有极短的光致载流子寿命，这是探测器响应与被探测信号波形的卷积最小所必需的。天线构件放置在 20 mm 长的共面传输线的中间，传输线由两条平行的金属线组成，金属线的宽度为 5 μm，间距为 10 μm。聚焦的入射太赫兹辐射电场在光电导探测天线两极间产生瞬时偏压，此天线直接与锁相放大器连接。因此，瞬时电压的强度和时间的相关性可以通过测量集电极电荷(平均电流)对入射太赫兹脉冲和光脉冲的相对延迟来获得。光脉冲通过驱动限制在 5 μm 天线中间的光导开关对探测器进行同步控制。因此，太赫兹辐射的时域波形可通过泵浦和探测光脉冲的时间延迟采样获得。仪器的信噪比可超过 10^3。天线探测响应范围近似为 0~5 THz。探测器的测量信号也将被锁相放大器和计算机数据采集系统放大，取平均并被数字化后，有

$$I(\tau) \propto \int_{-\infty}^{\infty} E(t)n(t-\tau)\mathrm{d}t \qquad (11.1-1)$$

如图 11-3 所示的光电导探测天线，具有自由空间电场，持续时间为皮秒(ps)的太赫兹光斑给电极加上偏压。飞秒(fs)探测脉冲控制电极产生瞬态光致载流子，形成瞬变电流，被检流计探测。电流正比于所加的太赫兹场，如式(11.1-1)所示。

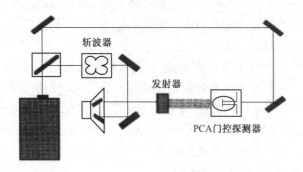

图 11-2　PCA 泵浦探测技术实验装置

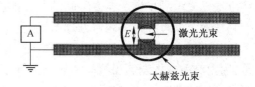

图 11-3　光电导探测天线的几何结构

2. 自由空间电光技术

近些年,自由空间技术得到发展。下面讨论基于 Pockels 效应的电光(EO)采样的探测技术。

如图 11-4 所示为常用的自由空间中电光采样(FS-EOS)太赫兹测量装置。超快激光脉冲被分束镜分为两束光:泵浦光束(强光束)和探测光束(弱光束)。泵浦光束照射在太赫兹发射器上(例如 PC 天线发射器,光整流发射器等)。发射器产生的辐射为短电磁脉冲,持续时间在 ps 量级,频率在 THz 量级。辐射通常有一个或几个周期,因此带宽很宽。太赫兹光束被一对抛物面镜聚焦到 EO 晶体上,它改变了 EO 晶体折射率的椭球面。线偏振 ps 探测光束在晶体内与太赫兹光束共线传播,它的相位被折射率调制,而折射率已被太赫兹脉冲的电场改变。相位改变又经偏振器(这里是 Wollaston 棱镜)转化为强度的改变。经偏振器射出的两束光用差分式探测器探测,用来压缩激光噪声。用机械延迟平移调整台来改变太赫兹脉冲和探测脉冲的时间延迟,通过扫描该时间延迟而得到太赫兹电场波形。为了提高灵敏度,泵浦光束用机械斩波器调制,被太赫兹调制的探测信号由锁相放大器提取。

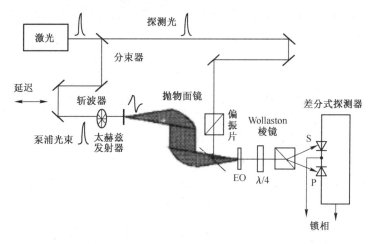

图 11-4 自由空间中电光采样(FS-EOS)太赫兹测量装置

EO 采样的坐标系如图 11-5 所示。假定探测光束沿 z 方向传播,x 和 y 为 EO 晶体的结晶坐标轴。EO 晶体上施加电场,电感应双折射坐标轴 x' 和 y' 相对于 x 和 y 成 45°,如图 11-5 所示。如果入射光束为 x 方向偏振,则输出光束分布为

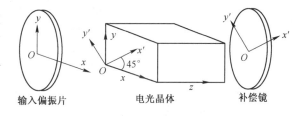

图 11-5 EO 取样的坐标系

$$\begin{bmatrix} E_x \\ E_y \end{bmatrix} = \begin{bmatrix} \cos\dfrac{\pi}{4} & -\sin\dfrac{\pi}{4} \\ \sin\dfrac{\pi}{4} & \cos\dfrac{\pi}{4} \end{bmatrix} \begin{bmatrix} \exp(j\delta) & 0 \\ 0 & 1 \end{bmatrix} \begin{bmatrix} \cos\dfrac{\pi}{4} & \sin\dfrac{\pi}{4} \\ -\sin\dfrac{\pi}{4} & \cos\dfrac{\pi}{4} \end{bmatrix} \begin{bmatrix} E_0 \\ 0 \end{bmatrix} \qquad (11.1\text{-}2)$$

式中,$\delta = \Psi_0 + \Psi$,为 x' 和 y' 偏振的相位差,包括动态(Ψ,为太赫兹感生)和静态(Ψ_0,来自 EO 晶体和补偿器的固有或剩余双折射)相位差。式(11.1-2)中,x 和 y 偏振光的强度为

$$\begin{cases} I_x = |E_x|^2 = I_0 \cos^2 \dfrac{\Psi_0 + \Psi}{2} \\[3mm] I_y = |E_y|^2 = I_0 \sin^2 \dfrac{\Psi_0 + \Psi}{2} \end{cases} \qquad (11.1\text{-}3)$$

式中，$I_0 = E_0^2$，为入射光强度。可以看出，$I_x + I_y = I_0$，遵守能量守恒定律。通常使用 Wollaston 棱镜提取 x 和 y 偏振光。

静态相位差 Ψ_0 也称为光学偏置，其值常被设置为 $\pi/2$ 以平衡探测。对于没有固有双折射的 EO 晶体(例如 ZnTe)，通常用 $\lambda/4$ 波片来提供此光学偏置。因为在大多数 EO 采样的情况下，$|\Psi| \ll 1$，因此

$$
\begin{cases}
I_x = \dfrac{I_0}{2}(1 - \Psi) \\
I_y = \dfrac{I_0}{2}(1 + \Psi)
\end{cases}
\tag{11.1-4}
$$

对于平衡探测，测量到 I_x 和 I_y 的差别，便可以得到信号

$$
I_s = I_y - I_x = I_0 \Psi \tag{11.1-5}
$$

它正比于太赫兹感应的相位改变 Ψ。并且 Ψ 反过来与太赫兹脉冲的电场成比例。对于 $\langle 110 \rangle$ ZnTe 晶体，有下面的关系

$$
\Psi = \frac{\pi d n^3 \gamma_{41}}{\lambda} E \tag{11.1-6}
$$

式中，d 为晶体厚度，n 为探测光束的折射率，λ 为波长，γ_{41} 为 EO 系数，E 为太赫兹脉冲的电场强度。

图 11-6 所示为自由传播的太赫兹脉冲的典型波形及光谱分布。它是利用大孔径光导天线制作的发射器，用 1 mm 厚 $\langle 110 \rangle$ ZnTe 晶体作为电光晶体，通过自由空间 EO 采样测量出来的。可以看出，FS-EOS 具有良好的信噪比和谱宽。利用相干 RegA 9000 激光放大器(中心波长 820 nm，脉冲持续时间 250 fs，重复频率 250 kHz)，可得到的信噪比高达 1.8×10^6。

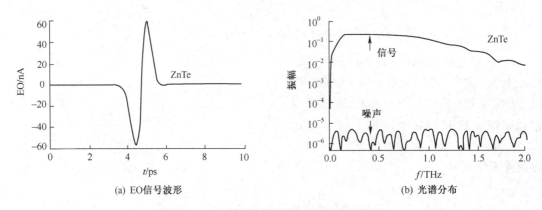

(a) EO信号波形 (b) 光谱分布

图 11-6　太赫兹脉冲的典型波形及光谱分布

需要注意，前面讨论的 EO 采样是建立在稳定电场基础上的。对于太赫兹脉冲这样的瞬态电场，必须考虑相位的匹配。当探测脉冲对于太赫兹脉冲具有不同的群速度(所谓的群速度失配或 GVM)时，通常不是对太赫兹脉冲的相同位置采样，而是扫描太赫兹脉冲，导致测量波形的展宽。GVM 可在时域内讨论，也可在频域内讨论。频域处理较为精确，是因为介电常数在太赫兹范围色散。探测的频率响应函数与所产生的频率响应函数相同。图 11-7(a) 所示为 EO 采样探测到的光束群折射率。图 11-7(b) 所示为几种厚度的 GaP 探测器的频率响应函数。探测器越薄，频率响应函数越宽。因此，一旦材料给定就应尽量使用薄晶体来得到宽频带。然而，厚度薄意味着相互作用的距离短，灵敏度差。要根据具体应用选择适当厚度的晶体。

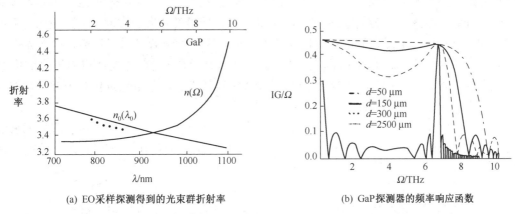

(a) EO采样探测得到的光束群折射率

(b) GaP探测器的频率响应函数

图 11-7　EO 采样探测得到的光束群折射率和 GaP 探测器的频率响应函数

3. 并行测量(啁啾展宽脉冲测量)

传统的时域光电测量,如泵浦–探测法太赫兹时域光谱测量,是利用机械移动平台来改变泵浦和探测脉冲的光路的,载有泵浦光产生信息的探测光束的强度和偏振态在每一个顺次的时间延迟下被记录下来。通常,时域扫描测量中的数据是一系列的获得过程;探测脉冲采样期间记录的信号只是太赫兹波形非常小的一部分(大致是探测光束的脉冲持续时间)。因此,单通道探测的数据采集速率被限制在 100 Hz、时域扫描为几十皮秒的范围内。显然,这个相对较慢的数据采集速率不能满足快速运动物体的时域太赫兹光谱或火焰分析等实时测量的需要。为了提高采集速率,可采用并行数据采集或多通道的探测。

图 11-8 所示为啁啾脉冲测量实验装置示意图。它的几何结构类似于传统的自由空间电光采样装置,除了用一对光栅来啁啾展宽探测光束外,还需要用阵列探测器光谱仪测量光谱分布。所使用的 Ti 蓝宝石激光器(相干 RegA 9000)的平均输出能量为 0.9 W,脉冲持续时间为 200 fs,重复频率为 250 kHz。Ti 蓝宝石激光器的中心波长约为 820 nm,光谱带宽从 10 nm(RegA)到 17 nm (Tsunami)。太赫兹发射器为 8 mm 宽的 GaAs 光导体。焦距为 5 cm 的聚乙烯透镜将太赫兹光束聚焦到 4 mm 厚的〈110〉ZnTe 晶体上。探测光脉冲被光栅对在频率域展开,使时间宽度从亚 ps 展宽到 30 ps 以上。此方法将多次时间延迟扫描转换成一次不同波长的光所走的路程不同,以便达到时间延迟的目的。由于光栅的负啁啾效应,脉冲的短波部分超前于长波部分。固定的延迟线用于将太赫兹脉冲定位于同步光探测脉冲(获得窗口)的持续时间和用作时域标定。

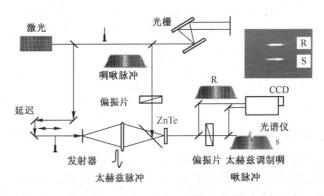

图 11-8　啁啾脉冲测量装置示意图

当啁啾探测光脉冲(脉宽约为30 ps)和太赫兹脉冲共线,通过 ZnTe 晶体时,由于 Pockels 效应不同,波长成分的偏振态被太赫兹脉冲场的不同部分旋转,旋转的角度和方向与太赫兹场的强度及极性有关。经过检偏器,偏振态的调制转化为光谱振幅的调制。光谱仪用于将准直探测光束分散或集中到 CCD 摄像机的像面上。由于探测器阵列的信噪比有限,应在零光透射附近完成电光调制,以避免探测器饱和。ZnTe 晶体的剩余双折射会造成调制背景。探测光束相对于背景光的净变化很小,因此电光测量近似为线性操作,其中,应使用正交偏振器。

图 11-9(a)所示为有和无太赫兹调制的光谱,其差别正比于太赫兹电场。通过改变太赫兹和探测脉冲的延迟时间,太赫兹调制在光谱上移位如图 11-9(b)所示,显示了有用的时域窗口和线性特性。

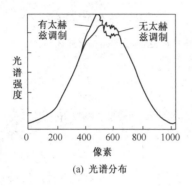

(a) 光谱分布

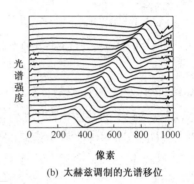

(b) 太赫兹调制的光谱移位

图 11-9 实验结果

光谱只占 CCD 摄像机的一维,因此实现一维空间和一维时域成像是可能的。图 11-8 的装置需要做一些修正。探测光束先被扩展,然后由柱面透镜聚焦成细光线并照射到 EO 晶体上;经过 EO 晶体后,探测光束被另一柱面透镜恢复为圆形光束。通过此方法,可以测量到一维空间分布和时域波形。

4. 并行测量(太赫兹扫描照相机)

啁啾脉冲测量使得在单程偏置下研究不可重复事件成为可能。然而,理论分析表明,啁啾脉冲测量的时间分辨率为 $\Delta T = \sqrt{T_c T_0}$,式中 T_c 和 T_0 分别是啁啾和未经啁啾的光探测脉冲的持续时间。因此,当 $T_c = 100$ ps, $T_0 = 0.25$ ps 时, $\Delta T \approx 5$ ps。因为啁啾脉冲技术是频域技术,是限制时间分辨率的因素之一,也是激光脉冲的光谱带宽。太赫兹脉冲在时域调制啁啾探测脉冲,信号在频域被提取。所以时间分辨率会由于时间-频率关系而受到限制。

光扫描照相机利用电光采样在时域测量超快光脉冲。对于直接测量,测量光的光子能量需大于阴极功函数,使光激发出电子。因受阴极材料的限制,传统的扫描照相机只适用于短波长,例如 X 射线、UV、可见光和近红外光。经多方努力来展宽可测量的波长范围。有报道称,一种远红外扫描照相机利用 Rydberg 态原子,使测量波长由近红外扩展到 100 mm。实验中,需要 UV 激光源将电子泵浦到激发态。气体原子必须置于真空腔内。10 年前,用扫描照相机间接测量无线电频率和微波,用 EO 调制器作为转化器,无线电波和微波信号被转化为连续波,对 He-Ne 激光器的强度进行调制。最高可测量频率由于 EO 调制器的带宽而被限制在约40 GHz。随着自由空间 EO 采样的发展,带宽已扩展为40 THz,EO 调制器不再是限制因素。目前,具有领先水平的扫描照相机的时间分辨率超过了 200 fs,因此将电光仪器和光扫描照相机结合,可以覆盖以前不可达到的频率范围。

电光太赫兹扫描照相机的测量原理如图 11-10 所示。太赫兹脉冲(泵浦获得的脉冲)和线偏振飞秒探测脉冲共线穿过 EO(ZnTe)晶体,经过 Pockels 效应探测脉冲的偏振方向受到太赫兹脉冲电场的调制,并由检偏器将偏振方向调制转化为强度调制。太赫兹调制的飞秒光探测脉冲照射扫描电子管的光电阴极,产生光电子,光电子飞向 MCP 加速。同时,在扫描电极提供的同步静电压下,光电子沿 x 方向偏转。因此,不同时间产生的电子会射到 MCP 的不同位置。电子穿过 MCP 后,经过几千次放大,然后在荧光屏上生成可见的成像轨迹。荧光屏的图像通过 CCD 摄像机输入到计算机。

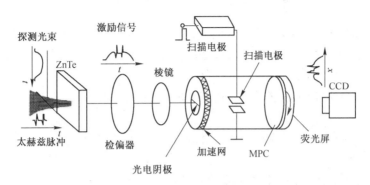

图 11-10　电光太赫兹扫描照相机的测量原理

用 CCD 扫描照相机测量太赫兹脉冲的时域信号波形如图 11-11 所示。其中图 11-11(a)为平均测量的波形,图 11-11(b)为单脉冲测量的波形。显然,由于多次测量过程中噪声互相抵消而减小。

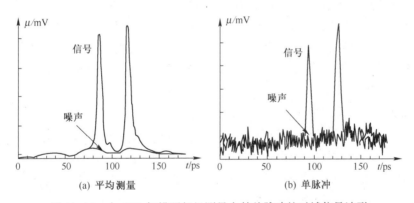

图 11-11　由 CCD 扫描照相机测量太赫兹脉冲的时域信号波形

太赫兹扫描照相机的时间分辨率主要受到光扫描照相机的限制,灵敏度约为 6 V/cm。

11.2　频率上转换光电探测技术

1. 上转换现象

上转换现象起源于 F. Biter(1949)和 A. Kaster(1954)的研究。1959 年,Bloembergen 将 Er^{3+} 的连续双光子吸收成功地应用于红外光量子探测器,可以作为上转换器件研究的开始。

1971 年,L. F. Johnson 等最早观察到上转换产生的受激发温度为 77 K 的 $Yb/Er:BaY_2Fs$ 晶体,其间 Yb^{3+} 吸收红外泵浦光,两次连续能量转移使 Ho^{3+} 或 Er^{3+} 被激发,实现了 Ho^{3+} 的 $5F_4$,$5S_2-5I_8$ (0.55 μm)和 Er^{3+} 的 $4S_{3/2}-4I_{15/2}$(0.67 μm)跃迁,分别获得绿色和红色激光。

自 T. F. Carrntters 等人用 1064 nm 的锁模 Nd:YAG 激光器作为泵浦源,在掺 Nd^{3+} 石英光纤中

第一次观察到 496 nm、633 nm 和 723 nm 等可见荧光以来,掺稀土离子石英光纤中的频率上转换现象引起了人们的极大兴趣。不久,D. C. Hanma 等人分别利用 457.9 nm 的氩离子激光、660 nm 的染料激光以及 1064 nm 的 Nd:YAG 激光作为泵浦源,又在掺稀土离子 Tm^{3+} 和 $Yb^{3+}:Tm^{3+}$ 石英光纤中观察到紫外和可见上转换荧光。时隔不久,国内一些作者首次报道了实验研究"连接 1064 nmNd:YAG 激光泵浦的掺 Er^{3+} 石英光纤中频率上转换过程"。他们也观察到掺 Er^{3+} 石英光纤发射的蓝色和红色可见荧光。

1995 年 P. Xie 和 T. R. Gosnell 用钛宝石激光器的 860 nm 泵浦长度为几十厘米的光纤,通过更换不同的输出镜获得了红、橙、绿、蓝四种颜色的激光,功率分别为 300、44、20 及 3 mW,斜率效率分别为 52%、11.5%、12.4% 及 3%。

2002 年 Zellmer 等人用 850 nm 的 LD 泵浦包层 $Pr^{3+}/Yb^{3+}:ZBLAN$ 光纤,获得了 2.06 W 的 635 nm 红光输出。

目前,固体激光器的激光波长主要在近红外和红外波段,欲获得蓝色激光输出,主要有以下三种方法:

(1) 利用宽禁带半导体材料直接制作蓝光波段的半导体激光器;

(2) 利用非线性频率变换技术对固体激光进行倍频;

(3) 利用上转换技术在掺稀土的晶体、玻璃或光纤中实现蓝色激光输出。

蓝光光纤激光器利用了稀土离子上转换的发光机理,即采用波长较长的激发光照射掺杂的稀土离子样品时,发射出波长小于激发光波长的光。稀土离子的上转换机制一般可以分为激发态吸收、能量转移和光子雪崩三种过程。蓝光上转换光纤的输出波长一般为 450~490 nm。目前,能获得蓝光输出的稀土离子主要有 Tm^{3+}、Pr^{3+} 两种。但是,在大多数情况下,为了提高泵浦吸收效率和上转换发光效率,往往采用将 Tm^{3+} 或 Pr^{3+} 离子与 Yb^{3+} 掺杂的方式,通过 Yb^{3+} 离子的敏化作用,利用多声子吸收的原理获得高效的上转换发光效应。Tm^{3+}/Yb^{3+} 共掺和 Pr^{3+}/Yb^{3+} 共掺这两种方式的上转换光纤激光,目前报道得最多。

2. 上转换原理

在通常的激光器中,泵浦光子的能量比激光光子能量高,激活离子吸收一个泵浦光子即足以被激发到上激光能级。对上转换激光器而言,要使激活离子被激发到上激光能级,需要不止一个光子,才能提供足够的能量。这就构成对上转换激发机理的研究。目前,将这类过程大致分为三种,如图 11-12 所示。

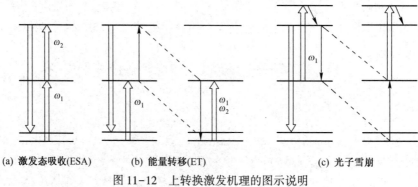

(a) 激发态吸收(ESA)　　　(b) 能量转移(ET)　　　(c) 光子雪崩

图 11-12　上转换激发机理的图示说明

(1) 激发态吸收(ESA)。一个基态离子顺序吸收两个光子能引起上转换激发。第一个光子使亚稳态的光子数增加,第二个光子通过激发态吸收把亚稳态粒子泵浦到上激发能级,当足够多的粒子被激发到亚稳态时,就有可能造成上激光能级对基态的粒子数反转,实现上转换跃迁。

（2）能量转移（ET）。两个能量接近的邻近离子通过非辐射的耦合，其结果是，一个回到基态，另一个被激发到上能级。在多数情况下，这些交叉弛豫过程建立在电偶极子之间相互作用的基础上。为了弥补施主和受主离子能量的失配，声子参与能量转移过程。

（3）雪崩吸收或光子雪崩过程。它涉及泵浦光的激发态吸收，以及离子间的交叉弛豫。

3. $Yb^{3+}：KGd(WO_4)_2$ 材料的频率上转换发光

采用如图 11-13 所示的荧光光谱测试实验装置，对一系列掺有不同 Yb^{3+} 摩尔分数的 $KGd(WO_4)_2$ 粉末样品进行荧光光谱的测试。当 LD 泵浦光源的波长为 980 nm 时，RF-540 荧光光谱仪测出的荧光光谱分别如图 11-14 及图 11-15 所示。

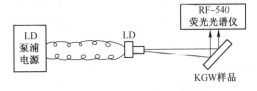

图 11-13　荧光光谱测试实验装置

从图 11-14 可以看出，在 1.020 μm 处出现的是一个较弱的荧光光谱的峰值。但是，从图 11-15 可以看出，在 475 nm 处出现一个很强的蓝色发光谱带，谱带范围为 462~492 nm，峰值在 475 nm 处。

图 11-16 所示为蓝色荧光相对强度与 Yb 掺杂摩尔分数的关系曲线。可以看到随着 Yb^{3+} 掺杂摩尔分数的增加，蓝色发光强度也迅速增强，当 Yb 摩尔分数为 25% 时，荧光强度达到最大。然后，随着 Yb 掺杂摩尔分数的增加，蓝色发光强度也迅速衰弱。当 Yb 掺杂摩尔分数为 8%~10% 时，在 1.020 μm 处的荧光光谱的强度达到最大。

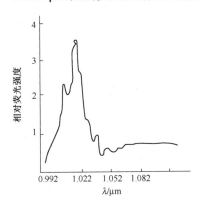

图 11-14　1.02 μm 荧光光谱

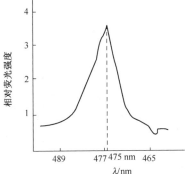

图 11-15　475 nm 荧光光谱

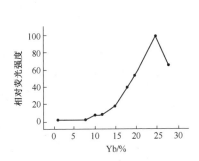

图 11-16　蓝色荧光相对强度与 Yb 掺杂摩尔分数的关系曲线

4. 掺 Tm^{3+} 石英光纤频率上转换过程

3 价稀土离子 Tm^{3+} 由于能级结构非常丰富，用它可以得到多种波长的激光，而且它在 800 nm 附近具有最强的光谱吸收，可用作激光二极管泵浦，实现全固体化。

（1）实验方法

铥（Tm）是Ⅲa 系金属，原子序数为 69，在失去 6s 支壳层上的 2 个电子和 4f 支壳层上的 1 个电子后，以正 3 价离子形式掺杂在石英光纤中。掺铥石英光纤的部分能级图如图 11-17 所示。

实验中所用的光纤参数为：掺杂浓度 1000 ppm，芯径 7.6 μm，数值孔径 0.251。实验装置如图 11-18 所示。采用美国 Quantronix 公司 4216D 型 Nd^{3+}：YLF 激光器作为泵浦光源，工作波长为 1053 nm，激光器运行在连续工作状态。用 25× 显微镜的物镜镜头耦合，耦合效率约 50%。光谱

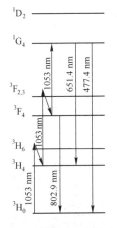

图 11-17　掺铥石英光纤的部分能级图

273

测量系统采用国产 WDG500-1A 型 1m 光栅光谱仪，并采用国产多碱阴极 PMT 进行光谱探测，获得如图 11-19 所示的探测结果。

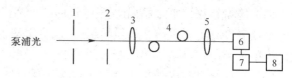

图 11-18　实验装置
1,2—光阑　3,5—25× 显微镜物镜镜头
4—掺 Tm³⁺ 石英单模光纤　6—单色仪
7—光电倍增管　8—X-Y 记录仪

（2）结果分析

在暗室条件下，用 1053 nm 连续红外光谱的激光作为泵浦源，人眼可以看到掺 Tm³⁺ 石英光纤发出明亮的蓝光，其中夹杂着红光。光栅光谱仪测出如图 11-19 所示的光谱。

由图 11-19 可见，长度为 0.26 m 的掺 Tm³⁺ 石英光纤在泵浦功率为 328 mW 时，将输出从紫外光到近红外光的发射光谱。在近红外光、红光、蓝光和紫外光等波段均有峰值产生，分别为 802.9 nm、651.4 nm、477.4 nm 和 387.4 nm，图中标明了能级跃迁的状况。实验所得的峰值波长与有关文献报道的稍有出入，可能与基质组分不完全相同和掺杂不均匀有关，也可能与测量仪器的精度和测量误差有关。

为分析频率上转换的泵浦过程，实验采用不同的泵浦激光强度来观察上转换荧光强度的变化情况。当泵浦功率为进入光纤的功率时，得到如图 11-20 所示的双对数坐标系统中上转换荧光谱线强度随泵浦功率变化曲线。离散点为实验数据点，直线为拟合曲线。三条直线的拟合方程分别为

$$\begin{cases} \lg I = -3.68967 + 2.28296\lg P \\ \lg I = -5.261 + 2.85515\lg P \\ \lg I = -5.10941 + 2.87878\lg P \end{cases} \quad (11.2\text{-}1)$$

即近红外光、红光和蓝光的对数曲线的斜率分别为 2.28、2.86 和 2.88。实验结果证明，近红外光荧光强度与泵浦激光功率成 2 次幂的关系，因此泵浦过程属于 2 光子的吸收过程。而红色荧光和蓝色荧光的泵浦过程则属于 3 光子的吸收过程。

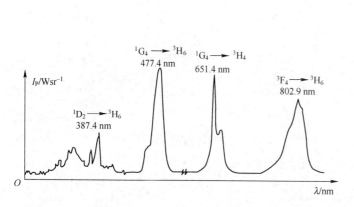

图 11-19　掺铥石英光纤在 1053 nm 泵浦下的上转换光谱
（各谱线纵坐标不同）

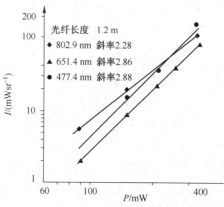

图 11-20　上转换荧光谱线强度随泵浦
功率的变化曲线

蓝光、近红外光在短波侧出现"肩峰"，红光在长波侧出现"肩峰"。典型光谱峰值曲线如图 11-21 所示。对这种情况，有些文献中仅仅提及蓝光、近红外光在短波侧有荧光发射的可能性，但未有光谱结果。经过分析，认为可能分别由 ¹D₂→³H₄、¹G₄→³H₅ 和 ¹D₂→³F₄ 之间的跃迁产生。产生蓝光肩峰和红光肩峰的跃迁上能级均为 ¹D₂ 能级，与产生紫外光的跃迁上能级相同。有关 ¹D₂ 能级上转换的集居过程还需要更详细的实验研究。

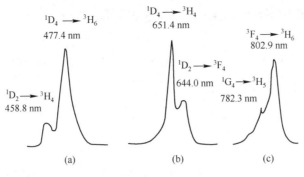

图 11-21 伴有肩峰的典型光谱

5. 频率上转换三维立体显示

频率上转换三维立体显示的基本原理是,利用两束相交的不同波长的红外激光,交叉作用于频率上转换材料而产生短波辐射。图 11-22 所示为它的原理示意图。在两束激光的交叉点处,发光中心的电子经过两级泵浦从基态能级激发到较高能级。当这些电子向下能级跃迁时将产生可见光发射。两束激光的交叉点按所显示立体图形在上转换材料中做相应的空间三维寻址扫描,即可以显示各种三维立体图像。

频率上转换三维立体显示材料的选取原则是,两级泵浦激光的波长都为红外光,同时,还要求相对两级泵浦激光的单频双光子或单频多光子的上转换发光效率很低,这样才能避免产生非寻址点的暗、亮线。选用 ZBLAN:Pr,Yb 玻璃作为频率上转换发光材料,ZBLAN:Pr,Yb 玻璃样品的 Pr^{3+} 浓度为 0.5% mol;Yb^{3+} 浓度为 1.5%~3% mol。

如图 11-23 所示为 Pr^{3+} 离子和 Yb^{3+} 离子的能级和上转换激发过程。通过对 Pr^{3+} 离子的两级泵浦激发,将其从基态 $^3H_4$ 激发到 $^3P_0$。通过 Judd-ofelt 理论计算和实验研究表明,Pr^{3+} 离子从基态 $^3H_4$ 能级到第一泵浦能级 $^1G_4$ 的激发态的跃迁概率非常小。为增加 $^1G_4$ 能级的布居数,用 Yb^{3+} 离子来做 Pr^{3+} 的敏化离子。

通过 Yb^{3+} 与 Pr^{3+} 之间的交叉能量传递方式,间接激发 Pr^{3+},以增加 $^1G_4$ 能级的激发强度。在实验中,利用 960 nm 半导体激光泵浦 Yb^{3+} 离子,将 Yb^{3+} 从 $^2F_{7/2}$ 能级激发到 $^1F_{5/2}$ 能级。Yb^{3+} 离子通过能量传递(ET)把能量传递给 Pr^{3+} 离子,将其从 $^3H_4$ 能级激发到 $^1G_4$ 能级。再用 820 nm 激光通过共振吸收激发,将 $^1G_4$ 能级上的电子激发到 $^3P_0$ 能级,由 $^3P_0$ 向下能级跃迁发光。在所选择的激光强度下,960 nm 激光的单频双光子上转换发光引起的非寻址点的暗、亮可以忽略,得到较为满意的显示效果。

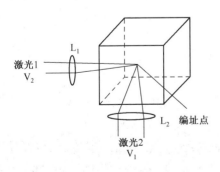

图 11-22 频率上转换三维立体显示原理示意图

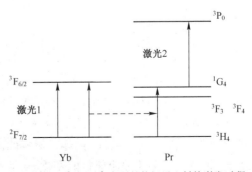

图 11-23 Pr^{3+} 和 Yb^{3+} 离子的能级及上转换激发过程

6. TEA CO$_2$ 激光在 AgGaSe$_2$ 晶体中的倍频实验研究

（1）理论分析

倍频输入光波是由 TEA CO$_2$ 激光器产生的 TEM$_{00}$ 模高斯光束，所用的 AgGaSe$_2$ 倍频晶体为负单轴晶体。下面讨论高斯光束在负单轴晶体中的倍频。

高斯光束的基波功率为

$$P_1 = 2n_1 c\varepsilon_0 \int_0^{2\pi} \int_0^{\infty} |E_1(r)|^2 r\mathrm{d}r\mathrm{d}\varphi = 2n_1 c\varepsilon_0 |A_1|^2 \frac{\pi\omega_0^2}{2} = I_1 \frac{\pi\omega_0^2}{2} \tag{11.2-2}$$

式中，ω_0 为基波光束束腰半径，ε_0 为真空中的介电常数，n 为折射率，I 为光强，A 为电场强度的振幅，c 为真空中的光速。

谐波功率为
$$P_2 = 2n_2 c\varepsilon_0 \int_0^{2\pi} \int_0^{\infty} |A_2|^2 r\mathrm{d}r\mathrm{d}\varphi = \frac{8\pi^2 L^2 d_{\text{eff}}^2}{n_1^2 n_2 \lambda_1^2 c\varepsilon_0} \frac{P_1^2}{\pi\omega_0^2} \text{sinc}^2\left(\frac{\Delta kL}{2}\right) \tag{11.2-3}$$

式中，L 为晶体长度，波矢差 $\Delta k = 2k_1 - k_2$，其中角标 1，2 表示基波光与倍频光，d_{eff} 为有效非线性光学常数。因此，倍频效率为

$$\eta = \frac{P_2}{P_1} = \frac{8\pi^2 L^2 d_{\text{eff}}^2}{n_1^2 n_2 \lambda_1^2 c\varepsilon_0} \frac{P_1}{\pi\omega_0^2} \text{sinc}^2\left(\frac{\Delta kL}{2}\right) = \frac{8\pi^2 L^2 d_{\text{eff}}^2}{n_1^2 n_2 \lambda_1^2 \varepsilon_0 c} |I_1| \text{sinc}^2\left(\frac{\Delta kL}{2}\right) \tag{11.2-4}$$

在负单轴晶体中的匹配角为

$$\theta_m(\omega) = \arcsin\left\{ \frac{n_e(2\omega)}{n_o^2(2\omega)} \left[\frac{n_o^2(2\omega) - n_o^2(\omega)}{n_o^2(2\omega) - n_e^2(2\omega)} \right]^{1/2} \right\} \tag{11.2-5}$$

式中，角标 o，e 表示寻常光与非寻常光，ω 为角频率。

而可接收角为
$$\Delta\theta_m(\omega) = \frac{\Delta k\lambda(\omega)}{2\pi n_o^3(\omega) \left[\dfrac{1}{n_e^2(2\omega)} - \dfrac{1}{n_o^2(2\omega)} \right] \sin(2\theta_m)} \tag{11.2-6}$$

例如，对 10.59 μm 波长的 CO$_2$ 激光光束，在室温下，经计算可得匹配角 $\theta_m = 55.43$。取 $\Delta k = \pi/L$，实际上是在函数 $\text{sinc}(\Delta kL/2)$ 中，令 $\Delta kL/2 = \pi/2$，近似在半峰值处，$\Delta\theta = 0.83$。

（2）实验装置与晶体特性

倍频实验装置如图 11-24 所示。采用小型高重复频率的可调谐 TEA CO$_2$ 激光器对 AgGaSe$_2$ 晶体进行实验研究。通过对激光器输出的能量、脉冲宽度及束腰半径的测量，得到激光输出的能量密度及功率密度等。考虑 AgGaSe$_2$ 晶体的损伤阈值，当峰值功率密度超过 40 MW/cm^2 时，晶体就有可能受到损伤。

由焦距公式　　　　　　　　　　$f = \pi w_0 w / \lambda$

式中，f 为反射镜的焦距，w_0 为入射光束束腰半径，w 为出射光在焦点处（晶体中）的光斑半径，λ 为激光波长。可以估算出聚焦凹面镜的焦距应选在 400～600 mm 之间。取 $f = 500$ mm，采用能量计（ED500）和示波器（HITCHI VC6045）来监测基波光的能量变化。实验采用的滤光片为两个 5 mm 厚的 LiF 片，经测定其总的基波光的透过率为 4×10^{-5}，总的倍频光透过率为 81%。

在基波光的能量为 41.4 mJ，晶体与聚焦凹面镜的中心距为 58 cm 时，调整晶体方向，改变光线的入射角，记录相应谐波输出能量的变化，从而得到长为 11.7 mm 的 AgGaSe$_2$ 晶体在 1059 μm 波长处的倍频角度调谐曲线。长为 11.7 mm 晶体的倍频角度调谐曲线如图 11-25 所示。

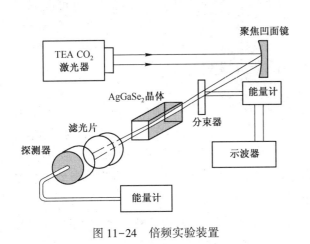

图 11-24　倍频实验装置

图 11-25　长为 11.7 mm 晶体的倍频角度调谐曲线

7. 单光子上转换过程新进展

如图 11-26 所示为在基本 PPLN 晶体上进行的上转换实验示意图。当输入 1550 nm 和1064 nm 的长波辐射时,在 APD 的像面上得到 631 nm 光束产生的信号输出。

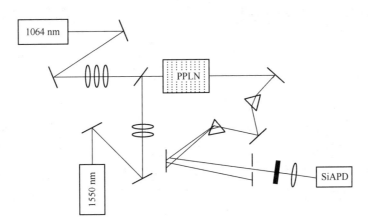

图 11-26　基本 PPLN 晶体上的上转换实验示意图

上转换使得红外单光子探测器与InGaAs和锗雪崩光电二极管(APDs)(通常用于红外单光子探测)相比更有优势。如图 11-27 所示为上转换方式实测转换光强度曲线。因此,采用硅APD探测器可以有效地探测红外光子的频率上转换信号。在非线性晶体锂铌酸盐周期电极(PPLN)的频率上转换,使红外光子转换成可见光。通过高强度和单光子过程,说明上转换状态是单光子 Fock 态和真空态的叠加。

另外,有基于周期转换非线性的一维准相位匹配结构的研究报道,理论上分析了半导体 $Al_xGa_{1-x}As$ 波导设备在中红外及远红外波段的耦合,初步实验显示 GaAs 和 $Al_{0.4}Ga_{0.6}As$ 的交替领域。关于第一次用可调激光的多模纤维传输高

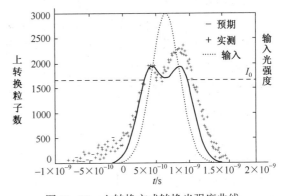

图 11-27　上转换方式转换光强度曲线

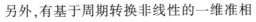

频远程无线单元,其可调激光的相位由上转换因子大于 20 的低频电信号调制的报道可参见有关文献。

11.3　光电技术的发展趋势

光电技术是 21 世纪的尖端科学技术,它将对整个科学技术的发展起着巨大的推动作用。当前光电技术已经渗透到许多科学领域。例如,激光技术、光电信息技术、红外与微光技术、光子技术、生物医学光学、光电对抗技术、光电探测技术、光电跟踪技术、光存储技术,以及基础研究中的光电元器件、光电材料和制造技术等领域。同时它本身涵盖了众多的科学技术,它的发展也带动了众多科学技术的发展,并在交流与发展的过程中,形成了巨大的光电产业。

光电产业是 21 世纪全球高科技竞争的焦点。在高科技产业中,光电产业处于特殊的地位,光电技术和微电子技术是现代高科技产业发展的两大核心技术。美国商务部指出,谁在光电产业方面取得主动权,谁就会在 21 世纪的尖端科技较量中夺魁。同时,光电产业的产业关联性强,发展潜力大,科学界曾预言,光电产业在 10 年内将形成 5 万亿美元的产值,成为全球最大的产业。因此,无论是发达国家还是发展中国家都把光电产业作为产业发展的重点。

11.3.1　光电技术的若干进展

近年来光电技术有了新的进展,下面介绍若干新进展。

1. 光电材料与器件

(1) 量子阱与半导体超晶格材料及器件

量子阱与半导体超晶格材料及器件的研究得到了迅速发展。量子阱激光器的阈值电流达到了亚毫安量级,调制带宽达几十 GHz,极大地降低了功耗。半导体光放大器采用了量子阱结构,仅用不同阱宽、不同数量的量子阱就可得到超过 70 nm 平坦增益带宽的放大器。量子阱与半导体超晶格材料由于存在室温激子,使量子效应器件具有较强的非线性光学特性,据此已研制出光开关、光存储、光逻辑等多种功能的量子效应器件。

(2) 垂直腔面发射激光器

量子阱结构使垂直腔面发射激光器得以实现。它的问世使得在 1 cm² 的芯片上制作 100 万个激光器成为可能。垂直腔面发射激光器阵列是光子学器件在集成化上的一个突破,它有利于发挥光子的并行操作能力,对光通信、图像处理、模式识别、神经网络、激光打印、光存储读/写光源、光互连和光显示等方面的发展将有重大影响。从光驱到多维光导网络,从 DVD 播放器到动作感应装置,从信息技术到工业生产,乃至激光医疗等的应用中,垂直腔面发射激光器都能发挥重大作用。

(3) 半导体量子点的实验研究

在量子阱中,电子和激子受到量子尺寸的限制,导致介质的光学非线性效应增强。在一维、二维和三维都有同样的效果。其中,二维情况称为量子线,三维情况称为零维量子点。量子点中能态密度非常低,实验已经证明,它可以制成单光子器件。目前正在发展量子线和量子点的制造工艺。随着工艺的进一步完善,利用量子线和量子点体系中的激子非线性效应有可能实现更为理想的非线性光学器件。

（4）光子晶体研究的进展

光子晶体具有折射率呈波长量级周期性分布的结构，并具有光子频率禁带，能控制光子的行为，可以构成功能性光子器件，它能提高 LED 的发光效率、功率和频率纯度等性能；制造微型激光谐振腔和控制原子的自发辐射，实现无阈值激光振荡；制造高增益低损耗天线和极高性能的光子滤波器；以及对于光子存储、光子频率变换和光子信息处理等方面的应用研究，均有实质性进展。光子晶体半导体新型光子器件、有机聚合物光子晶体、光子晶体光纤和光子晶体光纤放大器研究均取得一定的进展。由光子晶体光纤产生的宽带超连续谱获得了超高分辨率的层析成像，对生物组织层析纵向分辨率达 $1.3\,\mu m$。

（5）有机发光材料与器件

有机发光材料作为新一代的显示与照明材料，受到人们的广泛重视。与液晶相比，有机电致发光器件具有主动发光、超轻、超薄、对比度好、视野宽、响应速度快、发光效率高、温度适应性好、生产工艺简单、驱动电压低、能耗低和成本低等显著特点。目前，世界上有 80 多家大公司和许多科学研究机构在从事有机发光材料和器件的研究开发工作。

（6）固体激光器

我国固体激光器的研究有新的进展。由南开大学光电子学研究室承担的国家自然科学基金项目——双包层光纤光子器件及其应用研究，取得重大成果，研制出了短脉冲光纤激光器。双包层光纤激光器是双包层光纤光子器件家族中的主要成员，是国际上新近发展的一种新型固体激光器，可广泛应用于现代光通信、高精度激光加工、激光雷达系统、空间技术、激光医学、国防科技等领域。据介绍，该项目课题组在研制出了短脉冲光纤激光器的同时，大胆创新，又率先研制出了双包层光纤光栅，在双包层光纤激光器的全光纤化研究上迈出了重要的一步。

（7）纳米技术

我国纳米光镊技术获重大进展。中国科学技术大学研制成功的"纳米光镊系统"，通过了专家鉴定。"纳米光镊系统"可在三维空间实现对细胞和生物大分子的复杂组合操控，它标志着我国纳米光镊技术取得重大进展。专家认为，该系统各项技术指标达到了国际先进水平，是具有我国自主知识产权的科研成果。

"纳米光镊系统"装置复杂、技术要求高、高新技术密集、综合性强，它涉及光学、机械、生物、计算机和图像分析等多学科技术。"纳米光镊系统"成功地实现了纳米精度的光镊系统集成，位移测量达到亚纳米精度，测力分辨率达到飞牛顿量级，时间分辨率达到 0.1 ms。这是目前国际上第 1 台包含 3 个独立的光学微机械手的光镊系统。

"纳米光镊系统"由 3 路光镊、双路高精度探测和纳米操控系统组成，作为一种纳米位移的操控手段和粒子间微小相互作用力的探针，具有研究个体、活体、实时动态、无菌无损操作的特点，以及先进的数据分析和图像软件处理功能。该系统适用于纳米生物学及其他微小粒子的研究，并且在纳米生物医学、纳微器件和分散体系等领域也具有良好的应用前景。

2. 光通信

光电技术在光通信领域的进展主要有以下几个方面。

（1）发展各种类型 S、C、L 波段光纤放大器、阵列波导光栅（AWG）等。开发集成的收发模块，包括平面波导，可用于突发模式（Burst Mode）。

（2）近期发展的廉价多功能城域网与同类产品比较，可节省 96% 楼层空间，省电 93%。

（3）光电转换技术能够保证网络的可靠性，并能提供灵活的信号路由平台，克服纯电子交换形成的容量瓶颈，省去光电转换的笨重庞大设备，进而大大节省建网和网络升级的成本。先进的光电转换材料还将使网络的运行费用节省 70%，设备费用省 90%。

（4）光孤子通信能克服色散的制约，可使光纤的带宽增加 10～100 倍，极大地提高传输容量和传输距离，从根本上改变现有通信中的光电器件和光纤耦合所带来的损耗及不便，是21世纪最有发展前途的通信方式之一。

（5）自 20 世纪 60 年代激光问世以来，空间光通信曾兴盛一时，历时不久便陷入低潮。随着光电技术及空间技术的发展，空间光通信又成为下一代光通信的重要发展领域，它包括星际间、卫星间、卫星与地球站，以及地球站之间的激光通信和地面无线光通信等。在通信上，由于激光与微波相比具有独特的优点，可以预见激光通信将逐步取代微波通信，成为星际通信的主要手段。同时量子保密通信也将得到应用。

11.3.2 光电技术的应用

光电技术发展的巨大推动力是应用。光电技术的应用是一大类目前最复杂、最精密、最快速、最先进，而且互相渗透、互相支持的技术，通称光电技术。

1. 光电技术在军事上的应用及发展趋势

光电技术已成为军事科学的发展热点，武器装备中的光电产品越来越具有系统性，已经逐步形成现代军用光电技术的特点。

（1）光电伪装技术

在现代高技术战争中凡是被敌方侦察发现和识别的目标都面临着被杀伤和摧毁的严重后果。因此，如何有效地隐蔽己方的战略基地、军事和重大经济目标及军事行动，欺骗迷惑敌人，成为决定战争胜负的重要因素。因此，用来隐蔽自己以防止敌方光电侦察与精确制导的光电伪装技术受到各国军界的普遍关注，并得到了飞速的发展。

伪装措施在高技术战争条件下仍是提高地面目标生存力的重要技术手段。主要有以下几种伪装措施。

① 迷彩伪装。现代高技术条件下光电侦察的多波段特点，对迷彩涂层提出了伪装特性多波段兼容的要求。就涂料而言，寻求低发射率胶合剂是研制低发射率涂料的重点努力方向。迷彩伪装的另一个发展趋势是采用智能迷彩系统。

② 遮障伪装。20 世纪 80 年代中后期，有代表性的遮障器材是瑞典的巴拉居达热红外伪装遮障系统。它主要由热伪装网和隔热板两部分组成。目前，红外遮障已经能够做到隔热与伪装兼顾并向着包含从紫外到微波宽频谱伪装的趋势发展。遮障伪装的发展趋势是寻求更合理的隔热层结构和相应的构造工艺，发展对现代战场及战场目标适用性较强的标准组件式伪装遮障系统。

③ 烟幕伪装。烟幕具有实时对抗敌方光电武器的特点，尤其是对光电制导的威胁能做出快速反应，降低其命中率。因此，在光电制导武器迅猛发展的今天，烟幕材料及其相应的布设、施放和成形技术都受到各国军方的重视，并且发展很快。传统的烟幕只能遮蔽可见光和近红外光，而对中远红外光的作用效果较差。国内外一直在不断地改进烟幕剂，发展全光谱烟幕。烟幕技术的发展趋势是研究具有多光谱性能（覆盖从微波直至紫外波段）的发烟材料，以扩大有效遮蔽范围，提高烟幕的遮蔽能力；选择无毒、无腐蚀、无刺激且具有防化学、防生物、防核辐射特性的烟幕剂；研制体积小、耗能省、成烟迅速和大面积的发烟器材，并与综合侦察告警装置及计算机自动控制装置组成自适应系统。

④ 示假伪装。为适应战场的需要，国外已研制和装备了大量不同类型的形体假目标。如瑞典巴拉居达公司生产的假飞机、假坦克、假炮、假桥等装配式假目标。为对抗红外成像的威胁，国外正

在加紧研制为目标设计的专用热模拟器,如美国的"吉普车热红外模拟器"、"热红外假目标"等多种热目标模拟器。其发展重点为进一步改进和完善形体假目标,增加制式假目标的种类,配装模拟目标热特征的热源及角反射器、无线电回答器等装置,使其具有多波段的欺骗性能。

在未来战场上,随着光电侦察与制导技术的广泛应用,光电伪装技术必将得到迅速发展。固定目标的光电伪装也是伪装技术发展中面临的一个难题,还需继续发展完善才能达到实用,这就给伪装技术的发展提供了机遇和挑战,使其具有广阔的发展空间。

（2）精确制导兵器

现代战争作战环境的日益复杂化,使精确制导兵器面临着严重的挑战。未来高技术战争形态的变化对现代精确制导武器系统提出了很高的要求,归纳起来有以下一些基本特点。

① 作用距离远。增大射程是各种精确制导武器在发展过程中一直追求的重要目标。现代精确制导武器的射程因型号而异,例如反坦克导弹,轻型系统射程可达 2~3 km,重型系统可达 5 km,乃至 10~15 km 以上。

② 高制导精度。自动寻的精确制导武器最本质的特征就是通过高精度命中来提高武器系统的作战效能,这是提高现代武器系统生存能力和作战能力的关键。

③ 多功能化。当代战争是系统对系统的战争,精确制导武器必须具备对付多种目标的能力。新型的精确制导武器应遵循多功能化的发展原则,使武器系统适用于各种不同的战争目标环境,以提高杀伤效果和自我生存能力。

④ 自动寻的能力。自动寻的精确制导兵器要成为有效的武器,除了高精度外,还必须具有自动捕获、自动识别目标要害部位的能力,这是保证高效摧毁目标的必要条件。

⑤ 高抗干扰能力。现代战争最大的特点之一就是对制电磁权的激烈竞争,敌对双方都竭力采用各种电磁对抗手段,如主动的、被动的对抗手段和隐身技术等。因此,武器系统必须具有良好的对抗能力,在复杂的战争环境条件下,导引武器精确命中目标。

⑥ 全天候、全天时作战能力。全天候作战能力主要取决于武器系统的目标侦察、探测和识别光电系统,以及导弹本身的效能;并且是武器系统在不良的气候条件(雾、雨和雷电等)下,以及夜间攻击敌方目标能力的综合表现。

⑦ 高效费比。战争不仅是军事力量的较量,也是经济实力的较量。所以武器制导系统不仅要具有先进的性能,而且要成本低,适合批量生产。效费比是精确制导武器发展和生存的关键因素之一。

未来精确制导武器仍应遵循多功能化、多制导类型兼容的发展原则,走分步实现的发展道路。在新的精确制导武器的研制中,要充分考虑不同制导类型的兼容性问题,先采用当前可实现而又具有发展潜力的先进制导体制,再考虑发展新的先进制导体制的可能性,逐步实现精确制导武器不同制导体制的更新换代,提高精确制导武器系统的性能。

（3）光电对抗技术

光电对抗是指为削弱、破坏敌方光电设备的使用效能,保护己方光电设备正常发挥效能而采取的各种措施和行动的统称。它包括光电对抗侦察与干扰、反光电对抗与反干扰两大对立面,每一对立面又都涉及可见光、红外光、激光三个技术领域。光电对抗技术及装备的发展趋势是光电对抗一体化、光电对抗模拟化、光电对抗自动化和光电对抗智能化。

（4）激光辐射防护

随着激光器材和激光致盲武器在部队的大量装备与使用,使未来战场上士兵和器材使用人员的眼睛、皮肤及武器装备的光电系统都面临着被激光辐射损伤的危险。激光辐射防护问题日益引起人们的重视。世界上许多国家已投入相当大的人力和财力进行激光辐射防护技术的研究,并取得了很大进展。

针对未来战争中激光武器的威胁,各国纷纷提出和采用了不同的对抗与防护措施,以加强对激光武器的防护和抵御能力。当前,可采用的主要措施有以下几种。

① 利用各种新技术和新材料,研制具有防多波长激光、微波、弹片、紫外和红外辐射,并且能对激光进行探测报警的多功能防护器材,用于作战人员和武器装备的防护。快速开关是实现激光防护的一个重要的技术手段,也是激光防护装置的一个重要的发展方向。方案之一就是利用非线性光学聚合物材料制造光学开关或限光器,它能对付任何波长的高功率激光,当强激光照射时几乎不透明;脉冲结束时,又回到透明状态。

② 在飞机、战术导弹、精确制导武器的光电系统和防护器材中采取相应的防护加固和对抗措施,利用探测和报警装置,确定激光源所在的位置、来袭方向、波长、能量、重复频率等激光参数,及时探测和发现威胁,进行音响和视频报警,实施防御和对抗。

③ 改变观察方式,在飞机、坦克或地面作战设施内,利用电视系统、热像仪器、面罩式光增强夜视眼镜等观察装置,间接观察作战目标;或采用光电转换方式,当敌方发射激光时,将信号转换为图像,从而使激光不能直接进入眼内,保护视觉免受损伤。

④ 研究激光干扰方法,充分利用大气散射、吸收和不良的气象条件,以及烟幕、地形、地物等自然条件,衰减激光,降低对方激光武器的效能。

⑤ 对未来作战部队指战员进行防激光武器的教育和训练,使他们对激光武器的特性及其防护方法有所了解,消除神秘感和恐惧感。

随着多波长和可调谐激光致盲武器的出现,今后一个时期激光辐射防护技术的主要发展目标是,研究具有动态范围大、防护波段宽、响应速度快的非线性光学材料,其研究的重点是材料的生成与复合技术,即通过合成、掺杂等方法生成具有上述特点的防护材料,研究具有较高光学和机械性能的激光防护基质材料及复合技术。与此同时继续朝着新原理、新材料、多功能、系统化和实用化方向发展,集多种复合技术和工艺为一体,研制适合未来高技术战争条件下所需要的新型激光防护器材。

(5) 航空侦察技术

航空侦察是军队为获取敌情、地形和有关作战情报而采取的行动,是实施正确指挥的前提,是取得作战胜利的重要保证,因此有人称它为战场力量的倍增器。航空侦察以光电设备为主,如合成孔径雷达、各种胶片照相机、实时传输照相机、可见与红外照相机等。

根据现代战争的特点和发展趋势,航空侦察的发展势头强劲,正朝着空间的立体化、情报信息的实时化、手段的多样化、侦察与打击一体化,以及提高装备生存能力方向发展。这就要求侦察装备技术先进、手段多样、空间广延、时间连续及信息传递快速。因此,航空光电侦察平台需要向以下几个方面发展。

① 使用新型光学和结构材料,缩小光学系统和结构框架的体积,减轻质量。

② 多探测器并用。一方面保证全天时、全天候工作;另一方面不仅限于对目标外形和轮廓的侦察,同时获取目标特性,并可进行测量、定位和防伪识别等。

③ 全数字化方式工作,提高信息获取和处理能力。包括数字化图像采集、捕获、识别和跟踪、数字电控、数字信息传输和显示等。

④ 稳像技术向着更精确、更灵活,以及体积小、价格低、能耗小、易于操作的方向发展。

⑤ 动态性能测量方法仍需进一步规范化与标准化,可靠性研究尚需加强。

2. 光电技术在航天方面的应用及发展趋势

（1）空间目标光电探测系统

空间目标（主要指各种卫星、空间站、航天飞机）地基探测系统，可以对各种空间目标进行精确定位和跟踪。自20世纪60年代问世以来，它一直是世界各国重点发展的航天测控系统之一。与空间目标雷达测量系统比较，光电探测系统具有以下优点：测量精度高、直观性强、不受地面杂波干扰影响。因此，美国和俄罗斯都已经建立了庞大的地基对空间目标的光电探测系统，具备了对各种轨道的空间目标进行精确定位和跟踪的能力。

空间目标光电探测系统在未来的航天发展中具有重要作用，世界各国必将进一步发展和完善自己的空间目标光电探测系统。其发展将具有以下特点。

① 采用多谱段（可见光、红外波段）探测技术，保证全天候对空间目标进行跟踪、测控；

② 大面阵CCD器件、激光雷达外差探测、图像处理等先进技术将得到进一步应用；

③ 光电探测系统和地基雷达探测系统配合使用，光电探测设备跟踪空间目标的指向数据由雷达提供，光电探测设备主要完成对空间目标的精确定位和跟踪。

（2）光电技术与"视景"导航

将光电技术用于导航已成为现代导航技术发展的一种趋势。各种运载体发展对光电导航系统的需求，以及各种光电传感器技术的日益成熟，促进了光电导航系统的发展。发展光电导航系统所需的主要光电传感器——前视红外成像传感器、CCD电视成像传感器、激光雷达和光电陀螺等已有相当的基础，足以支撑光电导航系统的进一步发展。

光电导航系统已有多种应用研究成果，分析这些成果可大致看出其如下发展趋势。

① 发挥光电技术的特点，重点发展"视景"导航和精确引导方面的应用。光电技术的基本特点是所使用的载波频率高，因而成像能力强，测量精度高，但作用距离较近。基于这一特点，将光电导航系统的主要发展方向定位于需要高分辨率视景信息的"视景"导航应用，以及需要精确位置和姿态信息的精密"进近"导航应用。正是无线电导航与光电导航所表现出的良好互补性，使导航系统的体系结构更加完善。

② 充分利用光电技术的新成果，推动光电导航传感器不断更新换代。光电传感器是构成光电导航系统的基础。用于导航系统的光电传感器大体上有三类，即工作于近红外波段的激光雷达（包括激光成像雷达和激光位置测量雷达等）、工作于红外波段的前视红外（FLIR）成像仪和工作于可见光波段的CCD电视摄像传感器。这些传感器的最早且最成熟的应用是目标探测、识别和制导。光电导航系统是其派生应用，光电导航正是利用和借鉴了光电探测、识别和制导传感器的研究成果而发展起来的。因此，充分利用光电技术的新成果，推动光电导航传感器不断更新换代，是光电导航技术发展的捷径，也是一种发展趋势。以战机夜间低空导航吊仓LANTIRN系统为例，其前视红外成像传感器自20世纪30年代初开始研制，迄今已有三代产品，分别为第一代的线列扫描型、第二代的焦平面组件型和第三代的量子阱凝视型。每一次换代都使其探测灵敏度、图像分辨率和有效作用距离等性能得以提高。

③ 发展多频段多传感器集成系统。和导航系统向组合化发展一样，光电导航系统也向多传感器集成方向发展。例如，用于飞机着陆的视景增强系统中，将前视红外与可见光CCD图像传感器集成，飞机防撞和飞船外星软着陆光电导航系统，以及将激光成像雷达与CCD图像传感器组合，均属此列。最典型的多传感器集成光电引导系统是法国的航母载机着舰光电引导系统（DALLAS），它是激光雷达、前视红外和可见光CCD图像传感器的一体化集成系统，不仅可以跟踪进入下滑道的飞机并测量其实时位置和偏航角（方位和俯仰角），而且还可监视飞机的姿态。

3. 光电技术在生物医学上的应用及发展趋势

（1）光电微损法血糖检测技术

以光电微损法血糖检测技术为基础研制的血糖仪，以 TI 公司新推出的低功耗微处理器 MSP430F413 为核心。光电式微损血糖仪具有操作简便、测定时间短、结果准确可靠、对器件一致性要求不高、低功耗等优点，是一种供糖尿病患者在家庭中监测控制自身血糖浓度的理想仪器。

（2）基于紫外光谱吸收原理

利用光电探测技术实现血浆泄漏在线检测报警。该系统主要由测量室、光电探测器、信号放大与处理系统及显示报警系统等组成。

（3）生物光电分析芯片

采用微电子技术工艺研制的生物光电分析芯片，可以对 DNA 进行流动分析。芯片上包括荧光检测器、电阻加热器和温度传感器。光电分析芯片参数测试结果符合设计要求，能满足 DNA 流动分析的需要。其输出的电流信号可以直接推动显示仪表，更大的电信号可在接放大器后获得。

（4）微光机电系统（MOEMS）的医学应用

如图 11-28 所示为最近国外出现的一种胶囊型内窥镜。它与一般内窥镜相比，可完全避免病人在检查过程中所产生的痛苦。这种带有摄像机的胶囊型内窥镜，直径 0.9 cm、长 2.3 cm，病人吞下后，可在食道、胃、肠、十二指肠、小肠、大肠等处拍摄各个方位的图像，并实时地将所摄图像发送出来。胶囊型内窥镜在完成摄像任务后，随着排泄物排出体外。

图 11-28　胶囊型内窥镜

1. 光学圆盖；2. 透镜固定环；3. 透镜；4. 照明发光二极管；5. 互补金属氧化物半导体成像器
6. 电池；7. 专用集成电路；8. 天线

胶囊型内窥镜采用 CCD 或 CMOS 作为图像传感器，所需的电能由自身电池或从体外用微波形式送入器件，运行速度和方向均由体外控制器控制。所拍摄的图像通过微波传送到体外的接收装置，再传送到记录、显示系统，或者直接通过打印机获取图像，或者经过计算机进行图像处理，获取更多的信息。

4. 光电技术在环境保护中的应用及发展趋势

（1）光电催化技术在污水处理中的应用

水电工程在建设过程中有大量的污水需要处理，为了进一步提高有机物降解效率，合理利用资源，将光化学氧化（光催化）和电化学氧化方法结合起来，达到协同效应的光电结合技术是目前氧化法研究的新热点。光电催化法能将水中有害物质完全矿化，或者通过控制条件将其分解为有用成分，这是其他方法所无可比拟的。在当今水污染日趋严重的情况下具有很好的推广应用价值。

光电催化技术作为一种新型的环境污染物治理技术，已引起不少研究者的重视。同时，国内外的一些研究机构也相继展开了更深入的研究,取得了不少研究成果。然而,这一技术至今仍属开拓阶段,从宏观处理效果的优化到微观尺度的降解机理分析还不完善。主要存在以下问题。

① 多数研究限于实验室研究,所使用电极面积较小($1\sim10~cm^2$),与实际废水处理应用仍有较大的距离。将实验室基础研究与工程应用相结合,是光电催化技术继续发展的必然趋势。

② 在光电催化研究中,光电反应的特性研究及设计,以及催化剂活性的提高是尚待解决的问题。如果能将催化剂活性改善,使它在较长的波长(可见光)范围内得到激化,就可以利用太阳能来处理各种难降解的污水。

③ 对有机物的降解动力学研究尚缺乏可能存在的活性物质的鉴定,反应途径还停留在设想推测阶段。对某类特殊污染物的一般降解过程没有得到系统的归纳,反应动力学模型的建立还比较少。

(2) 光电技术在大气氮氧化物检测中的应用

光电技术已在大气氮氧化物检测中得到了广泛的应用,并具有良好的发展前景。例如,用激光诱导荧光法、光纤传感法、激光雷达探测法和化学发光法测定大气中氮氧化物。

5. 光电技术在工业上的应用及发展趋势

光电子封装。光电子封装是光、光电子和受许多物理约束(如介入损耗(dB)、热、材料、可靠性、质量因素、可制造性和成本)的电子元件的系统集成。封装和组装包括器件、模块、板子和子系统级的封装和组装。目前,光学印制板的特性是使用光纤,增加层数和缩小外形尺寸。目前很多公司正在酝酿使用聚合物光波导管来降低发射损耗。平面光波电路(PLC)平台将集成光波导、光学器件、电子器件等封装起来,满足高频布线的要求。采用玻璃光波导和阵列波导光栅的硅平台,将光分成多信号通路。光电子印制版是为了使路由器/转换功能实现高速多芯片集成电路(IC)封装而设计的。由于低传输损失(<1 dB/m)和高传输速度(>200 Mbps)的要求推动着对这种印制板选择的需求。基板选用包括陶瓷或铜聚酰亚氨薄膜,并具有聚合物波导管组合的特征。

6. 其他应用

(1) 红外光电子学

红外光电子学已成为主要研究在红外波段能量范围内电磁辐射与物质相互作用,研究红外辐射和探测的原理与机制,探索新的材料和器件,为红外光电子技术提供科学基础,以及直接应用的热门学科。

鉴于该学科发展的趋势和国家中、近期的需求,以及红外光电技术跨代发展对核心元器件的直接依赖性,红外光电子学的发展依然需要依靠高端器件技术的牵引和新概念器件的不断涌现。红外焦平面的发展对红外光电技术的影响就是最好的实例。为此,红外光电子学发展的一个重要牵引方向就是新型元器件技术。

(2) 光电自准直仪

自准直仪是利用光学自准直原理,用于小角度测量的重要测量仪器。由于它具有较高的准确度和测量分辨率,因而被广泛应用于精密测量中,如在角度测量、平板的平面度测量、轴系的角晃动测量、导轨的直线度测量等方面自准直仪都发挥着重要的作用。

随着科学技术的不断发展,对自准直仪也提出了更高的精度要求,并实现高速动态测量。所以自准直仪的数字化势在必行,而寻找一种合适的光电探测器件是首要任务。

近年来,人们开始进行各种光电探测器用于自准直仪的探索性研究工作,并取得了很多成果。仪器的分辨率、测角精度,以及在动态测量方面都有了不同程度的进展。目前用于自准直仪的光电转换器件主要有面阵 CCD、线阵 CCD、四象限光电探测器、PSD 等。

目前国内外生产的光电自准直仪主要用于静态测试,其响应频率不高。因此研制高频响的动态光电自准直仪值得关注。光电自准直仪要朝着实现双坐标测量,也就是二维测量的方向发展。新型光电探测器的使用使二维测量变得很容易。但是二维光电探测器的分辨率大部分都不如一维的。因此用一维光电探测器来实现二维测量也是今后发展的方向。目前已有利用单线阵测量二维小角度的研究,且获得了很好的结果。由于 PSD 自身的优点,将 PSD 作为光电自准直仪的探测器也是今后研究的重点。

(3) 光电方法测定接触电势差

在 MOS(金属氧化物半导体)结构中精确测定接触电势差的方法是光电方法。但紫外光源的影响会引起一些局限性。倍频氩激光器的应用,使其得到了理论直径低于微米的高能量密度的光斑,并可以测出 MOS 结构参数的侧向分布。

(4) 太赫兹波技术的应用

太赫兹系统在生物医学上有着广泛的应用,其活跃的研究领域从癌症检查到基因分析。这些应用的基础是,很多蛋白质和 DNA 的集团振动模式从理论上预言是处于太赫兹波段的。太赫兹波还可能用来揭示生物分子构像的信息。带有 DNA 和其他生物分子的压片已经使用太赫兹波的方法得到了复数的折射率,在低频红外激发的模式上存在着大量的吸收。

DNA 分析是利用鉴别核酸上的碱基序列而开发并进一步应用的。生物芯片是一项越来越受欢迎的研究项目,在生物芯片上,未知碱基序列的分子被已知碱基序列的分子进行荧光标记。但是荧光标记的方法会降低检查的准确性并增加成本和准备时间,因此,一些"不标记"的方法已引起研究者的兴趣。太赫兹光谱技术在这方面可能是有潜力的。根据折射率的不同,太赫兹光谱已经具有分辨单股和双股 DNA 的能力。最近,研究人员又得到了检测飞摩尔灵敏度的单碱基对变异的识别能力。

太赫兹波在生物医学上的进一步应用是制作如图 11-29 所示的太赫兹生物探头。一种简单的生物探测器已经可以用来探测糖蛋白 avidin 和维生素 H 的混合物。维生素 H 被沉积在固体的衬底上;然后,将生物探头的一半暴露在环境,或者感兴趣的溶液中,avidin 对维生素 H 有很强的亲和作用,并且可以和任何一种含维生素 H 的分子进行结合。利用差异太赫兹 TDS 技术可以检测因结合而造成维生素 H 的薄膜的远红外光学性质的变化。样品被放在电磁振荡器上,太赫兹光束被聚焦并交替通过含 avidin 部分和参考部分。含有 $0.3\,\mathrm{ng\cdot cm^{-2}}$ 的 avidin 的样品和一个维生素 H 平板得到的信号有可能分辨出来。利用化学的方法使得 avidin 分子和琼脂糖混合,可以提高折射率的对比度,进而使信号得到增强。这项技术可以广泛地用于追踪微量的气体和蛋白质。

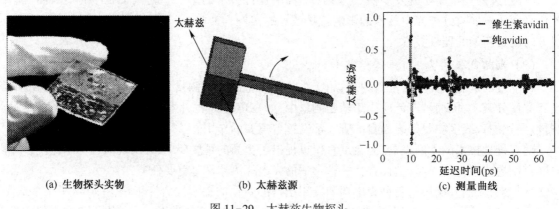

(a) 生物探头实物　　　　　(b) 太赫兹源　　　　　(c) 测量曲线

图 11-29　太赫兹生物探头

太赫兹波技术还有许多有待开发的应用，如气体探测、安全检查、武器和生物探测等。随着光电太赫兹技术领域的不断开拓，其应用范围会越来越广泛。表 11-1 所示为太赫兹波技术在不同领域的应用前景。

11.3.3 世界光电子技术发展趋势

当今世界光电子产业呈现出以下发展趋势。

（1）光通信向超大容量、高速率和全光网络方向发展。超大容量 DWDM 的全光网络将成为主要的发展趋势。

（2）光显示向真彩色、高分辨率、高清晰度、大屏幕和平面化方向发展。

（3）光器件的发展趋势是小型化、高可靠性、多功能、模块化和集成化。

另外，光子计算与光信息处理产业、全光电子通信产业、光子集成器件产业、聚合物光纤光缆产业、聚合物光电器件产业和光子传感器产业等，将成为未来光电子产业发展的重要组成部分。表 11-2 所示为光电子技术在科学技术中创造的最新记录和达到的最先进的水平。

表 11-1　太赫兹波技术在不同领域的应用前景

应用领域	太赫兹 （<0.5 THz）	太赫兹 （>0.5 THz）
空间（低层大气吸收） ■ 光谱学/遥感 ■ 成像（例：宇宙空间） ■ 通信	× × ?	× × ?
实验（约 1 m 传播距离） ■ 光谱学 ■ 成像（例：近场和远场） ■ 通信	× × ×	× × ?
工业（约 1 m 传播距离） ■ 光谱学 ■ 遥感（例：湿度） ■ 成像 ■ 通信	× × × ?	× × × ?
材料（小于 1 m 传播距离） ■ 成像（例：皮肤，牙齿）	×	×
政府/安全 ■ 遥感（例：监视距离大于 1 m） ■ 成像（例：武器定位） ■ 通信	× × ×	? ? ?

×表示太赫兹波技术已经在该领域进行演示性的应用
? 表示太赫兹波技术在该领域具有潜在性的应用

表 11-2　光电子技术在科学技术中创造的最新记录和达到的最先进的水平

项　目	内　容
最大的信息量	已达到 3T 目标，信息传输速率达 Tb/s 量级，运算速率达 Tb/s 量级，三维立体存储密度达 Tb/cm^3 量级
最大的功率、最高的能量密度	激光输出功率已超过 13PW，聚焦强度达 10^{20} W/cm^2，可产生亿度以上高温，能焊接、加工和切割最难熔的材料
最高的压强	相应的电场强度可达 $8×10^{33}$ V/cm，相应的光压可达 $3.34×10^{33}$ kPa
最精密的刻画	大规模集成电路的线宽已达 0.18 μm，已研制成功线宽 0.13 μm 的集成电路
最短的光脉冲	在紫外区用氙分子已经产生 0.2 fs 的光脉冲
最小的微光机电系统（MOEMS）	加工最小的光学和机械零件，从几 μm 到几十 μm，集成光机电一体化系统可小到几 mm
最安全的通信系统	光量子保密通信是最安全的通信系统。在常规通信线路上进行光量子保密通信，通信距离已超过 100 km
最低的温度	激光冷却已可将原子冷却到接近 20 K，接近热力学温度零度；原子冷却到基态，为量子光学和量子力学的实验研究准备了条件；量子计算机将是能力最大的计算机

我国在光电子技术方面几乎与世界同时起步，1987 年科技部把信息光电子列入"863"计划后，光电子产业得到了快速发展。目前，我国已基本掌握了信息光电子领域中关键技术的主要部分，在光电子技术及产品应用方面，已具备较好的基础，国产的通信传输、交换、路由等系统设备也进入世界先进行列。但是，就整体而言，我国光电子技术水平和产业化程度与国际先进水平仍有差距，创新和拥有自主知识产权的先进技术还不多；研发能力仍处于科研开发和小批量生产阶段；资金不足

和人才匮乏仍困扰着我国光电子产业的发展。解决上述问题的关键仍然是提高大学本科教育在"光电技术"领域的重视程度问题。其中,最为重要的是课程建设、教材建设和实验设备建设的问题。

思考题与习题 11

11.1 何谓"太赫兹波辐射"? 它的波长范围为多少? 频率范围又为多少? 它在电磁辐射波谱中的位置如何?

11.2 试简述光电采样的基本工作原理。光电导探测天线的作用是什么?

11.3 在自由空间电光采样 (FS-EOS)太赫兹测量的常用装置中,不同厚度的电光晶体对哪些参数有影响? 如何选用电光晶体的厚度?

11.4 何谓"频率上转换"? 产生"频率上转换"的主要因素是什么?

11.5 利用"频率上转换"能够完成哪些工作?

11.6 怎样利用"频率上转换"进行红外光谱的太赫兹探测?

第 12 章　光电信息综合实验与设计

"光电技术"是实践性很强的技术,需要理论与实践的结合才能真正学习到位。为此,本教材将光电信息综合实验、光电技术课程设计与典型毕业设计内容安排在这一章,为专业教师与学生提供后续学习参考。

本章内容不作为"光电技术"课教学内容安排,可作为后续教学或学习环节的参考。

12.1　光电信息综合实验

光电信息综合实验内容丰富,不同院校、不同专业会安排多种多样的综合实验内容。本着抛砖引玉的想法,以"非接触测量物体位置与振动参数"的典型综合实验为例,讨论光电信息综合实验的具体操作和要达到的目的。

综合实验题目要思路清晰,内容完整,涉及技术层面尽量丰富,又要有别于通常理论课配备的实验题目。综合实验课的时间安排与执行方法也应该与其他实验课不同,需要一定的连贯性,要根据学生动手搭建与调试的能力适当安排更长连续操作的时间。

在内容安排上要突出题目的重点,并配备一定的辅助内容,构成整体实验系统。每部分内容既要反映辅助实验内容又要体现辅助实验对整体综合实验系统的贡献,使学生认识辅助实验对综合实验系统的影响。综合实验的性质不能笼统地分为"验证性"、"设计性"和"创新性",它既包括验证性实验内容也含有设计性与创新性实验的内容。

12.1.1　非接触测量物体位置与振动参数实验系统的原理

采用光电技术可以实现对物体实时位置的非接触测量,测量系统方案有多种,如利用线阵CCD 多功能实验仪,在光电综合实验平台上搭建实验系统等。本着对学生进行综合训练的考虑,采用搭建典型非接触测量物体位置的实验系统是最合适的。

1. 物体位置测量原理

非接触实时测量物体位置系统的原理方框图如图 12.1-1所示。

照明光源的作用是使被测物体的像能够清晰成在线阵 CCD 的像面上,通常采用远心照明光源。成像物镜的作用是明显的,它将被测物体清晰成像到线阵 CCD 的像面上。线阵 CCD 在驱动电路的工作脉冲(驱动脉冲)作用下将每个像元的曝光量以序列脉冲的方式输出。输出的脉冲中含有被测物体光强分布与边界的信息。二值化电

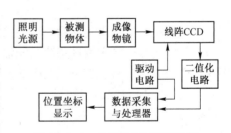

图 12.1-1　非接触实时测量物体位置系统的原理方框图

路将输出信号中的边界以方波脉冲的方式送给数据采集与处理器,数据采集与处理器在驱动电路发出的同步脉冲控制下完成对被测物体瞬时边缘位置与中心位置的测量,并将数据通过数据总线送给计算机。计算机在同步脉冲时间段的配合下完成对被测物体运动轨迹的实时测量,最终在显示屏上显示出被测物体运动的轨迹。

从上述分析看出,该实验既包含光学系统的调试,也含有 CCD 的驱动与数据采集的内容,还含有计算机软件的应用等内容,属于典型的"综合实验"。

怎样将物体的位置信息转换成光强分布的时序脉冲信号呢?需要借助线阵 CCD 工作原理的波形图分析。如图 12.1-2 所示,被测物体经成像物镜在线阵 CCD 像元阵列上形成图像,其边界处(n_1 与 n_2)形成明显的明暗对比。在同步脉冲与驱动脉冲作用下输出如图 12.1-3 所示的输出信号 U_o,它能够反映物体边界图像的明暗变化。

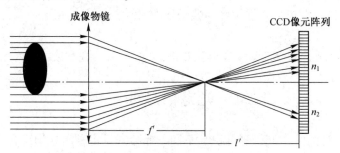

图 12.1-2 物体实时位置测量原理图

当被测物体做垂直于光轴方向的运动时,n_1 与 n_2 将发生变化,将 n_1 与 n_2 测量出来就能够计算出被测物体此时在垂直于光轴方向的位置。

如图 12.1-3 所示为线阵 CCD 的转移脉冲 SH、行同步脉冲 FC、输出信号 U_o 与二值化后的输出方波。

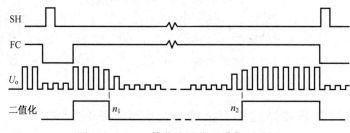

图 12.1-3 二值化边界位置采集原理图

利用 SH、FC 和 9.2 节介绍的二值化数据采集系统很容易提取出 n_1 与 n_2 等边界数据。

得到 n_1 与 n_2 后,便可利用式(12.1-1)计算出物体瞬间中心位置在线阵 CCD 像元阵列上的位置 n

$$n = \frac{n_1 + n_2}{2} \tag{12.1-1}$$

找到 n 还不能给出实际物体中心的位置,需要通过标定才能获得在一定坐标系下的位置。坐标系的设定通常以光学测量系统的光轴为参考坐标,并设其为 y_0,由于线阵 CCD 相机结构基本能够使 y_0 与阵列中心像元位置 n_0 保持确定关系,因此,常用 n_0 作为测量的参考点。

在对线阵 CCD 测量系统进行标定时,设定线阵 CCD 中心像元为初始位置 n_0(参考点),则物体像的位置 $y'(t)$ 时间函数为

$$y'(t) = \left[n_0 - \frac{n_1(t) + n_2(t)}{2} \right] l_0 \tag{12.1-2}$$

式中,l_0 为线阵 CCD 像元的长度。显然,它会出现正与负数值,与线阵 CCD 的安装方法有关。如图 12-3 所示,$n_2 > n_1$,则中心位于 n_0 的下方,得到的位置 $y'(t)$ 为负值,根据物像关系得到实际物体的中心位置位于光轴的上方。

2. 光学系统放大倍数的标定

光学系统放大倍数标定,应使测量系统处于静止状态,利用已知被测物体外径 D 与实测像方

直径 D' 之比进行标定。即利用下式标定

$$\beta = -\frac{(n_2 - n_1) l_0}{D} \qquad (12.1\text{-}3)$$

依据式(12.1-2)与式(12.1-3)能够完成被测物体瞬时位置的测量。若要完成物体振动的测量必须弄清楚其时间关系,找到位置与时间的函数关系。

3. 时间坐标

时间坐标由坐标原点与时间段构成,坐标原点是指振动测量发生的初始时刻,常用 0 时刻表示。这很容易理解,不再赘述。

对于线阵 CCD 来讲,时间段是指其"积分时间",即 SH 的周期。因为线阵 CCD 是按照 SH 的时间段工作的,在 SH 高电平期间将上一"积分时间"所积存的信号电荷并行转移到移位寄存器,再通过 CR1 与 CR2 移出器件,因此输出的位置信号是上一积分时间的位置。时间段应该是线阵 CCD 的积分时间 t_{ing}。t_{ing} 可以用示波器测量 SH 的周期 T_{SH} 或 FC 的周期 T_{FC},也可以由下式计算

$$t_{ing} = \frac{1}{N t_{CR}} \qquad (12.1\text{-}4)$$

式中 t_{CR} 为驱动脉冲的周期,与频率 f_{CR} 成反比,N 为一个转移脉冲 SH 时间内必须提供的驱动脉冲 CR 的数量,它与像元数及"空驱动脉冲数"有关。因此提高物体位置测量速度的关键是:(1)采用驱动频率较高的器件;(2)采用像元数尽量少的器件;(3)减少不必要的"空驱动脉冲"的数量。

12.1.2 非接触测量物体位置与振动参数实验的内容

根据上述原理(图 12.1-1 与图 12.1-2)需要搭建出实验系统。它应该由具有远心照明特性的光源、被测物夹持与移动机构和具有光学成像系统的线阵 CCD 相机等部件构成。显然是比较复杂的综合实验系统,需要分成几个分项实验,使它既具有整体性又具有可拆分性,既是一个综合性的实验,又可以分成几个相对独立的实验分别搭建,合起来构成一个完整的光电信息综合实验。

下面采用分项实验的方式进行介绍,为了节约篇幅,删掉了实验目的、实验器材等内容,直接介绍实验系统。

1. 搭建远心照明光源的实验

搭建出具有远心照明特性的照明光源,要求光源的出光口径大于被测物体的移动(振动)范围。

(1)实验系统

搭建远心照明光源的关键是要选择合适的聚光透镜与准直透镜,并掌握透镜焦距的测量方法。图 12.1-4 为远心照明光源实验示例,图中没有给出所选器件的参数和器件之间的位置参数,目的是给指导教师与学生自己设计选用的空间,参数的变化会直接影响远心照明光源的性能与参数。

由图 12.1-4 很容易总结出所用的实验器材。当然要根据自己手里容易找到的器材而不要模仿,要注重创新,也许你采用的器材要好于图 12.1-4 所用器材。

(2)实验步骤

实验应充分发挥自主性,在掌握实验系统后才能充分发挥主观能动性。但是要遵守光学实验的基本原则,即必须遵守光学的共轴性原则。首先要将所有被选用的器件安放在光学平台上,并使器材的中心(光轴)等高,然后按图 12.1-4 安装,建议先安装 LED 光源,并让其发光,再安装聚光透镜,找出光轴,测量出聚光透镜的焦点位置,然后根据准直物镜的焦距安装准直物镜。像屏用来查看准直物镜发出的光斑是否有大小变化,如果没有,则调整到位了。

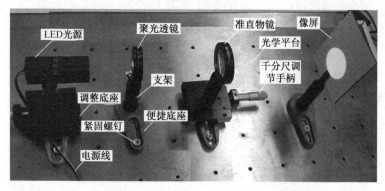

图 12.1-4 远心照明光源实验示例

（3）记录与讨论

调整好后要记得将系统参数记录下来，内容包括聚光透镜与准直物镜的口径与焦距；以光源为参考点，调整两只透镜的位置；分析实际搭建出的远心照明光源的有效工作距离是多少？有效孔径是多少？讨论如何调整与提高其性能参数。

（4）画出系统光路图

要根据实验数据画出远心照明光源的光路图（注意按照应用光学中光学系统光路图要求画），并在图上标注出每个光学器件的位置参数。

（5）调整、记录与分析

更换聚光透镜的焦距，观察远心光源结构参数的变化及其对准直特性的影响。

更换 LED 灯，如将其换成单色 LED 光源，观察远心照明光源系统结构参数的变化及对其准直特性的影响。

更换准直物镜的焦距与口径，观察远心照明光源结构参数的变化及对其准直特性的影响；如果准直物镜焦距变长，远心照明光源将会出现哪些变化？

2. 被测物体夹持机构与移动机构的搭建实验

根据实验室的条件和选用的具体被测物体的形位尺寸与位移或运动量的要求搭建出被测物体的夹持机构。当然还必须考虑实验过程中是否要求被测物体做有规则的运动，如果要求被测物体做规则运动，就必须考虑拖动问题，夹持机构的复杂性必然提高。

（1）能够沿水平方向定量移动的夹持机构

借助如图 12.1-5 所示的微动移动装置可以将被测物（目标物）安装固定在螺孔上，用千分尺带动被测物体做定量移动。

将被测物体安装在能够调整高度的调整架上，并用螺栓将其固定到图 12.1-5 的移动装置上，构成如图 12.1-6 所示能够定量移动被测物体的装置。

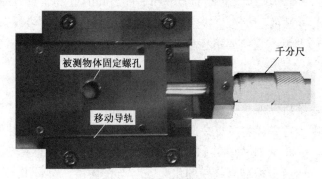

图 12.1-5 微动移动装置

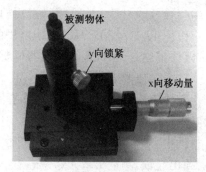

图 12.1-6 被测物做定量移动的装置

将图 12.1-6 所示的装置安放到位移量测量实验系统中,确保被测物体直径的像能够在线阵 CCD 像元阵列上,做平行于阵列的移动(使千分尺推动移动装置的轨道与线阵 CCD 像元阵列平行),便完成了能够沿水平方向定量移动机构的安装。

（2）能够在水平方向做周期运动的机构

为完成利用线阵 CCD 测量物体振动的实验,需要设置能够实现让物体在水平方向上做有规则运动的装置。

图 12.1-7 所示为一款能够带动被测物体完成正弦规律运动的装置。振动实验装置上安装的被测物体在内部电机带动下可以在水平方向做位移与时间成正弦函数关系的往复运动,电机的速度(或正弦函数的频率)可以通过调速旋钮进行调整。

振动实验装置的振动方向是垂直于纸面的,因此将其安放到实验系统中时也要保证被测物体沿线阵 CCD 像元阵列方向运动。

图 12.1-7 被测物体做
正弦移动的装置

3. 线阵 CCD 光电传感器的调整实验

线阵 CCD 光电传感器应该包括成像物镜、线阵 CCD 与驱动器三部分。成像物镜通过接圈与线阵 CCD 相机连接,确保被测物体准确地成像到 CCD 像元阵列上。图 12.1-8 所示为与接圈相连接的成像镜头。实验时需要根据所成图像的质量对光圈、调焦环进行适当调整,以便获得最佳的输出波形,确保测量准确。

振动测量系统安装时必须确保被测物体的运动方向与线阵 CCD 像元阵列平行,因此安装时要注意观察线阵 CCD 像元阵列的方向。线阵 CCD 相机外形如图 12.1-9 所示。

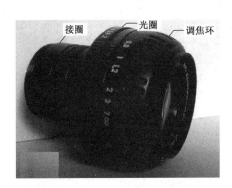

图 12.1-8 连有接圈的成像镜头

图 12.1-9 线阵 CCD 相机外形

线阵 CCD 相机内部装有线阵 CCD 芯片与驱动器,并将同步脉冲与输出的视频信号通过电缆送到安装有线阵 CCD 采集卡的计算机内(光电综合实验平台内部含有计算机系统与采集卡),再通过相应软件可以完成用线阵 CCD 非接触测量物体振动的实验。

4. 物体位置与位移测量实验

物体位置与位移测量实验属于静态实验,利用上述部件可以自行搭建出如图 12.1-10 所示的物体位置与位移测量系统。

搭建过程中要注意远心照明光源与成像物镜的光轴应该尽量重合,以便获得较大的测量范围,减少视场边沿产生的较大像差。

测量过程中首先要记录开始测量时物体的初始位置,然后利用千分尺使物体每移动一定的尺

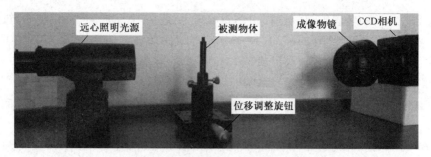

图 12.1-10　物体位置与位移测量系统

寸后都要通过测量软件计算出物体的位置,并加以编号。再推动或拉动(通过旋转千分尺的位移调整旋钮)使物体移动一定量,再实测得到位移数据。将多次移动与测量的数据进行比对,找出测量系统的线性与测量误差,最后列表或用坐标曲线的方式给出测量报告。

5. 非接触测量物体振动的实验

非接触测量物体振动的实验系统如图 12.1-11 所示,它由远心照明光源、线阵 CCD 相机与被测物体构成。图中被测物体在电机驱动的正弦运动机构带动下做往复的正弦运动,在远心照明光源与成像物镜的作用下被测物的像在线阵 CCD 像元阵列面上做规则运动。

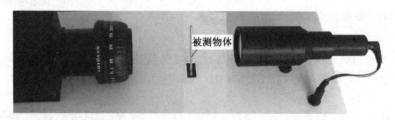

图 12.1-11　非接触测量物体振动的实验系统

该项实验需要配合数据采集、二值化、位置函数 $y(t)$ 测量,并在计算等软件的支持才能完美地获得实验结果,达到锻炼的目的。

下面介绍一款典型振动测量的软件。

物体振动实验系统调试好后便可打开"用线阵 CCD 测量物体的振动"实验软件,弹出如图 12.1-12所示的界面,先观察线阵 CCD 输出信号的波形,看其是否需要调整。调整步骤如下:

① 单击"曲线"菜单,观察线阵 CCD 的输出信号,根据输出信号波形判断是否需要调整成像物镜和 CCD 的工作参数;若 CCD 输出信号如图 12.1-12 所示,波形边沿比较陡直,则没必要调整成像物镜的光圈与焦距;如果输出波形的宽度太窄,则应该调整成像物镜的光圈,使物体在运动过程中不会超出输出波形高电平的范围(视场)。

② 如果输出信号的波形不够陡直,则应该调整成像物镜的调焦环,使被测物体在线阵 CCD 上成的像尽量清晰,曲线的边界比较陡直。

③ 如果发现输出波形的幅度太低,可以适当增大积分时间,通过积分时间调整对话框进行选择。

④ 波形调整好后再设置二值化阈值的幅度,在"阈值设置"菜单里有 2 个操作按钮可以选择:"浮动阈值"与"固定阈值",图中选择了"浮动阈值",还需选择其浮动量,用百分比表示,图中选择了 50%。若选择"固定阈值"则须设置 0~255 的数值。设置好以后,阈值线(黄色线)将显示在坐

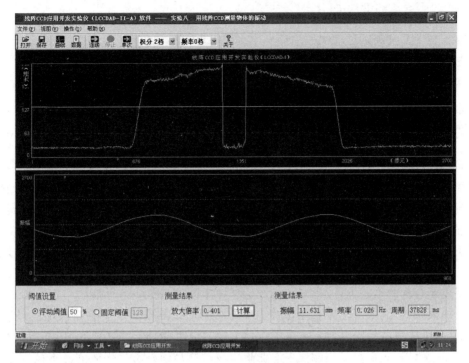

图 12.1-12　振动测量实验软件

标系上。

⑤ 上述调整过程完成后便可以测量成像物镜放大倍率了,在软件界面上按着界面提示的内容与步骤一步步地进行操作,便可以自动计算出光学系统的放大倍率。然后再选择"连续"菜单,单击执行,放大倍率与测量数据等会分别显示在对话框内。

⑥ 软件能够将当前物体振动的波形在界面上描绘出来,直观地显示在实验者眼前。

⑦ 调整如图 12.1-7 所示的驱动电机调速旋钮,使电机的转速发生变化,观察输出波形的变化,分析变化产生的原因和反映的现象。

⑧ 将界面上所画出的振动波形曲线、数据框中所测得的振动数据(振幅、频率)的变化记录下来。

⑨ 单击界面的"停止"菜单,振动将停止,可将振动测量结果抄录下来,或通过"保存"菜单将测量结果数据保存到相应的文件夹内。

12.1.3　数据分析与实验总结

1. 实验数据内容

(1) 位移测量实验

属于静态测量,实验数据主要包括给定值与测量值(w_1 与 w_2)等。

(2) 振动测量实验

给定值:①线阵 CCD 的积分时间(要求是实测值);②镜头的光圈值;③被测物体的直径(千分尺测量值);④阈值(浮动的百分比或固定值);⑤光学系统的放大倍数等。

测量值:①振幅;②振动频率;③振动周期等。

2. 实验总结

(1) 总结通过搭建各个实验系统自己有哪些体会与收获? 尤其是光轴对光电实验系统的

意义。

（2）总结光学系统调试过程中的注意事项。

（3）总结系统的稳定性对测量精度与重复性的影响。

（4）探讨非接触测量系统中标定的意义。

12.2 光电技术课程设计

通过光电技术课程设计训练能够比较全面地理解与掌握光电技术课程在光电信息科学与工程专业中的地位与作用，为后续专业理论与技能的学习打下坚实的基础。本节将在诸多光电技术课程设计内容中选取几个典型课程设计内容进行介绍，侧重点放在课题的选取与题目的展开和设计的基本要求。

从学生的培养目标出发，先考虑其学完"光电技术"及其先修专业基础课所具备的知识点与技能，再考虑其今后要从事的光学、电子技术、计算机技术等方面的工作，都要求具有光学系统设计、模拟与数字电子技术的电路设计、机械结构设计和计算机软硬件设计的能力，在光电技术课程设计中都应该有所反映，得到锻炼。尤其是锻炼电子工程师应该具备的印刷电路板设计（PROTEL）能力，使光电信息人才更胜任光电信息系统的设计工作。搭建、调整光学（或光电）系统，分析光学系统的物像关系，测试相关参数等技能是本专业高年级学生必须具备与掌握的基本技能。这些内容不能仅靠实验环节解决，更需要做适当的课程设计，即光电技术课程设计应使学生在上述方面得到锻炼与提高。

涉及光电技术的内容很广泛，光电技术应用也有几个层次。第一个层次为光电技术的基本理论与原理；第二个层次为基本光电器件的特性、光电变换电路与数据采集单元；第三个层次为光电信息检取系统；第四个层次为光电仪器的系统设计及工程应用技术。本节将在第一个层次（掌握幅度学、光度学等基本物理量和光电信息变换原理，能对光电技术课题进行理解、分析与建立实验方案）基础上，立足于第二个层次，能够构建实际光电系统，完成其数据采集工作，为第三、四个层次的应用提供技术储备。

光学物理量内容较多，基本的物理量包括幅度（强度）、频率（波长）、偏振和相干性等。而光度学物理量是基于幅度和波长的宏观统计参数，本节只针对辐度学和光度学物理量进行测量、设计和应用，而偏振和相干性等不在本节范围之内。

12.2.1 辐射体光谱分布与探测器的光谱响应

1.1.1 节分别讨论了辐射体在"通量"、"出度"、"强度"与"亮度"几方面的计量公式与光谱辐射分布特性，1.1.2 节从接收器（探测器）的角度讨论了照度与曝光量等参数的定义。1.2 节指出上述参数均是光谱辐射量，并给出了重要的概念——量子流速率，以及计算公式

$$N_e = \int_0^\infty \frac{\Phi_{e,\lambda}}{hc} \lambda \, d\lambda \tag{12.2-1}$$

公式表明光源发出的辐功率是每秒钟发射光子能量的总和。

通过对辐射体光谱辐射分布的测量，从中可以找到很多有用的信息，例如黑体（灰体）的温度，发光体的物质成分（光谱分析），钢材材质与微量元素的含量等。那么，怎样才能获得辐射体的光谱分布呢？必须借助前几章学习的各种探测器（光电器件）构成的变换电路才能得到。前几章学到的光电探测器都是光谱 λ 的函数，具有一定的"光谱响应"，表现为它们都具有一定的"光谱灵敏

度 $S_{e,\lambda}$"。因此,在利用光电传感器测量辐射量时必须考虑如图 12.2-1 所示的辐射体光谱分布 $\Phi_{e,\lambda}$ 与探测器光谱灵敏度 $S_{e,\lambda}$ 分布情况。

只有二者的重叠部分才对探测有意义(有响应)。因此为更有效地探测辐射量,应该使探测器的光谱灵敏度尽量与辐射体的光谱分布覆盖得尽量宽。

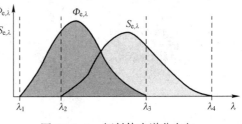

图 12.2-1　辐射体光谱分布与
探测器光谱灵敏度分布

12.2.2　光纤光功率计的课程设计

1. 测量光功率的原理

测量光功率的仪器通常被称为光功率计,主要用于测量光源发出的功率。光功率的量纲是 W(瓦),但是实际的光功率计通常用绝对量 dBm 来表示,它与实际功率存在着对数关系。dBm 与被测光功率 P_{signal} 的关系为:

$$dBm = 10 \times \log\left(\frac{p_{signal}}{1mW}\right) \qquad (12.2-2)$$

式(12.2-2)给出简单换算关系为 $0\,dBm = 1\,mW$,$10\,dBm = 10\,mW$,$20\,dBm = 100\,mW$。

还可以用相对单位 dB 表示,即将测得的光功率 P_{singal} 与参考的光功率 P_{ref}(背景辐功率)均以 mW 作为单位,换成 dB 后,式(12.2-2)变为:

$$dB = 10 \times \lg\left(\frac{p_{signal}}{p_{ref}}\right) \qquad (12.2-3)$$

dB 为(分贝)相对单位,表示信号光功率与参考光功率之比的对数值。

光功率是辐度学参数,探测器和测量方案需要按照辐度学测量原理来设计。考虑到宽光谱分布光源探测非常复杂,需要处理如图 12.2-1 所示的光源与探测器光谱灵敏度的相关问题,所以作为课程设计内容只能对激光等单色光源的光功率进行计量。下面以光纤通信中的光功率计为课程设计实例。

2. 光纤光功率的测量方法

光纤通信系统(发射端机或光网络等)中使用的常为窄带单色光(激光),其光功率的测量较为简单,探测器比较好选择,只要光谱灵敏度能覆盖被测光源的波长和频率即可。

(1) 探测器的选择

考虑光纤通信系统的工作波长通常为 1310~1550 nm,属于近红外波段,因此选用 InGaAs 材料制成的光电二极管,它的光谱响应范围为 800~1700 nm,满足光谱要求。另外考虑测光调制频率的要求,光通信信息变换频率高,调制频率常高于百 MHz 量级,因此使用 APD 雪崩光电二极管才能满足要求,而且其具有内增益,灵敏度也能满足仪器要求。

(2) 变换电路

首先要查到所选择的 APD 器件型号,再根据 APD 器件设计变换电路。图 12.2-2 所示为几种可用于光纤通信系统的典型 APD 器件,其中图(a)为高响应 InGaAs 材料 APD,探头口径 ϕ5 mm,型号为 OPLS-IPD300;图(b)为 OTDR 高增益型 InGaAs 材料 APD,倍增因子高达 30 倍,型号为 OPLS-IAD358-S;图(c)为带尾纤型 InGaAs 材料 APD,型号为 OPLS-IPD300S;图(d)为带前置放大与尾纤的 APD,型号为 OPLS-IAD050S-TIA。

  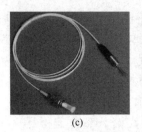 

(a)　　　　　　(b)　　　　　　(c)　　　　　　(d)

图 12.2-2　用于光纤通信系统的典型 APD 器件

目前,用于光纤通信的 APD 均设置了前置放大器,用户只要提供电源即可获得信号输出;如果遇到没有前置放大器的器件,可以为其配备如图 12.2-3 所示的变换电路。

LT6236 属于低功耗(只消耗 4 mA 电流)微输入($1.1\,nV/Hz^{1/2}$)放大器,适用于停电工作状态,电源电流可减小至 $10\,\mu A$ 以下。

增益带宽为 215 MHz 情况下,其转换速率为 70 V/μs。同时,还有 LT6237、LT6238 两款,有双放大器和四放大器封装的集成芯片。在具体使用时要根据需要合理选择。

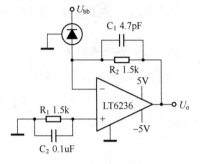

图 12.2-3　低噪声高频 APD
器件的变换电路

(3) A/D 转换电路板

A/D 转换电路是光电信息方向本科高年级学生在学习完模拟电子技术与数字电子技术后应该掌握的技术,设计 A/D 转换电路板也是对上述课程的总结与实践考核,当然,课程设计中可能涉及一些工具软件和编程软件的使用问题,如 PROTEL 电路板设计软件及 CPLD 编程中用到的 Quartur II 等硬件描述语言,只有掌握了这些必要的知识才能更好地适应现代科技的发展,适应现代社会发展的需要。

选择合适的 A/D 器件非常重要,不要选择那些落后的或已经被淘汰的产品,应该选用目前市场上广泛应用的现代产品。TLC5540 与 AD12081 等是有代表性的常用器件。

A/D 转换电路板内容丰富,它涉及转换电路、缓冲器、存储器、接口电路(三态门)、读写控制器与地址发生器等多项内容。因此做这个题目的课程设计,可以巩固前面所学电子技术内容,并为后面的毕业设计奠定基础。

(4) 量程变换与波长补偿

由于光纤功率的变化范围较大,从 nW 到 mW 量级,一般需要高达 $1\sim 10^6$ 动态范围,而放大器和通用的 ADC 难以满足,所以对不同的功率范围需要有不同的放大器。无论是标准的程控放大器还是自己设计的程控放大器,其放大倍数难以准确控制,需要后期在精密测量过程中通过标定,进行适当的补偿或利用软件进行实时修正。

另外,由于探测器对不同波长的灵敏度是不同的,所以还需要对波长进行标定,采用插值法进行补偿似的修正,以适应于不同的测量波长。

3. 光纤光功率计的设计

光纤光功率计课程设计的主要内容包括:

① 探头的设计,包括机械结构、安装结构等的设计;

② 光电探测器的选型,确定性能参数;

③ A/D 转换电路板、微处理电路与键盘等输入电路板的设计;

④ 光纤光功率计外壳与数字显示部件的设计;

⑤ 最终结果的校正与补偿,以便消除放大电路、A/D 转换电路的线性影响与环境温度等因素

的影响。

上述部分可以分别进行设计,也可以根据学生掌握的程度进行完整课程设计。但是所有设计工作都要涉及电路图与电路板内容的设计,并应用 PROTEL 软件绘制出电路版图。

12.2.3　典型光电技术课程设计案例

这里介绍的光电技术课程设计案例,目的是"抛砖引玉"。随着技术发展,光电技术课程设计思路、内容将不断创新。

1. 课程设计基本要求

本次课程设计以"LED 发光角度特性测试仪"为典型样机,通过分析与解剖其关键部件,引导学生根据已有的光电仪器通过分析与读懂仪器的设计思想与关键部件,在原有仪器的基础上改造部分部件,设计出更新更实用的仪器,完成光电技术课程设计任务,培养学生的分析与设计能力。

2. 基本内容

(1) 样机及关键部件

典型样机的外形如图 12.2-4 所示。

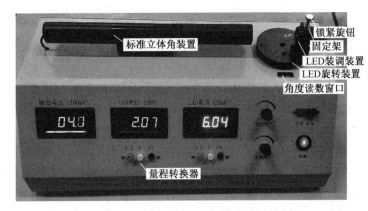

图 12.2-4　样机外形

LED 发光角度特性仪的主要部件包含:

① 标准立体角装置。由发光强度的定义可知,立体角是发光强度测量的关键,标准立体角装置显然是发光角度特性测量仪的关键部件。

② LED 装调装置。只有将 LED 安装到该装置上才能使其工作,完成后面的各项测量。

③ 3 块数字显示电表。其中数字电压表用于测量标准立体角装置中的圆形硅光电池的输出电压,其实质是测量 LED 在这个方向上的发光强度。

LED 电压表用于测量被测 LED 两端的电压,而 LED 电流表与 LED 串联;用于测量流过它的电流。因此,三块表都是仪器的主要部件。

④ LED 旋转装置。通过 LED 旋转装置、角度读数窗口、锁紧旋钮与固定架才能完成定量旋转被测 LED,它不但要完成安装被测 LED 的任务,还能够协助测量被测 LED 不同截面的发光角度特性,以便真实测出其不同角度的发光强度,得到全方位的发光角度特性。

(2) LED 发光角度特性实验

尽管在光电技术实验课已经做了发光角度特性实验,但是在课程设计初始阶段仍要认真完成实验,只有在认真仔细的重复实验过程中才能发现其优点与缺点,找到能够改进的地方,将其写在课程设计报告的实验报告项目栏中,并将新的改进设计方案写出来。

（3）对主要部件拆卸与安装

实验过程中，找到需要进一步观察与研究的地方（包括部件与机构）后，可以向指导教师提出拆卸报告，批复后可对其实施必要的拆卸。了解其结构及参数，探索原设计思路，分析设计的优缺点。要注意拆卸之前必须仔细做好各项准备工作，完成拆卸分析后能够使其恢复原始状态。

边拆边测边记录（拍照）是最好的方法，随时勾画出部件的草图，为后续装调和整理提供依据，并为课程设计报告准备技术资料。LED 发光角度特性测试仪一般可拆装的部件如下：

① 标准立体角装置。拆装标准立体角装置的时候，一定要注意它的引出线，它比较细，容易断，所以尽量不要动它。其前面两节是螺纹连接的，容易拆装，也可以观察到标准立体角的构成。

② LED 装调装置。它的机械部件都可以拆装，但是拆装之前必须认真观察，不可盲目，在拆卸转盘时要注意先拆仪器外壳或者不要将部件全拆卸下来，达到了解的目的就可以了。

③ 看仪器内部结构。拆下外壳后就可以看到仪器的内部结构，记录（包括必要的摄影）是重要的，它会帮助你恢复原状。

在拆装过程中应该尽量避免动用电烙铁（不要焊接），达到了解结构、连接方法与各部件在仪器中所起的主要作用即可。

装好仪器以后一定要进行实验，验证仪器恢复到正常使用状态，如果没有达到理想状态，可以适当进行调整。

（4）开展课程设计工作

针对找到的仪器优缺点，在学习小组内进行讨论，统一思想，形成小组意见（包括改进意见与继承发扬之处）。然后在组内进行分工，形成团队的集体思路，上报指导教师审核批准。

可以针对某一项主要部件进行改进设计，也可以针对整个仪器进行综合设计；可以针对仪器的外形尺寸进行改造设计，也可以针对仪器中部件的安装位置进行更改设计；但是，所有的改动都要说明理由，说明改进后的预期目标，并将其写在课程设计报告中。

（5）提交课程设计报告

根据指导教师发来的"光电技术课程设计指导"内容及要求，写出"光电技术课程设计报告"。在写课程设计报告时要注意回答以下几个问题：

① 列出本组同学名单，哪位担任组长？你在组内承担的工作是什么？

② 你对本组的课程设计贡献如何？对本组的设计工作提出了哪些建议与意见？

③ 本次课程设计改进了哪些部件？改进后的预期目标如何？

④ 找出本次课程设计有何创新之处？

⑤ 通过本次课程设计你在哪些地方得到了锻炼？又在哪些方面有所进步？

⑥ 你对光电技术课程设计有哪些建议？希望在哪些方面再进行改革？

12.3　毕　业　设　计

适合于"光电信息科学与工程"及"测控技术与仪器"专业毕业生的毕业设计内容非常丰富，选题方向很多，各个学校也对毕业设计及其论文的命题、选题、格式和任务量等方面提出了很多具体的要求，都在努力安排好学生本科阶段的最后一个教学环节。

这里想用二个典型毕业设计课题阐述毕业设计的几个过程，希望能对毕业设计起到指导作用。

12.3.1　红外遥控开关的设计

随着集成电路技术的飞速发展，基于各类集成电路芯片设计各种不同类型的遥控装置，它们的中心控制部件已从早期的分立元件、集成电路逐步发展到现在的单片微型计算机,智能化程度越来越高。在无线遥控领域,目前常用的遥控方式主要有超声波遥控、红外遥控、无线电遥控等。

红外遥控技术通过红外光脉冲发送各种控制信号,控制方便,遥控距离较远,抗干扰能较强,密码编制简单,解码容易,控制功能多,不易串扰。另外,红外遥控使用的频带宽,且不受电磁波谱的控制(管制)。因此在短距离遥控领域已经取代无线电遥控而获得广泛应用。

红外遥控是目前应用最广泛的通信和控制手段之一,由于其结构简单、功耗低、抗干扰能力强、可靠性高及成本低等优点而广泛应用于家用电器、工业控制和智能仪器仪表设计系统。随着人类生产、生活质量的提高,对遥控器材质量与功能提出越来越多的需求,迫切性也与日俱增。然而,市场总是落后于需求,市场上的遥控器几乎都是针对各自特定设备的,不能直接应用于通用的智能仪器,也不能满足一般控制场合的需要,例如利用一个遥控器同时控制多部设备的工作。

为了减少对厂家的依赖,自行研发设计红外遥控系统就显得十分必要了。例如设计具有更多功能的遥控开关,要求它带有可扩充的输出端口,显示时钟及各开关状态,如通、断、定时、延时状态等功能,并且要求它能够按设定时间完成诸如定时开、定时关、设定延迟时间,以及能够同时对多种或多个同类设备进行控制等功能,或用户需要的其他特殊功能。

1. 设计思路

(1) 理解设计要求

毕业设计是从理解设计要求开始的,所有设计工作(包括纵、横向课题)都是首先提出设计要求,以满足用户提出的技术指标为宗旨,然后再进行各种设计工作。

学生的毕业设计通常是指导教师命题,同时提出设计要求,设计要求(或设计任务书)是设计的主要依据,因此必须要有据可依,要翔实。

本课题的设计要求应该是:

① 设计一套能够用于 10 m 距离的红外多功能遥控开关;

② 利用现有的红外遥控实验仪和本节介绍的知识,学习掌握红外遥控系统的码制、编码方式方法,然后设计出控制码;

③ 画出遥控开关电路板 PCB 图(接收与发射两部分);

④ 调试出红外遥控开关系统;

(2) 画出系统原理方框图

根据具体要求进行设备的设计是设计工作的基本规律,遥控开关设计也不例外。设计前一定要把设计要求搞清楚,根据设计要求画出设备或系统原理方框图,将满足设计要求的设备或系统结构描述清楚,然后再着手设计。

(3) 展开设计工作的方法与步骤

以设计遥控开关为例,设计前一定要把设计要求搞清楚,进而用方框图将满足设计要求的系统结构描述清楚,然后再着手设计。

根据技术要求,具有密码设置功能的红外遥控开关可分四部分:控制信号与密码编码器、发射系统(遥控器)、接收与解码器(受控电路)、执行动作的执行器,如图 12.3-1 所示。

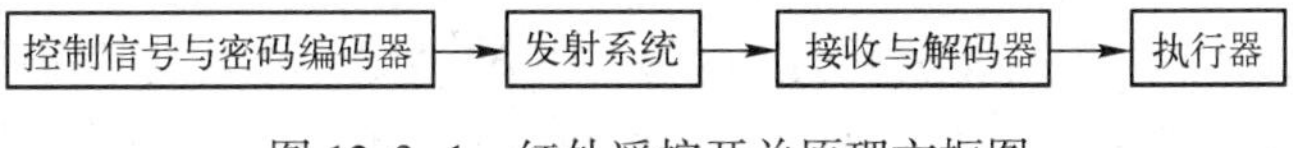

$$控制信号与密码编码器 \rightarrow 发射系统 \rightarrow 接收与解码器 \rightarrow 执行器$$

图 12.3-1 红外遥控开关原理方框图

画出正确的方框图之后,根据框图所描述的内容进行机械结构、电路系统与光学系统设计是光电仪器设计的基本原则。红外遥控开关也不例外,本书侧重于光电系统的设计,简化仪器结构与机械设计。

2. 密码的编制方法

图 12.3-1 所示红外遥控开关电路主要由发射和接收两大部分组成,发射部分由光电接收电路、解码器与执行器构成。

密码的编制方法很多,这里主要介绍由键盘操作将密码编程输入到遥控器内部的编码方式,其方框图如图 12.3-2 所示,编码过程完成后通过红外发射系统将控制信号与密码通过红外发射器发送出去。

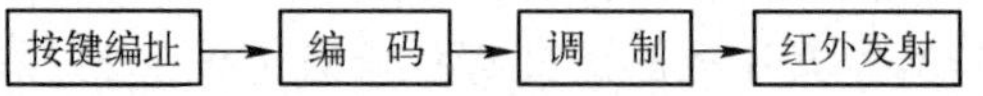

图 12.3-2　密码编码方框图

遥控器的功能是将操作者的按键信息发送出去,为接收端提供识别信息。如果把按键的动作称为信源,那么发射系统就是一个信源信号的转换装置,把转换后的信号通过红外信道传输出去。而信源信号的转换即为图中按键编址的编写过程,一般有频分制和码分制两种方式。

频分制是以不同频率的信号代表不同的按键信号。遥控信号的频率范围在几百 Hz 到几十 kHz 之间。这种编码方式使得发送出去的遥控信号具有较强的抗干扰能力,但是,它所占用的频带较宽,尤其是遥控按键指令集复杂的场合,需要较多的遥控通道,占用更多的频率资源。因此这种方式只适合指令集简单的场合。

码分制适用于按键指令集复杂的场合,它以不同的脉冲或者脉冲组合代表不同的按键指令。与频分制相比,码分制电路简单,使用灵活,在实际应用中多采用这种方式。

实现码分制的方法一般有两种,一种采用编码器芯片,包括普通编码器和优先编码器等。HC147 为一种可供选择的优先编码器,它有 9 个输入端和 4 个输出端,输入/输出均为低电平有效,并且编码带有优先级的限制,当有大于或者等于 2 个输入时,仅有优先级高的那个输入有效。另一种实现方式,即采用微处理芯片(如单片机)来实现,将键盘扫描信息转化成相应的二进制数据。

编码的作用是将按键编址后的数据转换成固定的数据格式。遥控器的编码格式有很多种,但是,其数据格式大致相同,即由引导码、用户识别码、用户识别反码、数据码和数据反码组成。例如 LC7461M 型遥控发射芯片采用 PWM 方法来发送信号。当按下某个键后,就会发出一组长 108 ms 的编码。它由引导码(脉冲)与 42 位信息码(13 位用户识别码、13 位用户识别反码、8 位操作码和 8 位操作反码)组成。其中引导码(脉冲)高电平时间为 9 ms,低电平时间为 4.5 ms。

常用的 NEC 编码格式由引导码、用户码、数据码及数据反码组成,编码一共是 32 位。红外遥控信号从引导码开始,接下来是 16 位用户码,然后是 8 位数据代码和取反的二进制 8 位代码,最后是 1 位结束码。

引导码是为接收端得到接收信号所设计的提示信息。

用户码的作用是对不同的受控对象发出编码信息,不同的红外受控对象接收了与自己相同的编码信息后才能响应,显然各个受控对象都必须具有各自的唯一编码,它们从接收到的信息中解调出它的用户码后才能接收数据码,并根据数据码,执行相应的功能和动作。在许多系统中,用户码就是编码芯片的地址码,通过设定不同的受控对象芯片的地址,以便和其他受控对象区分开来。

数据码有时也称为功能码,就是遥控器上的键值经按键编址后得到的数据编码,代表操作者的操作信息。

编码过程可以由专用的编码芯片完成,如 PT2262IR,VD5206 等,也可以在单片机等微处理器中通过软件编程实现。

如果仅把经过编码处理的脉冲以红外光波的形式发送出去,由于其编码频率低,周期为毫秒级,抗干扰能力较低,因此实际的发送器往往把信息脉冲序列经过调制后,再以较高频率的载波发送出去,提高系统的抗干扰能力。目前常用的载波频率有 30 kHz,38 kHz,40 kHz 及 56 kHz 等。

红外线发射一般由相应功率的红外发光二极管及其驱动电路完成。

3. 红外遥控多功能开关的技术要求

红外遥控多功能开关的主要技术要求为:①具有密码设置功能;②具有多个设备控制功能;③具有时间设置功能;④具有时间延迟功能。

实际工作中应该依据技术要求设计发射与接收系统。例如发射系统和接收系统都要考虑前两项功能的要求,而时间设置与时间延迟功能可以放在发射部分也可以放在接收部分,要根据具体情况设定。一般要求遥控器体积小、质量轻、耗电低和手持方便等,所以尽量安排到接收装置上。当然,根据具体情况设计出适合具体要求的系统是最重要的。

红外遥控多功能开关的发射系统采用红外发光二极管发出经过调制的红外线;红外接收系统的接收电路由红外接收二极管、三极管或硅光电池组成,将红外发射器发出的红外光转换为相应的电信号,再经过放大、解调出控制信号后送给执行电路执行开或关等操作。

红外遥控多功能开关的结构如图 12.3-3 所示,详细内容将在后面介绍。

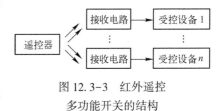

图 12.3-3 红外遥控
多功能开关的结构

4. 需要的器件

设计工作用到的器件如下:

① 电阻、电容、二极管若干(数量和标称值依照下文电路图所示);5 伏直流电源 2 台;发射系统和接收系统印制电路板各 1 块(依据下文各个部分的电路结构图设计)。

② 发射系统:操作按键若干;LG3911AH 数码管 2 个;PT2262IR 编码器 1 个;1815 三极管 2 只;AT80C51 微控制器 1 个。

③ 接收系统:SC2272 解码器 1 个;LT0038 红外接收器 1 个;S8085 三极管 1 只;LG3911AH 数码管 2 个;AT80C51 微控制器 1 个。

5. 红外遥控多功能开关的设计

前面已经介绍过系统的结构和所用器件,下面具体介绍系统的两个组成部分,即发射系统、接收系统的设计与搭建方法。

图 12.3-4 所示为发射系统的结构框图。当按下指令键或推动操作杆时,编码电路便能够产生所需的指令编码信号,编码信号对载波信号进行调制,再由发射电路向外发射经过调制的编码信号。

图 12.3-5 所示为接收系统的结构框图。接收电路将发射器发出的已调制编码指令信号接收下来,经解调电路将已调制的指令编码信号解调出来,即还原为编码信号。由单片机根据解调后的数据控制相应开关的动作。

操作键盘中的按键采用矩阵形式排列,以 80C51 单片机为微控制器,编写出相应的键盘扫描程序将信息码写入存储器。键盘扫描电路如图 12.3-6 所示。

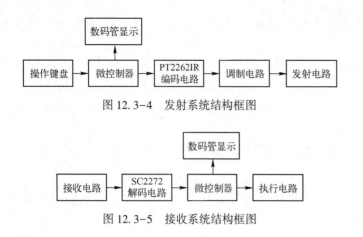

图 12.3-4 发射系统结构框图

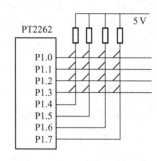

图 12.3-6 键盘扫描电路

图 12.3-5 接收系统结构框图

单片机将存储器内存储的操作信息用数码管显示出来,以便核实与继续编写,同时将键盘扫描信息转化成相应的二进制数据,传送给 PT2262。

PT2262 是一种采用 CMOS 工艺制造的低功耗、低价位通用编码与解码电路;它最多有 12 位(A0~A11)三态地址端引脚(开路,接高、低电平),任意组合可提供 531441 个地址码;最多可有 6 位(D0~D5)数据端引脚,设定的地址码和数据码均由第 17 脚串行输出,可用于无线遥控发射电路;电源电压范围为 2~15 V,输出电平为 $0.3V_{CC}$~$0.7V_{CC}$,最大功耗为 300 mW。

PT2262IR 是 PT2262 系列用于红外遥控的专用芯片,可以通过调整发射端电阻 R_{osc} 的大小使接收距离更远,发射端电阻的调整范围为 390~420 kΩ。

接收电路采用 SC2272 作为解码芯片。SC2272 采用 CMOS 工艺制造,它最大拥有 12 位的三态地址引脚,可支持多达 531441 个地址的编码。因此,极大地减少了码的冲突和对非法编码进行扫描,以使之匹配。PT2262IR 和 SC2272 引脚说明如表 12.3-1 所示。

表 12.3-1 PT2262IR 和 SC2272 引脚说明

引脚	PT2262IR		SC2272	
	名 称	说 明	名 称	说 明
1~8、10~13	A0~A11	地址引脚,用于地址编码,可置为"0"、"1"、"f"(悬空)	A0~A11	地址引脚,用于地址编码,可置为"0"、"1"、"f"(悬空)
1~8、10~13	D0~D5	数据输入端,有一个为"1"即有编码发出,内部下拉	D0~D5	地址或数据引脚,做数据引脚时,只有地址码与 2262 一致,数据引脚才能输出与 PT2262 数据端对应的高电平,否则输出为低电平
18	V_{CC}	电源正端(+)	V_{CC}	电源正端(+)
9	V_{SS}	电源负端(−)	V_{SS}	电源负端(−)
16	OSC1	振荡电阻输入端,与 OSC2 所接电阻决定振荡频率	OSC1	振荡电阻输入端,与 OSC2 所接电阻决定振荡频率
15	OSC2	振荡器输出端	OSC2	振荡器输出端
14	TE	编码启动端,用于多数据的编码发射,低电平有效	DIN	数据输入引脚,接收到的编码信号由此引脚串行输入
17	Dout	编码输出端(正常时为低电平)	VT	有效传输确认,高电平有效。当 SC2272 收到有效信号时,VT 变为高电平

图 12.3-7 所示为 PT2262IR 的编码发射电路,编码信号由地址码、数据码、同步码组成一个完整的码字,地址线、数据线和控制线分别和单片机相应的 I/O 口连接。当按键没有按下时,PT2262IR 的 14 脚为高电平,17 脚为低电平,高频发射电路不工作;当按键按下时,单片机控制

PT2262IR 的 14 脚为低电平,同时把数据和地址送往 PT2262IR 相应的引脚(17 脚),输出经过调制的串行数据信号,使两个 1815 三极管驱动 IRLED 发出高频脉冲辐射:高电平期间高频发射电路起振并发射等幅高频信号,低电平期间高频发射电路停止振荡。所以高频发射电路完全受控于 PT2262IR,实现对高频电路幅度键控(ASK 调制)功能,相当于调制度为 100% 的调幅。

接收端电路结构如图 12.3-8 所示,解码电路采用解码芯片 SC2272。LT0038 为一体化的红外接收器,接入电源后就可以将入射的红外辐射信号转换为电压信号送到 SC2272 的 14 脚(输入端)进行解码。所送入的编码波形被译成字码,它包含有码地址位、数据位和同步位。SC2272 的 A0～A7 是芯片的地址码设置端口,只有接收端的地址码和发射端的地址码完全相同,输出端才有信号输出。如果所设置的地址与连续 2 个字码匹配,则 SC2272 做以下动作:当解码得到"1"数据时,驱动相应的数据输出端为高电平;S8050 输出为高电平。

上电后 SC2272 进入待机状态,检查是否有接收信号。若无接收信号,仍停留在待机状态;在收到信号后,进行接收码地址与设置码地址的比较;当两者相互匹配时,数据存于寄存器中。当检查到连续两帧的码地址都匹配,且数据都一致时,相应的数据输出端有输出,并驱动 S8050 输出。当连续两帧的码地址不匹配时,S8050 不会被驱动,对于瞬态输出型来说,输出数据复位,而对锁存型输出,则输出数据维持原态。

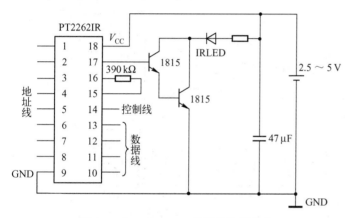

图 12.3-7　PT2262IR 的编码发射电路

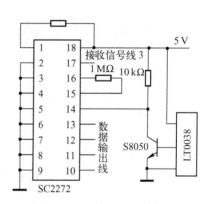

图 12.3-8　接收端电路结构

当发射电路、接收电路两者地址编码完全一致时,接收端对应的 D0～D3 端(引脚 10～13)输出约 4 V 互锁高电平控制信号,同时 S8050 端也输出解码有效高电平信号。

D0～D3 输出与发射系统相对应的信息给单片机电路,由单片机控制相应的开关电路动作。

通常采用 8 位地址码和 4 位数据码,这时 PT2262IR 和 SC2272 的第 1～8 脚为地址设定引脚,有三种状态可供选择:悬空、接高、接低,3 的 8 次方为 6561,所以地址编码不重复度为 6561 组。只有 PT2262IR 和 SC2272 的地址编码完全相同时,才能配对使用。生产厂家为了便于生产管理,出厂时 PT2262IR 和 SC2272 的八位地址编码端全部悬空,这样用户可以很方便地选择各种编码状态。用户如果想改变地址编码,只要将 PT2262IR 和 SC2272 的第 1～8 脚设置成相同的数字即可。

例如,在图 12.3-8 所示电路中将 SC2272 的第 1 脚接正电源,其他脚接地;为了实现对此电路的控制,只要在发射电路中通过单片机将 PT2262IR 的第 1 脚置为高电平(相当于接正电源),其他脚置零(相当于接地),就能实现配对接收的目的。当两者地址编码完全一致时,接收机对应的 D0～D3 端的输出都约为 4V,互锁高电平控制信号,同时 VT 端也输出解码有效的高电平信号。用户通过发射端单片机变换 PT2262IR 的地址引脚电平,即可以遥控具有不同地址码的接收电路,从而实现一个遥控器控制多个受控电路。

开关电路可以由三极管、二极管和继电器构成。在负载较大的情况下需要采用控制功率较高的继电器,它的输入电流较高,不能直接用集成电路芯片驱动,为此在单片机与大功率继电器之间必须设置一个驱动继电器的电路,利用三极管的截止和饱和状态来关闭或打开继电器的开关,完成较大负载的控制。

6. 典型红外遥控发射器

红外远距离遥控实验装置由红外信号发射器、红外信号接收器和执行机构三部分构成。

红外信号发生器采用 IRC160N-1 型遥控发射器,其外形如图 12.3-9 所示。它的前部(图的上部)为红外信息发射器(IRLED),面板上安装有功能控制键和电源开关键。其内部主要由 SC6122 芯片构成,为具有逻辑编码的红外遥控专用芯片,其引脚分布与原理结构如图 12.3-10 所示。它为 24 引脚的表面贴器件,引脚定义如图 12.3-11 所示,各个引脚的功能如表 12.3-2 所示。从表中可以看出,用户码的键扫描输入端为 16 位码,它占用引脚 21~14(I/O 双功能脚),输入 16 位码制的信息。用户可以通过这些引脚发出所设计的密码和信息。

图 12.3-9　IR 遥控器外形

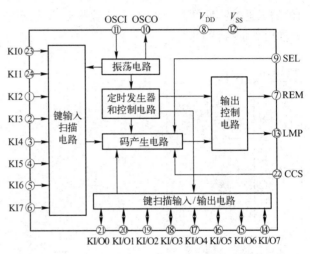

图 12.3-10　IR 遥控发送芯片引脚分布与原理结构

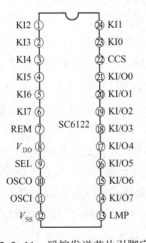

图 12.3-11　遥控发送芯片引脚定义

表 12.3-2　SC6122 各引脚功能

引脚号	符　号	I/O	功　　能
23,24,1~6	KI0~KI17	I	键扫描输入端
7	REM	O	遥控输出
8	VDD		正电源
9	SEL	I	D7 数据选择端
10	OSC	O	振荡器输出端
11	OSC	I	振荡器输入端
12	VSS		电源地
13	LMP	O	指示灯输出端
21~14	KI/O0~KI/O7	I/O	键扫描输入/输出引脚
22	CCS	I	低 8 位用户码扫描输入端

11 脚、10 脚与晶体振荡器直接相连接为内部电路提供时钟脉冲。

7 脚为红外发射输出端,它与红外发射管直接相连发射红外脉冲信息。

13 脚为指示灯输出端,接 LED 指示灯显示 SC6122 的工作状态。

SC6122 由键输入扫描电路、内部逻辑电路、键扫描输入/输出电路和输出控制电路等部分组成。

(1)遥控信号发送原理

通过按键编写的信息码经 KI/O0~KI/O7 送入键扫描输入电路,它向片内码产生电路送入控制信息编码,它与键扫描输入/输出电路信息相符后向输出控制电路发送信号,然后由 7 脚控制 IRLED 发出带有控制信息的 IR 光信息。

(2)红外信息码

当按下按键后 SC6122 芯片将按图 12.3-12 所示的波形工作,将其分为 3 个时段进行定义与分析。

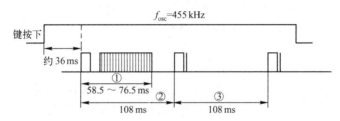

图 12.3-12　工作波形的时间分配

58.5~76.5 ms 时间段中的内容如图 12.3-13 所示,它又分为 3 段,由引导码 13.5 ms、16 位用户编码 18~36 ms、键数据码及其反码 27 ms 构成。

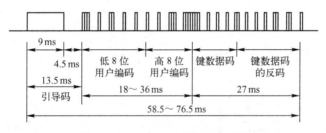

图 12.3-13　时间段①波形的展开

引导码、数据码的规则(或 108 ms 期间的内容)如图 12.3-14 所示,引导码由 9 ms 的脉冲与 4.5 ms 的间隙构成,数字由 0 与 1 构成,其中 0 为脉冲与间隙对称均为 0.56 ms,而 1 的周期比 0 的周期长,为 2.25 ms。

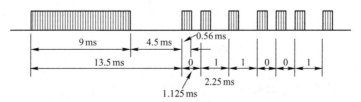

图 12.3-14　引导码与数据码时间分配

载波频率与波形如图 12.3-15 所示。载波脉冲的频率为 38 kHz，周期为 26.3 μs，脉冲宽度为 8.77 μs。引导码 9 ms 期间将有 342 个脉冲，数据码 0.56 ms 期间有 21 个载波脉冲。

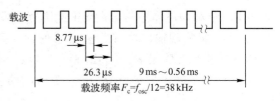

图 12.3-15　载波频率与波形

SC6122 器件的编码方式如图 12.3-16 所示，它由引导码、低 8 位用户编码、高 8 位用户编码、8 位键数据码与 8 位键数据码的反码五部分构成。

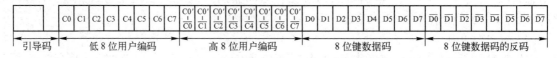

图 12.3-16　SC6122 器件编码方式

编码采用脉冲位置调制方式(PPM)。利用脉冲时间间隔区分"0"与"1"，每次发送数据码的同时也将其反码发射出去，以便减小系统的误码率。

本红外远距离遥控实验装置的 IRC160N-1 型红外遥控器发射器采用 32 个按键的编码方式(见图 12.3-17)，用户码为 807F。

当按动发射器面板上的按键时相应的数据将以红外线的方式发射出去，用户码为 807F。如果接收器的地址码也为 807F 则可以接收到相应的信息码，再经译码过程获得相应的操作，完成相应的动作。

7. 典型红外遥控接收器

红外遥控接收器一般都安装在被控设备的内部，因此它不像发射器有自己的外形尺寸。

图 12.3-18 所示为典型红外接收器芯片 BC7210 的引脚。

用户码：807F

80	90	91	92
84	84	95	96
8C	98	99	9A
88	D8	9C	9D
C0	8A	83	82
89	85	86	87
C4	97	81	9E
C8	D4	9F	8B

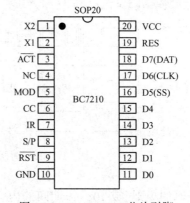

图 12.3-17　32 键码值定义表　　图 12.3-18　BC7210 芯片引脚

它具有如下特点：

① 支持多种编码方式；

② 可以选择有/无用户码方式(Customer Code)；

③ 可由外接电阻或二极管设置用户码；

④ 可选择并行与串行解码输出；

⑤ 兼容 SPI 与 UART(波特率 9600)的串行输出；

⑥ 采用数字滤波技术，抗干扰，无误码；

⑦ 接收有效指示输出；

⑧ 工业级温度范围。

它的各引脚定义与功能如表 12.3-3 所示。

表 12.3-3　BC7210 引脚定义与功能

引脚号	名　称	功　能	引脚号	名　称	功　能
1	X2	外接晶振输出	9	$\overline{\text{RST}}$	复位,低电平有效,一般通过一个电阻上拉至 V_{CC}
2	X1	外接晶振输入	10	GND	接地引脚
3	$\overline{\text{ACT}}$	接收有效输出,低电平有效	11~15	D0~D4	并行数据输出 D0~D4
4	NC	空脚,内部无连接	16	D5(SS)	并行数据输出 D5,串行数据输出时做使能信号
5	MOD	工作模式选择,高电平为 RC5 解码,低电平为 NEC 解码	17	D6(CLK)	并行数据输出 D6,串行数据输出时做时钟信号
6	CC	用户码选择(详见后文)	18	D7(DAT)	并行数据输出 D7,串行数据输出时做数据信号
7	IR	红外编码信号输入端,一般接红外接收头的输出端	19	RES	保留引脚,为保证与将来产品兼容,请不要有任何外部连接
8	S/P	串/并输出选择,接地为串行输出,与 V_{CC} 相连时为并行输出	20	V_{CC}	电源引脚

它是 20 脚的表面贴器件,支持不设用户地址码、RC5 编码模式与 NEC 编码模式,工作模式的设置由第 6 脚(CC)的状态决定:

如果第 6 脚通过串接不小于 10kΩ 的电阻至 V_{CC},则处于不设用户地址码的接收方式,对接收到的红外遥控数据,BC7210 将用户地址码与按键码顺序以串行方式输出,不管 S/P 脚的设置如何。

如果第 6 脚没有串接上拉电阻,则工作在不设用户地址码的接收方式,BC7210 在复位时将读取用户码的设置,并在解码时将收到的用户地址码与设置的用户码进行比较,只有两者相同时才会将接收到的按键数据输出,否则数据被忽略。在这种模式下 BC7210 只输出一个字节的数据,由 S/P 引脚的状态选择串行还是并行方式输出。例如,采用 NEC 模式并行输出不设用户地址码方式的电路如图 12.3-19 所示。从电路图很容易看到 5 脚(MOD)接地,标志 BC7210 处于 NEC 模式,6 脚(CC)通过 4.7kΩ 电阻接到电源 V_{CC} 上,复位端 $\overline{\text{RST}}$(9 脚)接电源 V_{CC} 被无效设置。

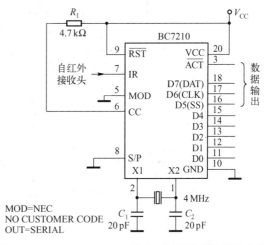

图 12.3-19　BC7210 NEC 模式不设用户地址码的电路

在这种设置下 BC7210 每收到一次指令就输出 3 个字节的数据,分别是 2 个字节的用户码和 1 个字节的数据码。先输出 8 位高字节用户码,再输出 8 位低字节用户码,最后输出 8 位数据码。

图 12.3-20 所示为 NEC 编码模式下,设置 8 位用户码,8 位并行输出电路。6 脚与 8 脚相连完成设置,用户码通过拨码开关设置,接通为"0",断开为"1"。

当 3 脚 $\overline{\text{ACT}}$ 有效时 8 位并行数据输出才有效,否则为三态。

图 12.3-21 所示为 16 位用户码的并行输出电路,它与图 12.3-20 的区别在于用户码的设置上,增加了 8 只二极管和 8 只拨动开关,用来设置高 8 位用户码。

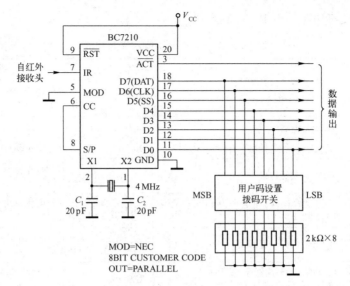

图 12.3-20　8 位用户码,8 位并行输出电路

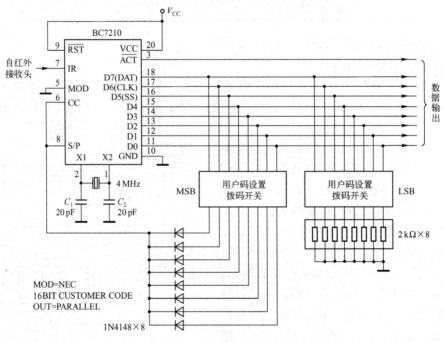

图 12.3-21　16 位用户码并行输出电路

16 位用户码在开机初始化时间段将其设置到内部存储器,在接收到发射器发出的用户码时内部电路将对其进行判断,判断出与发射来的用户码相符时,便将数据码通过 8 位数据线并行输出。

8. 译码与功能控制器

如何将接收到的数据转换成各种目的的控制命令是译码与功能控制器的关键。显然,译码工作应该由多个 8 选 1 译码电路完成,通过各自的驱动电路驱动控制器完成相应的功能控制,如图 12.3-22 所示。8 位数据能够实现 256 种功能的控制。

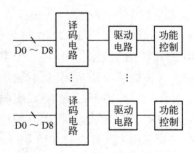

图 12.3-22　译码驱动电路

12.3.2 应用线阵CCD实现钢珠的自动筛选

1. 引言

随着社会的进步和发展,充分挖掘社会生产力,提高产品质量与生产效率一直是创新发展的原动力。测量技术实现自动化,提高测量速率更是毕业设计与大学生创新设计的重要课题。在生产过程中对微小工件的高精度、高效率与自动分拣的实现,会对微小工件的生产起到积极促进作用。目前,大多数生产企业仍停留在用普通游标卡尺、螺旋测微计等工具测量或用工具显微镜、投影测量仪等设备对微小工件进行离线方式的人工抽检,工作效率较低,产品质量与产品合格率都将受到影响,因此本课题具有重要的实际意义。

许多工业生产部门,都需要使用各种各样的精密零件,这些零件的尺寸较小,常为几毫米,外形差异也很大,测量精度要求又很高,使得测量工作甚为烦琐。为此我们选用钢珠进行试探性研究。另外,考虑生产环境和自动分拣会对企业带来好处,提升企业生产效率,本设计应具有一定的价值,也能推动科技进步。

由于钢珠被广泛应用于汽车零部件、机械制造、五金、泵阀等行业。钢珠生产出来后会不可避免地产生自身缺陷,如气孔、椭圆、表面坑洼等,还有钢珠表面生锈,造成光洁度不佳,需要酸洗等处理。利用光学非接触测量手段,对生产线上刚生产出来的钢球进行逐一自动检测,并利用单片机控制阀门分选出合格的钢珠,完成对钢珠的自动筛选。

此课题源于"国家级大学生创新训练项目"。目的是通过真实"创新训练项目"做到对实际课题的理解,培养动手设计、制造检测设备能力。要求采用线阵CCD实现对钢珠的自动检测与筛选,主要检测钢珠直径尺寸是否在规定的误差范围内,它的椭圆度是否超标,并完成分选系统设计。

2. 分选系统原理

分选系统原理方框图如图 12.3-23 所示,它主要由互相垂直放置的两台线阵CCD相机(CCD1与CCD2)及远心照明光源构成检测系统,被测钢珠通过装料与"滑动"传动机构进入线阵CCD相机的视场,获取钢珠两个相互垂直方向的径向尺寸。钢珠直径信息通过线阵CCD二值化数据采集电路和单片机处理系统获取,然后通过分析软件给出合格与不合格信息,不合格信息传至电磁铁执行系统完成对其运行轨道的改变,进入不合格成品库。从而完成合格品与不合格品的筛选工作。

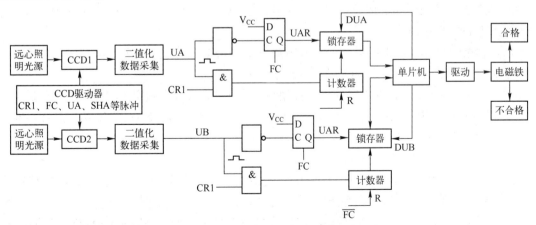

图 12.3-23 分选系统原理方框图

3. 远心照明光源

为减小整个分选系统的结构尺寸,系统采用平行特性良好的远心照明光源为线阵 CCD 的照明光源,使得下落钢珠的阴影能够直接被线阵 CCD 所采集,使线阵 CCD 输出信号载有钢珠弦及直径尺寸信息。由于钢珠下落过程中线阵 CCD 采集的为弦长,其尺寸不断变化,其中最大值为钢珠的直径。用远心照明光源发出的"平行光"能够使钢珠清晰地投影到线阵 CCD 像面上,该项设计减少了线阵 CCD 相机所必需的成像物镜,同时也克服了有成像物镜情况下必须考虑透镜的焦距和因下落位置差异引入的放大倍数误差。但是,该装置要求线阵 CCD 相机不能被环境光干扰,需要对每个线阵 CCD 相机都进行屏蔽杂光处理,整个系统也要求对环境光进行屏蔽。

4. 线阵 CCD 驱动器的设计

为在小球下落过程中同步采集互成 90° 的直径尺寸值,采用高速线阵 CCD 完成,系统采用 TCD1209D,在 20 MHz 频率驱动脉冲作用下线阵 CCD 的行周期可小于 0.02 ms,既每秒钟可以采集 500 次,当钢珠下落高度不超过 10 mm 的情况下能够满足快速测量出直径值的要求。

如图 12.3-24 所示为 TCD1209D 的驱动电路原理方框图,晶振产生主时钟脉冲,经过分频电路与逻辑门电路产生线阵 CCD 同步工作的各种脉冲 SH、RS、CP、CR1 和 CR2。

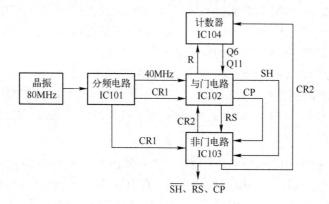

图 12.3-24　TCD1209D 驱动电路原理方框图

其中 SH、RS、CR1 与 CR2 四路脉冲是 TCD1209D 手册上要求必须提供的工作脉冲,它们之间有严格的相位关系,必须满足。

用小规模数字集成电路完成驱动电路的设计,产生 SH、RS、CP、CR1、CR2 和同步脉冲 FC 的数字逻辑电路如图 12.3-25 所示。

Y1 晶振输出 80 MHz 的时钟脉冲经分频电路 IC101(74HC393)分别输出 40 MHz 和 20 MHz 脉冲,并将 20 MHz 的输出脉冲设定为 CR1(CR2 为 CR1 的非)。

利用 20 MHz 的 CR1 与 40 MHz 的主时钟相与便形成与 $\overline{\text{CR1}}$ 具有确定逻辑关系的复位脉冲 RS,CP 是与复位脉冲 RS 周期相同,相位相差 1/2 的"像元同步脉冲",是 CR1 与 40 MHz 脉冲相与的结果。FC 是用作控制线阵 CCD 数据采集的行同步脉冲,它的高电平对应于 TCD1209D 的 2048 个有效像元,低电平期间为无效的亚像元输出时段。

利用 12 位二进制计数器 IC104(74HC4040)完成对 $\overline{\text{CR1}}$ 的计数,其输出 Q11(2047 时刚刚为高电平)和 Q6(64 为高电平)相与产生 SHA 脉冲,SHA 刚刚为高电平时再和 RS 相与可以产生对 IC104 进行复位的脉冲 R,使 12 位计数器复位,完成一个循环周期,计数器 IC104 的输出 Q11 符合 SH 脉冲的要求。至此获得了线阵 CCD 所需要的各路驱动脉冲。

当然,产生的是各路的"反相位"脉冲,再分别通过 74HA04 反相驱动 2 只线阵 CCD,使 2 只

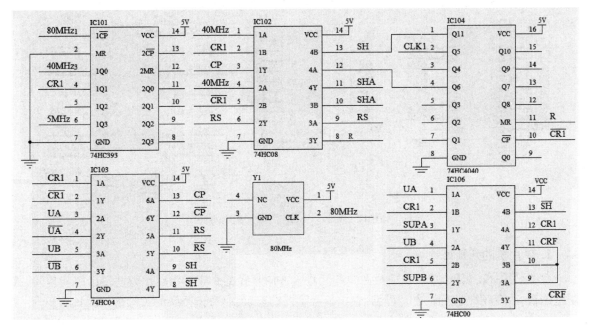

图 12.3-25　线阵 CCD 驱动脉冲产生电路

CCD 实现同步工作。

5. 二值化数据采集

二值化数据采集系统完成以下功能。

① 产生弦长二值化脉冲

采用浮动阈值二值化处理电路(见图 9-6)分别对 2 只线阵 CCD 输出信号进行整形,形成二值化脉冲(UA 与 UB)。

UA 与 UB 的宽度分别与钢珠进入到 CCD 的阴影宽度相关。

② 形成弦长脉冲串

通过将 UA 与 UB 加到图 12.3-25 的与非门电路的输入端控制 CR1 脉冲,则在与非门输出端获得 SUPA 与 SUPB 两串脉冲,脉冲串的长度由弦长决定。

③ 生成弦长数据

分别用 2 只 12 位二进制计数器对弦长脉冲串进行计数,其输出端即生成弦长数值。计数器在 $\overline{FC}$ 脉冲控制下在线阵 CCD 输出信号期间($\overline{FC}$ 为低电平)完成计数,在每个周期开始前($\overline{FC}$ 为高电平)复位。由计数器完成将二值化方波宽度转换成二进制数。

④ 弦长数据的锁存

如图 12.3-26 所示为单方向弦长数的锁存电路或称二值化数据采集电路。它由 2 只 8D 锁存器(74LS374)构成 12 位 D 锁存器,它的数据输入端接各自计数器的输出端,它的锁存控制端($\overline{OC}$)分别接 DUA 与 DUB,它们分别是二值化脉冲后沿产生的方波脉冲,使计数值锁存入 12 位 D 锁存器。

单片机将通过查询 DUA 与 DUB 的状态,再发送 UAR 与 UBR 脉冲将 QA 与 QB 数据读入内存,完成数据采集工作。

该数据采集方案具有充分利用数字逻辑电路的速度优势,解决了单片机响应速度慢的缺陷。单片机在一个线阵 CCD 工作周期内只采集 2 次 12 位二进制数据,其余时间用于执行其他程序(比较、判断与发出剔除与否指令)。

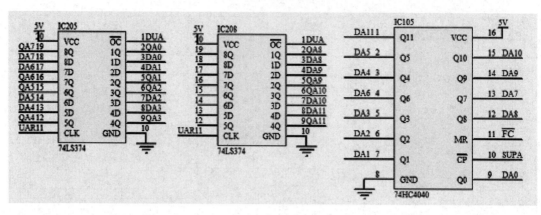

图 12.3-26　二值化数据采集电路

6. 单片机的判别设计

系统采用 89C52RC 单片机完成两个相互垂直方向直径的采集、计算、比较并发出超差信号,控制电磁铁,改变钢珠运行轨道。可见,它担负着重要的职责,是分选系统的关键部件和核心。

① 单片机读取锁存器数据

在每一个 FC 行周期单片机通过发送 UAR 与 UBR 脉冲读取锁存器的数据 QA 与 QB,然后进入判别程序。

② 单片机判别程序流程图

单片机判别程序流程图如图 12.3-27 所示,单片机初始化令 UA0 等于零,单片机读入的信号为 UA,之后对 UA0 和 UA 进行比较,若 UA 大于 UA0,则将 UA 保存为钢珠直径值 UA0;然后比较判断最大直径是不是在合格的公差带范围内,若不在该范围内直接启动电磁铁将其作为不合格品分选掉;若合格则继续判断与 B 向采集的直径值是否超差,判断方法与 A 向相同。合格后再判断 UA0 和 UB0 的差是否在公差带允许的范围内;同样,若不合格则启动电磁铁将其分选掉,合格则进入正常轨道装入合格品并储存。

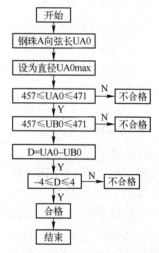

图 12.3-27　单片机判别程序流程图

③ 数字信息内涵

在流程图中会看到一些数字,如"457"、"471"与"4"等,它们分别代表"像元数",线阵 CCD 的像元具有精确的尺寸量,而且它的误差是通过高精度光刻技术保证的。对于 TCD1209D 来讲,它的每个像元尺寸为 14 μm,于是"457"为 6.398 mm,"471"为 6.594 mm,"4"为 0.056 mm。"457"与"471"给出合格钢珠直径的公差带 $D_{min} = 6.398$ mm,$D_{max} = 6.594$ mm;用"4"给出钢珠椭圆度的公差带为±0.054mm。

④ 判别程序

根据图 12.3-27 编写的程序如下:

```
#include<reg51.h>
#define uint unsigned int
#define uchar unsigned char
#define schar signed char
```

```c
sbit read=P3^5;
sbit dct=P3^7;                          //电磁铁控制端,高电平吸合,低电平断开
schar D;
uchar UAL,UAH,UBL,UBH;                  //UAL,UAH 是第一个 CCD 输出脉冲数的低 8 位和高 8 位
uint UA,UB,UA0=0,UB0=0;                 //UA 是第一个 CCD 输出的脉冲数,UA0 是初始值,设为 0
void delayms (unsigned int i)
    {
        unsigned char j;
          while(i--)
          {
              for(j=0;j<124;j++);
          }
    }
main( )
{
  P2=0xff;                              //作为输入口使用时,先写 1
  P1=0xff;
  P0=0Xff;

  read=0;                              //将锁存器里的数据送到输出端
  IT0=1;                               //INT0 边沿触发
  IT1=1;                               //INT1 边沿触发
  EX0=1;                               //外部中断
  EA=1;                                //总中断
  EX1=1;

  while(1)
    {
          if( UA>=UA0)
            {
              UA0=UA ;
            }
          else
            {
              if (457<=UA0&&UA0<=471)              //判断线路 A 的直径
                  {
                      if (457<=UB0&&UB0<=471)      //判断线路 B 的直径
                        {
                          D=UA0-UB0;
                          if (D<=-4&&D>=4)          //如果不满足球形
                            {
                              dct=1;
                              UA0=0;
                              UB0=0;
                              delayms(10);
```

```
                                                        dct = 0;
                                                    }
                                            else
                                                    {
                                                        dct = 0;
                                                        UA0 = 0;
                                                        UB0 = 0;
                                                    }
                                        }
                                else
                                    {
                                        dct = 1;
                                        UA0 = 0;
                                        UB0 = 0;
                                        delayms(10);
                                        dct = 0 ;
                                    }
                            }
                    else
                        {
                            dct = 1;
                            UA0 = 0;
                            UB0 = 0;
                            delayms(10);
                            dct = 0 ;
                        }
                }
            }
    }

void int0( ) interrupt 0                              //外部中断 0
    {
            UAL = P1;
            UAH = P2&0X0F;
            UA = UAH * 256+UAL;
    }


 void int1( ) interrupt 2                             //外部中断 1
    {
            if( UB > = UB0)
            {
                UB0 = UB;
            }
            UBL = P0;
            UBH = P2>>4;
            UB = UBH * 256+UBL;
    }
```

如图 12.3-27 所示,通过发送 DAR 和 DBR 信号将锁存器弦长数据读入内存,经比较分别获得两个方向的直径值,同时判断其值(UA0 与 UB0)是否在公差带之内,超差则输出不合格(剔除)信号;然后再比较 UA0 与 UB0 之差是否在椭圆度要求的公差带之内,超差也要发出剔除信号。3 种"不合格"指令均可控制电磁铁完成变轨剔除,钢珠进入不合格品库。

合格的钢珠则可以按流程执行下去,电磁铁不动作,钢珠继续按预定的轨迹前行进入合格品库。

7. 电磁剔除

采用电磁铁作为系统控制单元的执行器,用改变运行轨道的方法完成合格品与不合格品的分选。电磁铁的初始状态是使钢珠能够滚动到合格品库中,当单片机发出不合格信号指令后,将控制电磁铁改变钢珠的运行轨道,使不合格钢珠滚落入不合格成品库,完成分选工作。

8. 分选系统实验装置

为验证设计方案,搭建出如图 12.3-28 所示的实验装置。图中 1 为钢珠进料滑道,2 为远心照明光源,它发出绿色平行光与线阵 CCD(图中 3)构成一个方向的钢珠直径测量系统,当钢珠从滑道 1 落下时测出其直径。4 为执行电磁铁,当单片机发出剔除信号时动作,使钢珠 5 向下运动并滚落到滑道 7 上,落入不合格品的容器内。没有剔除信号,电磁铁不动作,钢珠进入滑道 6,滚落到合格品的容器内。

图 12.3-28　分选系统的实验装置

经实验装置验证,系统能够完成分选,但是由于单片机的运行速度限制了系统的分选速度,选用更高速度的单片机或 ARM 将能够提高系统的运行速度;另外,一个屏蔽外壳能够克服杂散光,尤其是变化杂散光对分选系统的影响,提高系统运行的稳定性。

9. 调试与标定

① 两只线阵 CCD 的装调

当分选系统的机械结构安装调试好后可进行光源与线阵 CCD 探测系统的装调。

先将两只远心照明光源相互垂直地安装在中心等高的位置上,点亮光源,观察两个光源的光斑是否在一个"等高线"上,而且在光源照明的范围都能够覆盖钢珠下落轨迹。然后安装线阵 CCD,要求每个光源的光斑都能够覆盖各自的线阵 CCD 像面。开机观察两只线阵 CCD 的输出信号都能够有较为合适的输出波形,完成初期安装调试工作。

② 静态调整与标定

获得两只线阵 CCD 的输出波形后,将被测标准尺寸钢珠(无瑕疵)置于钢珠下落轨迹处。可以采用将钢珠用磁铁悬挂的方式放置,使两只线阵 CCD 都能够采集到它的弦长,比较二者的差异,固定一只线阵 CCD,适当调整另一只线阵 CCD 的位置(高低与角度),使二者采集的弦长尽量接近。经过反复调整,可以使二者误差小于 1 字(14 μm)。

③ 动态调试

预先准备好一些理想(合格)钢珠与各种情况的不合格(包括外径超差、椭球与表面瑕疵很大)钢珠,然后打开分选系统。先将合格钢珠放入进料滑道,看其是否能够通过滑道 6 进入合格品库。再将不合格品放入进料滑道,观察电磁铁是否能被启动,启动后变轨是否成功,是否能够顺利进入滑道 7 进入不合格品库。

10. 总结

经过两个多月的毕业设计,在指导老师的指导下可顺利按着计划完成设计工作。整个设计与装调过程会遇到许多困难、挫折,但是经过努力和反复实验、摸索,最终可获得成功。尤其是初次对线阵 CCD 驱动器的设计与调试过程要反复多次,对二值化数据采集系统的调试也会遇到很多问题,需多次对所设计电路进行改进,以及对已经加工好的电路板进行修改,对机械结构的设计、改造等也会遇到很多困难,从中也会得到很大的提高,指导老师的耐心帮助会使我们克服许多困难,每克服一个困难,每解决一个问题都会带来发自内心的喜悦,是无法用语言描述的。

参 考 文 献

1　雷玉堂,王庆有,何加铭,张伟风．光电检测技术．北京:中国计量出版社,1997

2　秦积容．光电检测原理及应用．北京:国防工业出版社,1987

3　卢春生．光电探测技术及应用．北京:机械工业出版社,1992

4　缪家鼎,徐文娟,牟同升．光电技术．杭州:浙江大学出版社,1995

5　江月松．光电技术与实验．北京:北京理工大学出版社,2000

6　王庆有．图像传感器应用技术．北京:电子工业出版社,2003

7　范志刚．光电测试技术．北京:电子工业出版社,2004

8　赵负图．光电检测控制电路手册．北京:化学工业出版社,2001

9　安毓英,刘继芳,李庆辉．光电子技术．北京:电子工业出版社,2002

10　孙景鳌,蔡安妮．电视摄像机与视频处理．北京:电子工业出版社,1984

11　赵负图．现代传感器集成电路．北京:人民邮电出版社,2000

12　张以谟．应用光学．北京:机械工业出版社,1982

13　金篆芷,王明时．现代传感技术．北京:电子工业出版社,1995

14　张风林,孙学珠．工程光学．天津:天津大学出版社,1988

15　巴德年．当代免疫学技术与应用．北京:北京医科大学中国协和医科大学联合出版社,1998

16　李大友．微计算机接口技术．北京:清华大学出版社,1998

17　王俊省．微计算机检测技术及应用．北京:电子工业出版社,1996

18　黄章勇．光纤通信用光电子器件和组件．北京:北京邮电大学出版社,2001

19　吕联荣,姜道连,田春苗．电视原理及其应用技术．天津:天津大学出版社,2001

20　(美)E. J. 帕沙湖．微型计算机接口技术．重庆:重庆出版社,1987

21　庄跃辉,舒妙飞．光电元器件速查代换大全．杭州:浙江科学技术出版社,2000

22　荀殿栋,徐志军．数字电路设计实用手册．北京:电子工业出版社,2003

23　光电器件产品手册．北京:北京光电器件厂,1987

24　王庆有,于涓汇．利用线阵CCD非接触测量材料变形量的方法．光电工程,2002,(4):20～23

25　王庆有,于桂珍．线阵CCD驱动器模块的优化设计．光电工程,1994,(6)

26　陈久康,刘志扬．光纤坯管径在线自动检测CCD输出信号的分析与处理．上海计量测试,1987,(1):77

27　董文武．一种使用线阵CCD实现高精度二维位置测量的方法．光学技术,1998,(5):42～45

28　李长贵．线阵CCD用于实时动态测量技术研究．光学技术,1999,(2):5～8

29　何树荣．用CCD细分光栅栅距的位移传感器．光学技术,1999,(3):1～3

30　黄宜军．应用CCD的透镜曲率自动测量系统．光学技术,1998,(2):28～30

31　陈卫剑．CCD在测量运动物体瞬时位置中的应用．光学技术,1998,(4):49～50

32　吕海宝．CCD交汇测量系统优化设计的建模与仿真．光学技术,1998,(6):10～13

33　王庆有．轨道振动的非接触测量．光学技术,1998,(6):69～70

34　王庆有．采用CCD拼接术的外径测量研究．光电工程,1997,(5):22～26

35　沈为民．线阵CCD应用于多目标测量时的图像拼接技术．光电工程,1997,(5):63～66

36　Wang Qingyou. Study on vibration measurement with the use of CCD. SPIE,1998,(3558):339～343

37　Li Kaiming. Study on measuring instan taneaus planar motion of rigid body with linear CCD. SPIE,1998,(3558):344～347

38　苗振魁．自动显微图像处理系统的研制．光学技术,1997,(1)

39　沈忙作．线阵CCD图像传感器的焦平面拼接．光电工程,1991,(4):149～154

40　王庆有．用一个线阵CCD检测刚体瞬态平面运动的研究．天津大学学报,2000,(4):487～489

41　王庆有．高速运动物体的图像数据采集．光电工程,2000,(3):51～53

42 曾延安. CCD 在光谱分析系统中的应用研究. 光学技术,1998,(4):3~4

43 Hamilton. D. J. and W. G. Howard. Basic Intergrated Circuit Engineering. New York：MCGraw-Hill, 1975

44 Beynon. J. D. E. and Lamb. D. R. (Ed)：Charge Coupled Devices and Their Applications,MCGraw-Hill,London,1980

45 Gradl. D. A. 250 MHz CCD Driver. IEEE Jour of Solid-State Circuits, 1981,(16):100

46 Rodgers. R. Development and Application of a Prototype CCD Color Television Camera´. RCA Engeer, 1979, Vol. 25. P42

47 Bayer. B. Color Imaging Array,1976,(3):971

48 Takemura. Y. and K. Ooi. New Frequency Interleaving CCD Color Television Camera. IEEE Trans. on Cons. Elec. , 1982,(4):618 ~ 623

49 田来科. 波长粗糙度与光散射. 光电技术与信息,2003,(2):37~39

50 林玉兰,陈永泰. 拉曼散射分布式光纤传感器的设计. 光电技术与信息,2002,(2):33~36

51 夏力臣,高新江. 高速高饱和 InGaAs/InP 单行载流子光电二极管. 半导体光电,2004,(3)196~173

52 王庆有,张盛彬,郭青. 飞秒激光二次谐波光强分布同步数据采集. 光电子·激光,2002,(6):603~605

53 周金运,张鹏飞,袁孝东. 基于门控制的单光子探测电路设计. 半导体光电,2004,(4):304~307

54 莫才平,高新江,王兵. InGaAs 四象限探测器. 半导体光电,2004,(1):19~21

55 王庆有,朱晓华. 梳状体二值化数据采集方法的研究. 半导体光电,2004,(5):408~410

56 孙力军. 皮焦耳光脉冲能量测试. 半导体光电,2003,(4):254~255

57 刘文清,崔志成,董凤忠. 环境污染检测的光学和光谱学技术. 光电技术与信息,2002,(5):1~11

58 邱亚峰,钱芸生,常本康. 像增强器亮度增益和等效背景照度测试仪的计算机模拟与研制. 光电技术与信息, 2003,(5):17~20

59 白杉. LED 打印将与激光打印交相辉映. 光机电信息,2004,(1):30~32

60 程开富. 纳米通信技术的核心——纳米光电器件. 光机电信息,2004,(4):43~45

61 林玉池. 微机自动跟踪双坐标光电自准直仪的研究. 光电工程,2002,(4):43~45

62 赵同刚,赵荣华. 光电开关自动交换光网络中的研究与检测技术. 光电技术与信息,2004,(4):51~54

63 刘晓旻,张斌. 摩托车轨迹的光电检测系统. 光电技术与信息,2004,(2):55~57

64 赵祥模,马荣贵,施维颖. 基于 PSD 的路面粗糙度快速检测方法的研究. 光电技术与信息,2004,(2):58~60

65 崔骥,崔勤. 基于 PCI 的高分辨率医用 X 光视频图像采集及处理系统. 光电技术与信息,2004,(2):44~47

66 戴佳,苗龙. 51 单片机应用系统开发典型实例. 北京:中国电力出版社,2005

67 邬伟奇. PT2262 编码芯片的软件解码. 微计算机信息,2004,(7):110-112

68 周计文. 基于单片机的多路无线遥控开关设计. 微处理机,2008,(3):159-161

69 肖景和,赵健. 无线电遥控组件及应用电路. 北京:人民邮电出版社,2004

70 陈龙. 可编程无线电遥控多通道开关系统的设计. 半导体技术,2004,29(9):61-63

71 徐渺. 基于 51 单片机的低价型远程多用途无线遥控模块. 工业控制计算机,2006,19(5):69-72

72 陈和恩. 基于 AT89C52 单片机的直流电机无线遥控系统研究. 现代制造工程,2004,(5):18-20

73 楼然苗,李光飞. 单片机课程设计指导. 北京:北京航空航天大学出版社,2005,152-178

74 凌志斌,邓超平,郑益慧. 红外遥控技术及其解码方案. 微处理机,2003,(6):59-62

75 裴彦纯,陈志超. 基于单片机系统的红外遥控器应用. 现代电子技术,2004,27(4):87-89

76 田裕鹏. 红外检测与诊断技术. 北京:化学工业出版社,2006